估计理论及其在跟踪系统中的应用

刘　学　杨智博　李　冬　曾科军　著

主　审：徐洪洲
顾　问：孙　翱　刘秋辉　李宏伟

科学出版社

北　京

内 容 简 介

本书系统阐述了估计理论在机载无源定位单目标跟踪和天基探测多目标跟踪领域的应用。首先，介绍了噪声分布服从高斯分布时，不确定系统 CI 融合保性能鲁棒 Kalman 滤波器设计方法及其保性能鲁棒性证明方法和鲁棒精度分析方法；介绍了混合不确定网络化多传感器线性系统的鲁棒局部和融合 Kalman 估值器的设计方法、鲁棒性证明方法和鲁棒精度分析方法，并给出其在空中观测平台对地面远距离固定目标定位中的应用实例；介绍了非线性系统确定性采样 Kalman 滤波方法，并给出其在机载单站对远距离海面或地面慢速目标的无源定位跟踪情景下的应用实例。其次，介绍了噪声分布服从非高斯分布时，非线性系统的随机采样粒子滤波方法和自适应采样粒子滤波方法，及其在单站无源定位系统中的应用。最后，介绍了基于随机有限集理论的多目标 Bayes 滤波方法及其三种近似计算方法，并介绍了其在天基观测低轨多目标三维跟踪成像及多机动目标跟踪中的应用。

本书给出了大量实际应用背景下的仿真实例，可供高等院校信息科学与技术及控制科学与工程相关专业的本科生或研究生使用，也可供目标跟踪、导航制导、状态监测、无人驾驶、深空探测等相关领域的科研和工程技术人员参考。

图书在版编目（CIP）数据

估计理论及其在跟踪系统中的应用 / 刘学等著. —北京：科学出版社，2021.3

ISBN 978-7-03-067748-8

Ⅰ. ①估… Ⅱ. ①刘… Ⅲ. ①估计理论－应用－定位跟踪 Ⅳ. ①TN953

中国版本图书馆 CIP 数据核字（2021）第 001878 号

责任编辑：许　健／责任校对：谭宏宇
责任印制：黄晓鸣／封面设计：殷　靓

科学出版社 出版

北京东黄城根北街 16 号
邮政编码：100717
http://www.sciencep.com

苏州市越洋印刷有限公司印刷
科学出版社发行　各地新华书店经销

*

2021 年 3 月第　一　版　　开本：787×1092　1/16
2021 年 3 月第一次印刷　　印张：16
字数：370 000

定价：130.00 元

（如有印装质量问题，我社负责调换）

前　言

从被噪声污染的观测信号中滤除噪声和干扰，求真实信号的最优（最小方差）估值叫滤波。滤波估计背景可追溯到 1795 年，高斯在《天体运动理论》一书中提出最小二乘法。作为最早的估计方法，虽然最小二乘法未考虑参数的统计特性，但因其简单、计算量少而备受关注。但这之后的很长时间，对于随机过程的估计始终处于空白，直到 20 世纪 40 年代，控制论的鼻祖之一维纳（Wiener）根据火力控制需要提出了一种基于频域的统计最优滤波器的方法，但需存储全部历史数据，计算和存储负担大，且仅适用于一维平稳随机信号，人们迫切需要一种时域滤波方法。20 世纪 60 年代，卡尔曼（Kalman）提出了颇具代表性的离散系统 Kalman 滤波，并最终形成完整的 Kalman 滤波理论。Wiener滤波和 Kalman 滤波均使用了基本一致的估计准则，不同的是前者基于时域，后者基于频域。Kalman 滤波采用了递推算法，因此对存储要求小，它不仅可以处理平稳过程，还可处理多维非平稳过程，极大地扩展了 Wiener 滤波的应用，并因成功应用于"阿波罗登月计划"等工程实践而名噪一时，继而被广泛应用于定位与跟踪、图像处理、语音信号处理、导航制导、地质勘探、地震预报等工业和国防领域。

目标定位跟踪作为 Kalman 滤波的典型应用之一，广泛地应用于国防建设等领域，特别是在对现代信息战有着极其重要的军事意义的机载单站无源定位系统和天基预警系统。例如，基于相位差变化率定位方法的空中观测平台对地面远距离固定目标定位问题，可利用 Kalman 滤波算法对原始定位结果进行滤波处理，以减弱测量噪声的影响，提高定位的精度。Kalman 滤波作为解决滤波问题的基本方法论和重要的理论工具，应用的前提条件包括：假设系统数学模型（包括模型参数和噪声方差）精确已知；只适用于线性系统，且要求观测方程必须为线性；要求系统噪声和量测噪声相互独立且服从零均值高斯分布。

然而，上述假设在实际跟踪系统中常难成立。例如，网络化传感器系统由于受到严格的带宽和能量限制，常包含网络化随机不确定性等，使得系统模型精确已知的假设很难成立。当利用空频域信息定位方法对运动目标进行定位跟踪时，观测方程呈现非常强的非线性，系统观测方程必须为线性的要求常难满足。显然，如果 Kalman 滤波的假设条件不满足，将导致系统滤波性能恶化，甚至发散，而如果忽略上述情形，就无法满足实际需求。

不仅如此，结合机载无源定位系统自身的特点，其引发思考的问题如下：在高斯噪声条件下，如何在不增加任何测量基站的前提下，利用多传感器信息融合提高滤波精度；如何在传统确定性采样 Kalman 滤波算法的基础上，进一步提高滤波算法收敛速度、收敛精度和稳定性；如何既能适应目标数量的变化，对目标数量作出准确估计，又能滤除杂波和随机噪声的干扰，克服目标漏检和数据关联的不确定性，给出所有目标运动状态的高精度估计。这些面临严峻的挑战，引起了作者的兴趣，并在本书中得到了很好的解决。

本书系统地阐述了解决上述问题的线性估计方法和非线性估计方法,给出其在跟踪领域的应用实例并进行分析,包括混合不确定线性离散系统分布式鲁棒融合估计方法,非线性系统确定性采样 Kalman 滤波方法,以及蒙特卡罗粒子滤波方法和蒙特卡罗高斯粒子滤波方法等。书中专门分析低轨多目标的三维跟踪系统滤波问题及其误差自校准问题,阐述了多模型 CPHD 滤波和扩展 CPHD 滤波。

特别地,本书提供了基于机载观测平台对陆地固定目标及海面等慢速移动目标的无源定位和天基预警系统对低轨空间目标的跟踪背景下的 Matlab 仿真实例,仿真模型为学生、一线工程师及科研工作者提供了便捷的工具去验证和对比算法。本书共 8 章。第 1 章由刘学执笔,第 2 章至第 4 章由杨智博执笔,第 5 章和第 6 章由刘学、曾科军执笔,第 7 章和第 8 章由李冬和刘学执笔;全书由刘学统稿。

本书的出版得到国家自然科学基金项目(61801482、61703408)和中国人民解放军92943 部队博士后科研工作站人才培养基金的资助,在此深表谢意。

由于作者水平有限,书中难免有疏漏之处,望读者批评指正。

作　者

2020 年 5 月 20 日

目　录

第1章 绪　　论

1.1　跟踪系统的发展现状

依据跟踪目标数量的多寡，跟踪系统又可分为单目标跟踪和多目标跟踪。无源定位和天基预警分别作为单目标和多目标跟踪领域的典型应用，近年来备受关注。随着导弹等精确制导武器射程的不断增长，对敌方目标的远距离探测、远距离定位跟踪和远距离摧毁已成为可能，但是在现代信息战条件下，机载有源探测定位系统电磁隐蔽性差，抗侦察、抗干扰能力弱等问题日渐呈现，面临日益严重的威胁[1]，以往单一有源定位体制的机载雷达已不能满足现代作战需要，作为对有源定位系统的完善和补充，机载无源定位系统正成为机载多模探测定位系统的一个重要组成部分。它具有设备量少、作用距离远、隐蔽性能好、生存能力强等特点，对现代信息战具有极其重要的意义[1-3]。

"无源"的概念并不是新近才提出来的，实际上它和雷达技术的发展几乎是同步的。1935年，罗伯特·沃森·瓦特曾利用英国广播公司发射的短波信号对10 km以外的作战飞机进行定位。第二次世界大战中德国的"克莱思·海德堡"系统可以看成是现代预警雷达的第一次尝试，但由于其计算能力有限，无法得到目标的准确坐标。

在过去的三十余年，各军事强国都为无源定位技术的研究投入了大量的资金、人力和物力，并取得了丰厚的研究成果，且部分西方军事研究机构已经进入试验或者外场应用测试阶段。由于无源定位技术高度的军事价值以及东西方阵营对立等原因，具体、详细的科研资料和技术信息很少公开发表，只能通过《简氏防务周刊》等国外军事杂志和美国国家专利简述得到一些关于试验的简报和相关领域的研究简介。但可以看出，美国等西方军事强国在这一领域占据了明显的优势，其部分研究成果已经进入试飞试验和工程应用阶段。另外，欧洲军事强国也纷纷推出了自己的无源定位系统，例如英国BAE公司2004年为F-22（猛禽）战斗机研制的AN/ALR-94数字电子战系统，由30个数组天线单元组成，能够提供360°全方位电磁信号检测和跟踪，作用距离达到了460 km。借助AN/ALR-94系统的告警指示，猛禽战斗机上的相控阵雷达还可以利用$2° \times 2°$的针状波束在小范围内交替地对目标进行扫描，不仅提高了雷达搜索效率，而且减少了雷达辐射的时间，大大提高了战机的隐身能力[4]。此外，以色列在无源定位领域的研究也颇有造诣，例如1999年在科索沃战争中击落美军F-117隐形轰炸机而名声大噪的捷克ERA公司开发的"维拉"（VERA-E）无源雷达系统，该系统采用四站长基线时差定位方法可对连续波雷达、脉冲雷达、机载SSR/IFF应答机等目标辐射源进行定位，其工作频率几乎覆盖了$0.1 \sim 1.8$ GHz范围内所有的通信及雷达信号频率，最大探测距离为400 km，方位角作用范围为$-120° \sim 120°$，俯仰角作用范围为$0° \sim 30°$，接收机动态范围为70 dB，灵敏度为-98 dBm，在150 km范围内的定位误差小于300 m，高程测量误差小于400 m，瞬时中频带宽为$20 \sim 250$ MHz[5, 6]等。

从国外专利文献中也能发现一些无源定位技术研究和发展现状。例如文献[7-9]分别提出了只测量入射角对目标进行无源定位的方法、长短基线测入射角的无源定位方法和在只测量角入射角的基础上增加目标辐射源频率观测量的无源定位方法;文献[10-13]分别提出了相位差变化率的无源定位方法,利用两个同步接收机测量入射信号相位差的无源定位方法,到达时间差和利用长基线干涉仪测量相位差相结合的无源定位方法,相位差和到达时间差的无源定位方法;文献[14, 15]分别提出了采用两个接收机测量多普勒频率的频差进行无源定位的方法和基于旋转多普勒测量的无源定位方法。

虽然上述期刊报道和专利介绍没有详细地阐述和说明无源定位的基本理论和关键技术,但是它为我们的研究指明了方向,并提供了一些必要的思路,对于国内无源定位领域的研究来说有很大的借鉴意义。国内对利用目标辐射源进行无源定位技术的研究起步较晚,但鉴于该项技术较高的军事应用价值,目前国内军方和各研究机构非常重视,在 2001 年 3 月召开的"雷达被动定位与跟踪技术研讨会"上,中国人民解放军总装备部、军队科研院所及相关大学的研究机构一致认为单站无源定位技术理论基础坚实、技术可行,在未来战争中具有广泛的应用前景,具有较高的军事意义和研究价值[16-19]。目前关于该项技术的主要研究机构有国防科技大学、解放军信息工程大学、哈尔滨工程大学、哈尔滨工业大学、西安电子科技大学、电子科技大学、信息产业部 29 所和 51 所,以及上海航天局等单位[4]。经过多年的不懈努力,已经取得了很多比较可观的研究成果,而且很多都是开创性的。其中国防科技大学是国内最早研究该项技术的机构,从 20 世纪 80 年代起,孙仲康教授和周一宇教授便带领其博士研究生对单站定位技术开展了研究,取得了很多的研究成果,例如利用相位差变化率对目标进行无源定位的测距公式,并初步分析了系统的可观测条件[20];将传统的定位方法统一在质点运动学定位方法框架下,对基于质点运动学的单站无源定位原理进行了系统的研究和分析,提出了基于多普勒频率变化率的单站无源定位方法[21];提出了联合角度和径向加速度信息对目标进行定位的无源定位方法,并系统地推导了运动辐射源定位的可观测条件等[22]。

对于定位系统的外场试验方面,近年来信息产业部的各研究取得了较好的实验效果。例如,采用相位差变化率的无源定位方法,在微波暗室中和直升机上进行了半实物仿真试验[21-23],实验效果良好;采用机载长基线干涉仪对相位差变化率无源定位方法进行了多次试验,证明了相位差变化率定位方法是切实可行的,具有较高的实用价值[23]。兵器工业部 206 所与国防科技大学联合,利用角速度和多普勒频率变化率无源定位方法进行仿真和外场实验,对利用角速度和多普勒频率变化率单站无源定位方法的可行性进行了检验[23],证明了其实用性和可行性。虽然这些实验证明了定位方法的可行性,但定位效果并不理想,还有待进一步改进。采用相位差变化率和多普勒频率变化率相结合的机载无源定位方法,可避免利用可观测性的判定定理计算观测矩阵和求矩阵列满秩的复杂过程。

在被动接收条件下所接收的信号是非合作信号,导致我们无法利用计算信号到达时延等有源雷达的方法直接获得观测站与目标辐射源之间的相对距离,因此如何从现有的测量信息中通过特定的算法完成测距是无源定位的关键,使得被动定位跟踪滤算法的设计引起人们极大的关注。

不同于地面和海上单目标跟踪,多目标跟踪,尤其是空间多目标跟踪,由于目标的数量时变且目标和测量的关联未知等因素，多目标跟踪问题变得非常复杂、颇具难度，因而面临严峻的挑战。常见的空间目标包括导弹、运载火箭、卫星、飞船等空间飞行器，按飞行的轨道高度可分为低轨目标、中轨目标和高轨目标。天基光学监视系统利用天基平台搭载的光学传感器对空间目标进行探测、预警、跟踪、编目，具有探测范围广、作用距离远、不受地理位置限制等优点，能够为国家防御、情报侦察、空间态势感知等提供强有力的支持，成为各大国在空间领域的发展重点。天基光学监视系统包括天基预警系统和天基空间目标监视系统。天基预警系统由高轨预警系统和低轨预警系统组成。高轨预警系统利用安装在高轨卫星上的红外传感器探测低轨空间目标主动段的尾焰，主要承担低轨目标主动段的跟踪任务，为空间目标防御提供早期预警信息[24]。低轨预警系统利用低轨卫星搭载的光学传感器对主动段到再入段的低轨空间目标进行持续跟踪，获得高精度跟踪数据，用于支持空间目标拦截[25, 26]。

高轨预警系统的典型代表是美国 1970 年开始建设的国防支援计划（Defense Support Program，DSP）预警系统[27]。整个 DSP 预警星座由 5 颗卫星组成，其中 3 颗为工作星，2 颗为备用星，运行在小倾角地球同步轨道上。每颗 DSP 卫星可发现视野范围内任何地方发射的低轨目标。DSP 系统存在一些固有的缺点，如虚警率较高、扫描速度低、不能跟踪中段飞行的低轨空间目标等。

为了克服 DSP 系统的缺陷，美国计划研制"天基红外系统"（Space-Based Infrared System，SBIRS）[28]取代 DSP 系统。SBIRS 由高轨道（SBIRS-High）和低轨道（SBIRS-Low）两部分构成，SBIRS-Low 后改名为"太空跟踪与监视系统"（Space Tracking and Surveillance System，STSS）[28]；SBIRS-High 部署 4 颗同步轨道卫星和 2 颗大椭圆轨道卫星，每颗卫星上安装一台宽视场高速扫描传感器和一台窄视场凝视跟踪传感器，用于探测和跟踪主动段的低轨空间目标[27]。STSS 设计为 20~30 颗低轨卫星组成的星座，每颗卫星上携带一台宽视场红外捕获传感器和一台窄视场多谱段跟踪传感器。宽视场捕获传感器用来捕获主动段低轨空间目标的尾焰，一旦捕获传感器发现目标，会引导跟踪传感器对目标进行持续跟踪[28]。跟踪传感器具有可见光、短波红外、中波红外、长波红外等多个工作谱段，即能跟踪主动段的低轨目标，又能探测到关机后的低轨冷目标[28, 29]。STSS 能够利用多颗卫星对目标进行立体跟踪，具有很高的定位精度[28]。整个低轨星座由星间链路联系在一起，每颗卫星都能通过星间链路与星座的其它卫星进行通信，当空间目标将要离开卫星的观测范围时，该卫星将目标的位置信息传递给其它卫星，引导其它卫星对目标继续进行跟踪[29]。

实现对低轨空间目标的定位跟踪是天基预警系统的首要任务，跟踪效果的好坏直接影响到空间目标预警和拦截的成败。天基预警系统对低轨空间目标的跟踪面临的一大难题就是多目标跟踪问题。为突破防御系统，敌方会同时发射多个目标，每个目标在飞行过程中又会释放大量诱饵目标，导致天基卫星的传感器像平面中出现众多目标。这种情况下，传感器像平面上的目标的数量是时变的，不知道目标何时在像平面中出现，何时在像平面中消失或离开像平面；目标和测量的关联也是未知的，不知道获取的测量信号来源于哪个目标；像平面上会出现数量不定的杂波点（虚警），隐藏在真实测量的集合中，对真实测量起干扰作用；源于目标的测量信号会受到随机噪声的污染；目标会出现漏检的情况，不能保证每次采样均能获取目标的测量。由此可见，天基观测的低轨多目标跟踪问题比较复杂，研究高性能多目标跟踪方法对提高天基预警系统的空间目标跟踪能力有现实需求。天基观测多目标跟踪方法应当能够适应目标数量的变化，对目标数量作出准确估计，在目标出现时能够较为准确地初始化航迹，结束时能够较为准确地终结航迹，同时，多目标跟踪方法应当能够滤除杂波和随机噪声的干扰，克服目标漏检和数据关联的不确定性，给出所有目标运动状态的高精度估计。

天基卫星传感器系统误差是影响低轨空间目标跟踪精度的重要因素[25, 26]，由 STSS 卫星传感器视线的方位角系统误差分别取 0 mrad、0.02 mrad、0.2 mrad、2 mrad 时低轨目标位置估计的平均误差，可见，定位误差随系统误差的增加而成比例放大。较大的系统误差导致目标的位置估计严重偏离目标的真实运动轨迹。在多目标情况下，由于存在目标数量的不确定、数据关联的不确定、随机噪声和杂波的干扰、目标漏检等诸多因素，系统误差对多目标跟踪性能带来更多不利影响。一方面，空间目标运动状态的估计精度显著降低，各目标的解算轨迹会偏离真实运动轨迹；另一方面，空间目标数量估计的准确度降低，在新目标出现时不能成功初始化新目标的轨迹，导致目标丢失。较大的传感器系统误差使多目标跟踪性能恶化，提供给空间目标拦截系统的跟踪数据不准确，部分目标的跟踪数据丢失，最终造成拦截失败。因此，研究具有传感器系统误差自校准功能的多目标跟踪方法对天基观测低轨目标跟踪是十分必要的，在估计多目标运动状态的同时，应能够对传感器系统误差进行准确估计，将系统误差从测量中分离出来，提高空间目标的跟踪精度。

1.2　估计理论及其在跟踪系统中的应用发展现状

在现代高科技战争中，随着电子对抗和防御技术的不断发展，在机载探测系统和天基预警系统等目标跟踪领域，对目标状态信息的获取至关重要。然而上述动态系统均不可避免地受到随机干扰的影响，基于实时获得的受噪声污染的离散观测数据可对系统状态进行估计。从被噪声污染的观测信号中滤除噪声和干扰，求真实信号的最优（最小方差）估值叫滤波。著名的滤波方法包括维纳（Wiener）滤波方法和卡尔曼（Kalman）滤波方法。Wiener 滤波方法是控制论创始人美国数学家维纳在第二次世界大战期间为解决火力控制系统对目标的精度跟踪问题而提出的。他用频域方法给出在线性最小方差意义下的未知信号的最优估值器[30]，其局限性在于要求信号必须是一维平稳随机过程，计算复杂，需要存储全部的历史数据，存储量大，且其结构是非递推的，不便于在计算机上实时应用。

随着计算机技术的迅猛发展，工业、军事等领域迫切需要滤波算法可实时应用，即算法具有递推形式，且可处理多变量非平稳随机过程的滤波问题。Kalman 滤波理论应运而生。它是现代控制理论的一个重要分支，是 20 世纪 60 年代初由美籍匈牙利数学家 R. E. Kalman 提出的，他创造性地引入状态空间模型代替维纳滤波方法中的传递函数模型，提出了在线性最小方差意义下的递推最优滤波算法，可以处理多维和非平稳的随机过程[30]。其优点为：Kalman 滤波算法是一种递推估计算法，无须存储所有的观测数据和估值；它利用上一个时刻估值和当前时刻的观测数据可以求出当前时刻的估值，因而计算量和数据存储量均较小，便于实现在线估计和工程实时应用，且克服了 Wiener 滤波理论仅可处理一维平稳随机过程的局限性，因而在控制、导航制导、通信等工程实践中得到了广泛的应用。

目标定位跟踪作为 Kalman 滤波的典型应用之一，广泛地应用于国防建设等领域，特别是在对现代信息战有着极其重要的军事意义的机载单站无源定位系统和天基预警系统中。例如，基于相位差变化率定位方法的空中观测平台对地面远距离固定目标定位问题，可利用 Kalman 滤波算法对原始定位结果进行滤波处理，以减弱测量噪声的影响，提高定位的精度。Kalman 滤波作为解决滤波问题的基本方法论和重要的理论工具，应用的前提条件包括：假设系统数学模型（包括模型参数和噪声方差）精确已知；只适用于线性系统，且要求观测方程必须为线性；要求系统噪声和量测噪声相互独立且服从零均值高斯分布。然而，上述假设在实际跟踪系统中常难成立。

首先，系统模型精确已知的假设很难成立。实际应用中，由于未建模动态、随机的不确定干扰等因素，系统模型常包含不确定性，如乘性噪声、噪声方差不确定等建模不确定性。例如，对非线性系统滤波问题，常用扩展 Kalman 滤波处理，其基本原理是应用线性化方法，将非线性滤波问题转化为线性 Kalman 滤波问题；通过引入虚拟噪声补偿线性化误差，从而产生未知的不确定噪声方差。随着网络化系统的广泛应用，由于受到严格的带宽和能量限制，系统不可避免地包含随机观测丢失、随机观测滞后等网络化随机不确定性。同时由于单站所能获取的信息量相对少于多个观测站的情况，单站无源定位实现难度相对较大。因此如何在不增加任何测量基站的前提下，利用多传感器信息融合提高滤波精度备受关注。包含上述两种不确定的系统状态融合估计问题面临严峻挑战。其次，系统观测方程必须为线性的要求较难满足。在现代高科技战争中，研究以机载观测平台对陆地、海面等慢速移动目标的无源定位问题，对于延伸机载探测系统的发现距离和截获距离、提高攻击的隐蔽性和突防概率具有极其重要的军事意义。然而，利用空频域信息定位方法对运动目标进行定位跟踪时，观测方程呈现非常强的非线性，包含非线性的系统估计问题引起了广泛关注。最后，系统噪声和量测噪声相互独立且服从零均值高斯分布的要求很难满足。如机载无源定位本质上是一个复杂的非线性滤波问题，即利用夹杂噪声的观测数据来获得目标状态的估计。而且在多目标跟踪问题中，目标的数量因目标的出现和消失而随时间变化，目标与测量的数据关联是未知的，测量集中混有数量不定的杂波，真实测量会受到随机误差的污染，目标因漏检会缺失测量。如何在这些因素的影响下既要给出目标数量的估计又要给出每个目标运动状态的估计颇具挑战。

随着估计理论的不断发展和完善，为满足目标跟踪领域高精度估计需求，克服上述三类局限性的估计方法引起了广泛的关注。对传感器的测量信息处理与估计的方法可以分为线性估计方法和非线性估计方法，依跟踪目标的数量不同，目标跟踪系统可分为单目标跟踪和多目标跟踪。近年来，随着估计理论的不断完善，其在跟踪领域的应用也取得了长足的进展，例如，基于鲁棒融合估计方法解决不确定跟踪系统局部和融合鲁棒估值的求解及其鲁棒精度的提高；非线性滤波方法解决无源定位被动跟踪问题；基于有限集理论解决多目标跟踪问题等。

1.2.1 单目标跟踪多传感器鲁棒融合估计的研究现状

传统 Kalman 滤波理论在应对不确定系统滤波问题时，往往失去最优性，导致滤波器精度下降，甚至发散。近年来，不确定系统鲁棒 Kalman 滤波研究引起广泛关注，尤其是带不确定噪声方差的不确定系统鲁棒估计问题，成为热门领域之一。例如，对非线性系统最常用的方法是扩展 Kalman 滤波，其基本原理是应用线性化方法，将非线性滤波问题转化为线性 Kalman 问题；通过引入虚拟噪声，补偿线性化误差，从而产生未知的不确定噪声方差等。随着高科技领域技术的迅猛发展，对系统状态估计的精度要求越来越高，这使得多传感器信息融合技术备受关注。

1.2.1.1　多传感器信息融合

信息融合估计的目的是如何对由多传感器所获得的信息进行融合处理，得到系统状态更精确的估值。基本融合方式包括集中式融合和分布式融合[30]。集中式融合即所有传感器数据都传送到中心处理器进行集中处理和融合，其与分布式融合的区别在于所有传感器的原始测量数据是否被直接送到融合中心利用，是否没有任何信息的损失。分布式融合方法可靠性好，便于故障诊断，大大降低了融合中心的计算负担，减小通信负担、节省能量消耗。状态融合和观测融合方法是基于 Kalman 滤波的两种基本融合方法[30]。集中式状态融合即集中式观测融合，分布式观测融合包括加权观测融合。分布式状态融合包括按矩阵、对角阵、标量加权融合[30-32]及协方差交叉融合[33-35]等，分布式状态融合是指每个传感器都有自己的处理器，各传感器的观测数据先通过相应的局部处理器得到局部估计后，再将局部估计送到融合中心进行融合处理。将局部 Kalman 滤波器加权可得到分布式状态融合 Kalman 滤波器，如按矩阵加权、按对角阵加权和按标量加权融合 Kalman 滤波器等[30-32]，这类分布式加权融合 Kalman 滤波器是全局次优的，即其精度低于集中式融合 Kalman 滤波器，但高于每个局部 Kalman 滤波器。

但上述按矩阵、对角阵、标量加权融合等分布式状态融合方法，均需计算各传感器间的互协方差，而实际情形中，尤其当传感器数量较多时，各个传感器之间的互协方差计算相当复杂，甚至无法获得。对带未知不确定局部估值误差方差和互协方差的多传感器融合估计问题，文献[33, 34]基于局部估值误差方差保守上界用凸组合方法提出协方差交叉（covariance intersection，CI）融合方法；它本质上是一种特殊的按矩阵加权融合器。其优点为避免了互协方差的计算，可减小计算负担，且给出的融合估值具有鲁棒性，扩大了适用范围。CI 融合算法广泛应用于目标跟踪、定位、遥感等领域[35-38]。

1.2.1.2　不确定系统的描述

系统模型参数的不确定性常可分为确定的参数不确定性和随机参数不确定性[36, 37]。确定的参数不确定性，即系统模型参数是未知不确定的但属于某一确定的有界集，例如模有界不确定性等；随机参数不确定性即模型参数中包含随机扰动，如乘性噪声等。噪声方差不确定性也可用确定的不确定性描写，例如不确定噪声方差有已知的确定的保守上界。噪声方差不确定性包括加性和乘性噪声方差不确定性。在系统状态空间模型中，与含有状态的项相加的噪声称为加性噪声，包括过程噪声和观测噪声；与包含状态项相乘的噪声称为状态相依乘性噪声，而与包含加性噪声项相乘的噪声称为噪声相依乘性噪声。在基于网络化系统的实际应用中，网络带宽限制、传感器故障、网络拥塞等因素导致系统常常包含随机不确定性，如随机观测延迟、丢包、丢失观测等。观测不确定常可转化为乘性噪声进行处理。显然，相比于研究仅包含单一不确定性的系统滤波问题，一方面研究和解决同时包含乘性噪声、丢失观测、丢包和不确定方差乘性和加性噪声等混合不确定多传感器系统估计问题更加困难，且是开放性问题；另一方面，若忽略多种混合不确定性，会使得滤波性能下降，也不能够较准确地描述实际问题，更无法满足工程实践日益增长的高精度需求。因此，包含噪声方差不确定性等的混合不确定性系统鲁棒滤波问题是鲁棒滤波领域具有挑战性的研究方向。

1.2.1.3 不确定系统鲁棒融合估计的研究现状

解决不确定系统滤波问题的有效途径为设计鲁棒滤波器。所谓鲁棒滤波器即设计一个滤波器使得对所有容许的不确定性，它的实际滤波误差方差有最小上界或它的某种性能保持不变。常见的鲁棒滤波器包括保性能鲁棒滤波器[39-41]、鲁棒 Kalman 滤波器[42-45]、极大极小鲁棒滤波器 H_∞ [46]、鲁棒滤波器[47,48]、鲁棒最优滤波器[49,50]、方差约束鲁棒滤波器[51,52]等，解决不确定系统鲁棒滤波问题常用方法包括黎卡提（Riccati）方程方法[53,54]、线性矩阵不等式（LMI）方法[55]、CI 融合方法[34-36]、博弈论方法[56]、新息分析方法[57,58]、频域多项式方法[59]、虚拟噪声方法[60]等。Riccati 方程方法和 LMI 方法主要用于解决模型参数包含范数有界不确定性的系统鲁棒 Kalman 滤波问题。基于博弈论方法的极大极小鲁棒 Kalman 滤波方法的局限性为其滤波器增益需要通过搜索极小极大解获得，而且搜索非常困难[46]且尚未解决鲁棒融合估计问题。

对包含模有界不确定性的系统，可用 Riccati 方程方法或 LMI 方法解决不确定系统滤波问题。例如，对带范数有界不确定参数和随机参数不确定性的系统，利用 LMI 方法分别提出鲁棒滤波器[39,40]；对状态方程和观测方程均包括范数有界不确定性的线性系统、离散时间系统和时滞系统，利用 Riccati 方程方法设计鲁棒 Kalman 滤波器[61-63]。

对包含噪声方差不确定系统滤波问题，可基于极大极小鲁棒估计原理对带噪声方差保守上界的最坏情形系统设计最小方差估值器，进而设计融合估值器，并基于李雅普诺夫（Lyapunov）方程方法证明估值器的鲁棒性。例如，对包含噪声方差不确定性的鲁棒融合估计问题，文献[43,64]分别设计了时变和稳态鲁棒融合估值器，根据极小极大鲁棒估计原理和 ULMV 准则，提出了六种鲁棒融合时变 Kalman 估值器，包括三种观测（一种集中式和两种加权观测融合）融合器和四种（按矩阵/对角阵/标量/CI）加权融合器，并用 Lyapunov 方程证明了鲁棒性和精度关系。但文献[42,43,64]需分别处理鲁棒滤波、预报、平滑估计，且仅考虑了噪声方差不确定性，尚未包含参数不确定和/或随机观测不确定性的系统鲁棒融合估计问题。

对不确定系统鲁棒估计问题，可利用误差方差的迹值衡量鲁棒估计精度。定义估值误差方差阵的迹为精度指标，较小的迹意味着较高的精度；定义实际估值误差方差的迹为实际精度，定义实际估值误差方差最小上界的迹为鲁棒精度[42, 43, 64]；定义鲁棒精度与实际精度的偏差为精度偏差[41, 65]。保性能意味着确保估值精度偏差在预置指标范围内，对噪声方差不确定系统，文献[41]采用博弈论方法设计了保性能估值器，但仅解决了精度偏差最小上界问题，未解决多传感器信息融合问题。文献[42, 43, 64]仅解决了精度偏差的最大下界问题。

对带乘性噪声的系统滤波问题，可将其分为状态方程中包含乘性噪声[66]、观测方程中包含乘性噪声[67]，或二者均包含乘性噪声[68]。对于带随机参数系统，常通过对随机参数阵取数学期望，可将其分解为确定的参数阵（均值矩阵）和零均值随机扰动阵之和，并通过引入虚拟噪声将原系统转化为带确定参数阵和虚拟噪声的系统，进而利用经典 Kalman 滤波方法解决滤波问题，称之为虚拟噪声补偿方法[60]。带加性和乘性噪声系统最优滤波问题可通过信息分析方法[57]或虚拟噪声方法解决[60]。

对包含随机观测不确定（如丢失观测、观测滞后、丢包等）的不确定系统滤波问题，可基于方差约束方法、新息分析方法或 LMI 方法等设计鲁棒滤波器。例如，对带丢失观测的系统，基于方差约束方法原理利用 LMI 方法设计了鲁棒滤波器[69]；对带随机丢失观测和随机延迟的离散时间系统，利用 LMI 方法设计了鲁棒 H_∞ 滤波器[70]。针对带随机延迟、多包丢包和不确定观测的离散时间系统，文献[71]利用 LMI 方法设计了一个稳态 H_2 次优滤波器；文献[72]利用新息分析方法设计了最优增广估值器（包括滤波器、预报器和平滑器），并给出了稳态最优线性估值器收敛的充分条件，其中过程噪声和观测噪声线性相关。

综上，基于 Kalman 滤波方法的最优融合估计问题应用非常广泛，然而当考虑不确定噪声方差、乘性噪声、随机丢失观测等不确定性时，经典 Kalman 滤波算法便失去最优性，因此带不确定性系统鲁棒估计问题备受关注。首先，保性能意味着确保估值精度偏差在预置指标范围内，但现有文献仅解决了精度偏差单一边界问题，没有满意解决多传感器融合鲁棒保性能估计问题。其次，实际上在工程实践中，假设噪声方差精确已知和观测数据是完整或系统仅包含加性噪声等并未能准确描述系统。当系统中包含时变性时，即系统状态空间模型中包含随机参数时，可通过对随机参数阵取数学期望，将随机参数分解为确定的参数阵（均值矩阵）和零均值随机扰动之和；分解后的模型中便包含了随机扰动与状态项的乘积，我们把相应的零均值随机扰动称为乘性噪声。而对包含随机参数的 ARMA (autoregressive moving average) 信号，当其转化为等价的状态空间模型时，会产生参数随机扰动与状态的乘积项，即包含乘性噪声（状态相依乘性噪声和噪声相依乘性噪声）。但由于环境因素及一些更复杂的因素，噪声方差常难以计算，甚至无法获得。再次，在网络控制系统中，突发的传感器故障、量测失败、通信网络故障等均会导致观测数据丢失，使得观测包含不确定性。例如，在目标跟踪系统中，若目标具有高机动性，加之突发的传感器机器故障等因素，易导致观测数据丢失。显然，利用传统的数学模型无法准确地描述。虽然观测数据丢失的时刻未知，但其发生的概率是可以测得的，故可在观测方程中引入观测丢失概率，以描述随机观测丢失现象。最后，显然单独考虑包含一种不确定性（如加性和乘性）噪声方差不确定性、丢失观测或乘性噪声系统的鲁棒估计问题近年来备受关注，且取得了丰硕的研究成果。但实际情况通常包含不止一种不确定性，若单独考虑某种不确定性，一方面无法准确描述系统实际情况；另一方面会导致系统失去最优性，进而降低系统估计性能。这显然与目标跟踪等领域对融合估计精度日益高涨的要求背道而驰，并最终导致生产工程的损失。

1.2.2 单目标跟踪非线性滤波的研究现状

非线性滤波问题广泛存在于导航制导、目标跟踪等领域。目标跟踪作为非线性滤波的典型应用，可依据跟踪目标数量分为单目标跟踪和多目标跟踪。自 20 世纪 60 年代以来，人们提出了各种数值近似算法来解决非线性滤波问题。由于实现非线性最优滤波需要完整地获知目标辐射源的状态后验分布，这样对应的最优滤波器会有无穷多的维数，计算量巨大，在工程上难以应用。平衡实用性和滤波精度，工程上往往采用非线性最优滤波算法的近似方法。最常用也是最早提出的就是扩展 Kalman 滤波（extended Kalman filter，EKF）[73]算法，它利用泰勒（Taylor）展开对非线性方程进行一阶线性近似，然后再根据 Kalman 滤波框架进行滤波。但是在单站无源定位系统应用时，由于初始误差很大，EKF 在线性化操作中产生的积累误差很容易导致误差协方差矩阵出现非正定或者病变，从而导致滤波不稳定甚至发散。针对以上问题，文献[74]提出了修正极坐标 EKF（modified polar coordinate extended Kalman filter，MPCEKF）的只测入射角单站无源定位算法，在特定的极坐标系中建立数学模型，这样在滤波过程中就实现了状态矢量中可观测项与不可观测项的自动解耦，避免了病态矩阵的产生，改进了系统的稳定性。文献[75, 76]通过不同的方法用观测值对 Kalman 滤波的增益进行修正更新，分别得到了修正增益扩展 Kalman 滤波算法（modified gain extended Kalman filter，MGEKF），将实时观测量通过修正方程对 Kalman 增益进行修正，由于加入了观测信息，收敛精度和稳定性较 EKF 有较大提高，但该算法存在的缺陷就是要求观测方程必须具有可修正性，针对这一问题，文献[77]提出了一种选定目标初始状态的方法。随着国内对单站无源定位技术研究的兴起，文献[78]在 MGEKF 和旋转协方差矩阵的 EKF（rotated covariance-matric extended Kalman filter，RVEKF）算法[79]的基础上推导出了修正协方差的 EKF 算法（modified covariance extended Kalman filter，MVEKF）[78]，在保持 RVEKF 相近性能的基础上，避免了寻找协方差旋转变换矩阵的问题[80]。

另一类方法是采样近似法，又分为确定性采样和随机采样两种方法，它们均采用样本集加权的方式来近似状态的后验分布，其中确定性采样算法主要有：文献[81]提出的基于无迹变换的不敏 Kalman 滤波算法（unscented Kalman filter，UKF）、文献[82]提出的基于中心差分变换的中心差分 Kalman 滤波算法（central difference Kalman filter，CDKF）和文献[83, 84]提出的基于 Gaussian-Hermite 数值积分规则的求积分 Kalman 滤波算法（quadrature Kalman filter，QKF），它们均构造确定的加权样本点，通过非线性变换后对状态高斯随机变量估计参数进行逼近，避免了对非线性观测模型的线性化近似和雅可比矩阵的计算，在高斯环境中适用于任何非线性系统，且可以精确到 3 阶以上（Taylor 展开），性能优于 EKF 及其衍生算法[85]，随着研究的深入已成为单站无源定位研究领域中的主流算法[86, 87]。

随机性采样算法主要是文献[88]提出的粒子滤波（particle filter，PF）及其改进算法[89]。这类算法是一种基于蒙特卡罗积分方法的贝叶斯（Bayes）估计算法，它采用一组带权值的空间随机样本来追踪状态的后验概率分布，然后通过观测量来调整样本权值以及样本的空间位置实现对状态的递推估计。由于是对状态概率密度进行近似而不是非线性函数本身，所以该类算法的适用性大幅提高，可以对任意的线性或者非线性、高斯或者非高斯随机系统进行状态估计[88, 89]。但是标准的 PF 算法还不成熟，很容易出现退化和贫化现象，导致滤波性能大幅下降，而且它还存在运算量大、实时性差等问题。随着数字处理硬件技术的快速发展，该算法在机载无源定位领域仍然具有广阔的应用前景。

1.2.3　多目标跟踪的研究现状

在多目标跟踪问题中，目标的数量因目标的出现和消失而随时间变化，目标与测量的数据关联是未知的，测量集中混有数量不定的杂波，真实测量会受到随机误差的污染，目标因漏检会缺失测量。多目标跟踪方法在这些因素的影响下既要给出目标数量的估计又要给出每个目标运动状态的估计。

目标与测量的数据关联是多目标跟踪面临的主要困难，传统的多目标跟踪方法关注于如何解决数据关联问题，如最近邻方法[90]、联合概率数据关联（joint probabilistic data association，JPDA）[91, 92]、多假设跟踪（multiple hypothesis tracking，MHT）[93]等。最近邻方法选择落在跟踪门内且与被跟踪目标预测位置最近的一个测量确定为与目标关联的测量，其它测量是来源于其它目标或杂波。最近邻方法虽然计算量小，便于实现，但在目标分布密集、各目标跟踪门彼此交叉时，容易产生数据关联错误。JPDA 是在理论上比较完善的多目标数据关联方法，它将目标与落入波门内的测量进行排列组合生成联合事件，计算每一个测量与其可能的各种源目标相互关联的概率。JPDA 的联合事件数随测量数量呈指数增长，计算量大。另外，JPDA 不具有航迹起始和终止的能力，不能处理目标数量时变的多目标跟踪问题。MHT 考虑每个新接收到的测量可能来自新目标、杂波或已有目标，通过一个有限长度的时间滑窗，建立多个候选假设，并通过假设评估，假设管理（删除、合并、聚类等）技术实现多目标跟踪。MHT 具有航迹起始和终止能力，能够有效解决目标数量时变情况下的多目标跟踪问题。但 MHT 的可行联合假设的个数随目标和测量数量的增加呈指数增长，计算复杂度较大，在工程应用中受到很大的限制。

多目标跟踪的另一类方法是最近十年发展起来的基于随机有限集理论的多目标跟踪方法，此类方法能够回避复杂的数据关联问题，计算复杂度相对传统多目标跟踪方法显著降低，因此成为目前多目标跟踪领域的研究热点。

基于随机有限集理论的多目标跟踪将多目标状态集和多目标测量集视为两个随机有限集，根据有限集统计学（finite set statistics，FISST）建立多目标 Bayes 滤波[94]。与单目标 Bayes 滤波递推计算单目标状态的后验概率密度类似，多目标 Bayes 滤波递推计算多目标状态的后验概率密度，然而多目标 Bayes 滤波中含有集合积分，无法直接计算。Mahler 提出了概率假设密度（probability hypothesis density，PHD）滤波[95]，作为多目标 Bayes 滤波的一阶矩近似，PHD 滤波只需在单目标状态空间上对后验 PHD 进行递推计算，但含有多重积分，在计算上仍然无法实现。Vo 等提出了 PHD 滤波的两种实现方法——序贯蒙特卡罗（sequential Monte Carlo，SMC）方法[96,97]和混合高斯（Gaussian mixture，GM）方法[98]，使 PHD 滤波能够应用于工程实际。SMC-PHD 滤波和 GM-PHD 滤波的收敛性在文献[99, 100]中得到论证。文献[101]将基于数据关联的多目标跟踪方法 MHT 分别与 SMC-PHD 滤波和 GM-PHD 滤波进行比较，结果表明 SMC-PHD 滤波和 GM-PHD 滤波都比 MHT 的性能好。后来许多学者对 SMC-PHD 滤波和 GM-PHD 滤波的一些缺陷作出了改进，对它们的功能进行了扩展。PHD 滤波本身只能给出每个采样时刻目标数量估计和各个目标的状态估计，不能给出相邻时刻各目标状态的对应关系，也就不能生成各目标的轨迹。Clark 针对 SMC-PHD 滤波的轨迹生成问题提出粒子标号关联和估计-航迹（Estimate-to-Track）关联两种方法[102]，结果表明粒子标号关联方法的性能更好。Panta 等针对 GM-PHD 滤波的轨迹生成问题都提出了高斯项标号关联方法[103]。Yin 等对 GM-PHD 滤波进行推广，使其能够处理非高斯分布的过程噪声和测量噪声[104]。Liu 和 Tang 分别采用 MCMC 技术[105]和 CLEAN 技术[106]提高 SMC-PHD 滤波对目标状态提取的可靠性。针对 SMC-PHD 滤波的粒子退化问题，Whiteley 提出了 SMC-PHD 滤波的辅助变量方法[107]，Yoon 等提出利用 UKF 方法得到更好的重要性密度函数[108]。Lian 等提出了一种扩展 PHD 滤波[109]，估计目标状态的同时，能够对传感器系统误差作出准确估计，从而同时实现了多目标跟踪与传感器系统误差自校准。

一些学者研究发现 PHD 滤波在目标检测概率小于 1 或杂波密度较大的情况下对目标数量的估计具有不稳定性[110]，主要原因是 PHD 滤波只是多目标 Bayes 滤波的一阶矩近似（类似 α-β-γ 滤波），忽略了高阶矩信息。Mahler 提出了势概率假设密度（potential probability hypothesis density，CPHD）滤波[111]，在递推计算后验 PHD 的同时，递推计算目标数量的后验概率分布，这样对目标数量的估计可采用极大后验（maximum a posterior，MAP）估计，相对 PHD 滤波的后验均值（expected a posterior，EAP）估计稳定性更好，估计精度更高。CPHD 滤波含有多重积分，无法直接计算，Vo 等对 CPHD 滤波公式进行化简，得到 CPHD 滤波的闭合解——混合高斯 CPHD（GM-CPHD）滤波[112]，使 CPHD 滤波能够应用于工程实际。与 GM-PHD 滤波相比，GM-CPHD 滤波的目标数量估计的方差显著减小[113]。文献[114]将 MHT 与 GM-CPHD 滤波进行仿真比较，结果表明 GM-CPHD 滤波的性能更好。PHD 滤波和 CPHD 滤波的建立都使用了 FISST 工具，推导过程复杂且需要较多的数学知识，Erdinc 提出"物理空间"的概念[115]，对 PHD 滤波和 CPHD 滤波给出形象而合理的解释，便于工程技术人员理解。针对 GM-CPHD 滤波具有较大的计算量的问题，张洪建等提出了减少杂波数量的椭球门限方法[116]，能够显著降低 GM-CPHD 滤波的计算量，Macagnano 等进一步提出自适应门限方法[117]，相对椭球门限性能又得到了提高。Ulmke 等研究了目标运行道路限制下的 GM-CPHD 滤波[118]。Pollard 等将 GM-CPHD 滤波与 MHT 相结合[119]，使 GM-CPHD 滤波具有轨迹生成能力。Mahler 等提出了未知杂波密度和检测概率的 CPHD 滤波[120]，利用混合高斯函数和 Beta 混合高斯函数获得该滤波的闭合解，在实现多目标跟踪同时能够对杂波密度和检测概率进行自适应学习。

势平衡多目标多伯努利（cardinality balanced multi-Target multi-Bernoulli，CBMeMBer）滤波[121]是另一种基于随机有限集理论的多目标跟踪方法。与 PHD 滤波和 CPHD 滤波的多目标后验概率密度的一阶矩近似不同，CBMeMBer 滤波用多伯努利概率密度近似整个多目标后验概率密度，该多伯努利概率密度的参数根据多目标 Bayes 滤波进行递推计算。CBMeMBer 滤波也有 SMC-CBMeMBer 和 GM-CBMeMBer 两种实现形式[121]，其中，SMC-CBMeMBer 滤波相对 SMC-PHD 滤波对目标状态估计的提取更加稳定，计算量更小，而 SMC-PHD 滤波对目标状态估计的提取是通过粒子聚类实现的，稳定性不好，计算量较大。文献[121]的仿真结果表明，SMC-CBMeMBer 滤波在跟踪性能上优于 SMC-CPHD 滤波和 SMC-PHD 滤波，而 GM-CBMeMBer 的滤波性能劣于 GM-CPHD 滤波，与 GM-PHD 滤波性能相当。

多模型方法是机动目标跟踪非常有效的方法[122]。此方法用多个模型描述机动目标的运动，为每个模型分配一个滤波器，各滤波器并行工作，目标运动状态估计的最终结果取为所有滤波器结果的加权平均。数据关联和目标机动的不确定性、目标数量的时变性、杂波和噪声干扰、目标漏检等诸多因素使多个机动目标跟踪问题的研究具有极大的挑战性，一些学者提出采用多模型方法解决多个机动目标的跟踪问题。文献[123]将多模型方法与传统数据关联方法 JPDA 相结合，来解决杂波环境中多个机动目标的跟踪问题。此方法计算量大且不能应对目标数量的变化。Punithakumar 等研究了基于随机有限集理论的多个机动目标的跟踪方法[124]，提出了多模型 PHD 滤波，该滤波采用 SMC 方法实现，对机动目标状态的估计性能相对单模型 PHD 滤波得到大大改善。Pasha 等提出了基于 GM 方法的多模型 PHD 滤波[125]，文献[126]指出 Pasha 和 Punithakumar 的多模型 PHD 滤波在线性高斯模型的条件下是等价的。针对多模型 PHD 滤波不具有交互性的缺陷[127]，文献[128]提出基于最优高斯拟合（best-fitting Gaussian，BFG）近似的 GM-PHD 滤波，提高了机动目标状态的估计精度，但该滤波只适合于线性高斯系统模型，应用范围受到很大限制。文献[129]提出了交互多模型 SMC-PHD 滤波，在重采样时实现模型交互，跟踪性能相对多模型 SMC-PHD 滤波有较大提高。

基于随机有限集理论的多目标跟踪方法在很多领域得到了应用，如雷达多目标跟踪[130]、视频跟踪[131]、声呐图像跟踪[132]、毫米波图像跟踪[133]等。一些学者对基于随机有限集理论的天基观测低轨多目标跟踪方法也开展了研究[134-137]。盛卫东等将 GM-PHD 滤波应用于扫描型光学传感器像平面的多目标跟踪[134]，针对强杂波导致 GM-PHD 滤波计算量大的缺陷提出了相应的改进措施。林两魁等研究了基于 SMC-PHD 滤波的中段目标群星载红外像平面跟踪方法[135, 136]，提出一种基于极大似然检验的聚类算法，用来提高 SMC-PHD 滤波目标状态提取的稳定性；提出多指派关联方法，用来生成目标运动轨迹；研究了基于 PHD 滤波的中段目标群红外多传感器组跟踪方法[137]。可见，盛卫东和林两魁的研究工作都是在 PHD 滤波的基础上展开的，无法克服 PHD 滤波目标数量估计的不稳定性缺陷，因此本书采用 CPHD 滤波提高天基观测低轨多目标跟踪的目标数量估计的准确度。

参 考 文 献

[1] 孙仲康，郭福成，冯道旺. 单站无源定位跟踪技术[M]. 北京：国防工业出版社，2008：前言，65-120，187-198.
[2] 司锡才，赵建民. 宽频带反雷达飞机导引头技术基础[M]. 哈尔滨：哈尔滨工程大学出版社，1996：11-74.
[3] 孙仲康，周一宇，何黎星. 单/多基地有源无源定位技术[M]. 北京：国防工业出版社，1996：5-11.

[4] 郁春来. 基于空频域信息的单站无源定位与跟踪关键技术研究[D]. 武汉：国防科学技术大学博士学位论文，2008.

[5] 占荣辉. 基于空频域信息的单站被动目标跟踪算法研究[D]. 武汉：国防科学技术大学博士学位论文，2007.

[6] 许为武. 引人注目的维拉无源雷达系统[J]. 国际航空杂志，2004（7）：10-11.

[7] Rose M C. Method for determining the optimum observer heading change in bearings-only passive emitter tracking[P]. United States Patent：US6801152B1，2004.

[8] Golinsky M. Passive ranging of an airborne emitter by a single non-maneuvering or stationary sensor[P]. United States Patent：4613867，1986.

[9] Kaplan A. Passive ranging method and apparatus[P]. United States Patent：4734702，1988.

[10] Hammerquist L E. Phase measurement ranging[P]. United States Patent：4788548，1988.

[11] Fowler Mark L. Air-to-air passive location system[P]. United States Patent：5870056，1999.

[12] Rose M C. Multiplatform ambiguous phase circle and TDOA protection emitter location[P]. United States Patent：5999129，1999.

[13] Rose M C. Combined phase-circle and multiplatform TDOA precision emitter location[P]. United States Patent：5914687，1999.

[14] Fisher H R. Method of position fixing active sources utilizing differential doppler[P]. United States Patent：4350984，1982.

[15] Bass D C，Finnigan S J，Bryant J P. System for signal emitter location using rotational doppler measurement[P]. United States Patent：6727851，2004.

[16] 安玮，孙仲康. 利用多普勒变化率的单站无源定位测距技术[C]. 北京：雷达无源定位跟踪技术研讨会论文集，2001：41-45.

[17] 陈炜，毛士艺. 单站高精度无源跟踪的新概念[C]. 北京：雷达无源定位跟踪技术研讨会论文集，2001：8-22.

[18] 许耀伟. 对固定和运动辐射源的单站无源定位跟踪技术[C]. 北京：雷达无源定位跟踪技术研讨会论文集，2001：23-28.

[19] 刘建，陈韦，杨同森. 单站快速空对地固定辐射源的无源定位[C]. 北京：雷达无源定位跟踪技术研讨会论文集，2001：29-32.

[20] 郭福成. 基于运动学原理的单站无源定位与跟踪关键技术研究[D]. 武汉：国防科学技术大学博士学位论文，2002.

[21] 冯道旺. 利用径向加速度信息的单站无源定位技术研究[D]. 武汉：国防科学技术大学博士学位论文，2003.

[22] 龚享铱. 利用频率变化率和波达角变化率单站无源定位与跟踪的关键技术研究[D]. 武汉：国防科学技术大学博士学位论文，2004.

[23] 周亚强. 基于视在加速度信息的单站无源定位与跟踪关键技术研究及其试验[D]. 武汉：国防科学技术大学博士学位论文，2005.

[24] 郏启军，冯书兴. 高轨预警卫星在导弹防御系统中的作用及脆弱性研究[J]. 飞航导弹，2010（11）：23-27.

[25] Clemons T M，Chang K C. Sensor calibration using in-situ celestial observations to estimate bias in space-based missile tracking[J]. IEEE Transactions on Aerospace and Electronic Systems，2012，48（2）：1403-1427.

[26] Clemons T M. Improved space target tracking through bias estimation from in-situ celestial observations[D]. Fairfax：PhD Thesis，George Mason University，2010.

[27] 总装备部卫星有效载荷及应用技术专业组应用技术分组. 卫星应用现状与发展[M]. 北京：中国科学技术出版社，2001.

[28] Watson J，Zondervan K. The Missile Defense Agency's space tracking and surveillance system[C]. Proceedings of SPIE，2008.

[29] 冯芒. 美国的新一代导弹预警卫星系统——天基红外系统[J]. 飞航导弹，2001（10）：32-34.

[30] 邓自立. 信息融合估计理论及应用[M]. 北京：科学出版社，2012.

[31] Sun S L，Deng Z L. Multi-sensor optimal information fusion Kalman filter[J]. Aerospace Science & Technology，2004，8（1）：57-62.

[32] Deng Z L，Gao Y，Mao L，et al. New approach to information fusion steady-state Kalman filtering[J]. Automatica，2005，41（10）：1695-1707.

[33] Carlson N A，Federated S，Julier S J，et al. General decentralized data fusion with covariance intersection[J]. IEE Transactions on Aerospace and Electronic systems，1990，26（3）：517-525.

[34]   Julier S J, Uhlman J K. Using covariance intersection for SLAM[J]. Robotics and Autonomous systems, 2007, 55 (1): 3-20.

[35]   Lazarus S B, Ashokaraj I, Tsourdos A, et al. Vehicle localization using sensors data fusion via integration of covariance intersection and interval analysis[J]. IEEE Sensors Journal, 2007, 7 (9): 1302-1314.

[36]   Cadzow J A, Martens H R, Barkelew C H. Discrete-time and computer control systems[M]. New Jersey, USA: Prentice Hall, 1970: 197-198.

[37]   Ferreira J C B D C, Waldmann J. Covariance intersection-based sensor fusion for sounding rocket tracking and impact area prediction[J]. Control Engineering Practice, 2007, 15 (4): 389-409.

[38]   杨智博, 杨春山, 邓自立. 面向跟踪系统的多传感器信息融合鲁棒保性能协方差交叉 Kalman 估计方法[J]. 电子学报, 2017, 45 (007): 1627-1636.

[39]   Wang F, Balakrishnan V. Robust steady-state filtering for systems with deterministic and stochastic uncertainties[J]. IEEE Transactions on Signal Processing, 2002, 51 (10): 2550-2558.

[40]   Wang F, Balakrishnan V. Robust Kalman filters for linear time-varying systems with stochastic parametric uncertainties[J]. IEEE Transactions on Signal Processing, 2002, 50 (4): 803-813.

[41]   Xi H S. The guaranteed estimation performance filter for discrete-time descriptor systems with uncertain noise[J]. International Journal of Systems Science, 1997, 28 (1): 113-121.

[42]   Qi W J, Zhang P, Deng Z L. Robust weighted fusion Kalman predictors with uncertain noise variances[J]. Digital Signal Processing, 2014, 30: 37-54.

[43]   Qi W J, Zhang P, Deng Z L. Robust weighted fusion Kalman filters for multisensor time-varying systems with uncertain noise variances[J]. Signal Processing, 2014, 99 (1): 185-200.

[44]   Lu X, Chen J. Kalman filtering for multiple-delay wireless network systems with multiplicative noises[J] IEEE International Conference on Control and Automation, 2013, 45 (5): 259-263.

[45]   Wang S, Fang H, Tian X. Robust estimator design for networked uncertain systems with imperfect measurements and uncertain-covariance noises[J]. Neurocomputing, 2016, 230 (22): 40-47.

[46]   Qu X, Zhou J. The optimal robust finite-horizon Kalman filtering for multiple sensors with different stochastic failure rates[J]. Applied Mathematics Letters, 2013, 26 (1): 80-86.

[47]   Hou N, Dong H, Wang Z, et al. H_∞ state estimation for discrete-time neural networks with distributed delays and randomly occurring uncertainties through fading channels[J]. Neural Networks, 2017, 89 (5): 61-73.

[48]   Xie L, Souza C E De, Fragoso M D. H_∞ filtering for linear periodic systems with parameter uncertainty[J]. Systems and Control Letters, 1991, 17 (5): 343-350.

[49]   Sun S L, Tian T, Lin H. Optimal linear estimators for systems with finite-step correlated noises and packet dropout compensations[J]. IEEE Transactions on Signal Processing, 2016, 64 (21): 5672-5681.

[50]   Ma J, Sun S L. Distributed fusion filter for networked stochastic uncertain systems with transmission delays and packet dropouts[J]. Signal Processing, 2017, 130: 268-278.

[51]   Wang Z, Ho D W C, Liu X. Variance-constrained filtering for uncertain stochastic systems with missing measurements[J]. IEEE Transactions on Automatic Control, 2003, 48 (7): 1254-1258.

[52]   Yang F, Wang Z, Feng G, et al. Robust filtering with randomly varying sensor delay: the finite-horizon case[J]. IEEE Transactions on Circuits and Systems, 2009, 56 (3): 664-672.

[53]   Lewis F L, Xie L H, Sob Y C. Optimal and robust estimation[M]. 2nd. New York: CRC Press, 2008.

[54]   Xie L, Souza C E D, Fu M. H_∞ estimation for discrete-time linear uncertain systems[J]. International Journal of Robust and Nonlinear Control, 2010, 1 (2): 111-123.

[55]   Wang F, Balakrishnan V. Robust estimators for systems with deterministic and stochastic uncertainties[C]. The IEEE Conference on Decision and Control, 2002 (2): 1946-1951.

[56]   Chen Y L, Chen B S. Minimax robust deconvolution filters under stochastic parametric and noise uncertainties[J]. IEEE Transactions On Signal Processing, 1994, 42 (1): 32-45.

[57] Tian T，Sun S，Li N. Multi-sensor information fusion estimators for stochastic uncertain systems with correlated noises[J]. Information Fusion，2016，27（1）：126–137.

[58] Wang S，Fang H，Tian X. Minimum variance estimation for linear uncertain systems with one-step correlated noises and incomplete measurements[J]. Digital Signal Processing，2016，49（2）：126–136.

[59] Zhang H S，Zhang D，Xie L H，et al. Robust filtering under stochastic parametric uncertainties[J]. Automatica，2004，40（9）：1583-1589.

[60] Koning W L D. Optimal estimation of linear discrete-time systems with stochastic parameters[J]. Automatica，1984，20（1）：113-115.

[61] Xie L，Soh Y C. Robust Kalman filtering for uncertain systems[J]. Systems and Control Letters，1994，22：123-129.

[62] Xie L，Soh Y C，De Souza C E. Robust Kalman filtering for uncertain discrete-time systems[J]. IEEE Transactions on Automatic Control，1994，39（6）：1310-1314.

[63] Mahmoud M S，Xie L，Soh Y C. Robust Kalman filtering for discrete state-delay systems[J]. Control Theory and Applications，2000，147（6）：613-618.

[64] Qi W J，Zhang P，Deng Z L. Robust weighted fusion time-varying Kalman smoothers for multisensor system with uncertain noise variances[J]. Information Sciences，2014，282：15-37.

[65] Xi H S. Discrete-time robust Kalman filter of guaranteed state estimation performance[J]. Acta Automatica Sinica，1996，22（6）：731-735.

[66] Chen B，Hu G，Ho D W C，et Al. Distributed robust fusion estimation with application to state monitoring systems[J]. IEEE Transactions on Systems Man and Cybernetics Systems，2017，47（11）：2994-3005.

[67] Liu W. Optimal estimation for discrete-time linear systems in the presence of multiplicative and time-correlated additive measurement noises[J]. IEEE Transactions on Signal Processing，2015，63（17）：4583-4593.

[68] Liu W Q，Wang X M，Deng Z L. Robust weighted fusion Kalman estimators for multisensor systems with multiplicative noises and uncertain-covariances linearly correlated white noises[J]. International Journal of Robust and Nonlinear Control，2017，27（12）：2019-2052.

[69] Wang Y，Zuo Z. Further results on robust variance-constrained filtering for uncertain stochastic systems with missing measurements[J]. Circuits Systems & Signal Processing，2010，29（5）：901-912.

[70] Shi P，Luan X，Liu F. H∞ filtering for discrete-time systems with stochastic incomplete measurement and mixed delays[J]. IEEE Transactions on Industrial Electronics，2012，59（6）：2732-2739.

[71] Sahebsara M，Chen T，Shah S L. Optimal H_2 filtering with random sensor delay，multiple packet dropout and uncertain observations[J]. International Journal of Control，2007，80（2）：292-301.

[72] Sun S L，L H Xie，Xiao W X，et al. Optimal linear estimation for systems with multiple packet dropouts[J]. Automatica，2008，44（5）：1333-1342.

[73] Aidala V J. Kalman filter behavior in bearing-only tracking applications[J]. IEEE Transactions on Aerospace and Electronic Systems，1979，15（1）：29-39.

[74] Aidala V J，Hammel S. Utilization of modified polar coordinates for bearings-only tracking[J]. IEEE Transactions on Automatic Control，1983，28（3）：283-294.

[75] Song T L，Speyer J. L. A stochastic analysis of a modified gain extend Kalman filter with application to estimation with bearings only measurements[J]. IEEE Transactions on Aerospace and Electronic Systems，1985，AES-30（10）：940-949.

[76] Galkowski P J，Islam M. An alternative derivation of modified gain function of song and speyer[J]. IEEE Transactions on Aerospace and Electronic Systems，1991，AES-36（11）：1322-1326.

[77] Guerci J R，Goetz R，Dimodica J. A method for improving extended Kalman filter performance for angle-only passive ranging[J]. IEEE Transactions on Aerospace and Electronic Systems，1994，AES-30（4）：1090-1093.

[78] Fagin S L. Comments on "a method for improving extended Kalman filter performance for angle-only passive ranging" [J]. IEEE Transactions on Aerospace and Electronic Systems，1995，31（3）：1148-1150.

[79] Guo F C，Sun Z K，Huang F K. A modified covariance extended Kalman filtering algorithm in passive location[J]. Proceedings of IEEE International Conference on Robotics Intelligent Systems and Signal Processing，2003：307-311.

[80] 吴顺华. 基于空频域信息的单星对星无源定轨与跟踪关键技术研究[D]. 长沙：国防科学技术大学博士论文，2009.

[81] Julier S J，Uhlmann J K. A new method for the nonlinear transormation of means and covariances in filters and estimators[J]. IEEE Transactions on Automatic Control，2000，45（3）：477-482.

[82] Nørgarrd M，Poulsen N，Ravn O. Advances in derivative-free state estimation for nonlinear system[R]. Technical Report IMM-REP1998-15（revised edition）. Denmark：Technical University，2004.

[83] Arasaratnam I，Haykin S，Elliott R J. Discrete-time nonlinear filtering algorithms using Gauss-Hermite quadrature[J]. Proceedings of the IEEE，2007，95（5）：953-977.

[84] 巫春玲，韩崇昭. 平方根求积分卡尔曼滤波器[J]. 电子学报，2009，37（5）：987-992.

[85] Julier S J，Uhlmann J K. Unscented filtering and nonlinear Estimation[J]. Proceedings of IEEE，2004，92（3）：401-422.

[86] Zhan R H，Wan J W. Neural network-aided adaptive unscented Kalman filter for nonlinear state estimation[J]. IEEE Signal Processing Letters，2006，13（7）：445-448.

[87] 吴顺华，辛勤，万建伟. 简化 DDF 算法及其在单星对星无源定轨跟踪中的应用[J]. 宇航学报，2009，30（4）：1557-1563.

[88] Gordon N J，Salmon D J，Smith A F M. Novel approach to nonlinear/non-Gaussian Bayesian state estimation[J]. IEEE Proceedings on Radar and Signal Processing，1993，140（2）：107-113.

[89] 朱志宇，姜长生. 机动目标跟踪的高斯-厄米特粒子滤波算法[J]. 系统工程与电子技术，2007，29（10）：1596-1599.

[90] Singer R A，Sea R G. A new filter for optimal tracking in dense multitarget environment[C]. Urbana：Proceedings of the Ninth Allerton Conference Circuit and System Theory，1973：571-582.

[91] 韩崇昭，朱洪艳，段战胜，等. 多源信息融合[M]. 2 版. 北京：清华大学出版社，2010.

[92] 权太范. 目标跟踪新理论与技术[M]. 北京：国防工业出版社，2009.

[93] Bar-Shalom Y，Fortmann T E. Tracking and data association[M]. San Diego：Academic Press，1988.

[94] Mahler R. Statistical multisource-multitarget information fusion[M]. Norwood：Artech House，2007.

[95] Mahler R. Multitarget Bayes filtering via first-order multitarget moments[J]. IEEE Transactions on Aerospace and Electronic Systems，2003，39（4）：1152-1178.

[96] Vo B N，Singh S，Doucet A. Sequential Monte Carlo implementation of the PHD filter for multi-target tracking[C]. Cairns：International Conference on Information Fusion，2003：792-799.

[97] Vo B-N，Singh S，Doucet A. Sequential Monte Carlo methods for multi-target filtering with random finite sets[J]. IEEE Transactions on Aerospace and Electronic Systems，2005，41（4）：1224-1245.

[98] Vo B-N，Ma W-K. A closed-form solution for the probability hypothesis density filter[C]. Philadelphia：7th International Conference on Information Fusion，2005：856-863.

[99] Johansen A M，Singh S S，Doucet A，et al. Convergence of the SMC implementation of the PHD filter[J]. Methodology and Computing in Applied Probability，2006，8（2）：265-291.

[100] Clark D E，Vo B N. Convergence analysis of the Gaussian mixture PHD filter[J]. IEEE Transactions on Signal Processing，2007，55（4）：1204-1212.

[101] Clark D E，Panta K. The GM-PHD filter multiple target tracker[C]. Florence：9th International Conference on Information Fusion，2006.

[102] Clark D E. Multiple target tracking with the probability hypothesis density filter[D]. Edinburgh：PhD Thesis，Heriot-Watt University，2006.

[103] Panta K，Clark D E，Vo B N. Data association and track management for the Gaussian mixture probability hypothesis density filter[J]. IEEE Transactions on Aerospace and Electronic Systems，2009，45（3）：1003-1016.

[104] Yin J J，Zhang J Q. Gaussian sum PHD filtering algorithm for nonlinear non-Gaussian models[J]. Chinese Journal of Aeronautics，2008，21（4）：341-351.

[105] Liu W F，Han C Z，Lian F，et al. Multitarget state extraction for the PHD Filter using MCMC approach[J]. IEEE Transactions

on Aerospace and Electronic Systems，2010，46（2）：864-883.

[106] Tang X，Wei P. Multi-target state extraction for the particle probability hypothesis density filter[J]. IET Radar Sonar and Navigation，2011，5（8）：877-883.

[107] Whiteley N，Singh S，Godsill S. Auxiliary particle implementation of probability hypothesis density filter[J]. IEEE Transactions on Aerospace and Electronic Systems，2010，46（3）：1437-1454.

[108] Yoon J H，Kim D Y，Yoon K J. Efficient importance sampling function design for sequential Monte Carlo PHD filter[J]. Signal Processing，2012，92（9）：2315-2321.

[109] Lian F，Han C，Liu W，et al. Joint spatial registration and multi-target tracking using an extended probability hypothesis density filter[J]. IET Radar Sonar and Navigation，2011，5（4）：441-448.

[110] Erdinc O，Willett P，Bar-Shalom Y. Probability hypothesis density filter for multitarget multisensor tracking[C]. Philadelphia：8th International Conference on Information Fusion，2005.

[111] Mahler R. A theory of PHD filters of higher order in target number[C]. Proceedings of SPIE，2006.

[112] Mahler R. PHD filters of higher order in target number[J]. IEEE Transactions on Aerospace and Electronic Systems，2007，43（4）：1523-1543.

[113] Vo B T，Vo B N，Cantoni A. Performance of PHD based multi-target filters[C]. Florence：9th International Conference on Information Fusion，2006：1-8.

[114] Svensson D，Wintenby J，Svensson L. Performance evaluation of MHT and GM-CPHD in a ground target tracking scenario[C]. Seattle：12th International Conference on Information Fusion，2009：300-307.

[115] Erdinc O，Willett P，Bar-Shalom Y. The bin-occupancy filter and its connection to the PHD filters[J]. IEEE Transactions on Signal Processing，2009，57（11）：4232-4246.

[116] Zhang H，Jing Z，Hu S. Gaussian mixture CPHD filter with gating technique[J]. Signal Processing，2009，89（8）：1521-1530.

[117] Macagnano D，de Abreu G T F. Adaptive gating for multitarget tracking with Gaussian mixture filters[J]. IEEE Transactions on Signal Processing，2012，60（3）：1533-1538.

[118] Ulmke M，Erdinc O，Willett P. GMTI tracking via the Gaussian mixture cardinalized probability hypothesis density filter[J]. IEEE Transactions on Aerospace and Electronic Systems，2010，46（4）：1821-1833.

[119] Pollard E，Pannetier B，Rombaut M. Hybrid algorithms for multitarget tracking using MHT and GM-CPHD[J]. IEEE Transactions on Aerospace and Electronic Systems，2011，47（2）：832-847.

[120] Mahler R，Vo B T，Vo，B N. CPHD filtering with unknown clutter rate and detection profile[J]. IEEE Transactions on Signal Processing，2011，57（8）：3497-3513.

[121] Vo B-T，Vo B-N，Cantoni A. The cardinality balanced multi-target multi-bernoulli filter and its implementations[J]. IEEE Transactions on Signal Processing，2009，57（2）：409-423.

[122] Li X R，Jilkov V P. Survey of maneuvering target tracking. Part V：multiple-model methods[J]. IEEE Transactions on Aerospace and Electronic Systems，2005，41（4）：1255-1321.

[123] Puranik S，Tugnait J K. Tracking of multiple maneuvering targets using multiscan JPDA and IMM filtering[J]. IEEE Transactions on Aerospace and Electronic Systems，2007，43（1）：23-35.

[124] Punithakumar K，Kirubarajan T，Sinha A. Multiple-model probability hypothesis density filter for tracking maneuvering targets[J]. IEEE Transactions on Aerospace and Electronic Systems，2008，44（1）：87-98.

[125] Pasha S A，Vo B-N，Tuan H D，et al. A Gaussian mixture PHD filter for jump Markov system models[J]. IEEE Transactions on Aerospace and Electronic Systems，2009，45（3）：919-936.

[126] Wood T M. Interacting methods for manoeuvre handling in the GM-PHD filter[J]. IEEE Transactions on Aerospace and Electronic Systems，2011，47（4）：3021-3025.

[127] Vo B T，Pasha A，Tuan H D. A Gaussian mixture PHD filter for nonlinear jump Markov models[C]. San Diego：Proceedings of the 45th IEEE Conference on Decision and Control，2006：3162-3167.

[128] Li W，Jia Y. Gaussian mixture PHD filter for jump Markov Models based on best-fitting Gaussian approximation[J]. Signal

Processing，2011，91（4）：1036-1042.

[129] Ouyang C，Ji H B，Guo Z Q. Extensions of the SMC-PHD Filters for jump Markov systems[J]. Signal Processing, 2012, 92（6）: 1422-1430.

[130] Habtemariam B K，Tharmarasa R，Kirubarajan T. PHD filter based track-before-detect for MIMO radars[J]. Signal Processing，2012，92（3）：667-678.

[131] Wood T M，Yates C A，Wilkinson D A. Simplified multitarget tracking using the PHD filter for microscopic video data[J]. IEEE Transactions on Circuits and Systems for Video Technology，2012，22（5）：702-713.

[132] Georgescu R，Willett P. The GM-CPHD tracker applied to real and realistic multistatic sonar data sets[J]. IEEE Journal of Oceanic Engineering，2012，37（2）：220-235.

[133] Haworth C D，de Saint Pern Y，Clark D，et al. Detection and tracking of multiple metallic objects in millimetre-wave images[J]. International Journal of Computer Vision，2007，71（2）：183-196.

[134] 盛卫东，许丹，周一宇，等. 基于高斯混合概率假设密度滤波的扫描型光学传感器像平面多目标跟踪算法[J]. 航空学报，2011，32（3）：497-506.

[135] 林两魁，许丹，盛卫东，等. 基于随机有限集的中段弹道目标群星载红外像平面跟踪方法[J]. 红外与毫米波学报，2010，29（6）：465-470.

[136] Lin L Q，Xu H，An W. Tracking a large number of closely spaced objects based on the particle probability hypothesis density filter via optical sensor[J]. Optical Engineering，2011，50（11）：116401.

[137] 林两魁，徐晖，龙云利，等. 基于概率假设密度滤波的中段弹道目标群红外多传感器组跟踪方法[J]. 光学学报，2011，31（2）：0228002.

第2章　不确定系统 CI 融合保性能鲁棒 Kalman 滤波

2.1　引　言

本章针对带不确定噪声方差的单传感器系统提出了保性能鲁棒性的一般的统一的概念和两类保性能鲁棒估计问题。第一类为已知精度偏差指标 r，求不确定噪声方差的最大扰动域，确保在此扰动域上的精度偏差有最大下界和最小上界；第二类为对于已知的扰动参数最大扰动域，求精度偏差最大下界和最小上界。利用噪声方差的参数化方法将两类问题转化为相应非线性和线性约束下的最优化问题，并利用拉格朗日乘数法和线性规划（LD）方法求解，进而利用 Lyapunov 方程方法提出两类保性能鲁棒 Kalman 滤波器。基于上述方法分别针对带不确定噪声方差和线性相关噪声或丢失观测的多传感器系统,提出改进的 CI 融合保性能鲁棒 Kalman 估值器和滤波器。

2.2　带不确定噪声方差系统保性能鲁棒滤波器

本节研究带不确定噪声方差的单传感器系统保性能鲁棒 Kalman 滤波问题，提出保性能鲁棒性、一般的、统一的概念，提出两类保性能鲁棒估计问题，并通过对不确定噪声方差扰动的参数化表示，将两类问题转化为拉格朗日最优化问题和 LP 问题求解，并基于极大极小鲁棒估计原理，用 Lyapunov 方程方法提出两类保性能鲁棒 Kalman 滤波器，并证明了精度偏差的最大下界和最小上界。

2.2.1　问题的提出

考虑带不确定噪声方差的线性定常系统

$$x(t+1) = \Phi x(t) + \Gamma w(t) \tag{2-1}$$

$$y(t) = Hx(t) + v(t) \tag{2-2}$$

其中，t 时刻的状态为 $x(t) \in R^n$；Φ 为已知维数的状态转移矩阵；Γ 和 H 分别为已知适当维数矩阵；$w(t) \in R^l$ 及 $v(t) \in R^m$ 分别为过程噪声和观测噪声；$y(t) \in R^m$ 为观测。

假设 2-1　$w(t)$ 和 $v(t)$ 为零均值且互不相关的白噪声，其未知不确定实际方差分别为 $\bar{Q}$ 和 $\bar{R}$，相应的已知保守上界方差分别为 Q 和 R，即

$$\bar{Q} \leqslant Q, \quad \bar{R} \leqslant R \tag{2-3}$$

定义不确定噪声方差扰动为

$$\Delta Q = Q - \bar{Q}, \quad \Delta R = R - \bar{R} \tag{2-4}$$

则由式（2-3）可得

$$\Delta Q \geqslant 0, \quad \Delta R \geqslant 0 \tag{2-5}$$

注 2-1　对称方阵不等式 $A \leqslant B$，即意味着定义为 $B - A \geqslant 0$ 是非负定矩阵。

假设 2-2　不确定噪声方差扰动 ΔQ 和 ΔR 可分别参数化表示为

$$\Delta Q = \sum_{i=1}^{p} \varepsilon_i Q_i, \quad 0 \leqslant \varepsilon_i \leqslant \varepsilon_i^m, \; i = 1, \cdots, p \tag{2-6}$$

$$\Delta R = \sum_{j=1}^{q} e_j R_j, \quad 0 \leqslant e_j \leqslant e_j^m, \; j = 1, \cdots, q \tag{2-7}$$

其中，Q_i 和 $\bar{Q}$ 为已知半正定扰动方位阵，且满足 $Q_i \geqslant 0$ 和 $R_j \geqslant 0$；ε_i^m 和 e_j^m 分别为非负的不确定扰动参数 ε_i 和 e_j 的上界。

注 2-2　不确定噪声方差扰动可参数化表示为

$$\begin{cases} \Delta Q = Q - \bar{Q} = \mathrm{diag}(\varepsilon_1, \cdots, \varepsilon_l) = \sum_{i=1}^{l} \varepsilon_i Q_i \\ \Delta R = R - \bar{R} = \mathrm{diag}(e_1, \cdots, e_m) = \sum_{j=1}^{m} e_j R_j \end{cases} \tag{2-8}$$

本节阐述的噪声方差扰动参数化原理的基本思想是半正定噪声方差扰动 ΔQ 和 ΔR 可分别用一些简单的半正定扰动方位阵 Q_i 和 R_j 的非负标量加权线性组合表示，如式（2-6）和式（2-7）所示。当 $\bar{Q}$ 和 $\bar{R}$ 为对角阵时，表达式（2-8）体现了这个参数化原理。对 $\bar{Q}$ 和 $\bar{R}$ 为非对角阵的一般情形，可根据具体问题构造半正定扰动方位阵 Q_i 和 R_j。非负标量加权系数 ε_i 或 e_j 表示该元素的扰动量。例如，对 $m = 2$，取简单半正定扰动方位阵各为

$$R_1 = \begin{bmatrix} 0 & 0 \\ 0 & 1 \end{bmatrix} \geqslant 0, \quad R_2 = \begin{bmatrix} 1 & 1 \\ 1 & 1 \end{bmatrix} \geqslant 0 \tag{2-9}$$

则可得不确定噪声方差扰动 ΔR 的一种参数化表示为

$$\Delta R = e_1 R_1 + e_2 R_2, \quad e_1 \geqslant 0, e_2 \geqslant 0 \tag{2-10}$$

这表示实际噪声方差扰动 ΔR 的第（2，2）对角元素有扰动量 e_1，且 ΔR 的所有元素有相同的扰动量 e_2。因 $e_1 \geqslant 0$，$e_2 \geqslant 0$，故式（2-10）满足 $\Delta R \geqslant 0$。注意，因为我们要求 $\Delta R \geqslant 0$，因此不能选择非半正定阵作为扰动方位阵。例如，$R_1 = \begin{bmatrix} 0 & 1 \\ 1 & 0 \end{bmatrix}$ 为非半正定阵，它不能作为扰动方位阵。应强调指出，在扰动参数化表达式（2-6）和（2-7）中，假设 $\varepsilon_i \geqslant 0$，$e_j \geqslant 0$，是为了保证 $\Delta Q \geqslant 0$ 和 $\Delta R \geqslant 0$。因为已选择 Q_i 和 R_j 为半正定，故它们的非负标量加权也是半正定的。

假设 2-3　(Φ, H) 为能检测对，$(\Phi, \Gamma Q^{1/2})$ 为能稳对，其中 $Q = Q^{1/2}(Q^{1/2})^{\mathrm{T}}$，上标 T 为转置号。

引理 2-1[1]　考虑 Lyapunov 方程

$$P = \Psi P \Psi^{\mathrm{T}} + U \tag{2-11}$$

其中，U 为对称阵；P 和 Ψ 为 $n \times n$ 矩阵，Ψ 为稳定阵。若 U 为（半）正定阵（$U \geqslant 0$），则式（2-11）存在唯一的（半）正定解 P（$P \geqslant 0$）。

2.2.2　保性能鲁棒 Kalman 滤波器

依据极大极小鲁棒估计原理，带保守上界 Q 和 R 的最坏情形保守系统式（2-1）和式（2-2）的保守稳态最小方差 Kalman 滤波器为[2]

$$\hat{x}(t|t) = \Psi \hat{x}(t-1|t-1) + Ky(t) \qquad (2\text{-}12)$$

$$K = \Sigma H^{\mathrm{T}}[H\Sigma H^{\mathrm{T}} + R]^{-1} \qquad (2\text{-}13)$$

$$P = [I_n - KH]\Sigma \qquad (2\text{-}14)$$

$$\Psi = [I_n - KH]\Phi \qquad (2\text{-}15)$$

其中，Ψ 为稳定矩阵[1]；上角标 T 表示转置；I_n 为 $n \times n$ 阶单位阵；上角标 -1 表示逆矩阵。保守预报误差方差阵 Σ 满足如下 Riccati 方程：

$$\Sigma = \Phi[\Sigma - \Sigma H^{\mathrm{T}}(H\Sigma H^{\mathrm{T}} + R)^{-1}H\Sigma]\Phi^{\mathrm{T}} + \Gamma Q \Gamma^{\mathrm{T}} \qquad (2\text{-}16)$$

注 2-3　式（2-12）中由带保守上界 Q 和 R 的最坏情形保守系统式（2-1）和式（2-2）产生的保守观测 $y(t)$ 是不可用的，因此在式（2-12）中，由带实际噪声方差 $\bar{Q}$ 和 $\bar{R}$ 的实际系统式（2-1）和式（2-2）生成的实际观测 $y(t)$ 代替保守观测，得到实际 Kalman 滤波器。其中定义最坏情形保守系统是带噪声方差保守上界 Q 和 R 的系统，简称最坏情形系统或保守系统。由最坏情形系统产生的状态和观测分别称为保守状态和保守观测。保守观测是不可获得的。定义带实际噪声方差 $\bar{Q}$ 和 $\bar{R}$ 的系统为实际系统。由实际系统产生的状态和观测分别称为实际状态和实际观测。实际观测是可利用的、已知的，可直接由传感器观测得到。

由式（2-1）和式（2-12），可得保守滤波误差 $\tilde{x}(t|t) = x(t) - \hat{x}(t|t)$ 为

$$\tilde{x}(t|t) = \Psi \tilde{x}(t-1|t-1) - Kv(t) + (I_n - KH)\Gamma w(t-1) \qquad (2\text{-}17)$$

从而有保守稳态误差方阵 P 满足如下 Lyapunov 方程：

$$P = \Psi P \Psi^{\mathrm{T}} + KRK^{\mathrm{T}} + [I_n - KH]\Gamma Q \Gamma^{\mathrm{T}}[I_n - KH]^{\mathrm{T}} \qquad (2\text{-}18)$$

类似地，容易证明实际滤波误差也满足式（2-17）。由式（2-17）可得到实际滤波误差方阵 $\bar{P}$ 满足 Lyapunov 方程

$$\bar{P} = \Psi \bar{P} \Psi^{\mathrm{T}} + K\bar{R}K^{\mathrm{T}} + [I_n - KH]\Gamma \bar{Q} \Gamma^{\mathrm{T}}[I_n - KH]^{\mathrm{T}} \qquad (2\text{-}19)$$

由式（2-18）减式（2-19），并令 $\Delta P = P - \bar{P}$，有 Lyapunov 方程

$$\Delta P = \Psi \Delta P \Psi^{\mathrm{T}} + K\Delta RK^{\mathrm{T}} + [I_n - KH]\Gamma \Delta Q \Gamma^{\mathrm{T}}[I_n - KH]^{\mathrm{T}} \qquad (2\text{-}20)$$

其唯一解为[1]

$$\Delta P = \sum_{S=0}^{\infty} \Psi^S ([I_n - KH]\Gamma \Delta Q \Gamma^{\mathrm{T}}[I_n - KH]^{\mathrm{T}} + K\Delta RK^{\mathrm{T}})\Psi^{S\mathrm{T}} \qquad (2\text{-}21)$$

将式（2-7）代入式（2-20），可得

$$\Delta P = \sum_{i=1}^{p} \varepsilon_i \left[\sum_{S=0}^{\infty} \Psi^S (I_n - KH) \Gamma Q_i \Gamma^{\mathrm{T}} \Psi^{ST} \right] + \sum_{j=1}^{q} e_j \left[\sum_{S=0}^{\infty} \Psi^S K R_j K \Psi^{ST} \right] \qquad (2\text{-}22)$$

分别定义

$$C_i = \sum_{S=0}^{\infty} \Psi^S (I_n - KH) \Gamma Q_i \Gamma^{\mathrm{T}} \Psi^{ST}, \quad i = 1, \cdots, p \qquad (2\text{-}23)$$

$$D_j = \sum_{S=0}^{\infty} \Psi^S K R_j K^{\mathrm{T}} \Psi^{ST}, \quad j = 1, \cdots, q \qquad (2\text{-}24)$$

由式（2-23）和式（2-24），可得 C_i 及 D_j 分别满足如下 Lyapunov 方程：

$$C_i = \Psi^S C \Psi^{ST} + (I_n - KH) \Gamma Q_i \Gamma \qquad (2\text{-}25)$$

$$D_j = \Psi D_j \Psi^{\mathrm{T}} + K R_j K^{\mathrm{T}} \qquad (2\text{-}26)$$

可用迭代法[1]求解 Lyapunov 方程式（2-25）及式（2-26）。由 $Q_i \geqslant 0, R_j \geqslant 0$，可得

$$(I_n - KH) \Gamma Q_i \Gamma^{\mathrm{T}} (I_n - KH)^{\mathrm{T}} \geqslant 0, \quad K R_j K^{\mathrm{T}} \geqslant 0 \qquad (2\text{-}27)$$

进而，由 Ψ 为稳定矩阵，分别对式（2-25）和式（2-26）应用引理 2-1，可得 Lyapunov 方程（2-25）及（2-26）分别存在唯一的对称半正定解，即有下式成立：

$$C_i \geqslant 0, \quad D_j \geqslant 0 \qquad (2\text{-}28)$$

对式（2-28）分别取矩阵迹运算，可得

$$c_i = \operatorname{tr} C_i \geqslant 0, \quad d_j = \operatorname{tr} D_j \geqslant 0 \qquad (2\text{-}29)$$

其中，符号 tr 表示矩阵的迹。

对式（2-22）等号两边取矩阵迹运算，有

$$\operatorname{tr} \Delta P = \operatorname{tr} \sum_{i=1}^{p} \varepsilon_i \left[\sum_{S=0}^{\infty} \Psi^S (I_n - KH) \Gamma Q_i \Gamma^{\mathrm{T}} \Psi^{ST} \right] + \operatorname{tr} \sum_{j=1}^{q} e_j \left[\sum_{S=0}^{\infty} \Psi^S K R_j K \Psi^{ST} \right] \qquad (2\text{-}30)$$

将式（2-23）及式（2-24）代入式（2-30），可得

$$\operatorname{tr} \Delta P = \operatorname{tr} \sum_{i=1}^{p} \varepsilon_i C_i + \operatorname{tr} \sum_{j=1}^{q} e_j D_j \qquad (2\text{-}31)$$

则将式（2-29）代入式（2-31），可得

$$\operatorname{tr} \Delta P = \sum_{i=1}^{p} \varepsilon_i c_i + \sum_{j=1}^{q} e_j d_j \qquad (2\text{-}32)$$

由式（2-18）、式（2-19）和式（2-20），可得如下函数关系：

$$\operatorname{tr} P = J(Q, R), \quad \operatorname{tr} \overline{P} = J(\overline{Q}, \overline{R}) \qquad (2\text{-}33)$$

$$\operatorname{tr} \Delta P = \operatorname{tr} P - \operatorname{tr} \overline{P} = J(\Delta Q, \Delta R) \qquad (2\text{-}34)$$

注 2-4　用估值误差方差阵的迹作为估值器的精度指标。较小的迹意味着较高的精度。$\operatorname{tr} \overline{P}$ 为实际 Kalman 滤波器的实际精度，$\operatorname{tr} P$ 为实际滤波器的鲁棒精度（总体精度）[2-5]，$\operatorname{tr} P - \operatorname{tr} \overline{P}$ 为实际精度与鲁棒精度之间的偏差，简称精度偏差或偏离度[3-5]。定义 $J(\Delta Q, \Delta R)$ 为精度偏差性能函数。

对于预置的精度偏差指标 $r(r > 0)$，由式（2-6）和式（2-7）可得不确定扰动所构建的最大扰动域为

$$\Omega^m = \Omega^m(\Delta Q, \Delta R) = \{(\Delta Q, \Delta R) : 0 \leqslant \Delta Q \leqslant \Delta Q^m, 0 \leqslant \Delta R \leqslant \Delta R^m\} \qquad (2\text{-}35)$$

其中不确定噪声方差最大扰动为

$$\Delta Q^m = \sum_{i=1}^{p} \varepsilon_i^m Q_i, \quad \Delta R^m = \sum_{j=1}^{q} e_j^m R_j \qquad (2\text{-}36)$$

其等价的最大参数扰动域 Ω_0^m 为

$$\Omega_0^m = \{(\varepsilon_1, \cdots, \varepsilon_p, e_1, \cdots, e_q) \mid 0 \leqslant \varepsilon_i \leqslant \varepsilon_i^m, 0 \leqslant e_j \leqslant e_j^m, i = 1, \cdots, p; j = 1, \cdots, q\} \qquad (2\text{-}37)$$

对带不确定噪声方差的系统有如下两类保性能鲁棒 Kalman 滤波问题。

问题 2-1　对预置的精度偏差指标 r，求不确定噪声方差的最大扰动域 Ω^m，即对扰动域内的所有容许噪声方差扰动 $(\Delta Q, \Delta R) \in \Omega^m$，有 $0 \leqslant \mathrm{tr}\, P - \mathrm{tr}\, \overline{P} \leqslant r$，即保证精度偏差有最大下界 0 和最小上界 r。

问题 2-2　对于预置的参数扰动域 Ω_0^m，求对在此域内的所有噪声方差扰动 $(\Delta Q, \Delta R) \in \Omega^m$，相应的精度偏差 $\mathrm{tr}\, P - \mathrm{tr}\, \overline{P}$ 的最大下界和最小上界。

2.2.3　第一类保性能鲁棒 Kalman 滤波器

由式（2-4）有，实际的不确定噪声方差最小值分别为 $\overline{Q}^m = Q - \Delta Q^m$，$\overline{R}^m = R - \Delta R^m$。因此，实际滤波误差方阵最小值满足 Lyapunov 方程

$$\overline{P}^m = \Psi \overline{P}^m \Psi^{\mathrm{T}} + K \overline{R}^m K^{\mathrm{T}} + [I_n - KH]\Gamma \overline{Q}^m \Gamma^{\mathrm{T}}[I_n - KH]^{\mathrm{T}} \qquad (2\text{-}38)$$

由式（2-18）减去式（2-38），可得滤波误差方差扰动的最大值

$$\Delta P^m = \Psi \Delta P^m \Psi^{\mathrm{T}} + K \Delta R^m K^{\mathrm{T}} + [I_n - KH]\Gamma \Delta Q^m \Gamma^{\mathrm{T}}[I_n - KH]^{\mathrm{T}} \qquad (2\text{-}39)$$

对式（2-39）两端取矩阵迹运算可得 $\mathrm{tr}\, \Delta P^m = \mathrm{tr}\, P - \mathrm{tr}\, \overline{P}^m$，即

$$\mathrm{tr}\, \Delta P^m = J(\Delta Q^m, \Delta R^m) = J(Q, R) - J(\overline{Q}^m, \overline{R}^m) \qquad (2\text{-}40)$$

由式（2-35）和式（2-36）知，求最大扰动域 $\Omega^m(\Delta Q, \Delta R)$ 等价于求式（2-37）给出的最大参数扰动域 Ω_0^m，这等价于极大化超立方体 $\{0 \leqslant \varepsilon_i \leqslant \varepsilon^m, 0 \leqslant e_j \leqslant e^m, i = 1, \cdots, p; j = 1, \cdots, q\}$ 的体积 J_m，其中 J_m 满足

$$J_m = \varepsilon_1^m \cdots \varepsilon_p^m e_1^m \cdots e_q^m \qquad (2\text{-}41)$$

由式（2-31）知，精度偏差 $\mathrm{tr}\, \Delta P$ 是扰动参数 ε_i 和 e_j 的线性函数，它在扰动域 Ω_0^m 上的极大值必在边界点 $(\varepsilon_1^m, \cdots, \varepsilon_p^m, e_1^m, \cdots, e_q^m)$ 处达到[6]，因此问题等价于在如下线性约束条件下的非线性最优化问题：

$$\sum_{i=1}^{p} \varepsilon_i^m c_i + \sum_{j=1}^{q} e_j^m d_j = r \qquad (2\text{-}42)$$

因 $y = \ln x$ 在其定义域上为单调增函数，所以 $\ln J_m$ 的极值点必为 J_m 的极值点，即 J_m 与 $\ln J_m$ 有相同的极值点，因此问题又等价于在约束条件（2-42）下极大化 $\ln J_m$，应用拉格朗日乘数法，引入带拉格朗日乘子 λ 的辅助函数

$$F = \ln J_m + \lambda \left(r - \sum_{i=1}^{p} \varepsilon_i^m c_i - \sum_{j=1}^{q} e_j^m d_j \right)$$

$$= \sum_{i=1}^{p} \ln \varepsilon_i^m + \sum_{j=1}^{q} \ln e_j^m + \lambda \left(r - \sum_{i=1}^{p} \varepsilon_i^m c_i - \sum_{j=1}^{q} e_j^m d_j \right) \qquad (2\text{-}43)$$

问题转化为求无约束极值问题及极大化函数 F 的问题。令函数 F 分别对 ε_i^m、e_j^m 和 λ 求偏导数，并令其均为 0，可得

$$\begin{cases} \dfrac{\partial F}{\partial \varepsilon_i^m} = \dfrac{1}{\varepsilon_i^m} - \lambda c_i = 0 \\[3mm] \dfrac{\partial F}{\partial e_j^m} = \dfrac{1}{e_j^m} - \lambda d_j = 0 \\[3mm] \dfrac{\partial F}{\partial \lambda} = r - \sum_{i=1}^{p} \varepsilon_i^m c_i + \sum_{j=1}^{q} e_j^m d_j = 0 \end{cases} \qquad (2\text{-}44)$$

则通过求解方程（2-44）可求得极大值点分别为

$$\varepsilon_i^m = \frac{r}{(p+q)c_i}, \ i = 1, \cdots, p, \quad e_j^m = \frac{r}{(p+q)d_j}, \ j = 1, \cdots, q \qquad (2\text{-}45)$$

其中，r 为预置的已知精度偏差性能指标；c_i、d_j 可由式（2-29）计算得出。

定理 2-1　对于带不确定噪声方差的系统式（2-1）和式（2-2），在假设 2-1～假设 2-3 的条件下，实际 Kalman 滤波器式（2-12）是保性能鲁棒 Kalman 滤波器，即对于预置的精度偏差指标 $r > 0$，存在由式（2-45）规定的由式（2-37）给出的最大参数扰动域 Ω_0^m，对该扰动域内所有扰动参数 $(\varepsilon_1, \cdots, \varepsilon_p, e_1, \cdots, e_q)$，相应的精度偏差满足

$$0 \leqslant \mathrm{tr}\, P - \mathrm{tr}\, \overline{P} \leqslant r \qquad (2\text{-}46)$$

其中，0 和 r 分别为精度偏差 $\mathrm{tr}\, P - \mathrm{tr}\, \overline{P}$ 的最大下界和最小上界。

称实际 Kalman 滤波器式（2-12）为第一类保性能鲁棒 Kalman 滤波器。定义式（2-35）和（2-36）所描述的噪声方差扰动域 $\Omega^m(\Delta Q, \Delta R)$，或由式（2-37）给出的参数扰动域 Ω_0^m 为鲁棒域。

证明　对任意的 $(\Delta Q, \Delta R) \in \Omega^m$，由式（2-5）及 Ψ 的稳定性，并对式（2-20）应用引理 2-1，可得 $\Delta P \geqslant 0$，即

$$P \geqslant \overline{P} \qquad (2\text{-}47)$$

对式（2-47）两端取矩阵迹运算，引出 $\mathrm{tr}\, P \geqslant \mathrm{tr}\, \overline{P}$，从而可得 $0 \leqslant \mathrm{tr}\, P - \mathrm{tr}\, \overline{P}$，即精度偏差有下界零。若取 $\Delta Q = 0, \Delta R = 0$，则 $(0,0) \in \Omega^m$，对式（2-20）应用引理 2-1，引出 $\Delta P = 0$；对上式两边取矩阵迹运算，可以得出 $\mathrm{tr}\, \Delta P = 0$，即 $\mathrm{tr}\, P - \mathrm{tr}\, \overline{P} = 0$，因而 0 为 $\mathrm{tr}\, \Delta P$ 的最大下界。

事实上，用反证法可得出同样的结论，假设存在 $\mathrm{tr}\, \Delta P$ 的另一个下界 $\mu > 0$，则对任意的 $(\Delta Q, \Delta R) \in \Omega^m$，均有下式成立：

$$\mathrm{tr}\, \Delta P \geqslant \mu > 0 \qquad (2\text{-}48)$$

特别地取 $\Delta Q = 0, \Delta R = 0$，即 $(0,0) \in \Omega^m$，则有

$$\mu \leqslant \mathrm{tr}\,\Delta P = 0 \tag{2-49}$$

显然，式（2-49）与式（2-48）相矛盾，于是证得零为精度偏差的最大下界。

由式（2-31）、式（2-40）和式（2-32），并令 $\Delta P^m = P - \bar{P}^m$ 可得

$$J(\Delta Q^m, \Delta R^m) = J(Q,R) - J(\bar{Q}^m, \bar{R}^m) \tag{2-50}$$
$$= \mathrm{tr}\,P - \mathrm{tr}\,\bar{P}^m = \mathrm{tr}\,\Delta P^m = r$$

由式（2-35）可知，对任意的 $(\Delta Q, \Delta R) \in \Omega^m(\Delta Q, \Delta R)$ 均有下式成立：

$$\Delta Q \leqslant \Delta Q^m, \quad \Delta R \leqslant \Delta R^m \tag{2-51}$$

由式（2-18）减去式（2-38），及 $\Delta P^m = P - \bar{P}^m$ 可得

$$\Delta P^m = \Psi \Delta P^m \Psi^{\mathrm{T}} + K \Delta R^m K^{\mathrm{T}} + [I_n - KH]\Gamma \Delta Q^m \Gamma^{\mathrm{T}}[I_n - KH]^{\mathrm{T}} \tag{2-52}$$

其中，$\Delta R^m = R - \bar{R}^m, \Delta Q^m = Q - \bar{Q}^m$，定义 $\Delta = \Delta P^m - \Delta P$，由式（2-52）减去式（2-20），可得 Lyapunov 方程：

$$\Delta = \Psi \Delta \Psi^{\mathrm{T}} + K(\Delta R^m - \Delta R)K^{\mathrm{T}} + [I_n - KH]\Gamma(\Delta Q^m - \Delta Q)\Gamma^{\mathrm{T}}[I_n - KH]^{\mathrm{T}} \tag{2-53}$$

由式（2-51）、式（2-53）及引理 2-1，可以得出 $\Delta \geqslant 0$，对式（2-53）两端取迹值有

$$\mathrm{tr}\,\Delta \geqslant 0 \tag{2-54}$$

即 $\mathrm{tr}\,\Delta P^m - \mathrm{tr}\,\Delta P = \mathrm{tr}\,\Delta \geqslant 0$，从而引出

$$\mathrm{tr}\,\Delta P \leqslant \mathrm{tr}\,\Delta P^m \tag{2-55}$$

由式（2-50）和式（2-55），可得

$$J(\Delta Q, \Delta R) \leqslant J(\Delta Q^m, \Delta R^m) = r \tag{2-56}$$

由式（2-34）可得式（2-46）的第二个不等式成立，即有

$$\mathrm{tr}\,\Delta P \leqslant r \tag{2-57}$$

特别地，若取 $\Delta Q = \Delta Q^m, \Delta R = \Delta R^m$，则 $(\Delta Q^m, \Delta R^m) \in \Omega^m$，所以由式（2-50）有 $J(\Delta Q, \Delta R) = r$。假如存在精度偏差的另一个上界 $\eta > 0$，则对任意的 $(\Delta Q, \Delta Q) \in \Omega^m$，均有下式成立：

$$\mathrm{tr}\,\Delta P \leqslant \eta < r \tag{2-58}$$

特别地，若取 $\Delta Q = \Delta Q^m, \Delta R = \Delta R^m$，即 $(\Delta Q^m, \Delta R^m) \in \Omega^m$，则有

$$\mathrm{tr}\,\Delta P = r \leqslant \eta \tag{2-59}$$

显然，式（2-59）与式（2-58）相矛盾，于是证得 r 为精度偏差的最小上界。证毕。

注 2-5　由式（2-46）可知，实际精度 0 满足下式：

$$\mathrm{tr}\,P - r \leqslant \mathrm{tr}\,\bar{P} \leqslant \mathrm{tr}\,P \tag{2-60}$$

较小的 $r > 0$ 意味着 $\mathrm{tr}\,\bar{P}$ 近似于 $\mathrm{tr}\,P$；由式（2-60）容易证明 $\mathrm{tr}\,\bar{P}$ 的最小上界为 $\mathrm{tr}\,P$，最大下界为 $\mathrm{tr}\,P - r$。应强调指出，式（2-46）的第一个不等式 $0 \leqslant \mathrm{tr}\,P - \mathrm{tr}\,\bar{P}$ 及零是 $\mathrm{tr}\,P - \mathrm{tr}\,\bar{P}$ 的最大下界意味着 $\mathrm{tr}\,\bar{P} \leqslant \mathrm{tr}\,P$，且 $\mathrm{tr}\,\bar{P}$ 有最小上界 $\mathrm{tr}\,P$。

2.2.4　第二类保性能鲁棒 Kalman 滤波器

由式（2-36）可得不确定噪声方差扰动 ΔQ^m 及 ΔR^m，且由式（2-5）知不确定噪声方

差扰动下界为零。由式（2-7）、式（2-35）和式（2-36）可得相应的预置不确定噪声方差的有界扰动域 Ω^m。

定理 2-2　对于带不确定噪声方差的系统式（2-1）和式（2-2），在假设 2-1～2-3 条件下，实际 Kalman 滤波器（2-12）为第二类保性能鲁棒 Kalman 滤波器，即对于由式（2-37）给出的预置的不确定噪声方差参数的扰动域 Ω_0^m 内的所有扰动，相应实际精度 $\mathrm{tr}\,\overline{P}$ 及鲁棒精度 $\mathrm{tr}\,P$ 的偏差 $\mathrm{tr}\,\Delta P = \mathrm{tr}\,P - \mathrm{tr}\,\overline{P}$ 有最小上界 r_m 和最大下界 0，即

$$0 \leqslant \mathrm{tr}\,P - \mathrm{tr}\,\overline{P} \leqslant r_m \tag{2-61}$$

其中，r_m 由下式计算：

$$r_m = \sum_{i=1}^{p} \varepsilon_i^m c_i + \sum_{j=1}^{q} e_j^m d_j \tag{2-62}$$

c_i 和 d_j 由式（2-29）给出。

证明　由式（2-31）可得精度偏差为

$$r = \mathrm{tr}\,P - \mathrm{tr}\,\overline{P} = \sum_{i=1}^{p} \varepsilon_i c_i + \sum_{j=1}^{q} e_j d_j \tag{2-63}$$

注意：r 是在已知扰动域 Ω_0^m 上 ε_i 和 e_j 的线性函数。在已知预置的扰动域 Ω_0^m 上，极大化式（2-63），这是简单的线性规划问题。易知 r 在已知扰动域 Ω_0^m 上的最大值 r_m 必为扰动域端点 $(\varepsilon_1^m, \cdots, \varepsilon_p^m, e_1^m, \cdots, e_q^m)$ 处的函数值[6]，可由式（2-62）计算得出。事实上，对 Ω_0^m 中的任意点 $(\varepsilon_1, \cdots, \varepsilon_p, e_1, \cdots, e_q)$ 有 $0 \leqslant \varepsilon_i \leqslant \varepsilon_i^m, 0 \leqslant e_j \leqslant e_j^m$，由式（2-62）减去式（2-63），可得

$$r_m - \mathrm{tr}\,\Delta P = \sum_{i=1}^{p} c_i(\varepsilon_i^m - \varepsilon_i) + \sum_{j=1}^{q} d_j(e_j^m - e_j) \geqslant 0 \tag{2-64}$$

这引出式（2-61）的第二个不等式。特别地，取 $\varepsilon_i = \varepsilon_i^m, e_j = e_j^m$，即取 $\Delta Q = \Delta Q^m$，$\Delta R = \Delta R^m$，可得 $(\Delta Q^m, \Delta R^m) \in \Omega^m$，由式（2-62）和式（2-63），有 $r = \mathrm{tr}\,\Delta P = r_m$。假设存在精度偏差的另一个上界 $\rho > 0$，则对任意的 $(\Delta Q, \Delta R) \in \Omega^m$ 均有下式成立：

$$\mathrm{tr}\,\Delta P \leqslant \rho < r_m \tag{2-65}$$

特别地，若取 $\Delta Q = \Delta Q^m$，$\Delta R = \Delta R^m$，即 $(\Delta Q^m, \Delta R^m) \in \Omega^m$，则有

$$\mathrm{tr}\,\Delta P = r_m \leqslant \rho \tag{2-66}$$

显然，式（2-65）与式（2-66）相矛盾，于是证得 r_m 为精度偏差 $\mathrm{tr}\,P - \mathrm{tr}\,\overline{P}$ 的最小上界。证毕。

对任意选取的不确定噪声方差扰动 $(\Delta Q, \Delta R) \in \Omega^m$，由式（2-5），并对式（2-20）应用引理 2-1 可知 $\Delta P \geqslant 0$，于是知式(2-61)的左不等式成立。取 $\Delta Q = 0$，$\Delta R = 0$，则 $(0,0) \in \Omega^m$，对式（2-20）应用引理 2-1，可得 $\Delta P = 0$，于是有 $\mathrm{tr}\,\Delta P = 0$。同理，利用反证法假设存在精度偏差的另一个下界 $\sigma > 0$，则对任意的 $(\Delta Q, \Delta R) \in \Omega^m$，均有下式成立：

$$0 \leqslant \sigma \leqslant \mathrm{tr}\,\Delta P \tag{2-67}$$

特别地，若取 $\Delta Q = 0$，$\Delta R = 0$，即 $(0,0) \in \Omega^m$，则有

$$\sigma \leqslant \mathrm{tr}\,\Delta P = 0 \tag{2-68}$$

则式（2-67）与式（2-68）相矛盾，即 0 为精度偏差 $\mathrm{tr}\,P - \mathrm{tr}\,\overline{P}$ 的最大下界。证毕。

2.2.5　仿真实验与结果分析

考虑典型的服从随机匀加速运动的运动目标（如飞机、导弹、舰船、坦克等）跟踪系统

$$s(t+1) = s(t) + T_0 \dot{s}(t) + \frac{1}{2} T_0^2 \ddot{s}(t) \tag{2-69}$$

$$\dot{s}(t+1) = \dot{s}(t) + T_0 \ddot{s}(t) \tag{2-70}$$

$$\ddot{s}(t+1) = \rho \ddot{s}(t) + w(t) \tag{2-71}$$

$$y_1(t) = s(t) + v_1(t) \tag{2-72}$$

$$y_2(t) = \dot{s}(t) + v_2(t) \tag{2-73}$$

其中，T_0 为采样周期；$s(t)$、$\dot{s}(t)$ 和 $\ddot{s}(t)$ 分别为运动目标在采样时刻 T_0 的位置、速度和加速度；ρ 为标量参数；$y_1(t)$ 和 $y_2(t)$ 分别为传感器对位置和速度的观测信号；$w(t)$、$v_1(t)$ 和 $v_2(t)$ 分别为零均值方差为 Q、σ_{v1}^2 和 σ_{v2}^2 的互不相关白噪声。

引入状态变量 $x(t) = [s(t), \dot{s}(t), \ddot{s}(t)]^T$，易知该跟踪系统（2-69）～（2-73）有状态空间模型式（2-1）和式（2-2），其中

$$\begin{cases} \Phi = \begin{bmatrix} 1 & T_0 & 0.5T_0^2 \\ 0 & 1 & T_0 \\ 0 & 0 & \rho \end{bmatrix}, \ \Gamma = \begin{bmatrix} 0 \\ 0 \\ 1 \end{bmatrix}, \ H = \begin{bmatrix} 1 & 0 & 0 \\ 0 & 1 & 0 \end{bmatrix} \\ y(t) = [y_1(t), y_2(t)]^T, \quad v(t) = [v_1(t), v_2(t)]^T \end{cases} \tag{2-74}$$

仿真中取 $T_0 = 1, \rho = 0.9, R = \mathrm{diag}(\sigma_{v1}^2, \sigma_{v2}^2) = \mathrm{diag}(0.81, 0.36), Q = 4$，则噪声方差扰动有形如式（2-8）的参数化表示，其中

$$R_1 = \begin{bmatrix} 1 & 0 \\ 0 & 0 \end{bmatrix}, \ R_2 = \begin{bmatrix} 0 & 0 \\ 0 & 1 \end{bmatrix}, \ Q_1 = 1 \tag{2-75}$$

该模型是跟踪系统的典型的或基本的模型之一，有重要和广泛的应用背景，可应用于无人机姿态估计、GPS 定位、火箭跟踪及焊缝跟踪等，但以往应用研究中的局限性是假设模型参数 ρ、噪声方差 Q 和 R 是精确已知的，没有考虑噪声方差不确定的情形。这种情形由在系统中存在未建模误差和不确定随机干扰引起，并且通常是不可避免的，因而可用本书提出的方法设计两类保性能鲁棒 Kalman 滤波器来保证跟踪精度，达到设计要求。

情形 2-1　预置 $r = 0.2$，设计第一类保性能鲁棒 Kalman 滤波器。

由式（2-45），可得最大扰动参数分别为

$$\varepsilon_1^m = 0.0346, \ e_1^m = 0.6350, \ e_2^m = 0.0559 \tag{2-76}$$

由式（2-36）可得噪声方差最大扰动为

$$\Delta Q^m = 0.0346, \quad \Delta R^m = \mathrm{diag}(0.6350, 0.0559) \tag{2-77}$$

由式（2-39）及式（2-40），经计算可得估计精度偏差指标，满足

$$\text{tr}\Delta P^m = J(\Delta Q^m, \Delta R^m) = 0.2 \tag{2-78}$$

图 2-1 表示估计精度偏差 $\text{tr}\Delta P = J(\Delta Q, \Delta R)$ 与扰动域中任意的不确定噪声方程扰动 $(\Delta Q, \Delta R) \in \Omega^m(\Delta Q, \Delta R)$ 之间的函数关系，其中 $\Delta R = \delta \Delta R^m$，$\delta(0 \leqslant \delta \leqslant 1)$ 为标量变化参数，可保证 ΔR 在 $0 \sim \Delta R^m$ 范围内变化。选取式（2-76）所构建的鲁棒域 Ω^m 中任意的 $\varepsilon_1 = 0.0334 < \varepsilon_1^m$ 及 $\delta = 0.9655$，即 $e_1 = 0.6131 < e_1^m$，$e_2 = 0.0540 < e_2^m$ 时，由式（2-7）可得

$$\Delta Q = 0.0334, \quad \Delta R = \text{diag}(0.6131, 0.0540) \tag{2-79}$$

由式（2-31），经计算可得估计精度偏差，满足

$$\text{tr}\Delta P = J(\Delta Q, \Delta R) = 0.1931 < 0.2 \tag{2-80}$$

取 $\Delta Q = 0, \Delta R = 0$，可得 $\text{tr}\Delta P = 0$。图 2-1 验证了式（2-46）的结论：$0 \leqslant \text{tr}\Delta P \leqslant 0.2$。

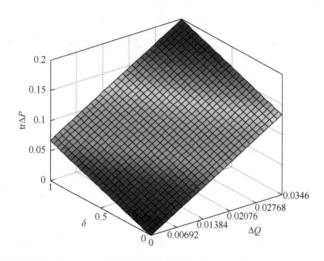

图 2-1　第一类保性能鲁棒 Kalman 滤波器估计精度偏差 $\text{tr}\Delta P$ 随 ΔQ 和 $\Delta R(\Delta R = \delta \Delta R^m)$ 的变化

情形 2-2　预置扰动参数上界 $\varepsilon_1^m = 0.0782$，$e_1^m = 0.0431$，$e_2^m = 0.0539$。

根据预置扰动参数上界，由式（2-37）可得预置的扰动域 Ω_0^m 为

$$\Omega_0^m = \left\{(\varepsilon_1, e_1, e_2) \mid 0 \leqslant \varepsilon_1 \leqslant 0.0782, 0 \leqslant e_1 \leqslant 0.0431, 0 \leqslant e_2 \leqslant 0.0539\right\} \tag{2-81}$$

由式（2-62）可得在预置扰动域上精度偏差最大值：$r_m = 0.2195$。

图 2-2 给出了第二类问题估计精度偏差 $\text{tr}\Delta P$ 与不确定噪声方差扰动 $(\Delta Q, \Delta R) \in \Omega^m$ $(\Delta Q, \Delta R)$ 之间的函数关系，其中 $\Delta R = \delta \Delta R^m (0 \leqslant \delta \leqslant 1)$。由图 2-2 可知，当任意选取预置鲁棒域 Ω_0^m 中 $\varepsilon_1 = 0.0701$ 及 $\delta = 0.8966$，即 $e_1 = 0.0386$、$e_2 = 0.0483$ 时，相应的精度偏差值为 $\text{tr}\Delta P = 0.1968 < r_m$。当选取 $\delta = 0$，即 $e_1 = 0, e_2 = 0$ 时，可得估计精度偏差：$\text{tr}\Delta P = 0$。由此可见，对于预置的不确定噪声方差参数扰动域式（2-37）中的所有容许扰动，相应的实际精度 $\text{tr}\bar{P}$ 与鲁棒精度 $\text{tr}P$ 的偏差，即 $\text{tr}\Delta P = \text{tr}P - \text{tr}\bar{P}$ 有最小上界 $r_m = 0.2195$ 及最大下界 0。图 2-2 验证了式（2-61）的结论。

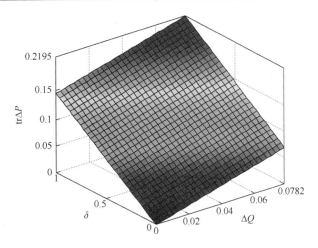

图 2-2　第二类保性能鲁棒 Kalman 滤波器估计精度偏差 trΔP 随 ΔQ 和 $\Delta R(\Delta R = \delta \Delta R^m)$ 变化

2.3　带不确定方差线性相关白噪声系统 CI 融合保性能鲁棒估值器

本节针对带线性相关噪声和不确定噪声方差的多传感器系统,基于不确定噪声方差扰动的参数化方法和极大极小鲁棒估计原理,利用 Lyapunov 方程方法解决了两类保性能鲁棒 CI 融合估计问题,并分别将两类问题转化为利用拉格朗日乘数法求极值的问题和线性规划(LP)问题,其中第二类问题为第一类问题的逆问题,不仅克服了原始 CI 融合算法需要假设局部估值和误差方差保守上界已知的局限性,而且克服了原始 CI 融合所给出的上界具有保守性的局限性,给出了实际融合估值误差方差的最小上界,提高了原始 CI 融合器的鲁棒精度。

2.3.1　问题的提出

考虑带不确定方差线性相关噪声的多传感器系统

$$x(t+1) = \Phi x(t) + \Gamma w(t) \tag{2-82}$$

$$y_i(t) = H_i x(t) + v_i(t) \tag{2-83}$$

$$v_i(t) = D_i w(t) + \eta_i(t), \quad i = 1, \cdots, L \tag{2-84}$$

其中, t 为离散时间; $y_i(t) \in R^{m_i}$ 为第 i 个传感器的观测; $x(t) \in R^n$ 为状态; $v_i(t) \in R^{m_i}$ 和 $w(t) \in R^l$ 为满足式(2-84)的线性相关白噪声; Φ, Γ, H_i, D_i 为已知的适当维数常阵。

假设 2-4　$w(t)$ 和 $\eta_i(t) \in R^{m_i}$ 为零均值互不相关白噪声,其未知不确定实际方差分别为 $\bar{Q}$ 和 $\bar{R}_{\eta i}$,已知它们的保守上界分别为 Q 和 $R_{\eta i}$,即

$$\bar{Q} \leqslant Q, \quad \bar{R}_{\eta i} \leqslant R_{\eta i} \tag{2-85}$$

定义不确定噪声方差扰动为 $\Delta Q = Q - \bar{Q}$, $\Delta R_{\eta i} = R_{\eta i} - \bar{R}_{\eta i}$,则有

$$\Delta Q \geqslant 0, \quad \Delta R_{\eta i} \geqslant 0 \tag{2-86}$$

由假设 2-1 可得 $w(t)$ 和 $v_i(t)$ 的保守和实际相关阵各为

$$S = E\left[w(t)v_i^{\mathrm{T}}(t)\right] = QD_i^{\mathrm{T}}, \quad \bar{S} = \bar{Q}D_i^{\mathrm{T}} \tag{2-87}$$

其中，符号 E 表示数学期望（均值）。

假设 2-5　ΔQ 和 $\Delta R_{\eta i}$ 可参数化为

$$\begin{cases} \Delta Q = \sum_{k=1}^{p} \varepsilon_k Q_k, & 0 \leqslant \varepsilon_k \leqslant \varepsilon_k^m \\ \Delta R_{\eta i} = \sum_{j=1}^{q_i} e_j^{(i)} R_j^{(i)}, & 0 \leqslant e_j^{(i)} \leqslant e_j^{(i)m} \end{cases} \tag{2-88}$$

其中，ε_k^m 和 $e_j^{(i)m}$ 分别为扰动参数 ε_k 和 $e_j^{(i)}$ 的上界；$Q_k \geqslant 0$ 和 $R_j^{(i)} \geqslant 0$ 为已知的半正定扰动方位阵。

当 $\bar{Q}$ 和 $\bar{R}_{\eta i}$ 为对角阵时，一般选取 $Q_i \geqslant 0$ 为半正定对角阵，其第 (i,i) 对角元素为 1，其他元素为 0。类似地，选取 $R_j^{(i)} \geqslant 0$ 为第 (j,j) 对角元素为 1、其他元素为 0 的半正定对角阵。因此，不确定扰动可表示为

$$\begin{cases} \Delta Q = \mathrm{diag}(\varepsilon_1, \cdots, \varepsilon_l) = \sum_{k=1}^{q} \varepsilon_k Q_k \\ \Delta R_{\eta i} = \mathrm{diag}(e_1^{(i)}, \cdots, e_{m_i}^{(i)}) = \sum_{j=1}^{m_i} e_j^{(i)} R_j^{(i)} \end{cases} \tag{2-89}$$

假设 2-6　$(\Phi - \Gamma S_i R_i^{-1} H_i, \Gamma G)$ 为能稳对，其中 $GG^{\mathrm{T}} = Q - S_i R_i^{-1} S_i^{\mathrm{T}}$，$(\Phi, H_i)$ 为能检测对。

问题是对系统式（2-82）~式（2-84），在假设 2-1~假设 2-3 下设计两类 CI 融合保性能鲁棒 Kalman 估值器 $\hat{x}_{\mathrm{CI}}(t|t+N)$，$N \geqslant -1$，其中 $N = -1,0$ 分别表示预报器和滤波器，$N>0$ 为平滑器。本节是在局部预报器的基础上统一处理滤波器和平滑器。

引理 2-2[3]　若 Q 为 $r \times r$ 半正定矩阵，即 $Q \geqslant 0$，则如下 $rL \times rL$ 矩阵 Q_a 亦为半正定矩阵，即

$$Q_a = \begin{bmatrix} Q & \cdots & Q \\ \vdots & & \vdots \\ Q & \cdots & Q \end{bmatrix} \geqslant 0 \tag{2-90}$$

引理 2-3[3]　若 R_i 为 $m \times m$ 半正定矩阵，即 $R_i \geqslant 0$，则如下矩阵 R_a 为半正定矩阵，即

$$R_a = \mathrm{diag}(R_1, \cdots, R_L) \geqslant 0 \tag{2-91}$$

2.3.2　鲁棒局部 Kalman 预报器

依据极大极小鲁棒估计原理，对带噪声方差保守上界 Q 和 $R_{\eta i}$ 的最坏情形系统式（2-82）~式（2-84）有实际局部稳态 Kalman 预报器[2]

$$\hat{x}_i(t+1|t) = \Psi_{pi}\hat{x}_i(t|t-1) + K_{pi}y_i(t) \tag{2-92}$$

$$K_{pi} = (\Phi \Sigma_i H_i^T + \Gamma S_i)[H_i \Sigma_i H_i^T + R_i]^{-1} \tag{2-93}$$

$$\Psi_{pi} = \Phi - K_{pi} H_i \tag{2-94}$$

$$\varepsilon_i(t) = y_i(t) - H_i \hat{x}_i(t \mid t-1) \tag{2-95}$$

$$Q_{\varepsilon i} = H_i \Sigma_i H_i^T + R_i \tag{2-96}$$

其中，Ψ_{pi} 为稳定矩阵；$y_i(t)$ 为实际观测。保守预报误差方差 Σ_i 满足 Riccati 方程

$$\Sigma_i = \Phi \Sigma_i \Phi^T + \Gamma Q \Gamma^T - (\Phi \Sigma_i H_i^T + \Gamma S_i)(H_i \Sigma_i H_i^T + R_i)^{-1}(\Phi \Sigma_i H_i^T + \Gamma S_i)^T \tag{2-97}$$

由式（2-84）引出 $v_i(t)$ 的保守和实际方差各为

$$R_i = D_i Q D_i^T + R_{\eta i}, \quad \overline{R}_i = D_i \overline{Q} D_i^T + \overline{R}_{\eta i} \tag{2-98}$$

由式（2-82）减式（2-92）可得局部预报误差 $\tilde{x}_i(t+1 \mid t) = x(t+1) - \hat{x}_i(t+1 \mid t)$ 为

$$\tilde{x}_i(t+1 \mid t) = \Phi x(t) + \Gamma w(t) \Psi_{pi} \hat{x}_i(t \mid t-1) - K_{pi} y_i(t) \tag{2-99}$$

将式（2-83）代入式（2-99），可得

$$\tilde{x}_i(t+1 \mid t) = \Phi x(t) + \Gamma w(t) - \Psi_{pi} \hat{x}_i(t \mid t-1) - K_{pi} H_i x(t) - K_{pi} v_i(t) \tag{2-100}$$

进而将式（2-94）和式（2-84）代入上式，可得

$$\tilde{x}_i(t+1 \mid t) = \Psi_{pi} \tilde{x}_i(t \mid t-1) + \Gamma w(t) - K_{pi} D_i w(t) - K_{pi} \eta_i(t) \tag{2-101}$$

则由式（2-101），可知对带噪声方差保守上界 Q 和 R_η 的最坏情形保守系统式（2-82）~式（2-84），在假设 2-1~假设 2-3 下，稳态保守和实际预报误差方差和互协方差满足如下 Lyapunov 方程：

$$\Sigma_{ij} = \Psi_{pi} \Sigma_{ij} \Psi_{pj}^T + (\Gamma - K_{pi} D_i) Q (\Gamma - K_{pj} D_j)^T + K_{pi} R_{\eta i} K_{pj}^T \delta_{ij} \tag{2-102}$$

$$\overline{\Sigma}_{ij} = \Psi_{pi} \overline{\Sigma}_{ij} \Psi_{pj}^T + (\Gamma - K_{pi} D_i) \overline{Q} (\Gamma - K_{pj} D_j)^T + K_{pi} \overline{R}_{\eta i} K_{pj}^T \delta_{ij} \tag{2-103}$$

其中，$\Sigma_{ii} = \Sigma_i$，$\overline{\Sigma}_{ii} = \overline{\Sigma}_i$，$\delta_{ij} = 0(i \neq j)$，$\delta_{ij} = 1(i = j)$。

定理 2-3　对带不确定方差线性相关噪声的多传感器系统式（2-82）~式（2-84），在假设 2-4~假设 2-6 下，实际局部稳态 Kalman 预报器式（2-92）是鲁棒的，即对满足式（2-85）的所有容许不确定实际方差，有

$$\overline{\Sigma}_i \leqslant \Sigma_i, \quad i = 1, \cdots, L \tag{2-104}$$

且 Σ_i 是 $\overline{\Sigma}_i$ 的最小上界。

证明　欲证式（2-104），即证 $\Sigma_i - \overline{\Sigma}_i \geqslant 0$。首先定义 $\Delta \Sigma_i = \Sigma_i - \overline{\Sigma}_i$，$i = 1, \cdots, L$，则当 $i = j$ 时，由式（2-102）减式（2-103），可得 Lyapunov 方程

$$\Delta \Sigma_i = \Psi_{pi} \Delta \Sigma_i \Psi_{pi}^T + (\Gamma - K_{pi} D_i) \Delta Q (\Gamma - K_{pj} D_j)^T + K_{pi} \Delta R_{\eta i} K_{pj}^T \delta_{ij} \tag{2-105}$$

则由式（2-86）易知，式（2-105）的第二项和第三项为非负定项，即

$$(\Gamma - K_{pi} D_i) \Delta Q (\Gamma - K_{pj} D_j)^T + K_{pi} \Delta R_{\eta i} K_{pj}^T \delta_{ij} \geqslant 0 \tag{2-106}$$

由于 Ψ_{pi} 为稳定矩阵，对式（2-105）应用引理 2-1，可得

$$\Delta \Sigma_i \geqslant 0 \tag{2-107}$$

这引出式（2-104）成立，取 $\bar{Q}=Q$，$\bar{R}_{\eta i}=R_{\eta i}$，则在满足约束条件式（2-86）的情况下，有 $(\Gamma-K_{pi}D_i)\Delta Q(\Gamma-K_{pj}D_j)^{\mathrm{T}}+K_{pi}\Delta R_{\eta i}K_{pj}^{\mathrm{T}}\delta_{ij}=0$，进而由 Ψ_{pi} 的稳定性，及对式（2-105）应用引理 2-1，可得 $\Delta\Sigma_i=0$，这引出 $\bar{\Sigma}_i=\Sigma_i$。假设存在 $\bar{\Sigma}_i$ 的另一个最小上界 Σ_i^*，则有相应的实际局部预报误差方差阵 $\bar{\Sigma}_i$ 满足 $\bar{\Sigma}_i\leqslant\Sigma_i^*$。另一方面，$\Delta\Sigma_i=0$，即 $\bar{\Sigma}_i=\Sigma_i$。因 $\Sigma_i\leqslant\Sigma_i^*$，这引出 Σ_i 为实际局部预报误差方差阵 $\bar{\Sigma}_i$ 的最小上界。证毕。

注 2-6　值得一提的是，保守性较小的噪声方差保守上界 Q、$R_{\eta i}$ 可以根据以下准则近似地选择。尽管实际方差 $\bar{Q}$、$\bar{R}_{\eta i}$ 一般是不可利用的，但是它们的保守估计方差 Q、$R_{\eta i}$ 可根据实验或经验选择。事实上，由式（2-104）可知，实际局部预报误差方差阵 $\bar{\Sigma}_i$ 被其保守上界方差阵 Σ_i 控制，Σ_i 可由式（2-102）预先计算得出，它可通过测试实际信息过程的性能来确定给出的保守上界方差 Q、$R_{\eta i}$ 是否满足估计性能。如果预报器性能没有满足，则可以选择保守性更小的上界方差。如果预报器发散，换句话说，鲁棒性关系式（2-104）不能被满足，则保守性较大的上界误差方差可以被选择。注意到直接判定鲁棒性关系式（2-104）是不能实现的，因为实际误差方差阵 $\bar{\Sigma}_i$ 是未知的，因此，在实际应用中可利用预报器不发散或预报器具有鲁棒性的信息检验准则为[7]

$$\frac{1}{t}\sum_{j=1}^{t}\varepsilon_i^{\mathrm{T}}(t)\varepsilon_i(j)<\gamma\,\mathrm{tr}\,Q_{\varepsilon i} \tag{2-108}$$

其中，$t\geqslant t_0$；符号 tr 表示矩阵的迹；$\gamma\geqslant 1$ 为保守系数。实际信息 $\varepsilon_i(t)$ 由式（2-95）计算，保守信息方差 $Q_{\varepsilon i}$ 由式（2-96）计算。实际信息过程 $\varepsilon_i(t)$ 定义为 $\varepsilon_i(t)=y_i(t)-H_i\hat{x}_i(t|t-1)$，其中 $y_i(t)$ 是实际观测，$\hat{x}_i(t|t-1)$ 是实际局部鲁棒 Kalman 预报器。若鲁棒性不等式（2-108）不被满足，则认为局部 Kalman 预报器 $\hat{x}_i(t|t-1)$ 发散。

2.3.3　鲁棒局部 Kalman 滤波器和平滑器

对带噪声方差保守上界 Q 和 $R_{\eta i}$ 的最坏情形系统式（2-82）～式（2-84），在假设 2-1～假设 2-3 下，有统一形式的实际局部 Kalman 滤波器 $(N=0)$ 和平滑器 $(N>0)$

$$\hat{x}_i(t|t+N)=\hat{x}_i(t|t-1)+\sum_{k=0}^{N}K_i(k)\varepsilon_i(t+k) \tag{2-109}$$

$$\varepsilon_i(t)=y_i(t)-H_i\hat{x}_i(t|t-1) \tag{2-110}$$

$$K_i(k)=\Sigma_i\Psi_{pi}^{\mathrm{T}k}H_i^{\mathrm{T}}[H_i\Sigma_iH_i^{\mathrm{T}}+R_i]^{-1},\quad k\geqslant 0 \tag{2-111}$$

$$P_i(N)=\Sigma_i-\sum_{k=0}^{N}K_i(k)[H_i\Sigma_iH_i^{\mathrm{T}}+R_i]^{-1}K_i^{\mathrm{T}}(k) \tag{2-112}$$

由式（2-82）减式（2-109）可得局部滤波或平滑误差 $\tilde{x}_i(t|t+N)=x(t)-\hat{x}_i(t|t+N)$ [7] 为

$$\tilde{x}_i(t|t+N)=\Psi_{iN}\tilde{x}_i(t|t-1)+\sum_{\rho=0}^{N}K_{i\rho}^{Nw}\omega(t+\rho)+\sum_{\rho=0}^{N}K_{i\rho}^{Nv}v_i(t+\rho) \tag{2-113}$$

其中

$$
\begin{cases}
\Psi_{iN} = I_n - \sum_{k=0}^{N} K_i(k) H_i \Psi_{pi}^k, \quad N \geqslant 0, \; K_{i\rho}^{Nv} = \sum_{k=\rho+1}^{N} K_i(k) H_i \Psi_{pi}^{k-\rho-1} K_{pi} - K_i(\rho) \\[2mm]
K_{i\rho}^{Nw} = - \sum_{k=\rho+1}^{N} K_i(k) \Psi_{pi}^{k-\rho-1} \Gamma, \; \rho = 0,1,\cdots,N-1; K_{iN}^{Nw} = 0, K_{iN}^{Nw} = -K_i(N)
\end{cases} \tag{2-114}
$$

将式（2-84）代入上式，可得

$$
\tilde{x}_i(t \,|\, t+N) = \Psi_{iN} \tilde{x}_i(t \,|\, t-1) + \sum_{\rho=0}^{N} M_{i\rho}^{Nw} \omega(t+\rho) + \sum_{\rho=0}^{N} K_{i\rho}^{Nv} v_i(t+\rho) \tag{2-115}
$$

其中，I_n 为 $n \times n$ 单位阵；$M_{i\rho}^{Nw} = K_{i\rho}^{Nw} + K_{i\rho}^{Nv} D_i$。根据 $P_{ij}(N) = E[\tilde{x}_i(t \,|\, t+N) \tilde{x}_j^{\mathrm{T}}(t \,|\, t+N)]$，可得带噪声方差保守上界 Q 和 $R_{\eta i}$ 的最坏情形系统式（2-82）～式（2-84），在假设 2-1～假设 2-3 下，保守和实际滤波与平滑误差方差、互协方差分别为

$$
P_{ij}(N) = \Psi_{iN} \Sigma_{ij} \Psi_{jN}^{\mathrm{T}} + \sum_{\rho=0}^{N} M_{i\rho}^{Nw} Q M_{j\rho}^{Nw\mathrm{T}} + \sum_{\rho=0}^{N} K_{i\rho}^{Nv} R_{\eta i} K_{j\rho}^{Nv\mathrm{T}} \delta_{ij} \tag{2-116}
$$

$$
\bar{P}_{ij}(N) = \Psi_{iN} \bar{\Sigma}_{ij} \Psi_{jN}^{\mathrm{T}} + \sum_{\rho=0}^{N} M_{i\rho}^{Nw} \bar{Q} M_{j\rho}^{Nw\mathrm{T}} + \sum_{\rho=0}^{N} K_{i\rho}^{Nv} \bar{R}_{\eta i} K_{j\rho}^{Nv\mathrm{T}} \delta_{ij} \tag{2-117}
$$

当 $N=0$ 时，$K_{i0}^{0w}=0, K_{i0}^{0v}=-K_i(0)$。定义方差 $P_i(N) = P_{ii}(N)(i=1,\cdots,L; \bar{P}_i(N) = \bar{P}_{ii}(N))$。

定理 2-4　对带不确定方差线性相关噪声的多传感器系统式（2-82）～式（2-84），在假设 2-4～假设 2-6 下，实际局部稳态 Kalman 滤波和平滑器式（2-109）是鲁棒的，即对满足式（2-85）的所有容许的不确定实际噪声方差，有

$$
\bar{P}_i(N) \leqslant P_i(N), \quad N \geqslant 0; \; i=1,\cdots,L \tag{2-118}
$$

且 $\bar{P}_i(N)$ 有最小上界 $P_i(N)$。

证明　欲证式（2-118），即证 $P_i(N) - \bar{P}_i(N) \geqslant 0$，定义 $\Delta P_i(N) = P_i(N) - \bar{P}_i(N)$，则当 $i=j$ 时，由式（2-116）和式（2-117），可得

$$
\Delta P_i(N) = \Psi_{iN} \Delta \Sigma_i \Psi_{iN}^{\mathrm{T}} + \sum_{\rho=0}^{N} M_{i\rho}^{Nw} \Delta Q M_{j\rho}^{Nw\mathrm{T}} + \sum_{\rho=0}^{N} K_{i\rho}^{Nv} \Delta R_{\eta i} K_{j\rho}^{Nv\mathrm{T}} \tag{2-119}
$$

由式（2-86）知，式（2-119）的第二项和第三项为非负定项，即

$$
\sum_{\rho=0}^{N} M_{i\rho}^{Nw} \Delta Q M_{j\rho}^{Nw\mathrm{T}} + \sum_{\rho=0}^{N} K_{i\rho}^{Nv} \Delta R_{\eta i} K_{j\rho}^{Nv\mathrm{T}} \tag{2-120}
$$

由式（2-104）有 $\Delta \Sigma_i(N) \geqslant 0$，故有

$$
\Delta P_i(N) \geqslant 0 \tag{2-121}
$$

这引出式（2-118），类似于定理 2-3；容易证明 $P_i(N)$ 是 $\bar{P}_i(N)$ 的最小上界。证毕。称实际局部 Kalman 滤波/平滑器式（2-3）为鲁棒局部 Kalman 滤波/平滑器。

2.3.4　改进的 CI 融合鲁棒 Kalman 估值器

对最坏情形系统，根据 CI 融合算法[3-5]，有统一形式的实际稳态 CI 融合 Kalman 估值器：

$$\hat{x}_{\mathrm{CI}}(t\,|\,t+N)=\sum_{i=1}^{L}\varOmega_{i}^{\mathrm{CI}}(N)\hat{x}_{i}(t\,|\,t+N),\quad N\geqslant -1 \tag{2-122}$$

其中，$\hat{x}_i(t\,|\,t+N)$ 是局部实际 Kalman 估值器；$\varOmega_i^{\mathrm{CI}}(N)=\omega_i^{(N)}P_{\mathrm{CI}}^{*}(N)P_i^{-1}(N)$ 是最优加权矩阵，参数 $\omega_i^{(N)}$ 满足约束

$$\sum_{i=1}^{L}\omega_{i}^{(N)}=1 \tag{2-123}$$

可通过极小化下式求得

$$\min \operatorname{tr} P_{\mathrm{CI}}^{*}=\min_{\substack{\omega_{i}^{(N)}\in[0,1]\\ \sum_{i=1}^{L}\omega_{i}^{(N)}=1}}\operatorname{tr}\left[\left(\sum_{i=1}^{L}\omega_i P_i^{-1}\right)^{-1}\right] \tag{2-124}$$

其中，$P_{\mathrm{CI}}^{*}(N)=\left[\displaystyle\sum_{i=1}^{L}\omega_i^{(N)}P_i^{-1}(N)\right]^{-1}$ 是它的实际融合误差方差的保守上界，且满足[3]

$$\bar{P}_{\mathrm{CI}}(N)\leqslant P_{\mathrm{CI}}^{*}(N) \tag{2-125}$$

定义 $\varOmega_{\mathrm{CI}}(N)=\left[\varOmega_1^{\mathrm{CI}}(N),\cdots,\varOmega_L^{\mathrm{CI}}(N)\right]$，分别得保守和实际的 CI 融合误差方差阵为

$$P_{\mathrm{CI}}(N)=\varOmega_{\mathrm{CI}}(N)P_a(N)\varOmega_{\mathrm{CI}}^{\mathrm{T}}(N) \tag{2-126}$$

$$\bar{P}_{\mathrm{CI}}(N)=\varOmega_{\mathrm{CI}}(N)\bar{P}_a(N)\varOmega_{\mathrm{CI}}^{\mathrm{T}}(N) \tag{2-127}$$

其中，定义总体保守和实际的估值误差方差分别为

$$P_a(N)=\left(P_{ij}(N)\right)_{nL\times nL},\quad \bar{P}_a(N)=\left(\bar{P}_{ij}(N)\right)_{nL\times nL},\quad N\geqslant -1 \tag{2-128}$$

且定义

$$P_a(-1)=\varSigma_a=(\varSigma_{ij})_{nL\times nL},\quad \bar{P}_a(-1)=\bar{\varSigma}_a=(\bar{\varSigma}_{ij})_{nL\times nL}$$

由式（2-102）和式（2-103），分别有总体保守和实际的预报误差方差满足 Lyapunov 方程

$$\varSigma_a=\varPsi_{pa}\varSigma_a\varPsi_{pa}^{\mathrm{T}}+\varGamma_a Q_a\varGamma_a^{\mathrm{T}}+K_{pa}R_{\eta}K_{pa}^{\mathrm{T}} \tag{2-129}$$

$$\bar{\varSigma}_a=\varPsi_{pa}\bar{\varSigma}_a\varPsi_{pa}^{\mathrm{T}}+\varGamma_a\bar{Q}_a\varGamma_a^{\mathrm{T}}+K_{pa}\bar{R}_{\eta}K_{pa}^{\mathrm{T}} \tag{2-130}$$

其中，定义

$$\begin{cases}\varPsi_{Pa}=\operatorname{diag}(\varPsi_{p1},\cdots,\varPsi_{pL}),\quad K_{pa}=\operatorname{diag}(K_{p1},\cdots,K_{pL})\\ \varGamma_a=\operatorname{diag}(\varGamma-K_{p1}D_1,\cdots,\varGamma-K_{pL}D_L)\end{cases} \tag{2-131}$$

$$Q_a=\begin{bmatrix}Q&\cdots&Q\\ \vdots&&\vdots\\ Q&\cdots&Q\end{bmatrix},\quad \bar{Q}_a=\begin{bmatrix}\bar{Q}&\cdots&\bar{Q}\\ \vdots&&\vdots\\ \bar{Q}&\cdots&\bar{Q}\end{bmatrix} \tag{2-132}$$

$$R_{\eta}=\operatorname{diag}(R_{\eta 1},\cdots,R_{\eta L}),\quad \bar{R}_{\eta}=\operatorname{diag}(\bar{R}_{\eta 1},\cdots,\bar{R}_{\eta L}) \tag{2-133}$$

由式（2-116）和式（2-117），可得总体保守和实际的局部滤波与平滑误差方差分别满足如下方程：

$$P_a(N)=\varPsi_{aN}\varSigma_a\varPsi_{aN}^{\mathrm{T}}+\sum_{\rho=0}^{N}[M_{a\rho}^{Nw}Q_a M_{a\rho}^{Nw\mathrm{T}}+K_{a\rho}^{Nv}R_{\eta}K_{a\rho}^{Nv\mathrm{T}}] \tag{2-134}$$

$$\bar{P}_a(N) = \Psi_{aN} \bar{\Sigma}_a \Psi_{aN}^{\mathrm{T}} + \sum_{\rho=0}^{N} [M_{a\rho}^{Nw} \bar{Q}_a M_{a\rho}^{NwT} + K_{a\rho}^{Nv} \bar{R}_\eta K_{a\rho}^{NvT}] \tag{2-135}$$

其中，定义

$$\begin{cases} \Psi_{aN} = \mathrm{diag}(\Psi_{1N}, \cdots, \Psi_{LN}) \\ M_{a\rho}^{Nw} = \mathrm{diag}(M_{1\rho}^{Nw}, \cdots, M_{L\rho}^{Nw}) \\ K_{a\rho}^{Nv} = \mathrm{diag}(K_{1\rho}^{Nv}, \cdots, K_{L\rho}^{Nv}) \end{cases} \tag{2-136}$$

定理 2-5　对带确定方差线性相关噪声的多传感器系统式（2-82）～式（2-84），在假设 2-4～假设 2-6 下，实际 CI 融合器式（2-122）是鲁棒的，即对满足式（2-85）的所有容许的不确定实际噪声方差有

$$\bar{P}_{\mathrm{CI}}(N) \leqslant P_{\mathrm{CI}}(N), \quad N \geqslant -1 \tag{2-137}$$

且实际融合估值方差 $\bar{P}_{\mathrm{CI}}(N)$ 有最小上界 $P_{\mathrm{CI}}(N)$。

证明　欲证式（2-137），即证 $P_{\mathrm{CI}}(N) - \bar{P}_{\mathrm{CI}}(N) \geqslant 0$，定义 $\Delta P_{\mathrm{CI}}(N) = P_{\mathrm{CI}}(N) - \bar{P}_{\mathrm{CI}}(N)$，则由式（2-126）减式（2-127），可得

$$\Delta P_{\mathrm{CI}}(N) = \Omega_{\mathrm{CI}}(N) \Delta P_a(N) \Omega_{\mathrm{CI}}^{\mathrm{T}}(N) \tag{2-138}$$

显然，由式（2-138）知，欲证式（2-137），只需证 $\Delta P_a(N) \geqslant 0$。因此，当 $N = -1$ 时，定义 $\Delta P_a(-1) = \Sigma_a - \bar{\Sigma}_a$，即 $\Delta \Sigma_a = \Sigma_a - \bar{\Sigma}_a$，并由式（2-129）减式（2-130），可得

$$\Delta \Sigma_a = \Psi_{pa} \Delta \Sigma_a \Psi_{pa}^{\mathrm{T}} + \Gamma_a \Delta Q_a \Gamma_a^{\mathrm{T}} + K_{pa} \Delta R_\eta K_{pa}^{\mathrm{T}} \tag{2-139}$$

定义 $\Delta Q_a = Q_a - \bar{Q}_a$，$\Delta R_\eta = R_\eta - \bar{R}_\eta$，则由式（2-132）和式（2-133）分别可得

$$\Delta Q_a = \begin{bmatrix} \Delta Q & \cdots & \Delta Q \\ \vdots & & \vdots \\ \Delta Q & \cdots & \Delta Q \end{bmatrix} \tag{2-140}$$

$$\Delta R_\eta = \mathrm{diag}(\Delta R_{\eta 1}, \cdots, \Delta R_{\eta L}) \tag{2-141}$$

由式（2-86），并分别对式（2-140）和式（2-141）应用引理 2-2 和引理 2-3，可得

$$\Delta Q_a \geqslant 0, \quad \Delta R_\eta \geqslant 0 \tag{2-142}$$

则由式（2-142）知，式（2-139）的第二项和第三项为非负项，即

$$\Gamma_a \Delta Q_a \Gamma_a^{\mathrm{T}} + K_{pa} \Delta R_\eta K_{pa}^{\mathrm{T}} \geqslant 0 \tag{2-143}$$

则由 Ψ_{pa} 的稳定性，并对式（2-139）应用引理 2-1，可得

$$\Delta P_a(-1) = \Sigma_a - \bar{\Sigma}_a \geqslant 0 \tag{2-144}$$

这引出 $\Sigma_a \geqslant \bar{\Sigma}_a$，即

$$P_a(-1) \geqslant \bar{P}_a(-1) \tag{2-145}$$

当 $N \geqslant 0$ 时，令 $\Delta P_a(N) = P_a(N) - \bar{P}_a(N), N \geqslant 0$，则由式（2-134）减去式（2-135），可得

$$\Delta P_a(N) = \Psi_{aN} \Delta \Sigma_a \Psi_{aN}^{\mathrm{T}} + \sum_{\rho=0}^{N} \left(M_{a\rho}^{Nw} \Delta Q_a M_{a\rho}^{NwT} + K_{a\rho}^{Nv} \Delta R_\eta K_{a\rho}^{NvT} \right), \quad N \geqslant 0 \tag{2-146}$$

显然，将式（2-142）及式（2-144）代入上式，可得

$$\Delta P_a(N) \geqslant 0, \quad N \geqslant 0 \tag{2-147}$$

这引出

$$P_a(N) \geqslant \overline{P}_a(N), \quad N \geqslant 0 \tag{2-148}$$

则由式（2-145）及式（2-148），可得

$$\Delta P_a(N) \geqslant 0, \quad N \geqslant -1 \tag{2-149}$$

将式（2-149）代入式（2-148），有

$$\Delta P_{\mathrm{CI}}(N) \geqslant 0 \tag{2-150}$$

即 $P_{\mathrm{CI}}(N)$ 是 $\overline{P}_{\mathrm{CI}}(N)$ 的一个上界。用完全类似于定理 2-3 的方法可证得 $P_{\mathrm{CI}}(N)$ 是 $\overline{P}_{\mathrm{CI}}(N)$ 的最小上界。证毕。

分别称带最小上界 $P_{\mathrm{CI}}(N)$ 和保守上界 $P_{\mathrm{CI}}^*(N)$ 的实际 CI 融合器式（2-16）为改进的 CI 融合鲁棒 Kalman 估值器和原始 CI 融合鲁棒 Kalman 估值器。

2.3.5 精度分析

定理 2-6 对不确定方差线性相关噪声的多传感器系统式（2-82）～式（2-84），在假设 2-4～假设 2-6 下，鲁棒局部和 CI 融合 Kalman 估值器有如下矩阵及其迹值不等式关系，即

$$\overline{P}_{\mathrm{CI}}(N) \leqslant P_{\mathrm{CI}}(N) \leqslant P_{\mathrm{CI}}^*(N) \tag{2-151}$$

$$\operatorname{tr}\overline{P}_{\mathrm{CI}}(N) \leqslant \operatorname{tr}P_{\mathrm{CI}}(N) \leqslant \operatorname{tr}P_{\mathrm{CI}}^*(N) \leqslant \operatorname{tr}P_i(N), \quad i=1,\cdots,L \, ; \; N \geqslant -1 \tag{2-152}$$

$$\operatorname{tr}\overline{P}_i(N) \leqslant \operatorname{tr}P_i(N), \quad i=1,\cdots,L \, ; \; N \geqslant -1 \tag{2-153}$$

证明 由定理 2-5 中式（2-137）知 $P_{\mathrm{CI}}(N)$ 为 $\overline{P}_{\mathrm{CI}}(N)$ 的最小上界，则式（2-151）的第一个不等式成立；由式（2-125）知 $P_{\mathrm{CI}}^*(N)$ 为 $\overline{P}_{\mathrm{CI}}(N)$ 的一个保守上界，则式（2-151）的第二个不等式成立，式（2-151）得证。对式（2-151）取矩阵的迹运算可得式（2-152）的前两个不等式。在式（2-123）中特别取 $\omega_i=1, \omega_j=0, i \neq j$，则有 $\operatorname{tr}P_{\mathrm{CI}}^*(N) = \operatorname{tr}P_i(N)$。由式（2-124），因为 $\operatorname{tr}P_{\mathrm{CI}}^*(N)$ 在约束式 $\sum_{i=1}^{L}\omega_i^{(N)}=1$，$\omega_i^{(N)} \in [0,1]$ 下被极小化求得，因此有 $\operatorname{tr}P_{\mathrm{CI}}^*(N) \leqslant \operatorname{tr}P_i(N)$，即式（2-152）的最后一个不等式得证。分别对式（2-104）式（2-118）两端进行矩阵的迹运算可证得式（2-153）。证毕。

注 2-7 精度关系式（2-152）表明改进的 CI 融合估值器的实际精度高于鲁棒精度，其鲁棒精度 $\operatorname{tr}P_{\mathrm{CI}}(N)$ 高于原始 CI 融合器的保守鲁棒精度 $\operatorname{tr}P_{\mathrm{CI}}^*(N)$，且高于任一局部估值器的鲁棒精度。式（2-153）表明局部估值器的实际精度高于其鲁棒精度。

2.3.6 第一类改进的 CI 融合保性能鲁棒 Kalman 估值器

保性能鲁棒性定义为融合估值实际精度与鲁棒精度的偏差有双边界：最大下界和最小上界。第一类问题为已知精度偏差指标，求不确定噪声方差最大扰动域；第二类问题为第一类的逆问题，即已知噪声方差扰动域，求精度偏差双边界。本节基于不确定噪声方差扰

动参数化表示将两类问题分别转化为利用拉格朗日乘数法求极值的问题和线性规划问题。

对于给定的精度偏差指标 $r(N)>0$，由式（2-89）给出的 ΔQ 和 $\Delta R_{\eta i}$ 所构建的最大扰动域为

$$\Omega^m(N) = \Omega_N^m(\Delta Q, \Delta R_{\eta 1}, \cdots, \Delta R_{\eta L})$$
$$= \{0 \leqslant \Delta Q \leqslant \Delta Q^m(N),\ 0 \leqslant \Delta R_{\eta i} \leqslant \Delta R_{\eta i}^m(N),\ i=1,\cdots,L\} \tag{2-154}$$

其中，噪声方差最大扰动为

$$\Delta Q^m(N) = \sum_{k=1}^{p} \varepsilon_k^m(N) Q_k, \quad \Delta R_{\eta i}^m(N) = \sum_{j=1}^{q_i} e_j^{(i)m}(N) R_j^{(i)} \tag{2-155}$$

由式（2-89），寻求最大扰动域 $\Omega^m(N)$ 等价于寻求最大参数扰动域 $\Omega_0^m(N)$，即

$$\Omega_0^m(N) = \left\{ \begin{array}{l} (\varepsilon_1,\cdots,\varepsilon_p,e_1^{(1)};\cdots,e_{q_1}^{(1)};\cdots;e_1^{(L)},\cdots,e_{q_L}^{(L)})| \\ 0 \leqslant \varepsilon_k \leqslant \varepsilon_k^m(N); k=1,\cdots,p; 0 \leqslant e_j^{(i)} \leqslant e_j^{(i)m}(N); \\ i=1,\cdots,L; j=1,\cdots,q_i \end{array} \right\} \tag{2-156}$$

定理 2-7　对带线性相关噪声和不确定噪声方差系统式（2-82）～式（2-84），在假设 2-4～2-6 下，有第一类保性能鲁棒 CI 融合 Kalman 估值器式（2-122），它具有如下保性能鲁棒性：对于预置的精度偏差指标 $r(N)>0$，存在由式（2-156）给出的最大参数扰动域 $\Omega_0^m(N)$，使得对该扰动域内所有扰动参数，相应的精度偏差满足预置的指标，即

$$0 \leqslant \operatorname{tr} P_{\mathrm{CI}}(N) - \operatorname{tr} \bar{P}_{\mathrm{CI}}(N) \leqslant r(N), \quad N \geqslant -1 \tag{2-157}$$

其中，零和 $r(N)$ 分别为精度偏差 $\operatorname{tr} P_{\mathrm{CI}}(N) - \operatorname{tr} \bar{P}_{\mathrm{CI}}(N)$ 的最大下界和最小上界。

证明　将式（2-89）代入式（2-140）及式（2-141），可得

$$\Delta Q_a = \begin{bmatrix} \sum_{k=1}^{q} \varepsilon_k Q_k & \cdots & \sum_{k=1}^{q} \varepsilon_k Q_k \\ \vdots & & \vdots \\ \sum_{k=1}^{q} \varepsilon_k Q_k & \cdots & \sum_{k=1}^{q} \varepsilon_k Q_k \end{bmatrix} \tag{2-158}$$

$$\Delta R_\eta = \operatorname{diag}\left(\sum_{j=1}^{m_i} e_j^{(1)} R_j^{(1)}, \cdots, \sum_{j=1}^{m_i} e_j^{(L)} R_j^{(L)} \right) \tag{2-159}$$

进而有 ΔQ_a 和 ΔR_η 的参数化表达式

$$\Delta Q_a = \sum_{k=1}^{p} \varepsilon_k Q_k^a \tag{2-160}$$

$$\Delta R_\eta = \sum_{i=1}^{L} \sum_{j=1}^{q} e_j^{(i)} R_j^{(i)a} \tag{2-161}$$

其中，Q_k^a 为 $Ll \times Ll$ 矩阵；$R_j^{(i)a}$ 为 $m \times m$ 矩阵，$m = m_1 + \cdots + m_L$。分别定义

$$Q_k^a = \begin{bmatrix} Q_k & \cdots & Q_k \\ \vdots & & \vdots \\ Q_k & \cdots & Q_k \end{bmatrix}, \quad R_j^{(i)a} = \operatorname{diag}(0,\cdots,\underset{\text{第}(i,i)\text{块矩阵}}{R_j^{(i)}},\cdots,0) \tag{2-162}$$

$R_j^{(i)}$ 为 $R_j^{(i)a} = \mathrm{diag}(0, \cdots, R_j^{(i)}, \cdots, 0)$ 的第 (i, i) 子块。由 Ψ_{pi} 为稳定阵及对 Lyapunov 方程式（2-139）应用引理 2-1 可知，式（2-139）存在如下唯一解：

$$\Delta \Sigma_a = \sum_{s=0}^{\infty} \Psi_{pa}^S [\Gamma_a \Delta Q_a \Gamma_a^{\mathrm{T}} + K_{pa} \Delta R_\eta K_{pa}^{\mathrm{T}}] \Psi_{pa}^{ST} \tag{2-163}$$

将式（2-160）代入式（2-163），可得如下参数化表示：

$$\Delta \Sigma_a = \sum_{k=1}^{p} \varepsilon_k A_k^* + \sum_{i=1}^{L} \sum_{j=1}^{q_i} e_j^{(i)} B_{ij}^* \tag{2-164}$$

其中，$A_k^* = \sum_{S=0}^{\infty} \Psi_{pa}^S \Gamma_a Q_k^a \Gamma_a^{\mathrm{T}} \Psi_{pa}^{ST}$，$B_{ij}^* = \sum_{s=0}^{\infty} \Psi_{pa}^S K_{pa} R_j^{(i)a} K_{pa}^{\mathrm{T}} \Psi_{pa}^{ST}$，则 A_k^*, B_{ij}^* 可分别由以下 Lyapunov 方程求解得出：

$$A_k^* = \Psi_{pa} A_k^* \Psi_{pa}^{\mathrm{T}} + \Gamma_a Q_k^a \Gamma_a^{\mathrm{T}}, \quad B_{ij}^* = \Psi_{pa} B_{ij}^* \Psi_{pa}^{\mathrm{T}} + K_{pa} R_j^{(i)a} K_{pa}^{\mathrm{T}} \tag{2-165}$$

将式（2-160）、式（2-161）及式（2-164）代入式（2-146），可得

$$\Delta P_a(N) = \sum_{k=1}^{p} \varepsilon_k C_k^*(N) + \sum_{i=1}^{L} \sum_{j=1}^{q_i} e_j^{(i)} D_{ij}^*(N), \quad N \geqslant 0 \tag{2-166}$$

其中，$C_k^*(N) = \Psi_{aN} A_k^* \Psi_{aN}^{\mathrm{T}} + \sum_{\rho=0}^{N} M_{a\rho}^{Nw} Q_k^a M_{a\rho}^{NwT}$，$D_{ij}^*(N) = \Psi_{aN} B_{ij}^* \Psi_{aN}^{\mathrm{T}} + \sum_{\rho=0}^{N} K_{a\rho}^{Nv} R_j^{(i)a} K_{a\rho}^{NvT}$。

记 $\Omega_{\mathrm{CI}}(-1) = \Omega_{\mathrm{CI}}$，并定义

$$\begin{cases} A_k = \Omega_{\mathrm{CI}} A_k^* \Omega_{\mathrm{CI}}^{\mathrm{T}}, \quad B_{ij} = \Omega_{\mathrm{CI}} B_{ij}^* \Omega_{\mathrm{CI}}^{\mathrm{T}} \\ C_k(N) = \Omega_{\mathrm{CI}}(N) C_k^*(N) \Omega_{\mathrm{CI}}^{\mathrm{T}}(N), \quad D_{ij}(N) = \Omega_{\mathrm{CI}}(N) D_{ij}^*(N) \Omega_{\mathrm{CI}}^{\mathrm{T}}(N) \end{cases} \tag{2-167}$$

分别将式（2-164）、式（2-166）及式（2-167）代入式（2-138），并对式（2-138）取迹运算，有参数化表示

$$\begin{aligned} \mathrm{tr}\,\Delta P_{\mathrm{CI}}(N) &= \mathrm{tr}\,P_{\mathrm{CI}}(N) - \mathrm{tr}\,\overline{P}_{\mathrm{CI}}(N) \\ &= \sum_{k=1}^{p} \varepsilon_k c_k(N) + \sum_{i=1}^{L} \sum_{j=1}^{q_i} e_j^{(i)} d_{ij}(N), \quad N \geqslant -1 \end{aligned} \tag{2-168}$$

其中，定义

$$\begin{cases} c_k(-1) = a_k = \mathrm{tr}\,A_k, \quad c_k(N) = \mathrm{tr}\,C_k(N) \\ d_{ij}(-1) = b_{ij} = \mathrm{tr}\,B_{ij}, \quad d_{ij}(N) = \mathrm{tr}\,D_{ij}(N) \end{cases}, \quad N \geqslant 0 \tag{2-169}$$

注意：由预置性能指标 $r(N)$ 寻求最大参数扰动域 $\Omega_0^m(N)$ 的问题等价于极大化超立方体式（2-156）的体积

$$J_m(N) = \varepsilon_1^m(N) \cdots \varepsilon_p^m(N) e_1^{(1)m}(N) \cdots e_{q_1}^{(1)m}(N) \cdots e_1^{(L)m}(N) \cdots e_{q_L}^{(L)m}(N) \tag{2-170}$$

故由式（2-168）问题又等价于在如下约束条件

$$\sum_{k=1}^{p} \varepsilon_k^m(N) c_k(N) + \sum_{i=1}^{L} \sum_{j=1}^{q_i} e_j^{(i)m}(N) d_{ij}(N) = r(N) \tag{2-171}$$

下极大化 $J_m(N)$ 的最优化问题，则类似于定理 2-2 由拉格朗日乘数法可得所寻求最大参数扰动域 $\Omega_0^m(N)$ 的唯一极大值点为

$$\varepsilon_k^m(N) = \frac{r(N)}{\left(p + \sum_{i=1}^{L} q_i\right) c_k(N)}, \quad k = 1, \cdots, p \tag{2-172}$$

$$e_j^{(i)m}(N) = \frac{r(N)}{\left(p + \sum_{i=1}^{L} q_i\right) d_{ij}(N)}, \quad j = 1, \cdots, q_i; i = 1, \cdots, L \tag{2-173}$$

类似定理 2-2 易证零和 $r(N)$ 分别是精度偏差的最大下界和最小上界。证毕。

2.3.7　第二类改进的 CI 融合保性能鲁棒 Kalman 估值器

第二类保性能鲁棒 CI 融合 Kalman 估计问题为在已知扰动域上寻求精度偏差的最大下界和最小上界。显然，当扰动域已知时，由式（2-168）知精度偏差 $\mathrm{tr} \Delta P_{\mathrm{CI}}(N)$ 是扰动参数 ε_k 和 $e_j^{(i)}$ 的线性函数，其在扰动域上的极值必在边界点处达到[123]，则问题 2-2 可转化为在 $\Omega_0^m(N)$ 上的 LP 问题求解。

定理 2-8　对于带线性相关噪声和不确定噪声方差系统式（2-82）～式（2-84），在假设 2-1～假设 2-3 下，有第二类保性能鲁棒 CI 融合 Kalman 估值器式（2-122），它具有如下保性能鲁棒性：对于由式（2-156）给出的预置的不确定噪声方差参数的有界扰动域 $\Omega_0^m(N)$ 内的所有扰动，相应的实际精度 $\mathrm{tr} \overline{P}_{\mathrm{CI}}(N)$ 及鲁棒精度 $\mathrm{tr} P_{\mathrm{CI}}(N)$ 的偏差 $\mathrm{tr} \Delta P_{\mathrm{CI}}(N)$ 有最小上界 $r_m(N)$ 和最大下界 0，即

$$0 \leqslant \mathrm{tr} P_{\mathrm{CI}}(N) - \mathrm{tr} \overline{P}_{\mathrm{CI}}(N) \leqslant r_m(N) \tag{2-174}$$

其中，$r_m(N)$ 由下式计算：

$$r_m(N) = \sum_{k=1}^{p} \varepsilon_k^m(N) c_k(N) + \sum_{i=1}^{L} \sum_{j=1}^{q_i} e_j^{(i)m}(N) d_{ij}(N) \tag{2-175}$$

证明　类似定理 2-2，易证 $r_m(N)$ 和 0 分别为 $\Delta \mathrm{tr} P_{\mathrm{CI}}(N)$ 的最小上界和最大下界。

2.3.8　仿真实验与结果分析

考虑带 3 个传感器和带不确定噪声方差、有色观测噪声的运动目标（如飞机、导弹、舰船、坦克等）跟踪系统

$$x(t+1) = \Phi x(t) + \Gamma w(t) \tag{2-176}$$

$$z_i(t) = H_{0i} x(t) + \xi_i(t) \tag{2-177}$$

$$\xi_i(t+1) = B_i \xi_i(t) + \eta_i(t), \quad i = 1, \cdots, L \tag{2-178}$$

$$\Phi = \begin{bmatrix} 1 & T_0 \\ 0 & 1 \end{bmatrix}, \Gamma = \begin{bmatrix} 0.5T_0^2 \\ T_0 \end{bmatrix}, H_{01} = H_{03} = \begin{bmatrix} 1 & 0 \end{bmatrix}, H_{02} = I_2 \tag{2-179}$$

其中，$T_0 = 0.2$ 为采样周期；$L = 3$ 为传感器个数；状态 $x(t) = [x_1(t), x_2(t)]^{\mathrm{T}}$，$x_1(t)$、$x_2(t)$ 分别为运动目标在时刻 t 的位置、速度；$z_1(t)$ 和 $z_3(t)$ 为传感器 1 和 3 采集的位置信息，$z_2(t)$ 为传感器 2 采集的位置和速度信息；$\xi_i(t)$ 为有色观测噪声；B_i 为已知的参数阵；$w(t)$ 和 $\eta_i(t)$ 分

别为零均值，保守方差各为 Q、$R_{\eta i}$，实际方差各为 $\bar{Q}$、$\bar{R}_{\eta i}$ 的互不相关正态白噪声。问题是取 $N=1$，求局部和两类保性能鲁棒改进的 CI 融合一步平滑器 $\hat{x}_\theta=(t\,|\,t+1)$，$\theta=1,2,3,\mathrm{CI}$。

该模型是跟踪系统的典型的或基本的模型之一，有重要和广泛的应用背景，可应用于姿态估计、GPS 定位、雷达跟踪、火箭跟踪等。但先前研究的局限性是假设 $\bar{Q}$、$\bar{R}_{\eta i}$ 已知，没有考虑带不确定噪声方差，且没有考虑带有色观测噪声情形。针对带不确定噪声方差和有色观测噪声的系统保性能鲁棒 Kalman 平滑问题，可用本书所提方法解决。

首先利用差分变换引入一个新的观测过程[5]

$$z_i(t) = z_i(t+1) - B_i z_i(t) \tag{2-180}$$

可得等价的观测方程为

$$y_i(t) = H_i x(t) + v_i(t), \quad i=1,2,3 \tag{2-181}$$

其中，$H_i = H_{0i}\Phi - B_i H_{0i}$，且

$$v_i(t) = D_i w(t) + \eta_i(t) \tag{2-182}$$

其中，$D_i = H_{0i}\Gamma$。显然，由式（2-182）可知，$v_i(t)$ 和 $w(t)$ 为线性相关白噪声。于是原系统式（2-176）～式（2-179）可化为带线性相关噪声系统式（2-176）和式（2-181）、式（2-182）。它恰好是系统式（2-82）～式（2-84）的类型。仿真过程中取

$$\begin{cases} r(1)=0.5, Q=0.81, R_{\eta 1}=1, R_{\eta 2}=\mathrm{diag}(9,0.16), R_{\eta 3}=1.2 \\ \bar{R}_{\eta 1}=0.8R_{\eta 1}, \bar{R}_{\eta 2}=0.5R_{\eta 2}, \bar{R}_{\eta 3}=0.75R_{\eta 3}, p=q_1=q_3=1 \\ q_2=2, \bar{Q}=0.7Q, Q_1=1, B_1=0.1, B_2=\mathrm{diag}(0.06,0.3) \\ B_3=0.3, R_1^{(1)}=R_1^{(3)}=1, R_1^{(2)}=\mathrm{diag}(1,0), R_2^{(2)}=\mathrm{diag}(0,1) \end{cases} \tag{2-183}$$

表 2-1 给出了局部和保性能 CI 融合一步平滑器的鲁棒和实际精度比较。由表 2-1 可见，融合估值器实际精度高于鲁棒精度，改进的 CI 融合器鲁棒精度高于原始 CI 融合器的鲁棒精度，它验证了鲁棒精度关系式（2-152）和式（2-153）。

表 2-1　局部和保性能 CI 融合一步平滑器的鲁棒和实际精度比较

$\mathrm{tr}P_1(1)$	$\mathrm{tr}P_2(1)$	$\mathrm{tr}P_3(1)$	$\mathrm{tr}P_{\mathrm{CI}}(1)$	$\mathrm{tr}P_{\mathrm{CI}}^*(1)$
0.4438	0.4410	0.4882	0.2277	0.4150

$\mathrm{tr}\bar{P}_1(1)$	$\mathrm{tr}\bar{P}_2(1)$	$\mathrm{tr}\bar{P}_3(1)$	$\mathrm{tr}\bar{P}_{\mathrm{CI}}(1)$	
0.2609	0.2282	0.3579	0.1360	

为给出矩阵精度比较的几何解释，定义方差阵 $P_\theta(N)(\theta=1,2,3,\mathrm{CI})$ 的协方差椭球是 R^n 中的点 $u=(u_1,u_2,\cdots,u_n)^{\mathrm{T}}$ 的轨迹 $\{u\,|\,u=u^{\mathrm{T}}P_\theta(N)u=c\}$，当 $n=2$ 时称其为协方差椭圆。不失一般性，取常数 $c=1$。文献[37]已证明，$P_1(N) \leqslant P_2(N)$ 等价于 $P_1(N)$ 所对应的协方差椭球被包含在 $P_2(N)$ 所对应的协方差椭球内。当 $n=2$ 时，图 2-3 给出了基于协方差椭圆的鲁棒和实际精度比较，其中实线和虚线分别表示保守和实际方差对应的协方差椭圆。由图 2-3 可见，$\bar{P}_i(1)$ 对应的协方差的椭圆被包含在 $P_i(1)(i=1,2,3)$ 所对应的协方差椭圆内，而 $\bar{P}_{\mathrm{CI}}(1)$ 对应的椭圆被包含在 $P_{\mathrm{CI}}(1)$ 所对应的协方差椭圆内，且 $P_{\mathrm{CI}}(1)$ 对应的协方差椭圆被包含在 $P_{\mathrm{CI}}^*(1)$ 所对应的协方差椭圆内。图 2-3 验证了矩阵精度关系式（2-151）。

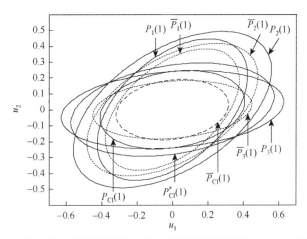

图 2-3　基于协方差椭圆的局部和 CI 融合保性能鲁棒 Kalman 平滑器

情形 2-3　预置精度偏差 $r(1) = 0.5$ 。

由式（2-172）及式（2-173），可得最大扰动参数

$$\begin{cases} \varepsilon_1^m(1) = 1.4872, e_1^{(1)m}(1) = 5.5551, e_1^{(2)m}(1) = 71.7058 \\ e_2^{(2)m}(1) = 0.9907, e_1^{(3)m}(1) = 1.7432 \end{cases} \tag{2-184}$$

由式（2-155）可得噪声方差最大扰动为

$$\begin{cases} \Delta Q^m(1) = 1.4872, \Delta R_{\eta 1}^m(1) = 5.5551, \Delta R_{\eta 3}^m(1) = 1.7432 \\ \Delta R_{\eta 2}^m(1) = 71.7058 R_1^{(2)} + 0.9907 R_2^{(2)} \end{cases} \tag{2-185}$$

从而得 $\mathrm{tr}\Delta P_{\mathrm{CI}}^m(1) = 0.5$ 。

图 2-4 给出了第一类问题估计精度偏差 $\mathrm{tr}\Delta P_{\mathrm{CI}}^m(1)$ 关于任意的不确定扰动 $(\Delta Q, \Delta R_{\eta 1}, \Delta R_{\eta 2}, \Delta R_{\eta 3}) \in \Omega^m(1)$ 的函数关系，其中 $\Delta R_{\eta i} = \alpha \Delta R_{\eta i}^m(1)(0 \leqslant \alpha \leqslant 1)$ ，α 为标量参数，可保证 $\Delta R_{\eta i}$ 在 $0 \sim \Delta R_{\eta i}^m(1)$ 范围内变化。特别地，取 $\Delta Q = 0$ ，$\Delta R_{\eta 1} = \Delta R_{\eta 2} = \Delta R_{\eta 3} = 0, \alpha = 0$ ，可得 $\mathrm{tr}\Delta P_{\mathrm{CI}}(1) = 0$ 。图 2-4 验证了式（2-157）的结论：$0 \leqslant \mathrm{tr}\Delta P_{\mathrm{CI}}(1) \leqslant 0.5$ 。

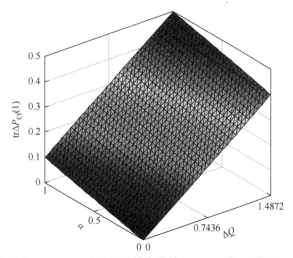

图 2-4　第一类保性能鲁棒 Kalman 一步平滑器精度偏差 $\mathrm{tr}\Delta P_{\mathrm{CI}}(1)$ 随 ΔQ 和 $\Delta R_{\eta i}$ （$\Delta R_{\eta i} = \alpha \Delta R_{\eta i}^m(1)$）变化

情形 2-4　预置由式（2-156）给出的不确定噪声方差参数扰动域 $\Omega_0^m(1)$。最大扰动参数为 $\varepsilon_1^m(1) = 0.3$，$e_1^{(1)m}(1) = 0.4$，$e_1^{(2)m}(1) = 0.5$，$e_2^{(2)m}(1) = 0.6$，$e_1^{(3)m}(1) = 0.7$。

由式（2-175）计算可得精度偏差最大值为 $r_m(1) = 0.1288$。

图 2-5 给出了第二类估计问题精度偏差 $\mathrm{tr}\Delta P_{\mathrm{CI}}(1)$ 与容许的任意不确定扰动（$\Delta Q, \Delta R_{\eta 1}, \Delta R_{\eta 2}, \Delta R_{\eta 3}$）$\in \Omega^m(1)$ 之间的函数关系，其中 $\Delta R_{\eta i} = \alpha \Delta R_{\eta i}^m(1)(0 \leqslant \alpha \leqslant 1)$。特别地，当取 $\varepsilon_1 = 0$，$\alpha = 0$，即 $e_1^{(1)}(1) = e_1^{(3)}(1) = 0$，并且 $e_1^{(2)}(1) = e_2^{(2)}(1) = 0$ 时，由式（2-168）可得估计精度偏差为 0。由图 2-5 可见，对于预置的不确定噪声方差参数扰动域式（2-156）中的所有容许扰动，相应的精度偏差 $\mathrm{tr}\Delta P_{\mathrm{CI}}(1)$ 有最小上界 $r_m(1) = 0.1288$ 及最大下界 0。图 2-5 验证了式（2-174）。

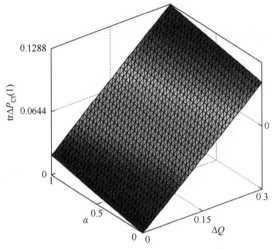

图 2-5　第二类保性能鲁棒 Kalman 一步平滑器的精度偏差 $\mathrm{tr}\Delta P_{\mathrm{CI}}(1)$ 随 ΔQ 和 $\Delta R_{\eta i}$（$\Delta R_{\eta i} = \alpha \Delta R_{\eta i}^m$）变化

图 2-6 给出了 $\hat{x}_{\mathrm{CI}}(t \mid t+1)$ 的位置和速度分量误差曲线及其 ±3 倍鲁棒和实际标准差界，（a）、（b）中实曲线分别代表位置和速度误差曲线，虚线和短划线分别代表对应的 ±3 倍鲁棒和实际标准差界。其中鲁棒和实际标准差 σ_i 和 $\bar{\sigma}_i (i = 1, 2)$ 可分别由式（2-126）和式（2-127）给出的保守和实际改进的 CI 融合一步平滑误差方差 $P_{\mathrm{CI}}(1)$ 和 $\bar{P}_{\mathrm{CI}}(1)$ 的第 (i, i) 个对角元素 σ_i^2 和 $\bar{\sigma}_i^2$ 计算得出。

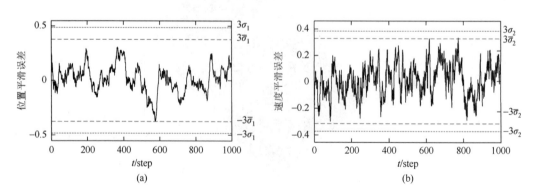

图 2-6　保性能 CI 融合 Kalman 平滑误差曲线及鲁棒和实际 ±3 倍标准差界

由式（2-137）引出 $\bar{\sigma}_i^2(N) \leqslant \sigma_i^2(N)$，从而有 $\bar{\sigma}_i(N) \leqslant \sigma_i(N)$，且 $\sigma_i(N)$ 是 $\bar{\sigma}_i(N)$ 的最小上界。由 $w(t)$ 和 $\eta_i(t)$ 服从正态分布的假设引出估值误差也服从正态分布，由概率理论，对所有容许的不确定实际噪声方差，相应的实际估值误差以超过 99% 的概率位于 $\pm 3\bar{\sigma}_i(N)$ 界之间，也位于 $\pm 3\sigma_i(N)$ 界之间，且鲁棒标准差 $\sigma_i(N)$ 与不确定的实际噪声方差无关。由图 2-6 可见，超过 99% 的误差曲线置于其 $\pm 3\bar{\sigma}_i$ 内，且也位于其 $\pm 3\sigma_i$ 界内。图 2-6 验证了所设计融合器的鲁棒性和 $\bar{P}_{\mathrm{CI}}(1)$ 的正确性。

2.4　带不确定噪声方差和丢失观测的 CI 融合保性能鲁棒 Kalman 滤波器

本节针对带不确定噪声方差和丢失观测的多传感器系统，利用虚拟噪声方法、不确定噪声方差扰动的参数化表示法及 Lyapunov 方程方法，提出统一框架下的两类改进的 CI 融合保性能鲁棒滤波器，证明了其保性能鲁棒性及精度关系。

2.4.1　问题的提出

考虑带不确定噪声方差和随机丢失观测的多传感器时不变系统

$$\begin{cases} x(t+1) = \Phi x(t) + \Gamma w(t) \\ y_i(t) = \gamma_i(t) H_i x(t) + v_i(t), \quad i = 1, \cdots, L \end{cases} \tag{2-186}$$

其中，t 为离散时间；$x(t) \in R^n$ 是状态；$y_i(t) \in R^m$ 和 $v_i(t) \in R^m$ 分别为第 i 个子系统的观测和观测噪声；$w(t) \in R^r$ 为输入过程噪声；Φ、Γ 及 H 分别为已知的适当维数常阵（矩阵中每个元素都是常数）；L 为传感器个数。

假设 2-7　$\gamma_i(t)$ 为服从伯努利分布的互不相关的随机序列，其概率分布满足

$$\mathrm{Prob}[\gamma_i(t) = 1] = \lambda_i, \mathrm{Prob}[\gamma_i(t) = 0] = 1 - \lambda_i, \quad i = 1, \cdots, L; \ 0 \leqslant \lambda_i \leqslant 1 \tag{2-187}$$

其中，$\gamma_i(t) = 1$ 和 $\gamma_i(t) = 0$ 意味着第 i 个传感器能否接收到相应的状态信息。$\gamma_i(t)$ 与 $w(t)$ 和 $v_i(t)$ 互不相关。

假设 2-8　$w(t)$ 和 $v_i(t)$ 为互不相关的零均值白噪声，其不确定实际噪声方差分别为 $\bar{Q}$ 和 $\bar{R}_i$，它们的已知保守上界分别为 Q 和 R_i，即

$$\bar{Q} \leqslant Q, \quad \bar{R}_i \leqslant R_i \tag{2-188}$$

令不确定噪声方差扰动分别为 $\Delta Q = Q - \bar{Q}, \Delta R_i = R_i - \bar{R}_i$，则由式（2-188），可得

$$\Delta Q \geqslant 0 \tag{2-189}$$

$$\Delta R_i \geqslant 0 \tag{2-190}$$

假设 2-9　Φ 是稳定的。

假设 2-10　不确定噪声方差扰动 ΔQ 和 ΔR_i 可分别参数化为

$$\Delta Q = \sum_{k=1}^p \varepsilon_k Q_k \tag{2-191}$$

$$\Delta R_i = \sum_{j=1}^{q_i} e_j^{(i)} R_j^{(i)} \tag{2-192}$$

其中，加权方位阵 $Q_k \geqslant 0$ 及 $R_j^{(i)} \geqslant 0$ 为已知的半正定矩阵；$\varepsilon_k \geqslant 0$ 和 $e_j^{(i)} \geqslant 0$ 为扰动参数；ε_k^m 和 $e_j^{(i)m}$ 分别为 ε_k 和 $e_j^{(i)}$ 的扰动上界。

$$0 \leqslant \varepsilon_k \leqslant \varepsilon_k^m, 0 \leqslant e_j^{(i)} \leqslant e_j^{(i)m}, \quad k=1,\cdots,p; j=1,\cdots q_i; i=1,\cdots,L \tag{2-193}$$

问题是设计两类鲁棒保性能改进的 CI 融合 Kalman 滤波器。

注 2-8 当 ΔQ 和 ΔR 均为对角阵时，$Q_k(Q_K \geqslant 0)$ 和 $R_j^{(i)}(R_j^{(i)} \geqslant 0)$ 也是对角阵，且其对角元素为 1，其他元素均为零。

注意：由 $E[\gamma_i(t)] = \lambda_i$，可得式（2-184）的等价形式如下：

$$y_i(t) = \lambda_i H_i x(t) + [\gamma_i(t) - \lambda_i] H_i x(t) + v_i(t), \quad i=1,\cdots,L \tag{2-194}$$

引入虚拟噪声 $v_{ai}(t)$：

$$v_{ai}(t) = [\gamma_i(t) - \lambda_i] H_i x(t) + v_i(t), \quad i=1,\cdots,L \tag{2-195}$$

令 $H_{ai} = \lambda_i H_i$，则有带确定参数的观测方程

$$y_i(t) = H_{ai} x(t) + v_{ai}(t) \tag{2-196}$$

由假设 1 易知，$E[(\gamma_i(t) - \lambda_i)(\gamma_i(t) - \lambda_i)] = \lambda_i(1 - \lambda_i)$。由式（2-195）可知虚拟噪声 $v_{ai}(t)$ 的保守和实际方差分别为

$$R_{ai} = \lambda_i(1 - \lambda_i) H_i X H_i^{\mathrm{T}} + R_i \tag{2-197}$$

$$\bar{R}_{ai} = \lambda_i(1 - \lambda_i) H_i \bar{X} H_i^{\mathrm{T}} + \bar{R}_i \tag{2-198}$$

由式（2-186）和假设 2-8 可得 $X = E[x(t)x(t^{\mathrm{T}})]$ [$x(t)$ 为保守状态]和实际状态 $x(t)$ 的稳态非中心二阶矩 $\bar{X} = E[x(t)x(t)^{\mathrm{T}}]$ [$x(t)$ 为实际状态]，分别满足如下 Lyapunov 方程：

$$X = \Phi X \Phi^{\mathrm{T}} + \Gamma Q \Gamma^{\mathrm{T}} \tag{2-199}$$

$$\bar{X} = \Phi \bar{X} \Phi^{\mathrm{T}} + \Gamma \bar{Q} \Gamma^{\mathrm{T}} \tag{2-200}$$

则由假设 2-8 和引理 2-1 可知，Lyapunov 方程（2-199）和（2-200）分别存在唯一半正定解 X 和 $\bar{X}$，即有

$$X \geqslant 0, \quad \bar{X} \geqslant 0 \tag{2-201}$$

令 $\Delta X = X - \bar{X}$，则由式（2-199）减式（2-200），可得

$$\Delta X = \Phi \Delta X \Phi^{\mathrm{T}} + \Gamma \Delta Q \Gamma^{\mathrm{T}} \tag{2-202}$$

则由假设 2-8 及引理 2-1，已知 Lyapunov 方程（2-202）存在唯一解

$$\Delta X = \sum_{S=0}^{\infty} \Phi^S \Gamma \Delta Q \Gamma^{\mathrm{T}} \Phi^{ST} \tag{2-203}$$

则由式（2-191）及式（2-203），并令 $Q_k^* = \sum_{S=0}^{\infty} \Phi^S \Gamma Q_k \Gamma^{\mathrm{T}} \Phi^{ST}$，可得

$$\Delta X = \sum_{S=0}^{\infty} \Phi^S \Gamma \left(\sum_{k=1}^{p} \varepsilon_k Q_k \right) \Gamma^{\mathrm{T}} \Phi^{ST} = \sum_{k=1}^{p} \varepsilon_k Q_k^* \tag{2-204}$$

定义 $\Delta R_{ai} = R_{ai} - \bar{R}_{ai}$，由式（2-197）减式（2-198），可得

$$\Delta R_{ai} = \lambda_1(1 - \lambda_1) H_i \Delta X H_i^{\mathrm{T}} + \Delta R_i \tag{2-205}$$

显然，由假设 2-8、式（2-189）及对式（2-202）应用引理 2-1，可得 $\Delta X \geqslant 0$，进而由式（2-190）及式（2-205）可引出 $\Delta R_{ai} \geqslant 0$，即

$$\bar{R}_{ai} \leqslant R_{ai} \tag{2-206}$$

将式（2-191）和式（2-204）代入式（2-205），可得虚拟观测噪声不确定方差扰动的参数化表示为

$$\Delta R_{ai} = \sum_{k=1}^{p} \varepsilon_k Q_k^{(i)} + \sum_{j=1}^{q_i} e_j R_J^{(i)} \tag{2-207}$$

其中，$Q_k^{(i)} = \lambda_i (1 - \lambda_i) H_i Q_k^* H^{\mathrm{T}}$。

通过引入观测虚拟噪声式（2-195），将带不确定噪声方差和随机丢失观测的多传感器系统式（2-186）和式（2-187）的鲁棒保性能改进的 CI 融合估计问题转化为仅包含噪声方差不确定的多传感器系统式（2-186）和式（2-196）的鲁棒融合估计问题。

2.4.2　鲁棒局部 Kalman 滤波器

对带噪声方差保守上界 Q 和 R_{ai} 及丢失观测的多传感器系统式（2-186）和式（2-196），在假设 2-4 下，可得实际局部稳态 Kalman 滤波器

$$\hat{x}(t \mid t) = \Psi_i \hat{x}_i(t-1 \mid t-1) + K_i y_i(t) \tag{2-208}$$

$$K_i = \Sigma_i H_{ai}^{\mathrm{T}} \left[H_{ai} \Sigma_i H_{ai}^{\mathrm{T}} + R_{ai} \right]^{-1} \tag{2-209}$$

$$\Psi_i = \left[I_n - K_i H_{ai} \right] \Phi \tag{2-210}$$

其中，Ψ_i 是稳定矩阵；$y_i(t)$ 是实际观测。预报误差方差 Σ_i 满足 Riccati 方程

$$\Sigma_i = \Phi \left[\Sigma_i - \Sigma_i H_{ai}^{\mathrm{T}} (H_{ai} \Sigma_i H_{ai}^{\mathrm{T}} + R_{ai})^{-1} H_{ai} \Sigma_i \right] \Phi^{\mathrm{T}} + \Gamma Q \Gamma^{\mathrm{T}} \tag{2-211}$$

由式（2-186）减式（2-208）可得滤波误差 $\tilde{x}(t \mid t)$，进而可以得到保守滤波误差方差和互协方差分别满足如下 Lyapunov 方程：

$$P_i = \Psi_i P_i \Psi_i^{\mathrm{T}} + K_i R_{ai} K_i^{\mathrm{T}} + (I_n - K_i H_{ai}) \Gamma Q \Gamma^{\mathrm{T}} (I_n - K_i H_{ai})^{\mathrm{T}} \tag{2-212}$$

$$P_{ij} = \Psi_i P_{ij} \Psi_i^{\mathrm{T}} + (I_n - K_i H_{ai}) \Gamma Q \Gamma^{\mathrm{T}} (I_n - K_j H_{ai})^{\mathrm{T}} \quad i \neq j \tag{2-213}$$

同理，可得实际滤波误差方差和互协方差分别满足如下 Lyapunov 方程：

$$\bar{P}_i = \Psi_i \bar{P}_i \Psi_i^{\mathrm{T}} + K_i \bar{R}_{ai} K_i^{\mathrm{T}} + (I_n - K_i H_{ai}) \Gamma \bar{Q} \Gamma^{\mathrm{T}} (I_n - K_i H_{ai})^{\mathrm{T}} \tag{2-214}$$

$$\bar{P}_{ij} = \Psi_i \bar{P}_{ij} \Psi_i^{\mathrm{T}} + (I_n - K_i H_{ai}) \Gamma \bar{Q} \Gamma^{\mathrm{T}} (I_n - K_j H_{aj})^{\mathrm{T}}, \quad i \neq j \tag{2-215}$$

推论 2-1　对带噪声方差保守上界 Q 和 R_{ai} 及丢失观测的多传感器系统式（2-186）和式（2-196），在假设 2-4 下，实际局部稳态 Kalman 滤波器式（2-208）是鲁棒的，即对所有满足式（2-189）和式（2-190）的不确定实际噪声方差，均有下式成立：

$$\bar{P}_i \leqslant P_i \tag{2-216}$$

且 P_i 是 $\bar{P}_i$ 的最小上界。

证明　定义 $\Delta P_i = P_i - \bar{P}_i$，则由式（2-212）减式（2-214），可得

$$\Delta P_i = \Psi_i \Delta P_i \Psi_i^{\mathrm{T}} + K_i \Delta R_{ai} K_i^{\mathrm{T}} + (I_n - K_i H_{ai}) \Gamma \Delta Q \Gamma^{\mathrm{T}} (I_n - K_i H_{ai})^{\mathrm{T}} \tag{2-217}$$

由式（2-5）和式（2-206），并对式（2-217）应用引理 2-1 可引出式（2-216），类似于定

理 2-3，易证 P_i 是 $\overline{P}_i$ 的最小上界。

我们称实际局部稳态 Kalman 滤波器式（2-208）为鲁棒局部稳态 Kalman 滤波器。

2.4.3　改进的 CI 融合鲁棒 Kalman 滤波器

对带噪声方差保守上界 Q 和 R_{ai} 及丢失观测的多传感器系统式（2-186）和（2-196），在假设 1-4 下，可得改进的实际 CI 融合 Kalman 滤波器

$$\hat{x}_{\mathrm{CI}}(t\,|\,t) = P_{\mathrm{CI}}^* \sum_{i=1}^{L} \omega_i P_i^{-1} \hat{x}_i(t\,|\,t) \tag{2-218}$$

$$P_{\mathrm{CI}}^* = \left(\sum_{i=1}^{L} \omega_i P_i^{-1} \right)^{-1} \tag{2-219}$$

其中，$\hat{x}_i(t\,|\,t)$ 实际局部 Kalman 滤波器，最优加权系数 ω_i 满足如下约束条件

$$\omega_1 + \omega_2 + \cdots \omega_L = 1 \tag{2-220}$$

及极小化性能指标

$$\min \operatorname{tr} P_{\mathrm{CI}}^* = \min_{\substack{\omega_i \in [0,1] \\ \omega_1 + \omega_2 + \cdots \omega_L = 1}} \operatorname{tr} \left[\left(\sum_{i=1}^{L} \omega_i P_i^{-1} \right)^{-1} \right] \tag{2-221}$$

其中，tr 表示取矩阵的迹。由式（2-219），可得

$$x(t) = P_{\mathrm{CI}}^* \sum_{i=1}^{L} \omega_i P_i^{-1} x_i(t) \tag{2-222}$$

由式（2-222）减式（2-218），可得 CI 融合滤波误差

$$\tilde{x}_{\mathrm{CI}}(t\,|\,t) = P_{\mathrm{CI}}^* \sum_{i=1}^{L} \omega_i P_i^{-1} \tilde{x}_i(t\,|\,t) \tag{2-223}$$

由式（2-223），可得保守和实际 CI 融合估值误差方差 P_{CI} 和 $\overline{P}_{\mathrm{CI}}$，分别为

$$P_{\mathrm{CI}} = P_{\mathrm{CI}}^* \left[\sum_{i=1}^{L} \sum_{j=1}^{L} \omega_i P_i^{-1} P_{ij} P_j^{-1} \omega_j \right] P_{\mathrm{CI}}^* \tag{2-224}$$

$$\overline{P}_{\mathrm{CI}} = P_{\mathrm{CI}}^* \left[\sum_{i=1}^{L} \sum_{j=1}^{L} \omega_i P_i^{-1} \overline{P}_{ij} P_j^{-1} \omega_j \right] P_{\mathrm{CI}}^* \tag{2-225}$$

定义 $\varOmega_i^{\mathrm{CI}} = \omega_i P_{\mathrm{CI}}^* P_i^{-1}$，$\varOmega^{\mathrm{CI}} = \left[\varOmega_1^{\mathrm{CI}} \cdots \varOmega_L^{\mathrm{CI}} \right]$，则 CI 融合滤波器式（2-218）及滤波误差式（2-223）可表示为

$$\hat{x}_{\mathrm{CI}}(t\,|\,t) = \sum_{i=1}^{L} \varOmega_i^{\mathrm{CI}} \hat{x}_i(t\,|\,t) \tag{2-226}$$

$$\tilde{x}_{\mathrm{CI}}(t\,|\,t) = \sum_{i=1}^{L} \varOmega_i^{\mathrm{CI}} \tilde{x}_i(t\,|\,t) \tag{2-227}$$

因此，式（2-224）可简化为更紧凑的形式

$$P_{\mathrm{CI}} = \varOmega_{\mathrm{CI}} P_a \varOmega_{\mathrm{CI}}^{\mathrm{T}} \tag{2-228}$$

$$\overline{P}_{\mathrm{CI}} = \varOmega_{\mathrm{CI}} \overline{P}_a \varOmega_{\mathrm{CI}}^{\mathrm{T}} \tag{2-229}$$

其中，定义总体保守和实际误差方差 P_a 和 $\overline{P}_a$ 分别为 $P_a = (P_{ij})_{nL \times nL}$，$\overline{P}_a = (\overline{P}_{ij})_{nL \times nL}$，$P_{ij}$ 和 $\overline{P}_{ij}$ 分别为 P_a 和 $\overline{P}_a$ 的第 (i,j) 个元素。P_{ij} 和 $\overline{P}_{ij}$ 分别由式（2-213）和式（2-215）给出，P_i 和 $\overline{P}_i$ 分别由式（2-212）和式（2-214）给出。由式（2-212）和式（2-213），可得总体 Lyapunov 方程

$$P_a = \Psi P_a \Psi^{\mathrm{T}} + U Q_a U^{\mathrm{T}} + K R_a K^{\mathrm{T}} \tag{2-230}$$

类似地，由式（2-214）和式（2-215），可得

$$\overline{P}_a = \Psi \overline{P}_a \Psi^{\mathrm{T}} + U \overline{Q}_a U^{\mathrm{T}} + K \overline{R}_a K^{\mathrm{T}} \tag{2-231}$$

其中

$$\begin{cases} \Psi = \mathrm{diag}(\Psi_1, \cdots, \Psi_L), K = \mathrm{diag}(K_1, \cdots, K_L) \\ U = \mathrm{diag}\left[(I_n - K_1 H_{a1})\Gamma, \cdots, (I_n - K_L H_{aL})\Gamma \right] \end{cases} \tag{2-232}$$

$$R_a = \mathrm{diag}(R_{a1}, \cdots, R_{aL}), \quad \overline{R}_a = \mathrm{diag}(\overline{R}_{a1}, \cdots, \overline{R}_{aL}) \tag{2-233}$$

$$Q_a = \begin{bmatrix} Q & \cdots & Q \\ \vdots & & \vdots \\ Q & \cdots & Q \end{bmatrix}, \quad \overline{Q}_a = \begin{bmatrix} \overline{Q} & \cdots & \overline{Q} \\ \vdots & & \vdots \\ \overline{Q} & \cdots & \overline{Q} \end{bmatrix} \tag{2-234}$$

定理 2-9　对带不确定噪声方差和丢失观测的多传感器系统式（2-186）和式（2-187），在假设 2-7～假设 2-10 下，对所有可能满足式（2-189）和式（2-190）的不确定实际噪声方差，实际 CI 融合 Kalman 滤波器式（2-218）是鲁棒的，即

$$\overline{P}_{\mathrm{CI}} \leqslant P_{\mathrm{CI}} \tag{2-235}$$

且实际融合误差方差 $\overline{P}_{\mathrm{CI}}$ 有最小上界 P_{CI}。

证明　令 $\Delta P_{\mathrm{CI}} = P_{\mathrm{CI}} - \overline{P}_{\mathrm{CI}}$，则由式（2-228）减式（2-229），可得

$$\Delta P_{\mathrm{CI}} = \Omega_{\mathrm{CI}}(P_a - \overline{P}_a)\Omega_{\mathrm{CI}}^{\mathrm{T}} \tag{2-236}$$

显然，由式（2-236）知，欲证式（2-235），仅需证明 $P_a - \overline{P}_a \geqslant 0$。令 $\Delta P_a = P_a - \overline{P}_a$，则由式（2-230）减式（2-231），可得

$$\Delta P_a = \Psi \Delta P_a \Psi^{\mathrm{T}} + U \Delta Q_a U^{\mathrm{T}} + K \Delta R_a K^{\mathrm{T}} \tag{2-237}$$

其中

$$\Delta Q_a = Q_a - \overline{Q}_a = \begin{bmatrix} \Delta Q & \cdots & \Delta Q \\ \vdots & & \vdots \\ \Delta Q & \cdots & \Delta Q \end{bmatrix} \tag{2-238}$$

$$\Delta R_a = R_a - \overline{R}_a = \mathrm{diag}(\Delta R_{a1}, \cdots, \Delta R_{aL}) \tag{2-239}$$

分别对式（2-238）和式（2-239）应用引理 2-2 和引理 2-3，可得

$$\Delta Q_a \geqslant 0 \tag{2-240}$$

$$\Delta R_a \geqslant 0 \tag{2-241}$$

进而由 Ψ 的稳定性，并对式（2-237）应用引理 2-1，可得 $\Delta P_a \geqslant 0$，引出

$$\Delta P_{\mathrm{CI}} = \Omega_{\mathrm{CI}} \Delta P_a \Omega_{\mathrm{CI}}^{\mathrm{T}} \geqslant 0 \tag{2-242}$$

即式（2-218）得证，类似于定理 2-2，易证实际融合误差方差 $\overline{P}_{\mathrm{CI}}$ 有最小上界 P_{CI}。

称实际 CI 融合器式（2-218）为改进的 CI 融合鲁棒 Kalman 估值器。

注 2-9　原始 CI 融合滤波器有由式（2-219）给出的保守上界 P_{CI}^{*}，由式（2-219）可知保守上界 P_{CI} 由于忽略了互协方差信息使得其具有较大保守性，即 P_{CI}^{*} 并非实际融合误差方差 $\bar{P}_{\mathrm{CI}}$ 的最小上界[5]。由定理 2-1 可知，实际融合滤波误差方差 $\bar{P}_{\mathrm{CI}}$ 有由式（2-219）给出的最小上界，因此，可得如下矩阵不等式关系

$$\bar{P}_{\mathrm{CI}} \leqslant P_{\mathrm{CI}} \leqslant P_{\mathrm{CI}}^{*} \tag{2-243}$$

将式（2-191）代入式（2-238），则增广的噪声方差扰动 ΔQ_a 可参数化为

$$\Delta Q_a = \sum_{K=1}^{P} \varepsilon_k Q_k^a \tag{2-244}$$

其中

$$Q_k^a = \begin{bmatrix} Q_k & \cdots & Q_k \\ \vdots & & \vdots \\ Q_k & \cdots & Q_k \end{bmatrix}, \quad k=1,\cdots,q \tag{2-245}$$

分别定义

$$Q_k^{(i)a} = \mathrm{diag}(0,\cdots,0,Q_k^{(i)},0,\cdots,0), \quad R_j^{(i)a} = \mathrm{diag}(0,\cdots,0,R_j^{(i)},0,\cdots,0)$$

其中，$k=1,\cdots,p$；$j=1,\cdots,q_i$；$Q_k^{(i)}$ 和 $R_j^{(i)}$ 分别为矩阵 $Q_k^{(i)a}$ 和 $R_j^{(i)a}$ 的第 i 个对角元素。由式（2-207）和式（2-192），可得引进的虚拟噪声方差扰动式（2-233），可得其参数化表示

$$\Delta R_a = \sum_{i=1}^{L}\sum_{k=1}^{p} \varepsilon_k Q_k^{(i)a} + \sum_{i=1}^{L}\sum_{j=1}^{q_i} e_j^{(i)} R_j^{(i)a} \tag{2-246}$$

由 Ψ 的稳定性，并对式（2-237）应用引理 2-1，可得其唯一解

$$\Delta P_a = \sum_{S=0}^{\infty} \Psi^S (U\Delta Q_a U^{\mathrm{T}} + K\Delta R_a K^{\mathrm{T}})\Psi^{ST} \tag{2-247}$$

将式（2-246）代入式（2-247），可得

$$\begin{aligned} \Delta P_a &= \sum_{S=0}^{\infty} \Psi^s \left[U\sum_{k=1}^{p}\varepsilon_k Q_k^a U^{\mathrm{T}} + K\sum_{i=1}^{L}\sum_{k=1}^{p}\varepsilon_k Q_k^{(i)a} K^{\mathrm{T}} + K\sum_{i=1}^{L}\sum_{j=1}^{q_i} e_j^{(i)} R_j^{(i)a} K^{\mathrm{T}} \right]\Psi^{ST} \\ &= \sum_{k=1}^{p}\varepsilon_k \left[\sum_{S=0}^{\infty}\Psi^S U Q_k^a U^{\mathrm{T}}\Psi^{ST} \right] + \sum_{i=1}^{L}\sum_{k=1}^{p}\varepsilon_k \left[\sum_{S=0}^{\infty}\Psi^S K Q_k^{(i)a} K^{\mathrm{T}}\Psi^{ST} \right] \\ &\quad + \sum_{i=1}^{L}\sum_{k=1}^{q_i} e_j^{(i)} \left[\sum_{S=0}^{\infty}\Psi^S K R_j^{(i)a} K^{\mathrm{T}}\Psi^{ST} \right] \end{aligned} \tag{2-248}$$

定义

$$\begin{cases} A_k = \sum_{S=0}^{\infty}\Psi^S U Q_k^a U^{\mathrm{T}}\Psi^{ST}, \quad k=1,\cdots,p \\ C_{ik} = \sum_{S=0}^{\infty}\Psi^S K Q_k^{(i)a} K^{\mathrm{T}}\Psi^{ST}, \quad i=1,\cdots,L \end{cases} \tag{2-249}$$

$$
\begin{cases}
D_{ij} = \displaystyle\sum_{S=0}^{\infty} \varPsi^{S} K R_{j}^{(i)a} K^{\mathrm{T}} \varPsi^{S\mathrm{T}}, \quad i = 1, \cdots, L, \ j = 1, \cdots, q_{i} \\
B_{k} = A_{k} + \displaystyle\sum_{i=1}^{L} C_{ik}, \quad k = 1, \cdots, p
\end{cases}
\tag{2-250}
$$

由式（2-249）～式（2-250），可知 A_{k}、C_{ik} 和 D_{ij} 分别满足如下 Lyapunov 方程：

$$
\begin{cases}
A_{k} = \varPsi A_{k} \varPsi^{\mathrm{T}} + U Q_{k}^{a} U^{\mathrm{T}} \\
C_{ik} = \varPsi C_{ik} \varPsi^{\mathrm{T}} + K Q_{k}^{(i)a} K^{\mathrm{T}} \\
D_{ij} = \varPsi D_{ij} \varPsi^{\mathrm{T}} + K R_{j}^{(i)a} K^{\mathrm{T}}
\end{cases}
\tag{2-251}
$$

Lyapunov 方程式（2-251）可由迭代法求解，定义

$$
B_{k}^{*} = \varOmega_{\mathrm{CI}} B_{k} \varOmega_{\mathrm{CI}}^{\mathrm{T}}, \quad D_{ij}^{*} = \varOmega_{\mathrm{CI}} D_{ij} \varOmega_{\mathrm{CI}}^{\mathrm{T}}
\tag{2-252}
$$

对式（2-252）取矩阵迹运算，可得

$$
b_{k} = \mathrm{tr} B_{k}^{*} \geqslant 0, \quad d_{ij} = \mathrm{tr} D_{ij}^{*} \geqslant 0
\tag{2-253}
$$

将式（2-248）代入式（2-236），并对其等号两边分别取迹值运算，可得

$$
\mathrm{tr} \Delta P_{\mathrm{CI}} = \varOmega_{\mathrm{CI}} \left[\sum_{k=1}^{p} \varepsilon_{k} B_{k} \right] \varOmega_{\mathrm{CI}}^{\mathrm{T}} + \varOmega_{\mathrm{CI}} \left[\sum_{i=1}^{L} \sum_{j=1}^{q_{i}} e_{j}^{(i)} D_{ij} \right] \varOmega_{\mathrm{CI}}^{\mathrm{T}}
\tag{2-254}
$$

将式（2-252）和式（2-229）代入上式，可得 $\mathrm{tr} \Delta P_{\mathrm{CI}}$ 的参数化表示

$$
\mathrm{tr} \Delta P_{\mathrm{CI}} = \sum_{k=1}^{p} \varepsilon_{k} b_{k} + \sum_{i=1}^{L} \sum_{j=1}^{q_{i}} e_{j}^{(i)} d_{ij}
\tag{2-255}
$$

由式（2-228）和式（2-229），可得如下函数关系

$$
\mathrm{tr} P_{\mathrm{CI}} = J(Q, R_{1}, \cdots R_{L}), \quad \mathrm{tr} \overline{P}_{\mathrm{CI}} = J(\overline{Q}, \overline{R}_{1}, \cdots, \overline{R}_{L})
\tag{2-256}
$$

$$
\mathrm{tr} \Delta P_{\mathrm{CI}} = \mathrm{tr} P_{\mathrm{CI}} - \mathrm{tr} \overline{P}_{\mathrm{CI}} = J(\Delta Q, \Delta R_{1}, \cdots, \Delta R_{L})
\tag{2-257}
$$

其中式（2-257）为性能函数。

2.4.4　第一类改进的 CI 融合保性能鲁棒 Kalman 滤波器

对所预置的性能指标 $r > 0$，由式（2-191）知，我们需要求如下不确定噪声方差的最大扰动域

$$
\varOmega^{m} = \varOmega^{m}(\Delta Q, \Delta R_{1}, \cdots, \Delta R_{L}) =
\begin{cases}
(\Delta Q, \Delta R_{1}) : 0 \leqslant \Delta Q \leqslant \Delta Q^{m} \\
0 \leqslant \Delta R_{i} \leqslant \Delta R_{i}^{m}, i = 1, \cdots, L
\end{cases}
\tag{2-258}
$$

其中噪声方差最大扰动分别为

$$
\Delta Q^{m} = \sum_{k=1}^{p} \varepsilon_{k}^{m} Q_{k}
\tag{2-259}
$$

$$
\Delta R_{i}^{m} = \sum_{i=1}^{L} \sum_{j=1}^{q_{i}} e_{j}^{(i)m} R_{j}^{(i)}
\tag{2-260}
$$

由式（2-191），寻求噪声方差最大扰动域 $\varOmega^{m}$ 等价于寻求最大参数扰动域 $\varOmega_{0}^{m}$，即

$$\Omega_0^m = \left\{ \begin{array}{l} (\varepsilon_1, \cdots, \varepsilon_p, e_1^{(1)}, \cdots, e_{q_1}^{(1)}, \cdots, e_1^{(L)}, \cdots, e_{q_L}^{(L)}) \mid 0 \leqslant \varepsilon_k \leqslant \varepsilon_k^m \\ k = 1, \cdots, p, \quad 0 \leqslant e_j^{(i)} \leqslant e_j^{(i)m}, \quad i = 1, \cdots, L; \quad j = 1, \cdots, q_1 \end{array} \right\} \tag{2-261}$$

这等价于求立方体式（2-261）的体积。定义性能指标 J_m 为

$$J_m = \varepsilon_1^m \cdots \varepsilon_p^m e_1^{(1)m} \cdots e_{q_1}^{(1)m} \cdots e_1^{(L)m} \cdots e_{q_L}^{(L)m} \tag{2-262}$$

由式（2-255）知，精度偏差 $\mathrm{tr}\Delta P_{\mathrm{CI}}$ 是 ε_k 和 $e_j^{(i)}$ 的线性函数，其最大值必在端点 $(\varepsilon_1^m, \cdots, \varepsilon_p^m, e_1^{(1)m}, \cdots,$ $e_{q_1}^{(1)m}, \cdots, e_1^{(L)m}, \cdots, e_{q_L}^{(L)m})$ 处到达[6]。因此问题等价于在约束条件下极大化 J_m，约束条件为

$$\sum_{k=1}^{p} \varepsilon_k^m b_k + \sum_{i=1}^{L} \sum_{j=1}^{q_i} e_j^{(i)m} d_{ij} = \mathrm{tr}\Delta P_{\mathrm{CI}}^m = r \tag{2-263}$$

它等价于在约束条件式（2-263）下极大化 $\ln J_m$，利用拉格朗日乘数法有最大值点

$$\varepsilon_k^m = r \bigg/ \left(p + \sum_{i=1}^{L} q_i \right) b_k, \quad e_j^{(i)m} = r \bigg/ \left(p + \sum_{i=1}^{L} q_i \right) d_{ij} \tag{2-264}$$

其中，b_k 和 d_{ij} 可由式（2-256）给出。

定理 2-10　对带不确定噪声方差和丢失观测的多传感器系统式（2-186）和式（2-187），在假设 2-7～假设 2-10，改进的 CI 融合 Kalman 滤波器式（2-218）具有第一类保性能鲁棒性，即对预置的精度指标 $r>0$，存在由式（2-261）给出的最大参数扰动域 Ω_0^m，其中最大扰动参数由式（2-264）给出，使得对该扰动域内的所有扰动参数，对应任意的 $(\Delta Q, \Delta R_1, \cdots, \Delta R_L) \in \Omega^m$，相应的精度偏差有最大下界 0 和最小上界 r，即

$$0 \leqslant \mathrm{tr}\Delta P_{\mathrm{CI}} - \mathrm{tr}\Delta \overline{P}_{\mathrm{CI}} \leqslant r \tag{2-265}$$

证明　对式（2-243）取矩阵迹运算，可得矩阵精度关系

$$\mathrm{tr}\Delta \overline{P}_{\mathrm{CI}} \leqslant \mathrm{tr}\Delta P_{\mathrm{CI}} \leqslant \mathrm{tr}\Delta P_{\mathrm{CI}}^* \tag{2-266}$$

则式（2-46）的第一个不等式得证。类似 2.3.4 节容易证明 r 为精度偏差最大下界。

2.4.5　第二类改进的 CI 融合保性能鲁棒 Kalman 滤波器

定理 2-11　对带不确定噪声方差和丢失观测的多传感器系统式（2-186）和式（2-187），在假设 2-7～假设 2-10，改进的 CI 融合 Kalman 滤波器式（2-218）具有第二类保性能鲁棒性，即对由式（2-261）定义的已知的预置的最大参数扰动域 Ω_0^m，对该扰动域内的所有参数扰动，$\mathrm{tr}\Delta P_{\mathrm{CI}}$ 有最小上界 r_m 和最大下界 0，即

$$0 \leqslant \mathrm{tr}\Delta P_{\mathrm{CI}} \leqslant r_m \tag{2-267}$$

其中，$r_m = \sum_{k=1}^{p} \varepsilon_k^m C_k + \sum_{i=1}^{L} \sum_{j=1}^{q_i} e_j^{(i)m} d_{ij}$。

证明　类似于定理 2-8，易证改进的 CI 融合 Kalman 滤波精度偏差 $\mathrm{tr}\Delta P_{\mathrm{CI}}$ 的最大下界和最小上界分别为零和 r_m。

2.4.6　仿真实验与结果分析

考虑带不确定噪声方差和丢失观测的多传感器系统式（2-186）和式（2-187），问题是设计两类改进的 CI 融合保性能鲁棒 Kalman 滤波器，仿真过程中选取参数如下：

$$\begin{cases} k=1, p=1, q_1=1, q_2=2, r=0.2, Q=4, \overline{Q}=3.4, Q_1=1, R_1=4 \\ \overline{R}=1.21, R_1^{(1)}=1, L=2, \lambda_1=0.65, \lambda_2=0.85, R_1^{(2)}=\mathrm{diag}(1,0) \\ R_2^{(2)}=\mathrm{diag}(0,1), H_1=\begin{bmatrix}1 & 0\end{bmatrix}, H_2=\mathrm{diag}(1,1), \varGamma=\begin{bmatrix}1 & 0.78\end{bmatrix}^{\mathrm{T}} \\ R_2=\mathrm{diag}(121,0.16), R_2=\mathrm{diag}(9,0.04), \varPhi=\begin{bmatrix}0.79 & 0.21 \\ -0.32 & 0.68\end{bmatrix} \end{cases} \quad (2\text{-}268)$$

表 2-2 给出了鲁棒局部和融合 Kalman 滤波器的鲁棒和实际精度比较。表 2-2 表明，改进 CI 融合保性能 Kalman 滤波器的实际精度高于其鲁棒精度，且高于任一局部滤波器的鲁棒精度。表 2-2 验证了式（2-243）。

表 2-2　鲁棒局部和融合 Kalman 滤波器的鲁棒和实际精度比较

$\mathrm{tr}P_1$	$\mathrm{tr}P_2$	$\mathrm{tr}P_{\mathrm{CI}}$	$\mathrm{tr}P_{\mathrm{CI}}^*$
8.5760	9.9295	5.4226	7.3061

$\mathrm{tr}\overline{P}_1$	$\mathrm{tr}\overline{P}_2$	$\mathrm{tr}\overline{P}_{\mathrm{CI}}$
6.1327	7.2705	3.9836

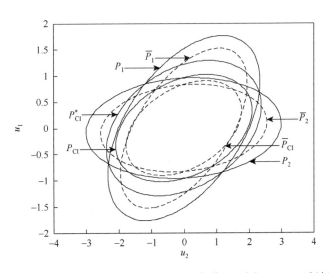

图 2-7　基于协方差椭圆的保性能改进的鲁棒 CI 融合 Kalman 滤波器

图 2-7 基于协方差椭圆给出 $\hat{x}_{\mathrm{CI}}(t\,|\,t)$ 的鲁棒和实际精度比较。图 2-7 表明，$\overline{P}_i (i=1,2)$ 的

椭圆被包含在 P_i 的椭圆内，且 $\overline{P}_{\mathrm{CI}}$、$P_{\mathrm{CI}}$ 和 $\overline{P}_{\mathrm{CI}}$ 的椭圆均位于 $\overline{P}_i$ 和 P_i 的椭圆中；$\overline{P}_{\mathrm{CI}}$ 的椭圆被 P_{CI} 的椭圆紧紧包围，且二者均位于 P_{CI}^* 的椭圆中。图 2-7 验证了精度关系式（2-243）。

　　任意选取满足假设 2 的 9 组实际噪声方差 $(\overline{Q}^{(k)}, \overline{R}_1^{(k)}, \overline{R}_2^{(k)})$ 且满足 $\overline{Q}^{(k)} = 0.1kQ$，$\overline{R}_1^{(k)} = 0.1kR_1$，$\overline{R}_2^{(k)} = 0.1kR_2$，$\overline{R}_3^{(k)} = 0.1kR_3(k=1,2,\cdots,9)$，可得相应的 $\overline{P}_{\mathrm{CI}}^k$。由图 2-8 可见所有的 9 个 $\overline{P}_{\mathrm{CI}}^k (k=1,\cdots,9)$ 的协方差椭圆均被包含在 P_{CI} 和 P_{CI}^* 的协方差椭圆中。图 2-8 验证了 P_{CI} 是 $\overline{P}_{\mathrm{CI}}^k$ 最小上界，即在所有包含 $\overline{P}_{\mathrm{CI}}^k$ 的椭圆中，包含最紧的是 P_{CI} 的椭圆，包含较紧的是 P_{CI}^* 的椭圆，且 P_{CI} 的椭圆被包含在和 P_{CI}^* 的椭圆中。

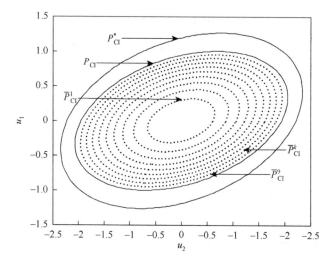

图 2-8　基于协方差椭圆的改进 CI 融合鲁棒 Kalman 滤波器的精度比较

情形 2-5　预置性能指标 $r = 0.2$，设计第一类保性能鲁棒 CI 融合滤波器。

　　由式（2-264），可得最大扰动参数分别为
$$\varepsilon_1^m = 0.0912, e_1^{(1)m} = 0.3619, e_1^{(2)m} = 108.4484, e_2^{(2)m} = 1.3611 \tag{2-269}$$

　　由式（2-191）可得噪声方差最大扰动
$$\Delta Q^m = 0.0912, \Delta R_1^m = 0.3619, \Delta R_2^m = \mathrm{diag}(108.4484, 1.3611) \tag{2-270}$$

　　由式（2-255）可得到精度偏差
$$\mathrm{tr}\Delta P_{\mathrm{CI}}^m = J(\Delta Q^m, \Delta R_1^m, \Delta R_2^m) = 0.2 \tag{2-271}$$

　　图 2-9 给出精度偏差 $\mathrm{tr}\Delta P_{\mathrm{CI}} = J(\Delta Q, \Delta R_1, \Delta R_2)$ 和噪声方差扰动 $(\Delta Q, \Delta R_1, \Delta R_2) \in \Omega^m$ 之间的关系，其中 $\Delta R_i = \alpha \Delta R_i^m (0 \leqslant \alpha \leqslant 1)$。$\alpha$ 为标量参数，且可保证 ΔR_i 的变化范围为 $0 \sim \Delta R_i^m$。任选 $\varepsilon_1 = 0.0912 = \varepsilon_1^m$，$\alpha = 0.9310$，即 $e_1^{(1)} = 0.3369 < e_1^{(1)m}$，$e_1^{(2)} = 100.9655 < e_1^{(2)m}$，$e_2^{(2)} = 1.2672 < e_2^{(2)m}$，其被包含在由式（2-261）给出的鲁棒域中，则相应的噪声方差扰动可分别得到
$$\Delta Q = 0.0118, \quad \Delta R = \mathrm{diag}(0.1892, 3.7035, 0.0929) \tag{2-272}$$

进而可得精度偏差为
$$\mathrm{tr}\Delta P_{\mathrm{CI}} = J(\Delta Q, \Delta R_1, \Delta R_2) = 0.1862 < 0.2 \tag{2-273}$$

取 $\Delta Q = \Delta R_1 = \Delta R_2 = 0$ 可得 $\mathrm{tr}\Delta P_{\mathrm{CI}} = 0$。这验证了式（2-265），即 $0 \leqslant \mathrm{tr}\Delta P_{\mathrm{CI}} \leqslant 0.2$。

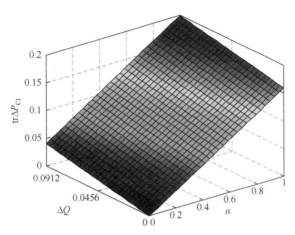

图 2-9　第一类保性能鲁棒 Kalman 滤波器精度偏差 $\mathrm{tr}\Delta P_{\mathrm{CI}}$ 随 ΔQ 和 $\alpha(\Delta R_i)$ 变化

情形 2-6　预置参数扰动域 Ω_0^m，其中最大参数扰动为 $\varepsilon_1^m = 0.3498$，$e_1^{(1)m} = 0.2894$，$e_1^{(2)m} = 0.1698, e_2^{(2)m} = 0.3478$，设计第二类保性能鲁棒 CI 融合滤波器。

由图 2-10 可得精度偏差最小上界 $r_m = 0.2447$，它等于由式（2-267）计算 r_m 的结果。图 2-10 给出了精度偏差 $\mathrm{tr}\Delta P_{\mathrm{CI}}$ 和噪声方差扰动 $(\Delta Q, \Delta R_1, \Delta R_2) \in \Omega^m$ 之间的关系。图 2-10 表明，对于任选的 $\varepsilon_1 = 0.3498$，$e_1^{(1)} = 0.2595$，$e_1^{(2)} = 0.1522$，$e_2^{(2)} = 0.3118$，可得精度偏差 $r = 0.2194(< r_m = 0.2447)$，即对于任意选取的该扰动域内的所有参数扰动，有最小上界 0.2447 和最大下界 0。图 2-10 验证了式（2-267）。

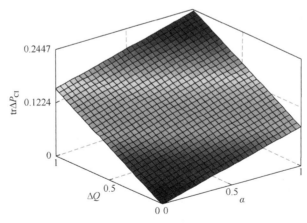

图 2-10　第二类保性能鲁棒 Kalman 滤波器精度偏差 $\mathrm{tr}\Delta P_{\mathrm{CI}}$ 随 ΔQ 和 $\alpha(\Delta R_i)$ 变化

图 2-11 中（a）、（b）分别给出了所设计的改进的 CI 融合滤波器 $\hat{x}_{\mathrm{CI}}(t|t)$ 的第 1 分量和第 2 分量实际误差曲线 $x(t) - \hat{x}_{\mathrm{CI}}(t|t)$ 及其 ± 3 倍鲁棒和实际标准差界。（a）、（b）中实线和曲线分别代表第一分量和第二分量的实际误差曲线，虚线和短划线分别代表对

应的 ±3 倍鲁棒和实际标准差界。其中鲁棒和实际标准差 $\sigma_i, \bar{\sigma}_i (i=1,2)$ 分别由式（2-228）和式（2-229）给出的保守 CI 融合误差方差 P_{CI} 和实际 CI 融合误差方差 $\bar{P}_{CI}$ 的第 (i,i) 个对角元素 $\sigma_i^2, \bar{\sigma}_i^2 (i=1,2)$，经开方计算得出。由图 2-11 可见，超过 99% 的第一、二分量实际误差曲线均位于 $\pm 3\bar{\sigma}_i$ 界内，并且也位于 $\pm 3\sigma_i$ 界内，而实际标准差界位于鲁棒标准差界内。图 2-11 验证了所设计改进的 CI 融合器的鲁棒性。

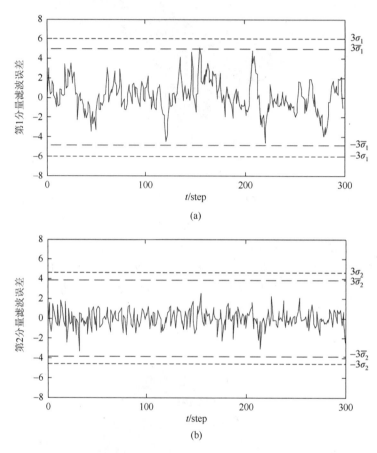

图 2-11　分量滤波误差曲线及其 ±3 倍鲁棒和实际标准差界

2.5　本　章　小　结

本章主要研究带不确定系统 CI 融合保性能鲁棒 Kalman 滤波问题，其中不确定定系统包括仅带噪声方差不确定性的系统、带不确定方差线性相关噪声系统、带不确定噪声方差和丢失观测系统。针对带噪声方差不确定系统，完善了保性能鲁棒性概念，即确保滤波实际精度偏差既有最小上界又有最大下界；提出两类保性能鲁棒问题，并利用 Lyapunov 方程方法和不确定噪声方差扰动的参数化表示方法将两类问题归结为带约束的多元函数极值问题和线性规划问题，可用拉格朗日乘数法和 LP 方法解决，进而提出两类保性能鲁棒 Kalman 滤波器，证明了其保性能鲁棒性；并将此方法推广至带不确定噪声方差的多传感器系统, 分别针对带不确定方差线性相关噪声及带不确定噪声方差和丢失观测的多传感器系统, 提出了两类 CI 融合保性能鲁棒估计问题的解决方法。应用于跟踪系统的仿真例子验证了所提结果的正确性和有效性。

参 考 文 献

[1]　Kailath T，Sayeda H，Hassibi B. Linear estimation[M].New York：Prentice Hall，2000.

[2]　邓自立. 信息融合滤波理论及其应用[M]. 哈尔滨：哈尔滨工业大学出版社，2007.

[3]　Qi W J，Zhang P，Deng Z L. Robust weighted fusion time-varying Kalman smoothers for multisensor system with uncertain noise variances [J]. Information Sciences，2014，282：15-37.

[4]　Qi W J，Zhang P，Deng Z L. Robust weighted fusion Kalman predictors with uncertain noise variances [J]. Digital Signal Processing，2014，30：37-54.

[5]　Qi W J，Zhang P，Deng Z L. Robust weighted fusion Kalman filters for multisensor time-varying systems with uncertain noise variances [J]. Signal Processing，2014，99（1）：185-200.

[6]　Boyd S，Vandanberghe L.Convex optimization[M].London：Cambridge University Press，2004.

[7]　Liu W Q，Wang X M，Deng Z L. Robust Kalman estimators for systems with multiplicative and uncertain-variance linearly correlated additive white noises[J].Aerospace Sciences and Technology，2018，72：230-247.

第3章 混合不确定系统加权状态融合鲁棒 Kalman 滤波

3.1 引　　言

本章研究带混合不确定性系统加权融合鲁棒估计问题,包括针对带不确定方差乘性和加性噪声及丢失观测的多传感器系统,以及带不确定方差状态相依乘性噪声和噪声相依乘性噪声的多传感器系统,利用虚拟噪声方法将带混合不确定性的系统转化为仅带噪声方差不确定性的系统,并依据极大极小鲁棒估计原理和 Lyapunov 方程方法,分别提出在统一框架下的按对角阵加权融合鲁棒 Kalman 估值器,并证明了鲁棒性和精度关系。

3.2 混合不确定系统加权融合鲁棒 Kalman 估值器

本节研究带混合不确定性多传感器系统的加权状态融合鲁棒估计问题,其中混合不确定性包括随机参数不确定性、丢失观测和不确定噪声方差;利用乘性噪声描述了随机参数不确定性,且假设乘性和加性噪声的方差都是不确定的;通过引入两个虚拟噪声,将原始系统转化为具有确定性参数和不确定噪声方差的系统;基于极大极小鲁棒估计原理和 Lyapunov 方程方法,给出在统一框架下的按对角矩阵加权融合鲁棒 Kalman 估值器,并证明了鲁棒性和精度关系。

3.2.1　问题的提出

考虑带不确定方差乘性和加性噪声及丢失观测的混合不确定性多传感器系统

$$x(t+1) = \left[\Phi + \sum_{k=1}^{n_\xi} \xi_k(t) \Phi_k \right] x(t) + \Gamma w(t) \tag{3-1}$$

$$y_i(t) = \gamma_i(t) \left[H_i + \sum_{p=1}^{n_\eta} \eta_{ip}(t) H_{ip} \right] x(t) + v_i(t), \quad i = 1, \cdots, L \tag{3-2}$$

其中, t 时刻的状态记为 $x(t) \in R^n$; Φ 为已知状态转移阵; Φ_k 、 H_i 、 H_{ip} 分别为已知适当维数常阵; $y_i(t) \in R^{m_i}$ 为第 i 个子系统的观测信息; L 为传感器数量; $\xi_k(t)$ 和 $\eta_{ip}(t)$ 为由标量随机序列描述的乘性噪声; $w(t) \in R^r$ 为过程噪声; $v_i(t) \in R^{m_i}$ 为第 i 个子系统的观测噪声; $\gamma_i(t)$ 为服从伯努利分布的随机变量,用来描述随机丢失观测,其概率分布满足

$$\text{Prob}[\gamma_i(t) = 1] = \lambda_i, \text{Prob}[\gamma_i(t) = 0] = 1 - \lambda_i, \quad 0 \leqslant \lambda_i \leqslant 1 \tag{3-3}$$

假设 3-1　$w(t)$ 、 $v_i(t)$ ($i = 1, \cdots, L$)分别为零均值带未知的不确定实际方差 $\bar{Q}$ 和 $\bar{R}_i$ 的加性白噪声,它们的已知保守上界分别为 Q 和 R_i ,即

$$\bar{Q} \leqslant Q, \quad \bar{R}_i \leqslant R_i \tag{3-4}$$

定义不确定加性噪声方差扰动分别为 $\Delta Q = Q - \bar{Q}$，$\Delta R_i = R_i - \bar{R}_i$，则

$$\Delta Q \geqslant 0, \quad \Delta R_i \geqslant 0 \tag{3-5}$$

假设 3-2　乘性噪声 $\xi_k(t)$、$\eta_{ip}(t)$ 的未知不确定实际方差各为 $\bar{\sigma}_{\varepsilon k}^2$ 和 $\bar{\sigma}_{\eta ip}^2$，已知保守上界各为 $\sigma_{\varepsilon k}^2$ 和 $\sigma_{\eta ip}^2$，即

$$\sigma_{\xi k}^2 \leqslant \sigma_{\xi k}^2, \quad \bar{\sigma}_{\eta ip}^2 \leqslant \sigma_{\eta ip}^2 \tag{3-6}$$

令不确定乘性噪声扰动分别为 $\Delta \sigma_{\xi k}^2 = \sigma_{\varepsilon k}^2 - \bar{\sigma}_{\varepsilon k}^2$，$\Delta \sigma_{\eta ip}^2 = \sigma_{\eta ip}^2 - \bar{\sigma}_{\eta ip}^2$，由式（3-6）有

$$\Delta \sigma_{\xi k}^2 \geqslant 0, \quad \Delta \sigma_{\eta ip}^2 \geqslant 0 \tag{3-7}$$

假设 3-3　$w(t)$、$v_i(t)$、$\xi_k(t)$、$\eta_{ip}(t)$ 均为零均值互不相关白噪声，即满足

$$E \left\{ \begin{bmatrix} w(t) \\ v_i(t) \\ \xi_i(t) \\ \eta_{ip}(t) \end{bmatrix} \begin{bmatrix} w(k) \\ v_j(k) \\ \xi_j(k) \\ \eta_{jp}(k) \end{bmatrix}^{\mathrm{T}} \right\} = \begin{bmatrix} \bar{Q}\delta_{tk} & 0 & 0 & 0 \\ 0 & \bar{R}_I \delta_{IJ}\delta_{tk} & 0 & 0 \\ 0 & 0 & \bar{\sigma}_{\xi i}^2 \delta_{ij}\delta_{tk} & 0 \\ 0 & 0 & 0 & \bar{\sigma}_{\eta ip}^2 \delta_{ij}\delta_{tk} \end{bmatrix} \tag{3-8}$$

其中，符号 E 表示数学期望；δ_{tk} 表示 Kronecker δ 函数，$\delta_{tt} = 1$，$\delta_{tk} = 0(t \neq k)$。

问题是对带不确定方差乘性噪声和加性噪声的多传感器系统式（3-1）及式（3-2）设计鲁棒加权融合 Kalman 估值器 $\hat{x}_f(t|t+N), N \geqslant -1$，其中当 N 取值为 –1、0 以及大于 0 时，$\hat{x}_f(t|t+N)$ 分别表示预报器、滤波器和平滑器，下标 f 表示按对角阵加权融合。它应具有鲁棒性：对于满足式（3-5）和式（3-7）的所有容许的实际噪声方差，相应的实际融合估值误差方差有最小上界。

3.2.2　模型转换

由式（3-1），引入虚拟过程噪声 $w_a(t)$：

$$w_a(t) = \sum_{k=1}^{n_\xi} \xi_k(t) \Phi_k + \Gamma w(t) \tag{3-9}$$

将式（3-9）代入式（3-1），可得

$$x(t+1) = \Phi x(t) + w_a(t) \tag{3-10}$$

由式（3-9），已知所引虚拟噪声 $w_a(t)$ 为零均值白噪声，其保守和实际方差分别为

$$Q_{wa} = \sum_{k=1}^{n_\xi} \bar{\sigma}_{\xi k}^2 \Phi_k X \Phi_k^{\mathrm{T}} + \Gamma Q \Gamma^{\mathrm{T}} \tag{3-11}$$

$$\bar{Q}_{wa} = \sum_{k=1}^{n_\xi} \bar{\sigma}_{\xi k}^2 \Phi_k \bar{X} \Phi_k^{\mathrm{T}} + \Gamma \bar{Q} \Gamma^{\mathrm{T}} \tag{3-12}$$

由式（3-1）知，保守和实际状态的稳态非中心二阶矩方差 X 和 $\bar{X}$ 分别满足如下推广的 Lyapunov 方程：

$$X = \Phi X \Phi^{\mathrm{T}} + \sum_{k=1}^{N_\xi} \sigma_{\varepsilon k}^2 \Phi_k X \Phi_k^{\mathrm{T}} + \Gamma Q \Gamma^{\mathrm{T}} \tag{3-13}$$

$$\bar{X} = \Phi \bar{X} \Phi^{\mathrm{T}} + \sum_{k=1}^{N_\xi} \sigma_{\varepsilon k}^2 \Phi_k \bar{X} \Phi_k^{\mathrm{T}} + \Gamma \bar{Q} \Gamma^{\mathrm{T}} \tag{3-14}$$

其中，$X = E[x(t)x^{\mathrm{T}}(t)]$ 和 $\bar{X} = E[x(t)x^{\mathrm{T}}(t)]$ 中的 $x(t)$ 分别表示保守状态和实际状态。注意：式（3-13）和式（3-14）的第三项为半正定项，令 $\Phi_a = \Phi \otimes \Phi^{\mathrm{T}} + \sum_{k=1}^{q} \bar{\sigma}_{\xi k}^2 \Phi_k \otimes \Phi_k$，$\bar{\sigma}_{\xi k}^2 \leqslant \sigma_{\xi k}^2$，其中 $\otimes$ 表示 Kronecker 积。

引理 3-1　式（3-13）和式（3-14）存在唯一半正定解当且仅当 $\rho(\Phi_a) < 1$，即 Φ_a 是稳定矩阵，其中 $\rho(\Phi_a)$ 是矩阵 Φ_a 的谱半径[1]。

假设 3-4　Φ_a 是稳定矩阵。

由假设 3-3 可得，式（3-13）和式（3-14）分别存在唯一半正定解 X，$\bar{X}$ 则有

$$X \geqslant 0, \quad \bar{X} \geqslant 0 \tag{3-15}$$

令 $\Delta X = X - \bar{X}$，由式（3-13）减式（3-14），可得

$$\Delta X = \Phi \Delta X \Phi^{\mathrm{T}} + \sum_{k=1}^{n_\xi} \sigma_{\xi k}^2 \Phi_k \Delta X \Phi_k^{\mathrm{T}} + \Gamma \Delta Q \Gamma^{\mathrm{T}} + \Delta \sigma_{\xi k}^2 \sum_{k=1}^{n_\xi} \Phi_k X \Phi_k^{\mathrm{T}} \tag{3-16}$$

由式（3-5），式（3-15）及假设 3-4，并对式（3-16）应用引理 3-1，可知

$$\Delta X \geqslant 0 \tag{3-17}$$

令 $\Delta Q_{wa} = Q_{wa} - \bar{Q}_{wa}$，由式（3-11）减式（3-12），可得

$$\Delta Q_{wa} = \sum_{k=1}^{q} \Delta \sigma_{\xi k}^2 \Phi_k X \Phi_k^{\mathrm{T}} + \sum_{k=1}^{q} \bar{\sigma}_{\xi k}^2 \Phi_k \Delta X \Phi_k^{\mathrm{T}} + \Gamma \Delta Q \Gamma^{\mathrm{T}} \tag{3-18}$$

则由式（3-5）、式（3-7）、式（3-15）、式（3-17），易知

$$\Delta Q_{wa} \geqslant 0 \tag{3-19}$$

注意：由 $E[\gamma_i(t)] = \lambda_i$，可将式（3-2）改写为

$$y_i(t) = \left[\lambda_i H_i + \gamma_{0i}(t) H_i + \gamma_i(t) \sum_{p=1}^{n_\eta} \eta_{ip}(t) H_{ip} \right] x(t) + v_i(t) \tag{3-20}$$

其中，$\gamma_{0i}(t) = \gamma_i(t) - \lambda_i$。由上式可引入虚拟噪声 $v_{ai}(t)$：

$$v_{ai}(t) = \left[\gamma_{0i}(t) H_i + \gamma_i(t) \sum_{p=1}^{n_\eta} \eta_{ip}(t) H_{ip} \right] x(t) + v_i(t) \tag{3-21}$$

将式（3-21）代入式（3-20），可得带确定参数和不确定噪声方差的观测方程为

$$y_i(t) = H_{ai} x(t) + v_{ai}(t), \quad i = 1, \cdots, L \tag{3-22}$$

其中，$H_{ai} = \lambda_i H_i$。显然，由式（3-9）和式（3-21），容易证明 $v_{ai}(t)$ 为不相关于 $w_a(t)$ 的零均值白噪声，其保守和实际方差分别为

$$R_{ai} = \lambda_i (1 - \lambda_i) I_{m_i} H_i X H_i^{\mathrm{T}} + \lambda_i \sum_{p=1}^{n_\eta} \sigma_{\eta_{ip}}^2 H_{ip} X H_{ip}^{\mathrm{T}} + R_i \tag{3-23}$$

$$\bar{R}_{ai} = \lambda_i (1 - \lambda_i) I_{m_i} H_i \bar{X} H_i^{\mathrm{T}} + \lambda_i \sum_{p=1}^{n_\eta} \bar{\sigma}_{\eta_{ip}}^2 H_{ip} \bar{X} H_{ip}^{\mathrm{T}} + \bar{R}_i \tag{3-24}$$

令 $\Delta R_{ai} = R_{ai} - \bar{R}_{ai}$，由式（3-23）减式（3-24），可得

$$\Delta R_{ai} = \lambda_i(1-\lambda_i)I_{m_i}H_i\Delta XH_i^{\mathrm{T}} + \lambda_i\sum_{p=1}^{n_\eta}\Delta\sigma_{\eta_{ip}}^2 H_{ip}XH_{ip}^{\mathrm{T}}$$

$$+ \lambda_i\sum_{p=1}^{n_\eta}\bar{\sigma}_{\eta_{ip}}^2 H_{ip}\Delta XH_{ip}^{\mathrm{T}} + \Delta R_i \tag{3-25}$$

则由式（3-15）、式（3-17）及式（3-5），可得

$$\Delta R_{ai} \geqslant 0 \tag{3-26}$$

则在假设 3-1～假设 3-4 下带混合不确定性系统式（3-1）和式（3-2）的鲁棒加权融合估计问题可归结为仅带噪声方差不确定系统式（3-10）和式（3-22）的鲁棒加权融合估计问题。

3.2.3　鲁棒局部 Kalman 预报器

对带保守上界 Q_{wa}、R_{ai}、$\sigma_{\xi k}^2$、$\sigma_{\eta ip}^2$ 的最坏情形系统式（3-10）和式（3-22），在假设 3-1～假设 3-4 下，对所有可能的满足式（3-5）和式（3-7）的不确定实际噪声方差，实际局部稳态 Kalman 预报器为

$$\hat{x}_i(t+1|t) = \Psi_{pi}\hat{x}_i(t|t-1) + K_{pi}y_i(t) \tag{3-27}$$

$$K_{pi} = \Phi\Sigma_i H_{ai}^{\mathrm{T}}[H_{ai}\Sigma_i H_{ai}^{\mathrm{T}} + R_{ai}]^{-1} \tag{3-28}$$

$$\Psi_{pi} = \Phi - K_{pi}H_{ai} \tag{3-29}$$

其中，$y_i(t)$ 为实际观测，保守一步稳态预报误差方差 Σ_i 满足 Riccati 方程

$$\Sigma_i = \Phi\left[\Sigma_i - \Sigma_i H_{ai}^{\mathrm{T}}\left(H_{ai}\Sigma_i H_{ai}^{\mathrm{T}} + R_{ai}\right)^{-1}H_{ai}\Sigma_i\right]\Phi^{\mathrm{T}} + Q_{wa} \tag{3-30}$$

由式（3-10）减式（3-27），可得局部预报误差 $\tilde{x}_i(t+1|t)$ 为

$$\tilde{x}_i(t+1|t) = \Psi_{pi}\tilde{x}_i(t|t-1) + w_a(t) + K_{pi}v_{ai}(t) \tag{3-31}$$

进而可得保守和实际局部预报误差方差满足如下 Lyapunov 方程：

$$\Sigma_{ij} = \Psi_{pi}\Sigma_{ij}\Psi_{pi}^{\mathrm{T}} + Q_{wa} + K_{pi}R_{ai}K_{pi}^{\mathrm{T}}\delta_{ij} \tag{3-32}$$

$$\bar{\Sigma}_{ij} = \Psi_{pi}\bar{\Sigma}_{ij}\Psi_{pi}^{\mathrm{T}} + \bar{Q}_{wa} + K_{pi}\bar{R}_{ai}K_{pi}^{\mathrm{T}}\delta_{ij} \tag{3-33}$$

其中，$\Sigma_i = \Sigma_{ii}$，$\bar{\Sigma}_i = \bar{\Sigma}_{ii}$，且类似于定理 2-2 容易证明 $\bar{\Sigma}_i$ 有最小上界 Σ_i，即

$$\bar{\Sigma}_i \leqslant \Sigma_i \tag{3-34}$$

称实际局部 Kalman 预报器式（3-27）为鲁棒局部 Kalman 预报器。

3.2.4　鲁棒局部 Kalman 滤波器和平滑器

对带保守上界 Q_{wa}、R_{ai}、$\sigma_{\xi k}^2$、$\sigma_{\eta ip}^2$ 的最坏情形系统式（3-10）和式（3-22），在假设 3-1～假设 3-4 下，对所有可能的满足式（3-5）和式（3-7）的不确定实际噪声方差，实际局部稳态 Kalman 滤波器和平滑器为

$$\hat{x}_i(t|t+N) = \hat{x}_i(t|t-1) + \sum_{k=0}^{N}K_i(k)\varepsilon_i(t+k) \tag{3-35}$$

$$\varepsilon_i(t) = y_i(t) - H_{ai}\hat{x}_i(t\,|\,t-1) \tag{3-36}$$

$$\begin{cases} K_i(k) = \Sigma^{(j)}(\Psi_{pi}^{\mathrm{T}})^k H_{ai}^{\mathrm{T}} Q_{\varepsilon i}^{-1}, & k \geqslant 0 \\ Q_{\varepsilon i}^{-1} = H_{ai}\Sigma_i H_{ai}^{\mathrm{T}} + R_{ai} \\ \Psi_i = \Phi - K_i H_{ai} \end{cases} \tag{3-37}$$

$$P_i(N) = \Sigma_i - \sum_{k=0}^{N} K_i(k) Q_{\varepsilon i}(t) K_i^{\mathrm{T}}(k) \tag{3-38}$$

由式（3-10）减式（3-35）可得滤波和平滑误差 $\tilde{x}_i(t\,|\,t+N)$ 为

$$\tilde{x}_i(t\,|\,t+N) = \Psi_{iN}\tilde{x}_i(t\,|\,t-1) + \sum_{\rho=0}^{N} K_{ip}^{vN} v_{ai}(t+\rho)$$

$$+ \sum_{\rho=0}^{N} K_{ip}^{wN} w_a(t+\rho), \quad N \geqslant 0 \tag{3-39}$$

其中，I_{n_a} 为维数为 $n_a \times n_a$ 的单位阵。当 $N>0$ 时，定义

$$\Psi_{iN} = I_{n_a} - \sum_{k=0}^{N} K_i(k) H_i \Psi_i^k \Psi_{iN} = I_{n_a} - \sum_{k=0}^{N} K_i(k) H_i \Psi_i^k \tag{3-40}$$

$$K_{ip}^{wN} = -\sum_{k=\rho+1}^{N} K_i(k) H_i \Psi_i^{k-\rho-1}\Gamma, \ \rho=0,\cdots,N-1; \quad K_{iN}^{wN} = 0 \tag{3-41}$$

$$\begin{cases} K_{ip}^{vN} = -\sum_{k=\rho+1}^{N} K_i(k) H_i \Psi_i^{k-\rho-1} K_i - K_i(\rho), \rho=0,\cdots,N-1 \\ K_{iN}^{vN} = -K(N) \end{cases} \tag{3-42}$$

当 $N=0$ 时，置 $K_{i0}^{v0}=-K_i(0)$，$\Psi_{i0}=I_{n_a}-K_i(0)H_i$，$K_{i0}^{w0}=0$。由式（3-39）可得，保守和实际误差方差和互协方差分别为

$$P_{ij}(N) = \Psi_{iN}\Sigma_i\Psi_{jN}^{\mathrm{T}} + \sum_{\rho=0}^{N} K_{ip}^{wN} Q_{wa} K_{jp}^{wNT} + \sum_{\rho=0}^{N} K_{ip}^{vN} R_{ai} K_{ip}^{vNT} \tag{3-43}$$

$$\bar{P}_{ij}(N) = \Psi_{iN}\bar{\Sigma}_i\Psi_{jN}^{\mathrm{T}} + \sum_{\rho=0}^{N} K_{ip}^{Nw}\bar{Q}_{wa} K_{jp}^{wNT} + \sum_{\rho=0}^{N} K_{ip}^{vN}\bar{R}_{ai} K_{ip}^{vNT} \tag{3-44}$$

其中定义误差方差 $P_i(N)=P_{ii}(N)$，$\bar{P}_i(N)=\bar{P}_{ii}(N)$。

定理 3-1　对混合不确定系统式（3-1）和式（3-2），在假设 3-1～假设 3-4 下，对所有容许的满足式（3-5）和式（3-7）的实际噪声方差，实际局部 Kalman 滤波器和平滑器式（3-35）是鲁棒的，即相应的实际局部滤波和平滑误差方差 $\bar{P}_i(N)$ 有最小上界 $P_i(N)$，即

$$\bar{P}_i(N) < P_i(N), \quad N \geqslant 0 \tag{3-45}$$

证明　定义 $\Delta P_i(N) = P_i(N) - \bar{P}_i(N), N \geqslant 0$，由式（3-43）减式（3-35），可得

$$\Delta P_{ij}(N) = \Psi_{iN}(\Sigma_i - \bar{\Sigma}_i)\Psi_{jN}^{\mathrm{T}} + \sum_{\rho=0}^{N} K_{ip}^{wN}\Delta Q_{wa} K_{jp}^{wNT} + \sum_{\rho=0}^{N} K_{ip}^{vN}(R_{ai}-\bar{R}_{ai}) K_{ip}^{vNT} \tag{3-46}$$

令 $\Delta\Sigma_i = \Sigma_i - \bar{\Sigma}_i$，显然由式（3-34）可得

$$\Delta\Sigma_i \geqslant 0 \tag{3-47}$$

则当 $i=j$ 时，将式（3-47）、式（3-19）及式（3-26）代入式（3-46），可引出

$$\Delta P_i(N) \geqslant 0 \tag{3-48}$$

即式（3-45）得证，类似于定理 2-2 容易证明 $P_i(N)$ 为 $\overline{P}_i(N)$ 所有可能实际平滑误差方差的最小上界。

称实际局部 Kalman 滤波/平滑器式（3-34）为（带不确定方差乘性和加性噪声及丢失观测的多传感器系统）鲁棒局部 Kalman 滤波器和平滑器。

注 3-1　Lyapunov 方程方法，即分别求得保守和实际滤波误差方差阵所服从的 Lyapunov 方程，它们有相同的形式。这引出保守和实际误差方差阵之差，也服从相同形式的 Lyapunov 方程，则可将滤波器的鲁棒性证明问题转化为相应的保守与实际误差方阵之差所服从的（推广的）Lyapunov 方程的（半）正定解的存在性问题解决。

3.2.5　按对角阵加权融合鲁棒 Kalman 估值器

基于按对角阵加权准则，可由局部鲁棒 Kalman 估值器得到统一框架下的鲁棒按对角阵加权融合实际 Kalman 估值器如（预报器、滤波器和平滑器）

$$\hat{x}_f(t\,|\,t+N) = \sum_{i=1}^{L} \Omega_i(N)\hat{x}_i(t\,|\,t+N), \quad N \geqslant -1 \tag{3-49}$$

其中，实际局部 Kalman 估值器 $\hat{x}_i(t\,|\,t+N)$ 分别由式（3-27）和式（3-35）给出，最优加权阵 $\Omega_i(N)$ 为[2]

$$\Omega_i(N) = \mathrm{diag}[\omega_{i1}(N),\cdots,\omega_{in}(N)] \tag{3-50}$$

其中

$$[\omega_{1k}(N),\cdots,\omega_{Lk}(N)] = \left\{e^{\mathrm{T}}[P^{kk}(N)]^{-1}e\right\}^{-1} e^{\mathrm{T}} \times \left[P^{kk}(N)\right]^{-1} \tag{3-51}$$

$$e = [1\cdots1]^{\mathrm{T}}, \quad P^{kk}(N) = \left[P_{ij}^{kk}(N)\right]_{L\times L} \tag{3-52}$$

$P_{ij}^{kk}(N)$ 表示 $P_{ij}(N)$ 的第 (k,k) 个元素。由融合估值无偏性引出所有对角阵加权阵系数 $\Omega_i(N)$ 之和为单位阵 I_n [2]，于是可得 $\tilde{x}_f(t\,|\,t+N) = x(t) - \hat{x}_f(t\,|\,t+N)$ 为

$$\tilde{x}_f(t\,|\,t+N) = \sum_{i=1}^{L} \Omega_i(N)\tilde{x}_i(t\,|\,t+N), \quad N \geqslant -1 \tag{3-53}$$

它引出保守和实际的融合估值误差方差 $P_f(N)$ 和 $\overline{P}_f(N)$ 分别为

$$P_f(N) = \sum_{i=1}^{L}\sum_{j=1}^{L} \Omega_i(N)P_{ij}(N)\Omega_j^{\mathrm{T}}(N) = \Omega(N)P(N)\Omega^{\mathrm{T}}(N) \tag{3-54}$$

$$\overline{P}_f(N) = \sum_{i=1}^{L}\sum_{j=1}^{L} \Omega_i(N)\overline{P}_{ij}(N)\Omega_j^{\mathrm{T}}(N) = \Omega(N)\overline{P}(N)\Omega^{\mathrm{T}}(N) \tag{3-55}$$

其中，$\overline{P}(N) = [\overline{P}_{ij}(N)]_{nL\times nL}$，$N \geqslant -1$，$P(-1) = \Sigma = [\Sigma_{ij}]_{nL\times nL}$，$\overline{P}(-1) = \overline{\Sigma} = [\overline{\Sigma}_{ij}]_{nL\times nL}$。

定理 3-2　对混合不确定系统式（3-1）和式（3-2），在假设 3-1～假设 3-4 下，按对角阵加权融合实际 Kalman 估值器式（3-49）是鲁棒的，即对所有容许的满足式（3-5）和式（3-7）的实际噪声方差，相应的实际局部滤波和平滑误差方差 $\overline{P}_f(N)$ 有最小上界 $P_f(N)$，即

$$\overline{P}_f(N) \leqslant P_f(N), \quad N \geqslant -1 \tag{3-56}$$

证明　欲证式（3-56），即需证明 $P_f(N) - \overline{P}_f(N) \geqslant 0$，令融合估值误差方差扰动

$\Delta P_f(N) = P_f(N) - \bar{P}_f(N), N \geqslant -1$，由式（3-54）减式（3-55），有

$$\Delta P_f(N) = \Omega(N)[P(N) - \bar{P}(N)]\Omega^{\mathrm{T}}(N) \tag{3-57}$$

则由式（3-57）知，欲证式（3-56），仅需证 $P(N) - \bar{P}(N) \geqslant 0$。因此，当 $N = -1$ 时，由式（3-43）和式（3-44），可得

$$\Sigma = \Psi_p \Sigma \Psi_p^{\mathrm{T}} + Q_{wa}^a + K_p R_a K_p^{\mathrm{T}} \tag{3-58}$$

$$\bar{\Sigma} = \Psi_p \bar{\Sigma} \Psi_p^{\mathrm{T}} + \bar{Q}_{wa}^a + K_p \bar{R}_a K_p^{\mathrm{T}} \tag{3-59}$$

其中

$$\Psi_p = \mathrm{diag}(\Psi_{p1}, \cdots, \Psi_{pL}), \quad K_p = \mathrm{diag}(K_{p1}, \cdots, K_{pL}) \tag{3-60}$$

$$Q_{wa}^a = \begin{bmatrix} Q_{wa} & \cdots & Q_{wa} \\ \vdots & & \vdots \\ Q_{wa} & \cdots & Q_{wa} \end{bmatrix}, \quad \bar{Q}_{wa}^a = \begin{bmatrix} \bar{Q}_{wa} & \cdots & \bar{Q}_{wa} \\ \vdots & & \vdots \\ \bar{Q}_{wa} & \cdots & \bar{Q}_{wa} \end{bmatrix} \tag{3-61}$$

$$R_a = \mathrm{diag}(R_{a1}, \cdots, R_{aL}), \quad \bar{R}_a = \mathrm{diag}(\bar{R}_{a1}, \cdots, \bar{R}_{aL}) \tag{3-62}$$

令 $\Delta\Sigma = \Sigma - \bar{\Sigma}$，则由式（3-58）减式（3-59），可得

$$\Delta\Sigma = \Psi_p \Delta\Sigma \Psi_p^{\mathrm{T}} + (Q_{wa}^a - \bar{Q}_{wa}^a) + K_p(R_a - \bar{R}_a)K_p^{\mathrm{T}} \tag{3-63}$$

令 $\Delta Q_{wa}^a = Q_{wa}^a - \bar{Q}_{wa}^a$，则由式（3-61），可得

$$\Delta Q_{wa}^a = \begin{bmatrix} \Delta Q_{wa} & \cdots & \Delta Q_{wa} \\ \vdots & & \vdots \\ \Delta Q_{wa} & \cdots & \Delta Q_{wa} \end{bmatrix} \tag{3-64}$$

将式（3-18）代入式（3-64），可得

$$\Delta Q_{wa}^a = \bar{\sigma}_{\varepsilon k}^2 \sum_{k=1}^{n_\varepsilon} \Phi_k^a \Delta X_a \Phi_k^{a\mathrm{T}} + \Delta\sigma_{\varepsilon k}^2 \sum_{k=1}^{n_\varepsilon} \Phi_k^a X_a \Phi_k^{a\mathrm{T}} + \Gamma_a \Delta Q_a \Gamma_a^{\mathrm{T}} \tag{3-65}$$

其中

$$X_a = \begin{bmatrix} X & \cdots & X \\ \vdots & & \vdots \\ X & \cdots & X \end{bmatrix}, \Delta X_a = \begin{bmatrix} \Delta X & \cdots & \Delta X \\ \vdots & & \vdots \\ \Delta X & \cdots & \Delta X \end{bmatrix}, \Delta Q_a = \begin{bmatrix} \Delta Q & \cdots & \Delta Q \\ \vdots & & \vdots \\ \Delta Q & \cdots & \Delta Q \end{bmatrix} \tag{3-66}$$

$$\Phi_k^a = \mathrm{diag}(\Phi_k, \cdots, \Phi_k), \quad \Gamma_a = \mathrm{diag}(\Gamma, \cdots, \Gamma) \tag{3-67}$$

同理可得

$$\Delta R_a = \Delta\sigma_{\beta_{iq}}^2 \sum_{q=1}^{n_\beta} H_{iq}^a X_a^* H_{iq}^{a\mathrm{T}} + \bar{\sigma}_{\beta_{iq}}^2 \sum_{q=1}^{n_\beta} H_{iq}^a \Delta X_a^* H_{iq}^{a\mathrm{T}} + \Delta R \tag{3-68}$$

其中

$$X_a^* = \mathrm{diag}(X, \cdots, X), H_{iq}^{a\mathrm{T}} = \mathrm{diag}(H_{iq}^a, \cdots, H_{iq}^a)$$

由 $X \geqslant 0$，$\Delta X \geqslant 0$，$\Delta Q \geqslant 0$ 及引理 2-2 知

$$X_a \geqslant 0, \Delta X_a \geqslant 0, \Delta Q_a \geqslant 0 \tag{3-69}$$

由 $X \geqslant 0$，$\Delta X \geqslant 0$，$\Delta R_i \geqslant 0$，$i = 1, \cdots, L$ 及引理 2-3，可知

$$X_a^* \geqslant 0, \Delta X_a^* \geqslant 0, \Delta R \geqslant 0 \tag{3-70}$$

则由式（3-69）引出

$$\Delta Q_{wa}^a \geq 0 \tag{3-71}$$

同理，由式（3-70）引出

$$\Delta R_a \geq 0 \tag{3-72}$$

则由 Ψ_p 的稳定性，式（3-71）和式（3-72），并对式（3-63）应用引理 2-1，可得

$$\Delta \Sigma \geq 0 \tag{3-73}$$

类似于定理 2-2，易证 Σ 是 $\overline{\Sigma}$ 的最小上界。

而当 $N \geq 0$ 时，由式（3-43）和式（3-44）可得

$$P(N) = \Psi_N \Sigma \Psi_N^{\mathrm{T}} + \sum_{\rho=0}^{N} K_{\rho}^{wN} Q_{wa}^a K_{\rho}^{wNT} + \sum_{\rho=0}^{N} K_{\rho}^{vN} R_a K_{\rho}^{vNT} \tag{3-74}$$

$$\overline{P}(N) = \Psi_N \overline{\Sigma} \Psi_N^{\mathrm{T}} + \sum_{\rho=0}^{N} K_{\rho}^{Nw} \overline{Q}_{wa}^a K_{\rho}^{wNT} + \sum_{\rho=0}^{N} K_{\rho}^{vN} \overline{R}_a K_{\rho}^{vNT} \tag{3-75}$$

其中，$\Psi_N = \mathrm{diag}(\Psi_{1N},\cdots,\Psi_{1N})$，$K_{\rho}^{wN} = \mathrm{diag}(K_{1\rho}^{wN},\cdots,K_{L\rho}^{wN})$，$K_{\rho}^{vN} = \mathrm{diag}(K_{1\rho}^{vN},\cdots,K_{L\rho}^{vN})$。令 $\Delta P(N) = P(N) - \overline{P}(N)$，由式（3-74）减式（3-75），有

$$\Delta P(N) = \Psi_N \Delta \Sigma \Psi_N^{\mathrm{T}} + \sum_{\rho=0}^{N} K_{\rho}^{wN} \Delta Q_{wa}^a K_{\rho}^{wNT} + \sum_{\rho=0}^{N} K_{\rho}^{vN} \Delta R_a K_{\rho}^{vNT} \tag{3-76}$$

则由式（3-71）~式（3-73）可引出

$$\Delta P(N) \geq 0, \quad N \geq 0 \tag{3-77}$$

这引出式（3-56），类似于定理 2-5 易证得 $P_f(N)$ 是 $\overline{P}_f(N)$ 的最小上界。证毕。

我们称按对角阵加权融合实际 Kalman 估值器式（3-49）为（带不确定方差乘性和加性噪声及丢失观测的多传感器系统）按对角阵加权融合鲁棒 Kalman 估值器。

3.2.6 精度分析

定理 3-3 在定理 3-2 条件下，局部和按对角阵加权融合鲁棒 Kalman 估值器之间精度关系（矩阵（迹）不等式）。如下：

$$\overline{P}_f(N) \leq P_f(N), \quad N \geq -1 \tag{3-78}$$

$$\overline{P}_i(N) \leq P_i(N), \quad N \geq -1 \tag{3-79}$$

$$P_i(N) \leq P_i(0) \leq \Sigma_i, \quad N \geq 1; i = 1,\cdots,L \tag{3-80}$$

$$\mathrm{tr}\overline{P}_f(N) \leq \mathrm{tr}P_f(N) \leq \mathrm{tr}P_i(N), \quad i = 1,\cdots,L$$

$$\mathrm{tr}\overline{P}_i(N) \leq \mathrm{tr}P_i(N), \quad N \geq -1 \tag{3-81}$$

$$\mathrm{tr}\overline{P}_i(N) \leq \mathrm{tr}P_i(0) \leq \mathrm{tr}\Sigma_i, \quad N \geq 1; i = 1,\cdots,L$$

证明 式（3-56）即式（3-78）。由式（3-34）、式（3-35）和式（3-38）可引出式（3-80）。分别对它们取矩阵迹运算引出式（3-81）。由于融合估值式（3-49）是局部预报估值式（3-27）和局部滤波和平滑估值式（3-35）的 ULMV 估值，因此易证式（3-81）中的不等式 $\mathrm{tr}P_f(N) \leq \mathrm{tr}P_f(N)$[3]。

注 3-2　较大的迹值意味着较低的精度[4-6]。实际融合估值误差方差 $\mathrm{tr}\overline{P}_f(N)$ 为实际精度，其最小上界 $\mathrm{tr}P_f(N)$ 为鲁棒精度（总体精度）。由式（3-81）可知融合器的实际精度高于其鲁棒精度，融合器的鲁棒精度高于每个局部估值器的鲁棒精度，局部平滑器的鲁棒精度高于局部滤波器的鲁棒精度，且局部滤波器的鲁棒精度高于局部预报器的鲁棒精度。定义鲁棒加权融合估值器的第 k 个分量的实际标准差为 $\overline{\sigma}^{(k)}=\sqrt{\overline{P}_f^{kk}(N)}$ $(N\geqslant -1;k=1,\cdots,n)$，鲁棒标准差为 $\sigma^{(k)}=\sqrt{P_f^{kk}(N)}$，其中 $\overline{P}_f^{kk}(N)$ 和 $P_f^{kk}(N)$ 分别为 $\overline{P}_f(N)$ 和 $P_f(N)$ 的第 (k,k) 个对角元素，则由式（3-78）引出 $\overline{\sigma}^{(k)2}\leqslant \sigma^{(k)2}$，则有 $\overline{\sigma}^{(k)}\leqslant \sigma^{(k)}$，且 $\sigma^{(k)}$ 是 $\overline{\sigma}^{(k)}$ 的最小上界，称为分量鲁棒性。由概率理论的切比雪夫不等式易证，对所有容许的不确定实际噪声方差，无论相应的实际估值误差服从何种分布，相应的实际估值误差以超过 88.89% 的概率位于 $\pm 3\overline{\sigma}^{(k)}$ 界之间，也位于 $\pm 3\sigma^{(k)}$ 界之间，且鲁棒标准差 $\sigma^{(k)}$ 与不确定的实际乘性和加性噪声方差无关。

3.2.7　仿真实验与结果分析

考虑带随机参数、丢失观测和不确定噪声方差的 3 传感器不间断电源系统（UPS）[8]，其离散系统模型为

$$x(t+1)=\Phi(t)x(t)+\Gamma w(t) \tag{3-82}$$

$$y_i(t)=\gamma_i(t)H_i(t)x(t)+v_i(t),\quad i=1,2,3 \tag{3-83}$$

其中

$$\begin{cases}\Phi(t)=\begin{bmatrix}0.9826+\xi_1(t) & -0.233+\xi_2(t) & 0\\ 1 & 0 & 0\\ 0 & 1 & 0\end{bmatrix},\quad \Gamma=[0.65\quad 0\quad 0.01]^{\mathrm{T}}\\ H_i=[11.738+\eta_{i1}(t)\quad 1.287+\eta_{i2}(t)\quad 0],\quad i=1,2,3\end{cases} \tag{3-84}$$

则 $\hat{x}_f^{(k)}(t\,|\,t+N)$ 表示 $\hat{x}_f(t\,|\,t+N)$ 的第 k 个分量。系统式（3-82）～式（3-84）可转化为形如式（3-1）和式（3-2）的等价系统模型，其中定义

$$\begin{cases}\Phi=\begin{bmatrix}0.9826 & -0.233 & 0\\ 1 & 0 & 0\\ 0 & 1 & 0\end{bmatrix},\quad \Phi_1=\begin{bmatrix}1 & 0 & 0\\ 0 & 0 & 0\\ 0 & 0 & 0\end{bmatrix},\quad \Phi_2=\begin{bmatrix}0 & 1 & 0\\ 0 & 0 & 0\\ 0 & 0 & 0\end{bmatrix}\\ H_i=[11.738\quad 1.287\quad 0],H_{i1}=[1\quad 0\quad 0],H_{i2}=[0\quad 1\quad 0]\end{cases} \tag{3-85}$$

随机乘性噪声 $\xi_k(k)$ 和 $\eta_{ip}(t)$ 的不确定实际噪声方差分别为 $\overline{\sigma}_{\xi k}^2$ 和 $\overline{\sigma}_{\eta ip}^2$，其已知保守上界分别为 $\sigma_{\xi k}^2$ 和 $\sigma_{\eta ip}^2$。过程噪声和观测噪声 $w(t)$ 和 $v_i(t)$ 的不确定实际噪声方差分别为 $\overline{Q}$ 和 $\overline{R}_i$，它们的已知保守上界分别为 Q 和 R_i。$x(t)=[x_1(t),x_2(t),x_3(t)]$ 为待估计的系统状态，问题是对带混合不确定性系统式（3-82）和式（3-83）设计鲁棒加权融合 Kalman 估值器 $\hat{x}_f(t\,|\,t+N),N=-1,0,2$。

仿真过程中选取以下参数：

$$\begin{cases} Q=4, \overline{Q}=0.8Q, R_1=4, R_2=0.16, R_3=1, \overline{R}_1=0.74R_1, \\ \overline{R}_2=0.67R_2, \overline{R}_3=0.83R_3, \sigma_{\xi1}^2=0.11, \sigma_{\xi2}^2=0.10, \overline{\sigma}_{\xi1}^2=0.07, \\ \sigma_{\xi2}^2=0.05, \sigma_{\eta11}^2=0.101, \sigma_{\eta12}^2=0.10, \overline{\sigma}_{\eta11}^2=0.04, \overline{\sigma}_{\eta12}^2=0.01, \\ \sigma_{\eta21}^2=0.22, \sigma_{\eta22}^2=0.04, \sigma_{\eta21}^2=0.10, \sigma_{\eta22}^2=0.01, \sigma_{\eta31}^2=0.131, \\ \sigma_{\eta32}^2=0.13, \overline{\sigma}_{\eta31}^2=0.10, \overline{\sigma}_{\eta32}^2=0.11, \lambda_1=0.5161, \lambda_2=0.5263, \\ \lambda_3=0.5265 \end{cases} \quad (3\text{-}86)$$

图 3-1 中（a）、（b）、（c）分别给出了鲁棒加权融合 Kalman 估值器（包括预报器、滤波器和平滑器）$\hat{x}_f^{(1)}(t|t+N)$ 的第一分量与实际状态第一分量 $\hat{x}^{(1)}(t)$ 的仿真结果，其中实线表示 $\hat{x}^{(1)}(t)$，虚线分别表示相应估值器的第一分量 $\hat{x}_f^{(1)}(t|t+N)$。图 3-1 表明估计精度由高到低依次为 $\hat{x}_f^{(1)}(t|t+2)$、$\hat{x}_f^{(1)}(t|t)$ 和 $\hat{x}_f^{(1)}(t|t-1)$。由仿真结果亦知 $\mathrm{tr}\overline{P}_f(-1)=6.9572$，$\mathrm{tr}\overline{P}_f(0)=4.3567$，$\mathrm{tr}\overline{P}_f(2)=3.3524$，也验证了上述结论。为了便于说明问题，接下来我们以加权融合 Kalman 估值器的第一个分量为例，来验证所提方法的正确性和有效性。令 $x^{(k)}(t)$ 表示 $x(t)$ 的第 k 个分量，$k=1,2,3$。任选三组满足式（3-5）和式（3-22）的实际噪声方差 $\left(\overline{Q}^{(l)}, \overline{R}_1^{(l)}, \overline{R}_2^{(l)}, \overline{R}_3^{(l)}\right)=\left(qQ, qR_1, qR_2, qR_3\right)$，其中 $l=1,2,3$ 时，分别选取 $q=0.2, 0.5, 1$，相应的实际融合误差方差记为 $\overline{P}_{fl}(-1)$。

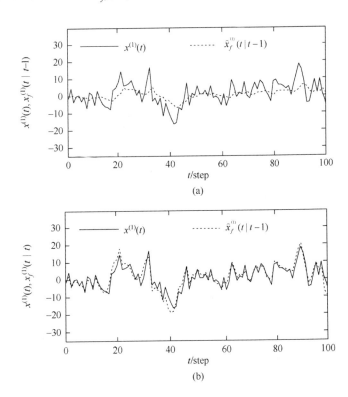

(a)

(b)

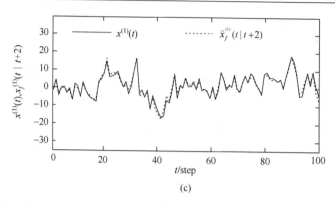

(c)

图 3-1　鲁棒加权融合 Kalman 估值器的第一分量 $\hat{x}_f^{(1)}(t|t+N)$ 实际状态第一分量 $\hat{x}^{(1)}(t)$ 的比较

　　图 3-2（a）～（c）分别给出了相应的融合预报器第一分量与实际状态第一分量误差曲线 $e_l^{(1)} = x^{(1)}(t) - \hat{x}_{fl}^{(1)}(t|t-1)$ 以及正负三倍实际和鲁棒标准差界 $\pm 3\bar{\sigma}_l^{(1)}$ 和 $\pm 3\sigma^{(1)}$。其中实线表示 $e_l^{(1)}$，虚线和点划线分别表示 $\pm 3\bar{\sigma}_l^{(1)}$ 和 $\pm 3\sigma^{(1)}$。由注 3-2 知，实际和鲁棒标准差 $\bar{\sigma}_l^{(1)}$ 及 $\bar{\sigma}^{(1)}$ 可由实际融合方差 $\bar{P}_{fl}(-1)$ 及其最小上界 $P_f(-1)$ 的第 (1,1) 分量开方得到。由图 3-2 可见，随着实际噪声方差的增大，实际误差曲线的值也随之增大；同时，正负三倍标准差界 $\pm 3\bar{\sigma}_l^{(1)}$ 也随之增大，而正负三倍鲁棒标准差界 $\pm 3\sigma^{(1)}$ 保持不变，即鲁棒标准差界与实际噪声方差无关。实际误差曲线值始终位于正负三倍实际和鲁棒标准差界内，正负三倍实际标准差界始终位于正负三倍鲁棒标准差界以内。图 3-2 验证了所设计融合估值器的鲁棒性，即验证了由注 3-2 定义的分量鲁棒性 $\bar{\sigma}_l^{(1)} \leqslant \sigma^{(1)}$。

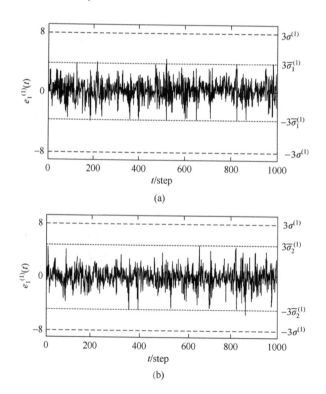

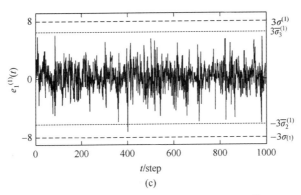

图 3-2　实际估计误差曲线及其 $\pm3\bar\sigma_k^{(1)}$ 和 $\pm3\bar\sigma^{(1)}$ 界

图 3-3 说明了融合预报器鲁棒精度 $\mathrm{tr}P_f(-1)$ 和乘性噪声方差保守上界 $\sigma_{\xi1}^2$、$\sigma_{\xi2}^2$ 之间的关系。由图 3-3 可见，随着 $\sigma_{\xi1}^2$、$\sigma_{\xi2}^2$ 的增大，融合预报器的鲁棒精度逐渐下降。当 $\sigma_{\xi1}^2$、$\sigma_{\xi2}^2$ 分别从 0 增大到 0.11 和 0.1 时，融合预报误差方差的迹值也随之增大到 $\mathrm{tr}P_f(-1)=10.277$，即鲁棒精度降至最低。

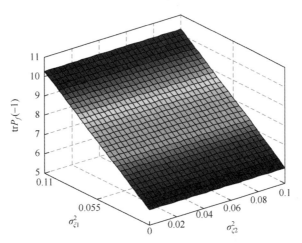

图 3-3　鲁棒精度 $\mathrm{tr}P_f(-1)$ 随乘性噪声保守上界 $\sigma_{\xi1}^2$、$\sigma_{\xi2}^2$ 的变化

表 3-1 给出了加权融合鲁棒 Kalman 估值器的鲁棒和实际精度比较。根据注 3-2，由表 3-1 可知，融合估值器的实际精度高于鲁棒精度。表 3-1 验证了式（3-78）～式（3-80）。

表 3-1　加权融合鲁棒 Kalman 估值器的鲁棒和实际精度比较

$\mathrm{tr}P_f(-1)$	$\mathrm{tr}P_f(0)$	$\mathrm{tr}P_f(2)$
10.2770	6.4369	4.9541
$\mathrm{tr}\bar P_f(-1)$	$\mathrm{tr}\bar P_f(0)$	$\mathrm{tr}\bar P_f(2)$
6.9572	4.3567	3.3524

定义不同丢失观测率分别为 $\pi_1 = 1 - \lambda_1$，$\pi_2 = 1 - \lambda_2$，$\pi_3 = 1 - \lambda_3$，图 3-4 给出了不同丢失观测率 π_1、π_2、π_3 和鲁棒精度 $\mathrm{tr}P_f(-1)$ 之间的关系。为了便于说明，我们引入标量参数 α 满足 $[\pi_1, \pi_2] = \alpha[0.4839, 0.4737]$ 且 $0 \leqslant \alpha \leqslant 1$。由图 3-4 可见，随着丢失观测率 π_1、π_2、π_3 的逐渐增大，融合预报误差方差迹值随之增加，当观测信息中仅包含噪声信息时，鲁棒精度降至最低，$\mathrm{tr}P_f(-1) = 10.277$。

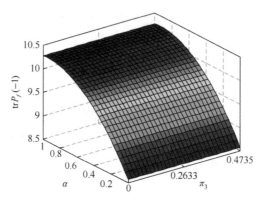

图 3-4　鲁棒精度 $\mathrm{tr}P_f(-1)$ 随不同丢失观测率 π_1、π_2、π_3 的变化

3.3　带不确定方差乘性和加性噪声系统按对角阵加权融合鲁棒 Kalman 估值器

本节研究带状态相依和噪声相依乘性噪声的多传感器系统鲁棒加权融合问题。通过引入虚拟噪声补偿乘性噪声的不确定性，将原系统化为带确定参数和不确定加性噪声方差的系统，进而利用 Lyapunov 方程方法提出统一框架下的按对角阵加权融合极小极大鲁棒稳态 Kalman 估值器如（如预报器、滤波器和平滑器），它基于预报器设计滤波器和平滑器，并给出实际融合估值误差方差的最小上界，证明了融合器的鲁棒精度高于每个局部估值器的鲁棒精度。

3.3.1　问题提出

考虑带不确定方差乘性和加性噪声的混合不确定多传感器系统

$$x(t+1) = \left[\Phi + \sum_{k=1}^{n_\xi} \xi_k(t)\Phi_k\right]x(t) + \left[\Gamma + \sum_{p=1}^{n_\eta} \eta_p(t)\Gamma_p\right]w(t) \qquad (3\text{-}87)$$

$$y_i(t) = \left[H_i + \sum_{q=1}^{n_{\beta i}} \beta_{iq}(t)H_{iq}\right]x(t) + v_i(t), \quad i = 1, \cdots L \qquad (3\text{-}88)$$

其中，$x(t) \in R^n$ 为 t 时刻的状态；Φ、Γ、Φ_k、Γ_p 和 H_{iq} 为已知适当维数常阵；$\xi_k(t)$ 和 $\beta_{iq}(t)$ 为状态相依乘性噪声；$\eta_p(t)$ 为噪声相依乘性噪声；$y_i(t) \in R^{m_i}$ 为第 i 个传感器子系

统的观测；$w(t) \in R^r$ 为过程噪声；$v_i(t) \in R^{m_i}$ 为第 i 个传感器的观测噪声；L 是传感器的个数。

假设 3-5 $w(t)$，$v_i(t)$，$i=1,\cdots,L$ 分别为零均值带未知的不确定实际方差 $\bar{Q}$ 和 $\bar{R}_i$ 的加性白噪声，相应的已知保守方差上界分别为 Q 和 R_i，即

$$\bar{Q} \leqslant Q, \quad \bar{R}_i \leqslant R_i \tag{3-89}$$

定义不确定加性噪声方差扰动分别为 $\Delta Q = Q - \bar{Q}, \Delta R_i = R_i - \bar{R}_i$，则

$$\Delta Q \geqslant 0, \quad \Delta R_i \geqslant 0 \tag{3-90}$$

假设 3-6 乘性噪声 $\xi_k(t)$、$\beta_{iq}(t)$、$\eta_p(t)$ 的未知不确定实际方差各为 $\bar{\sigma}^2_{\xi k}$、$\bar{\sigma}^2_{\eta p}$、$\bar{\sigma}^2_{\beta iq}$，且它们的已知保守上界各为 $\sigma^2_{\xi k}$、$\sigma^2_{\eta p}$、$\sigma^2_{\beta iq}$，即满足

$$\bar{\sigma}^2_{\varepsilon k} \leqslant \sigma^2_{\varepsilon k}, \bar{\sigma}^2_{\eta p} \leqslant \sigma^2_{\eta p}, \bar{\sigma}^2_{\beta iq} \leqslant \sigma^2_{\beta iq} \tag{3-91}$$

令不确定乘性噪声扰动各为 $\Delta\sigma^2_{\varepsilon k} = \sigma^2_{\varepsilon k} - \bar{\sigma}^2_{\varepsilon k}$、$\Delta\sigma^2_{\eta p} = \sigma^2_{\eta p} - \bar{\sigma}^2_{\eta p}$、$\Delta\sigma^2_{\beta iq} = \sigma^2_{\beta iq} - \bar{\sigma}^2_{\beta iq}$，则有

$$\Delta\sigma^2_{\xi k} \geqslant 0, \Delta\sigma^2_{\eta p} \geqslant 0, \Delta\sigma^2_{\beta iq} \geqslant 0 \tag{3-92}$$

假设 3-7 $w(t)$，$v_i(t)$ 和 $\xi_k(t)$，$\eta_p(t)$，$\beta_{iq}(t)$ 均为零均值互不相关白噪声，即

$$E\left\{ \begin{bmatrix} w(t) \\ v_i(t) \\ \xi_i(t) \\ \eta_i(t) \\ \beta_{iq}(t) \end{bmatrix} \begin{bmatrix} w(k) \\ v_i(k) \\ \xi_j(k) \\ \eta_j(k) \\ \beta_{jq}(k) \end{bmatrix}^{\mathrm{T}} \right\} = \begin{bmatrix} \bar{Q}\delta_{tk} & 0 & 0 & 0 & 0 \\ 0 & \bar{R}_i\delta_{ij}\delta_{tk} & 0 & 0 & 0 \\ 0 & 0 & \bar{\sigma}^2_{\xi i}\delta_{ij}\delta_{tk} & 0 & 0 \\ 0 & 0 & 0 & \bar{\sigma}^2_{\eta i}\delta_{ij}\delta_{tk} & 0 \\ 0 & 0 & 0 & 0 & \bar{\sigma}^2_{\beta iq}\delta_{ij}\delta_{tk} \end{bmatrix} \tag{3-93}$$

问题是对带不确定方差乘性噪声和加性噪声的多传感器系统式（3-87）和式（3-88），设计极大极小鲁棒加权融合 Kalman 估值器 $\hat{x}_f(t|t+N)$，$N \geqslant -1$，其中当 N 取值为 -1、0 和大于 0 时，$\hat{x}_f(t|t+N)$ 分别表示预报器、滤波器和平滑器，下标 f 表示按对角阵加权融合。它应具有如下鲁棒性：对于满足式（3-89）和式（3-92）的所有容许实际噪声方差，相应的实际融合估值误差方差保证有最小上界。

3.3.2 模型转换

将式（3-87）展开，可得

$$x(t+1) = \Phi x(t) + \sum_{k=1}^{n_\xi} \xi_k(t)\Phi_k x(t)w(t) + \Gamma w(t) + \sum_{k=1}^{n_\eta} \eta_p(t)\Gamma_p w(t) \tag{3-94}$$

引入过程虚拟噪声 $w_a(t)$

$$w_a(t) = \sum_{k=1}^{n_\xi} \xi_k(t)\Phi_k x(t) + \Gamma w(t) + \sum_{p=1}^{n_\eta} \eta_p(t)\Gamma_p w(t) \tag{3-95}$$

则将式（3-95）代入式（3-94），可得带确定常阵 Φ 的状态方程

$$x(t+1) = \Phi x(t) + w_a(t) \tag{3-96}$$

由式（3-95）和式（3-96）知，状态 $x(t)$ 的稳态保守和实际非中心二阶矩 X 和 $\bar{X}$ 满足推广

的 Lyapunov 方程

$$X = \Phi X \Phi^{\mathrm{T}} + \sum_{k=1}^{n_\xi} \sigma_{\xi k}^2 \Phi_k X \Phi_k^{\mathrm{T}} + \Gamma Q \Gamma^{\mathrm{T}} + \sum_{p=1}^{n_\eta} \sigma_{\eta p}^2 \Gamma_p Q \Gamma_p^{\mathrm{T}} \tag{3-97}$$

$$\bar{X} = \Phi \bar{X} \Phi^{\mathrm{T}} + \sum_{k=1}^{n_\xi} \sigma_{\xi k}^2 \Phi_k \bar{X} \Phi_k^{\mathrm{T}} + \Gamma \bar{Q} \Gamma^{\mathrm{T}} + \sum_{p=1}^{n_\eta} \sigma_{\eta p}^2 \Gamma_p \bar{Q} \Gamma_p^{\mathrm{T}} \tag{3-98}$$

注意：式（3-97）和式（3-98）右边第三项和第四项均为非负定项。我们令 $\Phi_a = \Phi \otimes \Phi^{\mathrm{T}} + \sum_{k=1}^{n_\xi} \bar{\sigma}_{\xi k}^2 \Phi_k X \Phi_k^{\mathrm{T}}$，其中 $\bar{\sigma}_{\xi k}^2 \leqslant \sigma_{\xi k}^2$，符号 $\otimes$ 表示 Kronecker 积，可得推广的 Lyapunov 方程（3-97）和（3-98）存在唯一的半正定解的充要条件为 $\rho(\Phi_a) < 1$[1]。

假设 3-8　Φ_a 是稳定的。

令 $\Delta X = X - \bar{X}$，由式（3-97）减式（3-98），可得推广的 Lyapunov 方程

$$\Delta X = \Phi \Delta X \Phi^{\mathrm{T}} + \sum_{k=1}^{n_\xi} \bar{\sigma}_{\xi k}^2 \Phi_k \Delta X \Phi_k^{\mathrm{T}} + \sum_{k=1}^{n_\xi} \Delta \sigma_{\xi k}^2 \Phi_k X \Phi_k^{\mathrm{T}}$$
$$+ \Gamma \Delta Q \Gamma^{\mathrm{T}} + \sum_{p=1}^{n_\eta} \bar{\sigma}_{\eta p}^2 \Gamma_p \Delta Q \Gamma_p^{\mathrm{T}} + \sum_{p=1}^{n_\eta} \Delta \sigma_{\eta p}^2 \Gamma_p Q \Gamma_p^{\mathrm{T}} \tag{3-99}$$

因 $X \geqslant 0, Q \geqslant 0$，易知式（3-99）右边后四项非负定，由 Φ_a 的稳定性引出

$$\Delta X \geqslant 0 \tag{3-100}$$

由式（3-95）及假设 3-6 知 $\xi_k(t)$，$\eta_p(t)$ 为零均值且和 $w(t)$ 互不相关的白噪声，有

$$E[w_a(t)] = 0, \quad E\left[w_a(t) w_a^{\mathrm{T}}(j)\right] = 0 \tag{3-101}$$

式（3-101）表明 $w_a(t)$ 为零均值白噪声，则由式（3-95）可知其保守方差 Q_{wa} 和实际方差 $\bar{Q}_{wa}$ 分别为

$$Q_{wa} = \sum_{k=1}^{n_\xi} \sigma_{\xi k}^2 \Phi_k X \Phi_k^{\mathrm{T}} + \Gamma Q \Gamma^{\mathrm{T}} + \sum_{p=1}^{n_\eta} \sigma_{\eta p}^2 \Gamma_p Q \Gamma_p^{\mathrm{T}} \tag{3-102}$$

$$\bar{Q}_{wa} = \sum_{k=1}^{n_\xi} \sigma_{\xi k}^2 \Phi_k \bar{X} \Phi_k^{\mathrm{T}} + \Gamma \bar{Q} \Gamma^{\mathrm{T}} + \sum_{p=1}^{n_\eta} \sigma_{\eta p}^2 \Gamma_p \bar{Q} \Gamma_p^{\mathrm{T}} \tag{3-103}$$

定义不确定虚拟噪声扰动 $\Delta Q_{wa} = Q_{wa} - \bar{Q}_{wa}$，由式（3-102）减式（3-103），可得

$$\Delta Q_{wa} = \bar{\sigma}_{\xi k}^2 \sum_{k=1}^{n_\xi} \Phi_k \Delta X \Phi_k^{\mathrm{T}} + \Delta \sigma_{\xi k}^2 \sum_{k=1}^{n_\eta} \Phi_k X \Phi_k^{\mathrm{T}} + \Gamma \Delta Q \Gamma^{\mathrm{T}}$$
$$+ \bar{\sigma}_{\eta p}^2 \sum_{p=1}^{n_\eta} \Gamma_p \Delta Q \Gamma_p^{\mathrm{T}} + \Delta \sigma_{\eta p}^2 \sum_{p=1}^{n_\eta} \Gamma_p Q \Gamma_p^{\mathrm{T}} \tag{3-104}$$

显然，由 $Q \geqslant 0, X \geqslant 0$，及式（3-100）和式（3-90），可得

$$\Delta Q_{wa} \geqslant 0 \tag{3-105}$$

同理，将式（3-88）展开，可得

$$y_i(t) = H_i x(t) + \sum_{q=1}^{n_{\beta i}} \beta_{iq}(t) H_{iq} x(t) + v_i(t), \quad i = 1, \cdots, L \tag{3-106}$$

引入观测虚拟噪声 $v_{ai}(t)$

$$v_{ai}(t) = \sum_{q=1}^{n_\beta} \beta_{iq}(t)H_{iq}x(t) + v_i(t), \quad i=1,\cdots,L \tag{3-107}$$

则将式（3-107）代入式（3-106），可得带常阵的观测方程

$$y_i(t) = H_i x(t) + v_{ai}(t), \quad i=1,\cdots,L \tag{3-108}$$

由式（3-107）可得，虚拟观测噪声 $v_{ai}(t)$ 的保守方差和实际方差分别为

$$R_{ai} = \sum_{q=1}^{n_{\beta_i}} \sigma^2_{\beta_{iq}} H_{iq} X H_{iq}^{\mathrm{T}} + R_i, \quad i=1,\cdots,L \tag{3-109}$$

$$\bar{R}_{ai} = \sum_{q=1}^{n_{\beta_i}} \bar{\sigma}^2_{\beta_{iq}} H_{iq} \bar{X} H_{iq}^{\mathrm{T}} + \bar{R}_i, \quad i=1,\cdots,L \tag{3-110}$$

令 $\Delta R_{ai} = R_{ai} - \bar{R}_{ai}$，则由式（3-109）减式（3-110），可得

$$\Delta R_{ai} = \Delta\sigma^2_{\beta_{iq}} \sum_{q=1}^{n_{\beta_i}} H_{iq} X H_{iq}^{\mathrm{T}} + \bar{\sigma}^2_{\beta_{iq}} \sum_{q=1}^{n_{\beta_i}} H_{iq} \Delta X H_{iq}^{\mathrm{T}} + \Delta R_i \tag{3-111}$$

并由 $X \geq 0$ 及式（3-92）、式（3-100）和式（3-90）可得

$$\Delta R_{ai} \geq 0 \tag{3-112}$$

由式（3-95）和式（3-107），及假设 3-6 知 $\xi_k(t)$，$\eta_p(t)$ 为零均值且和 $w(t)$ 及 $v_i(t)$ 均互不相关的白噪声，可得

$$E[v_{ai}(t)]=0, \quad E\left[v_{ai}(t)v_{ai}^{\mathrm{T}}(j)\right]=0, \quad E\left[v_{ai}(t)w_a^{\mathrm{T}}(j)\right]=0 \tag{3-113}$$

式（3-113）表明 $v_{ai}(t)$ 为零均值且与 $w_a(t)$ 不相关的白噪声。

至此，问题由带混合不确定性系统式（3-87）和式（3-88）的鲁棒加权融合问题归结为对仅带噪声方差不确定性的系统式（3-96）和式（3-108）鲁棒局部和加权融合 Kalman 估问题。

3.3.3　鲁棒局部 Kalman 预报器

基于带常参数阵和不确定加性噪声方差的多传感器系统式（3-96）和式（3-108），本文基于鲁棒局部 Kalman 预报器，统一处理局部滤波器和平滑器，进而得到统一框架下的鲁棒加权融合估值器。

根据极大极小鲁棒估计原理，对带保守上界方差 Q_{wa} 和 R_{ai} 的最坏情形保守系统式（3-96）和式（3-108），由假设 3-5～假设 3-8，可得实际局部稳态最小方差 Kalman 预报器[2]

$$\hat{x}_i(t+1|t) = \Psi_{pi}\hat{x}_i(t|t-1) + K_{pi}y_i(t) \tag{3-114}$$

$$K_{pi} = \Phi\Sigma_i H_i^{\mathrm{T}}\left[H_i\Sigma_i H_i^{\mathrm{T}} + R_{ai}\right]^{-1} \tag{3-115}$$

$$\Psi_{pi} = \Phi - K_{pi}H_i \tag{3-116}$$

其中，$y_i(t)$ 为第 i 个传感器收到的实际观测数据。满足 Riccati 方程的一步保守预报误差方差 Σ_i 为

$$\Sigma_i = \Phi\left[\Sigma_i - \Sigma_i H_i^{\mathrm{T}}\left(H_i \Sigma_i H_i^{\mathrm{T}} + R_{ai}\right)^{-1} H_i \Sigma_i\right]\Phi^{\mathrm{T}} + Q_{wa} \tag{3-117}$$

由式（3-96）减式（3-114），可得保守预报误差 $\tilde{x}_i(t+1|t) = x(t+1) - \hat{x}_i(t+1|t)$ 为

$$\begin{aligned}\tilde{x}_i(t+1|t) &= \Phi x(t) + w_a(t) - \Psi_{pi}\hat{x}_i(t|t-1) - K_{pi}y_i(t)\\ &= \Psi_{pi}\hat{x}_i(t|t-1) + w_a(t) - K_{pi}v_{ai}(t)\end{aligned} \tag{3-118}$$

进而可得保守和实际的预报误差方差和互协方差分别满足如下 Lyapunov 方程：

$$\Sigma_{ij} = \Psi_{pi}\Sigma_{ij}\Psi_{pj}^{\mathrm{T}} + Q_{wa} + K_{pi}R_{ai}K_{pi}^{\mathrm{T}}\sigma_{ij} \tag{3-119}$$

$$\bar{\Sigma}_{ij} = \Psi_{pi}\bar{\Sigma}_{ij}\Psi_{pj}^{\mathrm{T}} + \bar{Q}_{wa} + K_{pi}\bar{R}_{ai}K_{pi}^{\mathrm{T}}\delta_{ij} \tag{3-120}$$

其中 $\Sigma_i = \bar{\Sigma}_{ii}$，$\bar{\Sigma}_i = \bar{\Sigma}_{ii}$，。

定理 3-4　混合不确定系统式（3-87）和式（3-88），在假设 3-5～假设 3-8 下，实际局部稳态最小方差 Kalman 预报器式（3-114）是鲁棒的，即对满足式（3-89）和式（3-91）的所有容许实际噪声方差，相应的实际局部预报误差方差 $\bar{\Sigma}_i$ 有最小上界 Σ_i，即

$$\bar{\Sigma}_i \leqslant \Sigma_i \tag{3-121}$$

证明　欲证式（3-121），仅需证 $\Sigma_i - \bar{\Sigma}_i \geqslant 0$，定义 $\Delta\Sigma_i = \Sigma_i - \bar{\Sigma}_i$，则当 $i = j$ 时，由式（3-119）减式（3-120），可得

$$\Delta\Sigma_i = \Psi_{pi}\Delta\Sigma_i\Psi_{pi}^{\mathrm{T}} + (Q_{wa} - \bar{Q}_{wa}) + K_{pi}(R_{ai} - \bar{R}_{ai})K_{pi}^{\mathrm{T}}\delta_{ij} \tag{3-122}$$

则由式（3-105）和式（3-112）及 Ψ_{pi} 的稳定性及对式（3-122）应用引理 2-1 有

$$\Delta\Sigma_i \geqslant 0 \tag{3-123}$$

即式（3-121）得证。类似于定理 2-2 易证，Σ_i 为 $\bar{\Sigma}_i$ 最小上界。证毕。称实际局部 Kalman 预报器为鲁棒局部 Kalman 预报器。

3.3.4　鲁棒局部 Kalman 滤波器和平滑器

考虑带保守上界方差 Q_{wa} 和 R_{ai} 的最坏情形保守系统式（3-96）和式（3-108），在假设 3-5～假设 3-8 下，可得实际局部稳态 Kalman 滤波器 $(N = 0)$ 和平滑器 $(N>0)$[2]

$$\hat{x}_i(t|t+N) = \hat{x}_i(t|t-1) + \sum_{k=0}^{N}K_i(k)\varepsilon_i(t+k), \quad N \geqslant 0 \tag{3-124}$$

$$K_i(k) = \Sigma_i(\Psi_i^{\mathrm{T}})^k H_i^{\mathrm{T}} Q_{\varepsilon i}^{-1}, \quad k \geqslant 0, Q_{\varepsilon i} = H_i\Sigma_i H_i^{\mathrm{T}} + R_{ai} \tag{3-125}$$

$$\Psi_i = \Phi - K_i H_i \tag{3-126}$$

$$\varepsilon_i(t) = y_i(t) - H\hat{x}_i(t|t-1) \tag{3-127}$$

$$P_i(N) = \Sigma_i - \sum_{k=0}^{N}K_i(k)Q_{\varepsilon i}K_i^{\mathrm{T}}(k) \tag{3-128}$$

由式（3-96）减式（3-124），可得滤波和平滑误差[7]

$$\tilde{x}(t|t+N) = \Psi_{iN}\tilde{x}(t|t-1) + \sum_{\rho=0}^{N}K_{i\rho}^{wN}w_a(t+\rho) + \sum_{\rho=0}^{N}K_{i\rho}^{vN}v_{ai}(t+\rho), \quad N \geqslant 0 \tag{3-129}$$

其中，定义 I_{n_a} 为 $n_a \times n_a$ 单位阵，且当 $N>0$ 时，定义

$$\Psi_{iN} = I_{n_a} - \sum_{k=0}^{N} K_i(k) H_i \Psi_i^k \tag{3-130}$$

$$K_{i\rho}^{wN} = -\sum_{k=\rho+1}^{N} K_i(k) H_i \Psi_i^{k-\rho-1} \Gamma, \rho = 0,\cdots,N-1, \quad K_{iN}^{wN} = 0 \tag{3-131}$$

$$K_{i\rho}^{vN} = -\sum_{k=\rho+1}^{N} K_i(k) H_i \Psi_i^{k-\rho-1} K_i - K_i(\rho), \rho = 0,\cdots,N-1, \quad K_{iN}^{vN} = -K(N) \tag{3-132}$$

当 $N=0$ 时，置 $K_{i0}^{v0} = -K_i(0)$，$\Psi_{i0} = I_{n_a} - K_i(0) H_i$，$K_{i0}^{w0} = 0$，则保守和实际误差方差与互协方差各为

$$P_{ij}(N) = \Psi_{iN} \Sigma_i \Psi_{jN}^{T} + \sum_{\rho=0}^{N} K_{i\rho}^{wN} Q_{wa} K_{j\rho}^{wNT} + \sum_{\rho=0}^{N} K_{i\rho}^{vN} R_{ai} K_{i\rho}^{vNT} \tag{3-133}$$

$$\bar{P}_{ij}(N) = \Psi_{iN} \bar{\Sigma}_i \Psi_{jN}^{T} + \sum_{\rho=0}^{N} K_{i\rho}^{Nw} \bar{Q}_{wa} K_{j\rho}^{wNT} + \sum_{\rho=0}^{N} K_{i\rho}^{vN} \bar{R}_{ai} K_{i\rho}^{vNT} \tag{3-134}$$

其中定义误差方差 $P_i(N) = P_{ii}(N)$，$\bar{P}_i(N) = \bar{P}_{ii}(N)$。

定理 3-5　混合不确定系统式（3-87）和式（3-88），在假设 3-5～假设 3-8 下，实际的局部稳态 Kalman 滤波器和平滑器式（3-124）为鲁棒的，即对满足式（3-89）和式（3-91）的所有容许不确定实际噪声方差，相应的实际局部滤波和平滑误差方差 $\bar{P}_i(N)$ 有最小上界 $P_i(N)$，即

$$\bar{P}_i(N) \leqslant P_i(N), \quad N \geqslant 0 \tag{3-135}$$

证明　欲证式（3-135）仅需证 $P_i(N) - \bar{P}_i(N) \geqslant 0$，定义 $\Delta P_i(N) = P_i(N) - \bar{P}_i(N)$，则当 $i=j$ 时，由式（3-133）减式（3-134）可得

$$\Delta P_i(N) = \Psi_{iN} \Delta \Sigma_i \Psi_{iN}^{T} + \sum_{\rho=0}^{N} K_{i\rho}^{wN} \Delta Q_{wa} K_{i\rho}^{wNT} + \sum_{\rho=0}^{N} K_{i\rho}^{vN} \Delta R_{ai} K_{i\rho}^{vNT} \tag{3-136}$$

则由式（3-123）、式（3-105）及式（3-112），可得

$$\Delta P_i(N) \geqslant 0 \tag{3-137}$$

即式（3-135）得证，类似于定理 2-5，易证 $P_i(N)$ 为 $\bar{P}_i(N)$ 的最小上界。证毕。

称实际局部 Kalman 滤波/平滑器式（3-124）为鲁棒局部 Kalman 滤波器和平滑器。

3.3.5　按对角阵加权融合鲁棒 Kalman 估值器

统一形式的按对角阵加权融合实际 Kalman 估值器为

$$\hat{x}_f(t|t+N) = \sum_{i=1}^{L} \Omega_i(N) \hat{x}_i(t|t+N), \quad N \geqslant -1 \tag{3-138}$$

其中，$\hat{x}_i(t|t+N)$ 由式（3-114）或式（3-124）给出，保守的最优加权系数向量[2]为

$$\begin{cases} [\omega_{1k}(N),\cdots,\omega_{Lk}(N)] = \{e^{\mathrm{T}}[P^{kk}(N)]^{-1}e\}^{-1}e^{\mathrm{T}} \times [P^{kk}(N)]^{-1} \\ \Omega_i(N) = \mathrm{diag}[\omega_{i1}(N)\cdots\omega_{in}(N)] \end{cases} \tag{3-139}$$

其中，$e=[1\cdots1]^{\mathrm{T}}$；$P^{kk}(N) = [P_{ij}^{kk}(N)]_{L\times L}$ 为 $P_{ij}(N)$ 的第 (k,k) 元素。保守加权融合误差方差 $P_f(N)$ 为

$$P_f(N) = \sum_{i=1}^{L}\sum_{i=1}^{L}\Omega_i(N)P_{ij}(N)\Omega_i^{\mathrm{T}}(N) \tag{3-140}$$

由融合估值无偏性引出所有加权系数 $\Omega_i(N)$ 之和为 $1^{[2]}$，于是可得融合估值误差

$$\tilde{x}_f(t\,|\,t+N) = \sum_{i=1}^{L}\Omega_i(N)\tilde{x}_i(t\,|\,t+N), \quad N \geqslant -1 \tag{3-141}$$

它引出保守和实际的融合估值误差方差各为

$$P_f(N) = \sum_{i=1}^{L}\sum_{j=1}^{L}\Omega_i(N)P_{ij}(N)\Omega_j^{\mathrm{T}}(N) = \Omega(N)P(N)\Omega^{\mathrm{T}}(N) \tag{3-142}$$

$$P_f(N) = \sum_{i=1}^{L}\sum_{j=1}^{L}\Omega_i(N)\bar{P}_{ij}(N)\Omega_j^{\mathrm{T}}(N) = \Omega(N)\bar{P}(N)\Omega^{\mathrm{T}}(N) \tag{3-143}$$

其中，$\bar{P}(N) = \left[\bar{P}_{ij}(N)\right]_{nL\times nL}, N \geqslant -1$，$P(-1) = \Sigma = [\Sigma_{ij}]_{nL\times nL}$，$\bar{P}(-1) = \bar{\Sigma} = [\bar{\Sigma}_{ij}]_{nL\times nL}$。

定理 3-6　混合不确定系统式（3-87）和式（3-88），在假设 3-5～假设 3-8 下，按对角阵加权融合实际稳态 Kalman 估值器式（3-138）是鲁棒的，即对满足式（3-89）和式（3-91）的所有容许实际噪声方差，相应实际融合估值误差方差 $\bar{P}_f(N)$ 有最小上界 $P_f(N)$，即

$$\bar{P}_f(N) \leqslant P_f(N), \quad N \geqslant -1 \tag{3-144}$$

证明　定义融合估值误差方差扰动 $\Delta P_f(N) = P_f(N) - \bar{P}_f(N), N \geqslant -1$，由式（3-142）减式（3-143）有

$$\Delta P_f(N) = \Omega(N)[P(N) - \bar{P}(N)]\Omega^{\mathrm{T}}(N) \tag{3-145}$$

故由式（3-145）知，欲证式（3-144）只需证 $P(N) - P(N) \geqslant 0$。当 $N=-1$ 时，由式（3-119）减式（3-120），可得

$$\Sigma = \Psi_p\Sigma\Psi_p^{\mathrm{T}} + Q_{wa}^a + K_pR_aK_p^{\mathrm{T}} \tag{3-146}$$

$$\bar{\Sigma} = \Psi_p\bar{\Sigma}\Psi_p^{\mathrm{T}} + \bar{Q}_{wa}^a + K_p\bar{R}_aK_p^{\mathrm{T}} \tag{3-147}$$

其中

$$\Psi_p = \mathrm{diag}\,(\Psi_{p1},\cdots,\Psi_{pL}), \quad K_p = \mathrm{diag}(K_{p1},\cdots,K_{pL})$$

$$R_a = \mathrm{diag}(R_{a1},\cdots,R_{aL}), \quad \bar{R}_a = \mathrm{diag}(\bar{R}_{a1},\cdots,\bar{R}_{aL})$$

$$Q_{wa}^a = \begin{bmatrix} Q_{wa}\cdots Q_{wa} \\ \vdots \quad\quad \vdots \\ Q_{wa}\cdots Q_{wa} \end{bmatrix}, \quad \bar{Q}_{wa}^a = \begin{bmatrix} \bar{Q}_{wa}\cdots \bar{Q}_{wa} \\ \vdots \quad\quad \vdots \\ \bar{Q}_{wa}\cdots \bar{Q}_{wa} \end{bmatrix}$$

定义 $\Delta \Sigma = \Sigma - \bar{\Sigma}$，则由式（3-146）减式（3-147），可得

$$\Delta \Sigma = \Psi_p \Delta \Sigma \Psi_p^{\mathrm{T}} + \Delta Q_{wa}^a + K_p \Delta R_a K_p^{\mathrm{T}} \tag{3-148}$$

其中

$$\Delta \boldsymbol{Q}_{wa}^a = Q_{wa}^a - \bar{Q}_{wa}^a = \begin{bmatrix} \Delta Q_{wa} \cdots \Delta Q_{wa} \\ \vdots \quad\quad \vdots \\ \Delta Q_{wa} \cdots \Delta Q_{wa} \end{bmatrix} \tag{3-149}$$

$$\Delta R_a = R_a - \bar{R}_a = \mathrm{diag}(\Delta R_{a1}, \cdots, \Delta R_{aL}) \tag{3-150}$$

由式（3-149）和式（3-105）及引理 2-2，及由式（3-150）和式（3-112）及引理 2-3，分别可得

$$\Delta Q_{wa}^a \geqslant 0, \quad \Delta R_a \geqslant 0 \tag{3-151}$$

对式（3-148）应用引理 2-1 得 $\Delta \Sigma \geqslant 0$，类似于定理 2-5，易证 Σ 是 $\bar{\Sigma}$ 的最小上界。

当 $N \geqslant 0$ 时，由式（3-133）减式（3-134）可得

$$P(N) = \Psi_N \Sigma \Psi_N^{\mathrm{T}} + \sum_{\rho=0}^{N} K_\rho^{wN} Q_{wa}^a K_\rho^{wN\mathrm{T}} + \sum_{\rho=0}^{N} K_\rho^{vN} R_a K_\rho^{vN\mathrm{T}} \tag{3-152}$$

$$\bar{P}(N) = \Psi_N \bar{\Sigma} \Psi_N^{\mathrm{T}} + \sum_{\rho=0}^{N} K_\rho^{Nw} \bar{Q}_{wa}^a K_\rho^{wN\mathrm{T}} + \sum_{\rho=0}^{N} K_\rho^{vN} \bar{R}_a K_\rho^{vN\mathrm{T}} \tag{3-153}$$

其中，令 $\Psi_N = \mathrm{diag}(\Psi_{1N}, \cdots, \Psi_{LN})$，$K_\rho^{wN} = \mathrm{diag}(K_{1\rho}^{wN}, \cdots, K_{L\rho}^{wN})$，$K_\rho^{vN} = \mathrm{diag}(K_{1\rho}^{vN}, \cdots, K_{L\rho}^{vN})$。定义 $\Delta P(N) = P(N) - \bar{P}(N)$，由式（3-152）减式（3-153），有

$$\Delta P(N) = \Psi_N \Delta \Sigma \Psi_N^{\mathrm{T}} + \sum_{\rho=0}^{N} K_\rho^{wN} \Delta Q_{wa}^a K_\rho^{wN\mathrm{T}}$$
$$+ \sum_{\rho=0}^{N} K_\rho^{vN} \Delta R_a K_\rho^{vN\mathrm{T}} \tag{3-154}$$

将式（3-151）代入式（3-154），可得

$$\Delta P(N) \geqslant 0, \quad N \geqslant 0 \tag{3-155}$$

则式（3-144）得证，类似于定理 2-5 易证得 $P_f(N)$ 是 $\bar{P}_f(N)$ 的最小上界。证毕。

我们称具有定理 3-6 所述鲁棒性的实际融合估值器式（3-138）为（带混合不确定性系统）鲁棒融合估值器。

3.3.6　精度分析

定理 3-7　混合不确定系统式（3-87）和式（3-88），在假设 3-5～假设 3-8 下，局部和按对角阵加权融合鲁棒 Kalman 估值器存在如下矩阵不等式精度关系，即

$$\bar{P}_f(N) \leqslant P_f(N), \quad N \geqslant -1 \tag{3-156}$$

$$P_f(N) \leqslant P_i(N), \quad N \geqslant -1, \ i=1,\cdots,L \tag{3-157}$$

$$\overline{P}_i(N) \leqslant P_i(N), \quad N \geqslant -1, \ i=1,\cdots,L \tag{3-158}$$

$$P_i(N) \leqslant P_i(0) \leqslant \Sigma_i, \quad N \geqslant 1, \ i=1,\cdots,L \tag{3-159}$$

$$\mathrm{tr}\overline{P}_f(N) \leqslant \mathrm{tr}P_f(N), \quad N \geqslant -1 \tag{3-160}$$

$$\mathrm{tr}\overline{P}_i(N) \leqslant \mathrm{tr}P_i(N), \quad N \geqslant -1, \ i=1,\cdots,L \tag{3-161}$$

$$\mathrm{tr}P_f(N) \leqslant \mathrm{tr}P_i(N), \quad N \geqslant -1, \ i=1,\cdots,L \tag{3-162}$$

$$\mathrm{tr}\overline{P}_i(N) \leqslant \mathrm{tr}P_i(0) \leqslant \mathrm{tr}\Sigma_i, \quad N \geqslant 1, \ i=1,\cdots,L \tag{3-163}$$

证明过程完全类似于定理 3-3。证略。

3.3.7　仿真实验与结果分析

考虑带随机参数和不确定噪声方差的不间断电源（UPS）三传感器系统[8]

$$x(t+1) = \Phi(t)x(t) + \Gamma(t)w(t) \tag{3-164}$$

$$y_i(t) = H_i(t)x(t) + v_i(t), \quad i=1,\cdots,L \tag{3-165}$$

其中，定义 $x(t)=[x^1(t),x^2(t),x^3(t)]$，$H_i(t)=[23.78+\beta_{i1}(t)\ \ 20.287+\beta_{i2}(t)\ \ 0]$，$\Gamma(t)=[0.5+\eta_1(t)\ \ 0\ \ 0.2+\eta_2(t)]^{\mathrm{T}}$，

$$\Phi(t) = \begin{bmatrix} 0.9226+\xi_1(t) & -0.633+\xi_2(t) & 0 \\ 1 & 0 & 0 \\ 0 & 1 & 0 \end{bmatrix} \tag{3-166}$$

$\xi_k(t)$、$\eta_k(t)$ 和 $\beta_{ik}(t), k=1,2$ 的未知实际方差分别为 $\overline{\sigma}_{\xi k}^2$、$\overline{\sigma}_{\eta k}^2$ 和 $\overline{\sigma}_{\beta ik}^2$，它们的已知保守上界分别为 $\sigma_{\xi k}^2$、$\sigma_{\eta k}^2$ 和 $\sigma_{\beta ik}^2$。$w(t)$ 和 $v_i(t)$ 未知实际方差为 $\overline{Q}$ 和 $\overline{R}_i$，相应的已知保守上界为 Q 和 R_i。其中 $x(t)$ 为待估状态。定义

$$\begin{cases} \Phi = \begin{Bmatrix} 0.9226 & -0.633 & 0 \\ 1 & 0 & 0 \\ 0 & 1 & 0 \end{Bmatrix}, \Phi_1 = \begin{Bmatrix} 1 & 0 & 0 \\ 0 & 0 & 0 \\ 0 & 0 & 0 \end{Bmatrix}, \Phi_2 = \begin{Bmatrix} 0 & 1 & 0 \\ 0 & 0 & 0 \\ 0 & 0 & 0 \end{Bmatrix} \\ \Gamma = [0.5\ \ 0\ \ 0.2]^{\mathrm{T}}, \Gamma_1 = [1\ \ 0\ \ 0], \Gamma_2 = [0\ \ 0\ \ 1] \\ H_1 = H_2 = H_3 = [23.78\ \ 20.287\ \ 0], H_{i1} = [1\ \ 0\ \ 0], H_{i2} = [0\ \ 1\ \ 0] \end{cases} \tag{3-167}$$

问题是设计第一分量鲁棒加权融合估值器 $\hat{x}_f^1(t|t+N), N=-1,0,2$，上标 1 表示估值器的第一分量。显然，系统式（3-164）和式（3-165）可转化为系统式（3-87）和式（3-88）。于是，可用本书所提方法解决其第一分量鲁棒加权融合估计问题。仿真过程中选取参数如下：

$$\begin{cases} Q = 4, \bar{Q} = 0.8\bar{Q} \\ R_1 = 4, R_2 = 9, R_3 = 0.49, \bar{R}_1 = 0.74R_1, \bar{R}_2 = 0.67R_2, R_3 = 0.83R_3 \\ \sigma_{\xi 1}^2 = 0.11, \bar{\sigma}_{\xi 2}^2 = 0.12, \bar{\sigma}_{\xi 1}^2 = 0.1, \bar{\sigma}_{\xi 2}^2 = 0.1 \\ \sigma_{\beta 11}^2 = 0.21, \sigma_{\beta 12}^2 = 0.14, \bar{\sigma}_{\beta 11}^2 = 0.1, \bar{\sigma}_{\beta 12}^2 = 0.11 \\ \sigma_{\beta 21}^2 = 0.22, \sigma_{\beta 22}^2 = 0.14, \bar{\sigma}_{\beta 21}^2 = 0.1, \sigma_{\beta 22}^2 = 0.11 \\ \sigma_{\beta 31}^2 = 0.31, \sigma_{\beta 32}^2 = 0.32, \bar{\sigma}_{\beta 31}^2 = 0.1, \sigma_{\beta 32}^2 = 0.11 \\ \sigma_{\eta 1}^2 = 0.11, \sigma_{\eta 2}^2 = 0.11, \bar{\sigma}_{\eta 1}^2 = 0.1, \bar{\sigma}_{\eta 2}^2 = 0.1 \end{cases} \tag{3-168}$$

图 3-5 的（a）～（c）分别给出了鲁棒加权融合 Kalman 估值器第一分量 $\hat{x}_f^1(t|t+N)$ 跟踪实际状态第一分量 $x^1(t)$ 的仿真结果，其中实线表示实际状态第一分量 $x^1(t)$，虚线分别表示预报器、滤波器和平滑器的第一分量 $\hat{x}_f^1(t|t+N)$。由图 3-5 可见，加权融合鲁棒 Kalman 信号估值器（预报器、滤波器、平滑器）对实际状态跟踪良好，且平滑器实际精度高于滤波器实际精度，滤波器实际精度高于预报器实际精度。

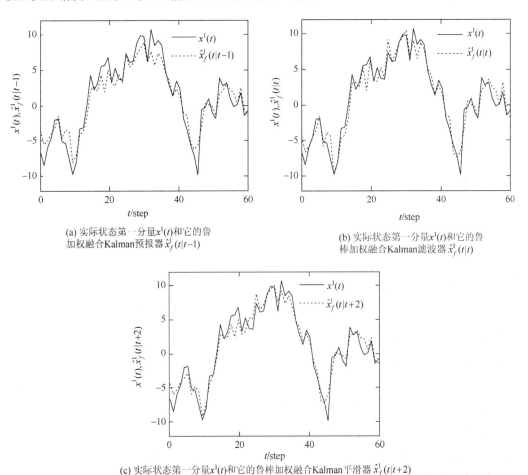

(a) 实际状态第一分量 $x^1(t)$ 和它的鲁棒加权融合 Kalman 预报器 $\hat{x}_f^1(t|t-1)$

(b) 实际状态第一分量 $x^1(t)$ 和它的鲁棒加权融合 Kalman 滤波器 $\hat{x}_f^1(t|t)$

(c) 实际状态第一分量 $x^1(t)$ 和它的鲁棒加权融合 Kalman 平滑器 $\hat{x}_f^1(t|t+2)$

图 3-5　实际状态的第一分量及其鲁棒加权融合 Kalman 估值器

表 3-2 给出了鲁棒局部和加权融合估值器第一分量的精度比较。由表可见，融合估值器第一分量的鲁棒精度高于其实际精度，且融合估值器的鲁棒

精度高于每个局部估值器鲁棒精度。平滑器的鲁棒精度高于滤波器，滤波器的鲁棒精度高于预报器，表 3-2 验证了对第一分量式（3-160）～式（3-163）也成立。

表 3-2　鲁棒局部和加权融合估值器第一分量的精度比较

鲁棒精度	$P_i^1(N), i=1,2,3,f$	实际精度	$\bar{P}_i^1(N), i=1,2,3,f$
$P_f^1(-1)$	17.4058	$\bar{P}_f^1(-1)$	11.5050
$P_1^1(-1)$	18.8020	$\bar{P}_1^1(-1)$	13.8370
$P_2^1(-1)$	20.6930	$\bar{P}_2^1(-1)$	15.0520
$P_3^1(-1)$	25.4470	$\bar{P}_3^1(-1)$	18.2460
$P_f^1(0)$	8.4697	$\bar{P}_f^1(0)$	6.1268
$P_1^1(0)$	10.4810	$\bar{P}_1^1(0)$	7.4464
$P_2^1(0)$	13.2130	$\bar{P}_2^1(0)$	9.2342
$P_3^1(0)$	19.9520	$\bar{P}_3^1(0)$	13.8660
$P_f^1(2)$	4.2555	$\bar{P}_f^1(2)$	3.0741
$P_1^1(2)$	5.3926	$\bar{P}_1^1(2)$	3.8208
$P_2^1(2)$	7.3963	$\bar{P}_2^1(2)$	5.1304
$P_3^1(2)$	9.5859	$\bar{P}_3^1(2)$	6.4776

为说明所提算法的鲁棒性，由小到大任选取三组满足式（3-90）的实际噪声方差，$\left(\bar{\sigma}_w^{2(k)}, \bar{\sigma}_{v1}^{2(k)}, \bar{\sigma}_{v2}^{2(k)}, \bar{\sigma}_{v3}^{2(k)}\right) = \left(q\sigma_w^{2(k)}, q\sigma_{v1}^{2(k)}, q\sigma_{v2}^{2(k)}, q\sigma_{v3}^{2(k)}\right)$，而当 $k=1,2,3$ 时，分别取 $q=0.1, 0.4, 0.8$。图 3-6（a）～（c）分别给出第一分量鲁棒加权融合预报误差 $x^1(t)-\hat{x}_f^{1(k)}(t|t-1)$ 曲线及鲁棒和实际 ±3 倍标准差界。其中 $\hat{x}_f^{1(k)}(t|t-1)$ 表示第一分量的实际融合预报器，实线表示实际误差曲线，短划线和虚线分别表示实际 $\pm3\bar{\sigma}^{(k)}$ 界和鲁棒 $\pm3\sigma$ 界，上标 (k) 分别对应取第 $k=1,2,3$ 组实际噪声方差时，相应的融合估值。由图 3-7 可见，随着实际噪声方差逐渐增大，$\pm3\bar{\sigma}^{(k)}$ 界逐渐增大，估值误差 $x^1(t)-\hat{x}_f^{1(k)}(t|t-1)$ 也随之逐渐增大，但 $\pm3\sigma$ 界保持不变，且实际标准差界 $\pm3\bar{\sigma}^{(k)}$ 始终位于鲁棒标准差界 $\pm3\sigma$ 以内。对于任意选取的容许的实际噪声方差，超过 99% 的信号平滑误差曲线值均位于 $\pm3\bar{\sigma}^{(k)}$ 界限以内，且均位于 $\pm3\sigma$ 界限以内。图 3-6 验证了所提估值器的鲁棒性，也验证了理论实际方差公式的正确性。

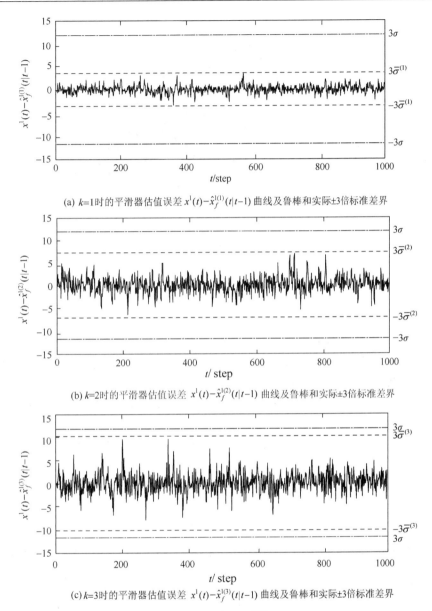

(a) $k=1$ 时的平滑器估值误差 $x^1(t)-\hat{x}_f^{1(1)}(t|t-1)$ 曲线及鲁棒和实际±3倍标准差界

(b) $k=2$ 时的平滑器估值误差 $x^1(t)-\hat{x}_f^{1(2)}(t|t-1)$ 曲线及鲁棒和实际±3倍标准差界

(c) $k=3$ 时的平滑器估值误差 $x^1(t)-\hat{x}_f^{1(3)}(t|t-1)$ 曲线及鲁棒和实际±3倍标准差界

图 3-6　第一分量鲁棒加权融合实际平滑估值误差 $x^1(t)-\hat{x}_f^{1(k)}(t|t-1)$ 曲线及鲁棒和实际 ±3 倍标准差界

图3-7给出了乘性噪声方差保守上界 $\sigma_{\xi j}^2,\sigma_{\eta j}^2,\sigma_{\beta ij}^2\,(i=1,2,3,j=1,2)$ 与按对角阵加权融合预报器第一分量鲁棒精度 $P_f^1(-1)$ 之间的关系图。其中 $\left[\sigma_{\xi 1}^2,\sigma_{\xi 2}^2,\sigma_{\eta 1}^2,\sigma_{\eta 2}^2\right]=\alpha[0.11,0.12,0.11,0.11]$，$\alpha,\beta\ (0\leqslant\alpha\leqslant 1,0\leqslant\beta\leqslant 1)$ 为标量系数，且满足 $\left[\sigma_{\beta 11}^2,\sigma_{\beta 12}^2,\sigma_{\beta 21}^2,\sigma_{\beta 22}^2,\sigma_{\beta 31}^2,\sigma_{\beta 32}^2\right]=\beta[0.21,0.14,0.22,0.14,0.31,0.32]$。乘性噪声方差保守上界 $\sigma_{\xi j}^2,\sigma_{\eta j}^2,\sigma_{\beta ij}^2$ 由 0 变到最大，对应着 α,β 分别由 0 变到 1。图 3-7 表明，融合预报器鲁棒精度 $P_f^1(-1)$ 随乘性噪声方差保守上界 $\sigma_{\xi j}^2,\sigma_{\eta j}^2,\sigma_{\beta ij}^2$ 的增大而降低。

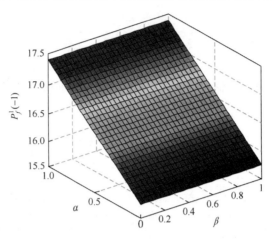

图 3-7　鲁棒精度 $P_f^1(-1)$ 随 $\sigma_{\xi j}^2, \sigma_{\eta j}^2, \sigma_{\beta ij}^2 (i=1,2,3; j=1,2)$ 变化

3.4　本 章 小 结

本章研究了带混合不确定性系统按对角阵加权融合鲁棒 Kalman 估计问题，其中混合不确定系统包括带不确定方差乘性、加性噪声和丢失观测系统以及带不确定方差状态相依和噪声相依乘性噪声系统；利用虚拟噪声方法将带混合不确定性的系统转化为仅带噪声方差不确定性系统，基于极大极小鲁棒估计原理，对最坏情形（噪声方差保守上界）系统设计最小方差局部预报器，在此基础上提出统一形式的局部滤波和预报器，进而依据按对角阵加权融合算法分别给出统一框架下的加权融合预报器、滤波器和平滑器，并基于 Lyapunov 方程方法证明了局部和融合估值器的鲁棒性和鲁棒关系。应用于不间断电源（UPS）系统的仿真例子验证了所提结果的正确性和有效性。

参 考 文 献

[1]　Wang Z，Ho D W C. Robust filtering under randomly varying sensor delay with variance constraints[J]. IEEE Transactions on Circuits and Systems，2004，51（6）：320-326.

[2]　邓自立. 信息融合滤波理论及其应用[M]. 哈尔滨：哈尔滨工业大学出版社，2007.

[3]　Yang Z B，Deng Z L.Robust weighted fusion Kalman estimators for systems with uncertain-variance multiplicative and additive noises and missing measurements[C]. International Conference on Information Fusion，IEEE，2017：313-320.

[4]　Qi W J，Zhang P，Deng Z L. Robust weighted fusion time-varying Kalman smoothers for multisensor system with uncertain noise variances [J]. Information Sciences，2014，282：15-37.

[5]　Qi W J，Zhang P，Deng Z L. Robust weighted fusion Kalman predictors with uncertain noise variances [J]. Digital Signal Processing，2014，30：37-54.

[6]　Qi W J，Zhang P，Deng Z L. Robust weighted fusion Kalman filters for multisensor time-varying systems with uncertain noise variances [J]. Signal Processing，2014，99（1）：185-200.

[7]　Sun X J，Gao Y，Deng Z L，et al.Multi-model information fusion Kalman filtering and white noise deconvolution[J].Information Fusion，2010，11（2）：163-173.

[8]　吴黎明，马静，孙书利. 具有不同观测丢失率多传感器随机不确定系统的加权观测融合估计[J]. 控制理论与应用，2014，31（2）：244-249.

第4章 混合不确定 ARMA 信号鲁棒融合 Kalman 滤波

4.1 引　言

ARMA 信号滤波问题由于广泛存在于通信、图像处理、地震波预测、石油储量预测、GPS 定位、飞行器姿态估计、目标跟踪、远程水下目标探测等国防和科技领域而备受关注。ARMA 信号滤波问题通常可利用现代时间序列分析方法、自适应滤波方法及自校正估计方法、博弈论方法及频域多项式方法等解决，也可以利用状态空间法将原 ARMA 信号转化为等价的状态空间模型，进而将信号估计问题转化为相应的状态估计问题，其中信号是状态的某个（些）分量；利用经典 Kalman 滤波理论可得到最优信号估值器。利用现代时间序列分析方法也可基于 ARMA 模型和白噪声估值器及观测预报器，直接引出 ARMA 信号滤波器。但上述两种方法均要求精确已知模型参数和噪声方差。对于模型参数和噪声方差未知的信号估计问题，可采用自适应 Kalman 滤波方法，即构造模型参数或噪声统计估计与状态估计的两段互耦自适应 Kalman 滤波算法，其局限性是算法稳定性差，收敛性问题尚未解决，参数估计与状态估计之间存在相互耦合作用，并且参数估计精度会影响状态估计的精度[1]。为了避免辨识原始系统模型参数，可通过在线辨识一个简单的预测模型参数，从而得到具有渐近最优性的自校正滤波器。但自校正滤波方法的局限性是仅适用于解决包含未知的确定的模型参数情形。

然而，实际应用过程中，系统模型参数和噪声方差常常是未知的、不确定的，而当 ARMA 信号中包含时变性时，即 ARMA 模型参数中包含随机参数时，可通过对随机参数阵取数学期望，从而将随机参数分解为确定的参数阵（均值矩阵）和零均值随机扰动之和；当利用状态空间方法将其转化为等价的状态空间模型时，分解后的模型中便包含了随机扰动与状态项的乘积，我们把相应的零均值随机扰动称为乘性噪声（包括状态相依乘性噪声和噪声相依乘性噪声）。对带未知不确定噪声方差和乘性噪声的 ARMA 信号，可利用频域多项式方法和博弈论方法解决带混合不确定性的 ARMA 信号反卷积鲁棒估计问题[2, 3]，但其尚未解决多传感器信息融合问题。为此，本章将利用 ARMA 信号模型与状态空间模型之间的转化关系，将带混合不确定性的多传感器 ARMA 信号融合估计问题转化为相应的带混合不确定系统的状态融合估计问题，进而利用基于虚拟噪声和 Lyapunov 方程的极大极小鲁棒 Kalman 滤波方法，设计鲁棒融合信号估值器，并证明其鲁棒性和精度关系。

4.2 带丢失观测和不确定噪声方差 ARMA 信号
观测融合鲁棒 Kalman 估值器

本节针对带丢失观测和不确定噪声方差的多传感器单通道 ARMA 信号，利用状态空间法将原系统转化为等价的状态空间模型,其中信号是状态的第一分量,并通过引入观测虚拟噪声补偿随机丢失观测带来的不确定性,将系统化为仅带不确定加性噪声方差的系统,进而利用极大极小鲁棒估计原理和 Lyapunov 方程方法提出在统一框架下的集中式和加权观测融合鲁棒 Kalman 信号估值器,并证明二者的鲁棒性和等价性。

4.2.1　问题的提出

考虑带丢失观测和不确定噪声方差的多传感器单通道 ARMA 信号

$$A(q^{-1})s(t) = C(q^{-1})w(t) \tag{4-1}$$

$$y_i(t) = \gamma_i(t)s(t) + v_i(t), \quad i = 1, \cdots, L \tag{4-2}$$

$$A(q^{-1}) = 1 + a_1 q^{-1} + \cdots + a_{n_a} q^{-n_a} \tag{4-3}$$

$$C(q^{-1}) = c_1 q^{-1} + \cdots + a_{n_c} q^{-n_c} \tag{4-4}$$

其中,$A(q^{-1})$ 和 $C(q^{-1})$ 是关于单位滞后因子 q^{-1} 的多项式;$s(t) \in R^1$ 是单通道待估信号;$y_i(t) \in R^1$ 是第 i 个传感器的观测;$w(t) \in R^1$ 和 $v_i(t) \in R^1$ 分别是过程噪声和第 i 个传感器的观测噪声;$\gamma_i(t)$ 是服从伯努利分布的随机变量;L 是传感器数量。

假设 4-1　$w(t)$ 和 $v_i(t)$ 为互不相关的零均值标量白噪声,其不确定实际噪声方差分别为标量 $\bar{Q}$ 和 $\bar{R}_i$,已知保守上界方差分别为 Q 和 R_i,即

$$\bar{Q} \leqslant Q, \quad \bar{R}_i \leqslant R_i \tag{4-5}$$

定义不确定实际噪声方差扰动为 $\Delta Q = Q - \bar{Q}, \Delta R_i \leqslant R_i - \bar{R}_i$,则由式(4-5)有

$$\Delta Q \geqslant 0, \quad \Delta R_i \geqslant 0 \tag{4-6}$$

假设 4-2　ARMA 信号为平稳随机信号,即 $A(q^{-1})$ 是稳定多项式。

假设 4-3　$\gamma_i(t)$ 与 $w(t)$ 和 $v_i(t)$ 互不相关,其概率分布满足

$$\text{Porb}[\gamma_i(t) = 1] = \lambda_i, 0 \leqslant \lambda_i \leqslant 1; \quad \text{Porb}[\gamma_i(t) = 0] = 1 - \lambda_i, \; i = 1, \cdots, L \tag{4-7}$$

如果 $\gamma_i(t) = 1$,则第 i 个传感器可接收到相应的状态信息和观测噪声信息;如果 $\gamma_i(t) = 0$,则第 i 个传感器仅能接收到观测信息,且 $\gamma_i(t)$ 和过程噪声 $w(t)$ 及观测噪声均不相关。由式(4-7)易证 $E[(\gamma_i(t) - \lambda_i)]^2 = \lambda_i(1 - \lambda_i)$,$E[(\gamma_i(t)] = \lambda_i$。

4.2.2　模型转化

带不确定噪声方差和丢失观测的 ARMA 信号式(4-1)～式(4-4)有等价的状态空间模型

$$x(t+1) = \Phi(t) + \Gamma w(t) \tag{4-8}$$

$$y_i(t) = \gamma_i(t)Hx(t) + v_i(t), \quad i = 1, 2, 3 \tag{4-9}$$

$$s(t) = Hx(t) \tag{4-10}$$

其中

$$\begin{cases} \varPhi = \begin{bmatrix} -a_1 & 1 & & \\ \vdots & & \ddots & \\ \vdots & & & 1 \\ -a_{n_a} & 0 & & 0 \end{bmatrix}, \quad \varGamma = \begin{bmatrix} c_1 \\ \vdots \\ c_{n_a} \end{bmatrix} \\ H = \begin{bmatrix} 1 & 0 & \cdots & 0 \end{bmatrix}, c_j = 0, j > n_c \end{cases} \tag{4-11}$$

对式（4-10）两端取射影，可得

$$\hat{s}(t \mid t+N) = H\hat{x}(t \mid t+N) \tag{4-12}$$

当 N 取值小于、等于、大于零时，式（4-12）分别表示信号预报、滤波和平滑器。因此，由式（4-12）可见，问题转化为设计相应的状态估值器 $\hat{x}(t \mid t+N)$，其中信号 $s(t)$ 是状态 $x(t)$ 的第一个分量。

由式（4-9）可得，集中式观测方程为

$$y^{(0)}(t) = \gamma(t)Hx(t) + v(t) \tag{4-13}$$

其中

$$\begin{cases} y^{(0)}(t) = [y_1(t) \cdots y_L(t)]^T \\ v(t) = [v_1(t) \cdots v_L(t)]^T \\ \gamma(t) = [\gamma_1(t) \cdots \gamma_L(t)]^T \end{cases} \tag{4-14}$$

噪声 $v(t)$ 的保守和实际方差各为

$$R = E[v(t)v^T(t)] = \mathrm{diag}(R_1, \cdots, R_L) \tag{4-15}$$

$$\bar{R} = \mathrm{diag}(\bar{R}_1, \cdots, \bar{R}_L) \tag{4-16}$$

定义噪声方差扰动 $\Delta R = R - \bar{R}$，则由式（4-15）减式（4-16），可得

$$\Delta R = \mathrm{diag}(\Delta R_1, \cdots, \Delta R_L) \tag{4-17}$$

显然由式（4-6）及引理 2-2，可得

$$\Delta R \geqslant 0 \tag{4-18}$$

注意到，由 $E[\gamma(t)H] = \lambda H$，其中 $\lambda = [\lambda_1 \cdots \lambda_L]^T$，可将观测方程（4-13）重写为

$$y^{(0)}(t) = \lambda Hx(t) + [\gamma(t) - \lambda]Hx(t) + v(t) \tag{4-19}$$

引入虚拟观测噪声 $y^{(0)}(t)$

$$v^{(0)}(t) = [\gamma(t) - \lambda]Hx(t) + v(t) \tag{4-20}$$

将式（4-20）代入式（4-19）中，可得带常参数阵和不确定噪声方差的观测方程

$$y^{(0)}(t) = H^{(0)}x(t) + v^{(0)}(t) \tag{4-21}$$

其中，$H^{(0)} = \lambda H$。由式（4-20）可得虚拟观测噪声 $v^{(0)}(t)$ 的保守上界方差为

$$R^{(0)} = E[v^{(0)}(t)v^{(0)\mathrm{T}}(t)] = E[\gamma_0(t)Hx(t)x^{\mathrm{T}}(t)H^{\mathrm{T}}\gamma_0^{\mathrm{T}}(t)] + R \qquad （4\text{-}22）$$

其中，令 $\gamma_0(t) = [\gamma(t) - \lambda]$。

分别定义系统状态的保守和实际稳态非中心二阶矩为 $X = E[x(t)x^{\mathrm{T}}(t)]$ [$x(t)$ 为保守状态] 和 $X = E[x(t)x^{\mathrm{T}}(t)]$ [$x(t)$ 为实际状态]，则由式（4-8）知，保守和实际系统状态非中心二阶矩分别满足如下 Lyapunov 方程：

$$X = \varPhi X \varPhi^{\mathrm{T}} + \varGamma Q \varGamma^{\mathrm{T}}, \quad \bar{X} = \varPhi \bar{X} \varPhi^{\mathrm{T}} + \varGamma \bar{Q} \varGamma^{\mathrm{T}} \qquad （4\text{-}23）$$

由假设 4-2 知 $\varPhi$ 为稳定矩阵，则对式（4-23）应用引理 2-1，可知式（4-23）分别存在唯一半正定解 $X, \bar{X}$。定义 $\Delta X = X - \bar{X}$，则由式（4-23）可得

$$\Delta X = \varPhi \Delta X \varPhi^{\mathrm{T}} + \varGamma Q \varGamma^{\mathrm{T}} \qquad （4\text{-}24）$$

由式（4-6）并对式（4-24）应用引理 2-1，可得

$$\Delta X \geqslant 0 \qquad （4\text{-}25）$$

令 $R_m = E[\gamma_0(t)Hx(t)x^{\mathrm{T}}(t)H^{\mathrm{T}}\gamma_0^{\mathrm{T}}(t)]$，则有

$$R_m = \mathrm{diag}\left[\lambda_1(1-\lambda_1)HXH^{\mathrm{T}}, \cdots, \lambda_L(1-\lambda_L)HXH^{\mathrm{T}}\right] \qquad （4\text{-}26）$$

同理可得相应的实际方差

$$\bar{R}_m = \mathrm{diag}\left[\lambda_1(1-\lambda_1)H\bar{X}H^{\mathrm{T}}, \cdots, \lambda_L(1-\lambda_L)H\bar{X}H^{\mathrm{T}}\right] \qquad （4\text{-}27）$$

令 $\Delta\bar{R}_m = R_m - \bar{R}_m$，由式（4-26）减式（4-27），可得

$$\Delta R_m = \mathrm{diag}[\lambda_1(1-\lambda_1)H\Delta XH^{\mathrm{T}}, \cdots, \lambda_L(1-\lambda_L)H\Delta XH^{\mathrm{T}}] \qquad （4\text{-}28）$$

显然，由式（4-25）及式（4-28）可引出

$$\Delta R_m \geqslant 0 \qquad （4\text{-}29）$$

由式（4-22）及式（4-26），可得 $v^{(0)}(t)$ 的保守和实际方差分别为

$$R^{(0)} = R^m + R, \quad \bar{R}^{(0)} = \bar{R}^m + \bar{R} \qquad （4\text{-}30）$$

定义 $\Delta R^{(0)} = R^{(0)} - \bar{R}^{(0)}$，由式（4-30），可得

$$\Delta R^{(0)} = \Delta R^m + \Delta R \qquad （4\text{-}31）$$

显然，由式（4-18）、式（4-29）及式（4-31）引出

$$\Delta R^{(0)} \geqslant 0 \qquad （4\text{-}32）$$

且由假设 4-1 和假设 4-3 容易证明，$v^{(0)}(t)$ 为与 $w(t)$ 不相关的零均值白噪声，即

$$E\left[v^{(0)}(t)\right] = 0, \quad E\left[v^{(0)}(t)v^{(0)\mathrm{T}}(j)\right] = R^{(0)}\delta_{tj} \qquad （4\text{-}33）$$

$$E\left[w(t)v^{(0)\mathrm{T}}(j)\right] = 0, \forall t, j \qquad （4\text{-}34）$$

其中，δ_{tj} 为 Kronecker δ 函数，且满足 $\delta_{tt}=1,\delta_{tj}=0(t\neq j)$。

由式（4-21），应用最小二乘法可得 $y^{(0)}(t)$ 关于 $Hx(t)$ 的最小二乘估值[1]，即

$$y^{(M)}(t)=\left(\lambda^{T}R^{(0)-1}\lambda\right)^{-1}\lambda^{T}R^{(0)-1}y^{(0)}(t) \tag{4-35}$$

其中，$y^{(M)}(t)\in R^{1},y^{(0)}(t)\in R^{L}$。将式（4-19）代入（4-35），可得

$$y^{(M)}(t)=H^{(M)}x(t)+v^{(M)}(t) \tag{4-36}$$

其中，$y^{(0)}(t)$ 中的观测 $y_{i}(t)$ 为实际观测。

$$H^{(M)}=H,\quad v^{(M)}(t)=\left(\lambda^{T}R^{(0)}\lambda\right)^{-1}\lambda^{T}R^{(0)-1}v^{(0)}(t) \tag{4-37}$$

观测融合噪声 $v^{(M)}(t)$ 的保守方差和实际方差分别为

$$R^{(M)}=(\lambda^{T}R^{(0)}\lambda)^{-1}\lambda^{T}R^{(0)-1}R^{(0)}R^{(0)-1}\lambda(\lambda^{T}R^{(0)-1}\lambda)^{-1}=(\lambda^{T}R^{(0)-1}\lambda)^{-1} \tag{4-38}$$

$$\overline{R}^{(M)}=(\lambda^{T}R^{(0)}\lambda)^{-1}\lambda^{T}R^{(0)-1}\overline{R}^{(0)}R^{(0)-1}\lambda(\lambda^{T}R^{(0)}\lambda)^{-1} \tag{4-39}$$

令 $\Delta R^{(M)}=R^{(M)}-\Delta\overline{R}^{(M)}$，则由式（4-38）减式（4-39），可得

$$\Delta R^{(M)}=R^{(M)}-\overline{R}^{(M)}=(\lambda^{T}R^{(0)}\lambda)^{-1}\lambda^{T}R^{(0)-1}\Delta R^{(0)}R^{(0)-1}\lambda(\lambda^{T}R^{(0)}\lambda)^{-1}\geqslant 0 \tag{4-40}$$

则由式（4-21）和式（4-36）可得统一的观测融合方程

$$y^{(j)}(t)=H^{(j)}x(t)+v^{(j)}(t),\quad j=0,M \tag{4-41}$$

至此，通过引入虚拟噪声式（4-20），将对带不确定噪声方差和丢失观测的多传感器单通道 ARMA 信号系统式（4-1）～式（4-4）的观测融合信号估值器设计问题转化为对仅带不确定噪声方差的等价的状态空间模型式（4-8）和式（4-41）的观测融合状态预报器设计问题。

4.2.3　ARMA 信号观测融合鲁棒预报器

对带保守上界 Q 和 $R^{(j)}$ 的系统式（4-8）和式（4-41），在假设 4-3 下，可得实际集中式和加权观测融合稳态 Kalman 预报器

$$\hat{x}^{(j)}(t+1|t)=\Psi_{p}^{(j)}\hat{x}^{(j)}(t|t-1)+K_{p}^{(j)}y^{(j)}(t) \tag{4-42}$$

$$K_{p}^{(j)}=\Phi\Sigma^{(j)}H^{(j)T}[H^{(j)}\Sigma^{(j)}H^{(j)T}+R^{(j)}]^{-1} \tag{4-43}$$

$$\Psi_{p}^{(j)}=\Phi-K_{p}^{(j)}H^{(j)} \tag{4-44}$$

其中，$y^{(j)}(t)$ 中的观测信息 $y_{i}(t)$ 为实际观测，一步预报误差方差满足 Riccati 方程

$$\Sigma^{(j)}=\Phi\left[\Sigma^{(j)}-\Sigma^{(j)}H^{(j)T}\left(H^{(j)}\Sigma^{(j)}H^{(j)T}+R^{(j)}\right)^{-1}\times H^{(j)}\Sigma^{(j)}\right]\Phi^{T}+\Gamma Q\Gamma^{T} \tag{4-45}$$

由式（4-12），可得集中式和加权观测融合 ARMA 信号一步预报器，为

$$\hat{s}^{(j)}(t+1|t)=H\hat{x}^{(j)}(t+1|t) \tag{4-46}$$

由式（4-10）减式（4-46），可得信号预报误差

$$\tilde{s}^{(0)}(t+1|t) = s(t) - \hat{s}^{(j)}(t+1|t) = H\tilde{x}^{(j)}(t+1|t) \tag{4-47}$$

这引出保守和实际信号预报误差方差分别为

$$\Sigma_s^{(j)} = H\Sigma^{(j)}H^{\mathrm{T}}, \quad \bar{\Sigma}_s^{(j)} = H\bar{\Sigma}^{(j)}H^{\mathrm{T}} \tag{4-48}$$

定理 4-1　对带混合不确定性的 ARMA 信号式（4-1）和式（4-2），在假设 4-1～假设 4-3 下，它的集中式和加权观测融合稳态实际预报器式（4-46）是鲁棒的，即对所有可能的满足式（4-5）的不确定实际方差，相应的实际预报误差方差有最小上界

$$\bar{\Sigma}_s^{(j)} \leqslant \Sigma_s^{(j)}, \quad j = 0, M \tag{4-49}$$

其中，$\Sigma_s^{(j)}$ 是 $\bar{\Sigma}_s^{(j)}$ 的最小上界。

证明　欲证式（4-49）仅需证 $\Sigma_s^{(j)} - \bar{\Sigma}_s^{(j)} \geqslant 0, j = 0, M$，令 $\Delta\Sigma_s^{(j)} = \Sigma_s^{(j)} - \bar{\Sigma}_s^{(j)}$，则由式（4-48），可得

$$\Delta\Sigma_s^{(j)} = H\Delta\Sigma^{(j)}H^{\mathrm{T}} \tag{4-50}$$

显然，欲证式（4-49）仅需证 $\Sigma^{(j)} - \bar{\Sigma}^{(j)} \geqslant 0$，则由式（4-8）和式（4-42）可得统一形式的观测融合预报误差 $\tilde{x}^{(j)}(t+1|t)$：

$$\tilde{x}^{(j)}(t+1|t) = \Psi^{(j)}\tilde{x}^{(j)}(t|t-1) + \Gamma w(t) - K^{(j)}v^{(j)}(t), \quad j = 0, M \tag{4-51}$$

将式（4-51）代入 $\Sigma^{(j)} = E[\tilde{x}(t+1|t) + \tilde{x}^{\mathrm{T}}(t+1|t)]$，可分别得保守和实际融合预报方差满足如下 Lyapunov 方程：

$$\Sigma^{(j)} = \Psi^{(j)}\Sigma^{(j)}\Psi^{(j)\mathrm{T}} + \Gamma Q\Gamma^{\mathrm{T}} + K^{(j)}R^{(j)}K^{(j)\mathrm{T}} \tag{4-52}$$

$$\bar{\Sigma}^{(j)} = \Psi^{(j)}\bar{\Sigma}^{(j)}\Psi^{(j)\mathrm{T}} + \Gamma\bar{Q}\Gamma^{\mathrm{T}} + K^{(j)}\bar{R}^{(j)}K^{(j)\mathrm{T}} \tag{4-53}$$

令 $\Delta\Sigma^{(j)} = \Sigma^{(j)} - \bar{\Sigma}^{(j)}$，则由式（4-52）减式（4-53），可得

$$\Delta\Sigma^{(j)} = \Psi^{(j)}\Delta\Sigma^{(j)}\Psi^{(j)\mathrm{T}} + \Gamma\Delta Q\Gamma^{\mathrm{T}} + K^{(j)}\Delta R^{(j)}K^{(j)\mathrm{T}} \tag{4-54}$$

当 $j = 0$ 时，由式（4-32）知

$$\Delta R^{(0)} \geqslant 0 \tag{4-55}$$

当 $j = M$ 时，由式（4-38）和式（4-55），可知

$$\Delta R^{(M)} = R^{(M)} - \bar{R}^{(M)} = (\lambda^{\mathrm{T}}R^{(0)}\lambda)^{-1}\lambda^{\mathrm{T}}R^{(0)-1}\Delta R^{(0)}R^{(0)-1}\lambda(\lambda^{\mathrm{T}}R^{(0)}\lambda)^{-1} \geqslant 0 \tag{4-56}$$

则由式（4-6）、式（4-55）和式（4-56），并对式（4-54）应用引理 2-1，可得

$$\Delta\Sigma^{(j)} \geqslant 0, \quad j = 0, M \tag{4-57}$$

这引出 $\Delta\Sigma_s^{(j)} = H\Delta\Sigma^{(j)}H^{\mathrm{T}} \geqslant 0$，则式（4-49）得证。类似于定理 2-3 容易证明 $\Sigma_s^{(j)}$ 为所有可能实际信号预报误差 $\bar{\Sigma}_s^{(j)}$ 的最小上界。证毕。

我们称具有定理 4-1 所述鲁棒性的实际观测融合预报器式（4-46）是鲁棒观测融合预报器。

4.2.4　ARMA 信号观测融合鲁棒滤波器和平滑器

对所有容许的满足式（4-6）的不确定实际方差，在假设 4-1～假设 4-3 下，基于带保守方差上界 Q 和 $R^{(j)}$ 的系统式（4-8）和式（4-41），可得实际集中式和加权观测融合稳态 Kalman 信号滤波器和平滑器

$$\hat{x}^{(j)}(t\,|\,t+N)=\hat{x}^{(j)}(t\,|\,t-1)+\sum_{k=0}^{N}K^{(j)}(k)\varepsilon^{(j)}(t+k),\quad N\geqslant 0;\ j=0,M \quad (4\text{-}58)$$

$$K^{(j)}(k)=\Sigma^{(j)}(\Psi^{(j)\mathrm{T}})^{k}H^{(j)\mathrm{T}}(Q_z^{(j)})^{-1},\quad k\geqslant 0 \quad (4\text{-}59)$$

$$Q_\varepsilon^{(j)}=[H^{(j)}\Sigma^{(j)}H^{(j)\mathrm{T}}+R^{(j)}]^{-1} \quad (4\text{-}60)$$

$$K^{(j)}=\Sigma^{(j)}H^{(j)\mathrm{T}}Q_\varepsilon^{(j)-1} \quad (4\text{-}61)$$

$$\Psi^{(j)}=\Phi[I_{n_a}-K^{(j)}H^{(j)}] \quad (4\text{-}62)$$

$$\varepsilon^{(j)}(t)=y^{(j)}(t)-H^{(j)}\hat{x}(t\,|\,t-1) \quad (4\text{-}63)$$

$$p^{(j)}(N)=\Sigma^{(j)}-\sum_{k=0}^{N}K^{(j)}(k)Q_\varepsilon^{(j)}K^{(j)}(k) \quad (4\text{-}64)$$

其中，$y^{(j)}(t)$ 中的 $y_i(t)$ 是实际观测。由式（4-8）减式（4-58），可得滤波和平滑误差 $\tilde{x}^{(j)}(t\,|\,t+N)=x(t)-\hat{x}^{(j)}(t\,|\,t+N)$ 为

$$\tilde{x}^{(j)}(t\,|\,t+N)=\Psi_N^{(j)}\tilde{x}^{(j)}(t\,|\,t-1)+\sum_{\rho=0}^{N}K_{N\rho}^{(j)w}w^{(j)}(t+\rho)+\sum_{\rho=0}^{N}K_{N\rho}^{(j)v}v^{(j)}(t+\rho),\quad N\geqslant 0 \quad (4\text{-}65)$$

其中，定义

$$\Psi_N^{(j)}=I_{n_a}-K^{(j)}(N)H(\Psi^{(j)})^N \quad (4\text{-}66)$$

$$K_{N\rho}^{(j)w}=-\sum_{k=\rho+1}^{N}K^{(j)}(k)H^{(j)}(\Psi^{(j)})^{k-\rho-1}\Gamma,\ \rho=0,\cdots,N-1;\quad K_{NN}^{(j)w}=0 \quad (4\text{-}67)$$

$$K_{N\rho}^{(j)v}=-\sum_{k=\rho+1}^{N}K^{(j)}(k)H^{(j)}(\Psi^{(j)})^{k-\rho-1}K^{(j)}-K^{(j)}(\rho),\ \rho=0,\cdots,N-1;\quad K_{NN}^{(j)v}=-K^{(j)}(N) \quad (4\text{-}68)$$

将式（4-65）代入 $P^{(j)}(N)=E[\tilde{x}(t\,|\,t+N)\tilde{x}^{\mathrm{T}}(t\,|\,t+N)]$，可得保守和实际滤波和平滑误差方差分别为

$$P^{(j)}(N)=\Psi_N^{(j)}\Sigma^{(j)}\Psi_N^{(j)\mathrm{T}}+\sum_{\rho=0}^{N}K_{N\rho}^{(j)w}QK_{N\rho}^{(j)w\mathrm{T}}+\sum_{\rho=0}^{N}K_{N\rho}^{(j)v}R^{(j)}K_{N\rho}^{(j)v\mathrm{T}},\quad N\geqslant 0;\ j=0,M \quad (4\text{-}69)$$

$$\bar{P}^{(j)}(N)=\Psi_N^{(j)}\bar{\Sigma}^{(j)}\Psi_N^{(j)\mathrm{T}}+\sum_{\rho=0}^{N}K_{N\rho}^{(j)w}\bar{Q}K_{N\rho}^{(j)w\mathrm{T}}+\sum_{\rho=0}^{N}K_{N\rho}^{(j)v}\bar{R}^{(j)}K_{N\rho}^{(j)v\mathrm{T}},\quad N\geqslant 0;\ j=0,M \quad (4\text{-}70)$$

特别地，当 $N=0$ 时，保守和实际滤波误差方差分别满足如下 Riccati 方程：

$$P^{(j)} = [I_{n_a} - K^{(j)}H^{(j)}]\Sigma^{(j)}[I_{n_a} - K^{(j)}H^{(j)}]^{\mathrm{T}} + K^{(j)}R^{(j)}K^{(j)\mathrm{T}}, \quad j = 0, M \tag{4-71}$$

$$\overline{P}^{(j)} = [I_{n_a} - K^{(j)}H^{(j)}]\overline{\Sigma}^{(j)}[I_{n_a} - K^{(j)}H^{(j)}]^{\mathrm{T}} + K^{(j)}\overline{R}^{(j)}K^{(j)\mathrm{T}}, \quad j = 0, M \tag{4-72}$$

进而由式（4-12），可分别得到观测融合信号平滑器（ $N>0$ ）和滤波器（ $N=0$ ）

$$\hat{s}^{(j)}(t|t+N) = H\hat{x}^{(j)}(t|t+N), \quad N \geqslant 0; j = 0, M \tag{4-73}$$

进而可得保守和实际滤波和平滑误差方差分别为

$$P_s^{(j)}(t|t+N) = HP^{(j)}(t|t+N)H^{\mathrm{T}}, \quad j = 0, M \tag{4-74}$$

$$\overline{P}_s^{(j)}(t|t+N) = H\overline{P}^{(j)}(t|t+N)H^{\mathrm{T}} \tag{4-75}$$

定理 4-2　对带混合不确定性的 ARMA 信号式（4-1）和式（4-2），在假设 4-1～假设 4-3 下，集中式和加权观测融合稳态实际 Kalman 信号滤波器和平滑器式（4-58）是鲁棒的，即对所有容许的满足式（4-5）的不确定实际方差，相应的实际观测融合滤波和平滑误差方差 $\overline{P}_s^{(j)}(N)$ 有最小上界，即

$$\overline{P}_s^{(j)}(N) \leqslant P_s^{(j)}(N), \quad j = 0, M; N \geqslant 0 \tag{4-76}$$

证明　欲证式（4-76）即等价于证明 $P_s^{(j)}(N) - \overline{P}_s^{(j)}(N) \geqslant 0$ ，则定义信号融合误差方差扰动为 $\Delta P_s^{(j)}(N) = P_s^{(j)}(N) - \overline{P}_s^{(j)}(N)$ ，则由式（4-74）减式（4-75），可得

$$\Delta P_s^{(j)}(t|t+N) = H(P^{(j)}(t|t+N) - \overline{P}^{(j)}(t|t+N))H^{\mathrm{T}}, \quad j = 0, M \tag{4-77}$$

这引出欲证 $\overline{P}_s^{(j)}(N) \leqslant P_s^{(j)}(N)$ 仅需证明 $P^{(j)}(t|t+N) - \overline{P}^{(j)}(t|t+N) \geqslant 0$ ，则定义 $\Delta P^{(j)}(t|t+N) = P^{(j)}(t|t+N) - \overline{P}^{(j)}(t|t+N)$ ，并由式（4-69）减式（4-70），可得

$$\Delta P^{(j)}(N) = \Psi_N^{(j)}\Delta\Sigma^{(j)}\Psi_N^{(j)\mathrm{T}} + \sum_{\rho=0}^{N} K_{N\rho}^{(j)w}\Delta Q K_{N\rho}^{(j)w\mathrm{T}} + \sum_{\rho=0}^{N} K_{N\rho}^{(j)v}\Delta R^{(j)}K_{N\rho}^{(j)v\mathrm{T}}, \quad N \geqslant 0 \tag{4-78}$$

由式（4-6）和式（4-55）～式（4-57），并对式（4-78）应用引理 2-1，可得

$$\Delta P^{(j)}(N) \geqslant 0 \tag{4-79}$$

这引出 $\Delta P_s^{(j)}(N) \geqslant 0$ ，即式（4-76）得证，类似于定理 2-3 容易证明 $P_s^{(j)}(N)$ 是所有可能实际滤波和平滑方差 $\overline{P}_s^{(j)}(N)$ 的最小上界。证毕。

我们称具有定理 4-1 所述鲁棒性的实际观测融合信号滤波器和平滑器式（4-58）为鲁棒观测融合滤波器和平滑器。

4.2.5　ARMA 信号观测融合鲁棒估值器的等价性

定理 4-3　对带混合不确定性的 ARMA 信号式（4-1）和式（4-2），在假设 4-1～假设 4-3 下，鲁棒集中融合稳态估值器等价于鲁棒加权观测融合稳态估值器，即

$$\hat{s}^{(0)}(t|t+N) - \hat{s}^{(M)}(t|t+N) \tag{4-80}$$

$$P_s^{(M)}(N) = P_s^{(0)}(N), \quad N \geqslant -1 \tag{4-81}$$

$$\overline{P}_s^{(M)}(N) = \overline{P}_s^{(0)}(N), \quad N \geqslant -1 \tag{4-82}$$

其中定义 $P_s^{(j)}(-1) = \Sigma_s^{(j)}(-1)$，$\overline{P}_s^{(j)}(-1) = \overline{\Sigma}_s^{(j)}(-1)$。

证明　当 $N = -1$ 和 $N = 0$ 时，由统一形式的观测融合方程（4-41）及经典稳态 Kalman 滤波理论，可得信息预报器和信息滤波器分别为

$$\hat{z}^{(j)}(t+1|t) = \Sigma^{(j)-1}\hat{x}^{(j)}(t+1|t), \quad j = 0, M \tag{4-83}$$

$$\hat{z}^{(j)}(t|t) = P^{(j)-1}\hat{x}^{(j)}(t|t), \quad j = 0, M \tag{4-84}$$

其中，$\Sigma^{(j)} = \Phi P^{(j)}\Phi^{\mathrm{T}} + \Gamma Q\Gamma^{\mathrm{T}}$，$P^{(j)} = \Sigma^{(j)} + H^{(j)\mathrm{T}}R^{(j)-1}H^{(j)}$，$j = 0, M$，且满足

$$\hat{z}^{(j)}(t|t) = \hat{z}^{(j)}(t|t-1) + H^{(j)\mathrm{T}}R^{(j)-1}y^{(j)}(t), \quad j = 0, M \tag{4-85}$$

$$\hat{z}^{(j)}(t+1|t) = \Sigma^{(j)-1}\Phi\hat{x}^{(j)}(t|t)P^{(j)}\hat{z}^{(j)}(t|t), \quad j = 0, M \tag{4-86}$$

当 $N = -1$ 和 $N = 0$ 时，为了证明式（4-80）和式（4-81），仅需证 $\hat{x}^{(0)}(t+1|t) = \hat{x}^{(M)}(t+1|t)$，以及 $P^{(0)}(N) = P^{(M)}(N)$ 和 $\overline{P}^{(0)}(N) = \overline{P}^{(M)}(N)$，即仅需证[1]

$$H^{(M)\mathrm{T}}R^{(M)-1}H^{(M)} = H^{(0)\mathrm{T}}R^{(0)-1}(t)H^{(0)} \tag{4-87}$$

$$H^{(M)\mathrm{T}}R^{(M)-1}y^{(M)}(t) = H^{(0)\mathrm{T}}R^{(0)-1}y^{(0)}(t) \tag{4-88}$$

将式（4-37）和式（4-38）代入式（4-87）的等号左边，可得

$$\begin{aligned} H^{(M)\mathrm{T}}R^{(M)-1}H^{(M)} &= H^{(M)\mathrm{T}}\lambda R^{(0)-1}\lambda H^{(M)} \\ &= H^{(0)\mathrm{T}}R^{(0)-1}H^{(0)} \end{aligned} \tag{4-89}$$

将式（4-35）、式（4-37）及式（4-38）代入式（4-88）的等号左边，可得

$$\begin{aligned} H^{(M)\mathrm{T}}R^{(M)-1}y^{(M)}(t) &= H^{\mathrm{T}}\left[(\lambda^{\mathrm{T}}R^{(0)}\lambda)^{-1}\right]^{-1}\left\{\left[\lambda^{\mathrm{T}}R^{(0)-1}\lambda\right]^{-1}\lambda^{\mathrm{T}}R^{(0)-1}y^{(0)}(t)\right\} \\ &= H^{(0)\mathrm{T}}R^{(0)-1}y^{(0)}(t) \end{aligned} \tag{4-90}$$

进而由式（4-89）和式（4-90），可得

$$\hat{x}^{(0)}(t|t+N) = \hat{x}^{(M)}(t|t+N), \quad N = 0, -1 \tag{4-91}$$

$$P^{(0)}(N) = P^{(M)}(N), \quad N = 0, -1 \tag{4-92}$$

由式（4-91）、式（4-46）引出 $N = 0, -1$ 时的式（4-80）。由式（4-48）、式（4-92）引出 $N = 0, -1$ 时的式（4-81）。由式（4-91）和式（4-46）引出 $\overline{P}_s^{(0)}(N) = \overline{P}_s^{(M)}(N), N = 0, -1$。

当 $N \geqslant 1$ 时，利用矩阵求逆引理知，式（4-59）给出的滤波增益可表示为

$$K^{(j)} = P^{(j)}H^{(j)}R^{(j)-1} \tag{4-93}$$

这引出

$$K^{(j)}y^{(j)}(t) = P^{(j)}H^{(j)}R^{(j)-1}y^{(j)}(t), \quad j = 0, M \tag{4-94}$$

$$K^{(j)}H^{(j)} = P^{(j)}H^{(j)}R^{(j)-1}H^{(j)}, \quad j = 0, M \tag{4-95}$$

由 $N \geqslant 1$ 时的式（4-91）及式（4-89）和式（4-90），可得

$$K^{(0)}y^{(0)}(t) = K^{(M)}y^{(M)}(t) \tag{4-96}$$

$$K^{(0)}H^{(0)} = K^{(M)}H^{(M)} \tag{4-97}$$

进而由式（4-62），可得

$$\Psi^{(0)} = \Psi^{(M)} \tag{4-98}$$

由式（4-59）和式（4-63），可得

$$K^{(j)}\varepsilon^{(j)}(t) = K^{(j)}y^{(j)}(t) - K^{(j)}H^{(j)}\hat{x}^{(j)}(t|t-1) \tag{4-99}$$

显然，由式（4-96）和式（4-97），及 $N = -1$ 时的式（4-91），可得

$$K^{(0)}\varepsilon^{(0)}(t) = K^{(M)}y^{(M)}(t) \tag{4-100}$$

又由式（4-58）～式（4-63），可得

$$K^{(j)}\varepsilon^{(j)}(t) = \Sigma^{(j)}H^{(j)}Q_\varepsilon^{(j)-1}\varepsilon^{(j)}(t) \tag{4-101}$$

则由式（4-100），可引出

$$H^{(0)}Q_\varepsilon^{(0)-1}\varepsilon^{(0)}(t) = H^{(M)}Q_\varepsilon^{(M)-1}\varepsilon^{(M)}(t) \tag{4-102}$$

进而引出

$$K^{(j)}(s)\varepsilon^{(j)}(t+s) = \Sigma^{(j)}(\Psi^{(j)\mathrm{T}})^s H^{(j)\mathrm{T}}Q_\varepsilon^{(j)-1}\varepsilon^{(j)}(t+s) \tag{4-103}$$

由 $N = -1$ 时的式（4-92），可得

$$H^{(0)\mathrm{T}}Q_\varepsilon^{(0)-1}\varepsilon^{(0)}(t+s) = H^{(M)\mathrm{T}}Q_\varepsilon^{(M)-1}\varepsilon^{(M)}(t+s) \tag{4-104}$$

可引出

$$K^{(0)}(s)\varepsilon^{(0)}(t+s) = K^{(M)}(s)\varepsilon^{(M)}(t+s) \tag{4-105}$$

对上式两端取方差运算，可得

$$K^{(0)}(s)Q_\varepsilon^{(0)}K^{(0)\mathrm{T}}(s) = K^{(M)}(s)Q_\varepsilon^{(M)}K^{(M)\mathrm{T}}(s) \tag{4-106}$$

则由式（4-91）、式（4-59）和式（4-63），可得

$$\hat{x}^{(0)}(t|t+N) = \hat{x}^{(M)}(t|t+N), \quad N \geqslant 1 \tag{4-107}$$

进而由式（4-92）和式（4-65），可得

$$\hat{x}^{(0)}(t|t+N) = \hat{x}^{(M)}(t|t+N), \quad N \geqslant 1 \tag{4-108}$$

$$P^{(0)}(N) = P^{(M)}(N), \quad N \geqslant 1 \tag{4-109}$$

类似于 ARMA 信号预报器和滤波器的等价证明，易证得当 $N \geqslant 1$ 时的式（4-80）～式（4-82）。类似于上述鲁棒观测融合器的推导，可导出 ARMA 信号局部估值器 $\hat{s}_i(t|t+N)$ 及其实际和保守误差方差 $\bar{P}_{si}(N)$ 和 $P_{si}(N)(N \geqslant -1; i = 1, \cdots, L)$。证毕。

4.2.6　精度分析

定理 4-4　对带混合不确定性的 ARMA 信号式（4-1）和式（4-2），在假设 4-1～假设 4-3 下，鲁棒观测融合 Kalman 信号估值器有如下精度关系：

$$\mathrm{tr}\bar{P}_s^{(0)} = \mathrm{tr}\bar{P}_s^{(M)}, \quad \mathrm{tr}P_s^{(0)} = \mathrm{tr}P_s^{(M)} \tag{4-110}$$

$$\operatorname{tr}\overline{P}_s^{(j)}(N) \leqslant \operatorname{tr}P_s^{(j)}(N), \quad N \geqslant -1; \ j=0,M \tag{4-111}$$

$$\operatorname{tr}\overline{P}_{si}^{(j)}(N) \leqslant \operatorname{tr}P_{si}^{(j)}(N), \quad N \geqslant -1; \ i=1,\cdots,L \tag{4-112}$$

$$\operatorname{tr}P_{si}^{(j)}(N) \leqslant \operatorname{tr}P_{si}(N), \quad N \geqslant -1; \ j=0,M; \ i=1,\cdots,L \tag{4-113}$$

证明 分别对式（4-81）和式（4-82）两端取矩阵迹运算，可得式（4-110）。对式（4-49）和式（4-76）两端取矩阵迹运算可得式（4-111）。由鲁棒性 $\overline{P}_{si}(N) \leqslant P_{si}(N)$ 引出式（4-112）。由局部状态估值器和融合器间的关系易证 $P_s^{(j)}(N) \leqslant P_s^{(j)}(N)$ [4]，它引出式（4-113）。

注 4-1 式（4-110）和式（4-111）意味着对所有可能的不确定实际噪声方差 $\overline{Q}$ 和 $\overline{R}^{(j)}$，$j=0,M$，相应的任一局部 ARMA 信号估值器的实际精度高于鲁棒精度。式（4-112）意味着局部估值器的实际精度高于其鲁棒精度。式（4-113）意味着融合估值器的鲁棒精度高于任一局部估值器的鲁棒精度。

4.2.7 仿真与实验结果分析

考虑带不确定噪声方差和随机丢失观测的三传感器单通道 ARMA 信号跟踪系统式（4-1）～式（4-4），仿真过程中选取参数如下：

$$\begin{cases} Q=4, R_1=1, R_2=2, R_3=9, \overline{Q}=3.6, \overline{R}_1=0.8, \overline{R}_2=1.6, \overline{R}_3=4 \\ c_1=1_2, c_2=0.6, a_1=-0.8, a_2=0.1, \gamma_1=0.6, \gamma_2=0.7, \gamma_3=0.8 \end{cases} \tag{4-114}$$

其中，单通道信号 $s(t)$ 是待估信号，问题是设计鲁棒加权观测融合估值器。

图 4-1 中实线表示实际信号 $s(t)$，图中虚线分别表示相应的加权观测融合信号滤波器、预报器及平滑器。图 4-1 表明估值器对实际信号跟踪良好。

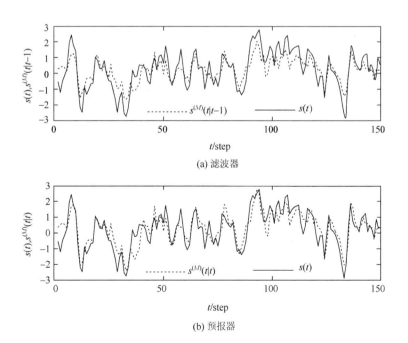

(a) 滤波器

(b) 预报器

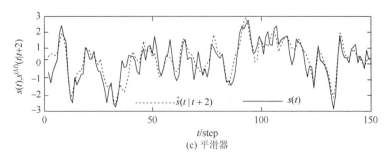

(c) 平滑器

图 4-1　鲁棒加权观测融合 Kalman 信号估值器和实际 ARMA 信号比较

表 4-1 给出了鲁棒局部和观测融合估值器（滤波器、两步平滑器及一步预报器）的精度比较，它表明估值器实际精度高于鲁棒精度，融合器精度高于任一局部估值器；平滑器的鲁棒精度高于滤波器，而滤波器的鲁棒精度高于预报器。表 4-1 验证了式（4-110）～式（4-113）的精度关系。

表 4-1　鲁棒局部和观测融合估值器精度比较

tr$P_s^{(0)}(0)$	tr$P_s^{(0)}(2)$	tr$\Sigma_s^{(0)}$	tr$P_s^{(M)}(0)$	tr$P_s^{(M)}(2)$	tr$\Sigma_s^{(M)}$	trΣ_{s1}	trΣ_{s2}	trΣ_{s3}
1.4339	1.1122	3.1154	1.4339	1.1122	3.1154	2.4657	2.9116	4.0513
tr$\overline{P}_s^{(0)}(0)$	tr$\overline{P}_s^{(0)}(2)$	tr$\overline{\Sigma}_s^{(0)}$	tr$\overline{P}_s^{(M)}(0)$	tr$\overline{P}_s^{(M)}(2)$	tr$\overline{\Sigma}_s^{(M)}$	tr$\overline{\Sigma}_{s1}$	tr$\overline{\Sigma}_{s2}$	tr$\overline{\Sigma}_{s3}$
0.6661	0.5274	1.2342	0.6661	0.5274	1.2342	1.0750	1.2612	1.5147

图 4-2 给出了 ARMA 信号鲁棒加权观测融合 Kalman 估值器（预报器、滤波器和平滑器）的累积估计误差平方曲线，其中虚线、实线和点划线分别表示加权融合观测融合 ARMA 估值（预报、滤波和平滑）器的累积估计误差平方曲线。由图 4-2 可见，融合平滑器的精度高于滤波器，而融合滤波器的精度高于预报器。

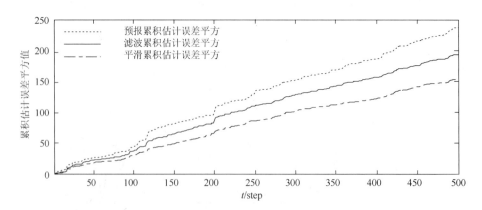

图 4-2　ARMA 信号鲁棒加权观测融合 Kalman 估值器的累积估计误差平方曲线

图 4-3（a）～（b）分别给出相应的鲁棒融合预报估值误差 $s(t) - \hat{s}^{(M)}(t|t-1)$ 曲线和 ±3 倍

鲁棒和实际标准差。为了说明本书所提算法的鲁棒性，由小到大任意选取三组满足式（4-5）的实际噪声方差 $\bar{\sigma}_w^{2(k)}$ 和 $\bar{\sigma}_{vi}^{2(k)}$，且分别满足 $\left[\bar{\sigma}_w^{2(k)},\bar{\sigma}_{v1}^{2(k)},\bar{\sigma}_{v2}^{2(k)},\bar{\sigma}_{v3}^{2(k)}\right]=\left(q\sigma_w^2,q\sigma_{v1}^2,q\sigma_{v2}^2,q\sigma_{v3}^2\right)$，其中 q 为标量，当 $k=1,2,3$ 时，分别取 $q=0.1,0.4,0.8$。图中实线表示实际误差曲线，短划线和虚线分别表示实际 $\pm3\bar{\sigma}^{(k)}$ 界和鲁棒 $\pm3\sigma$ 界。由图 4-3 可见，随着实际噪声方差逐渐增大，$\pm3\bar{\sigma}^{(k)}$ 界逐渐增大，估值误差 $s(t)-\hat{s}^{(M)}(t|t-1)$ 也随之逐渐增大，但 $\pm3\sigma$ 界保持不变，且实际标准差界 $(\pm3\bar{\sigma}^{(k)})$ 始终位于鲁棒标准差界 $(\pm3\sigma)$ 以内。对于任意选取的容许的实际噪声方差，超过 99%的信号预报误差曲线值均位于 $\pm3\sigma$ 界限以内，且均位于 $\pm3\sigma$ 界限以内。图 4-3 验证了所提融合预报器的鲁棒性。

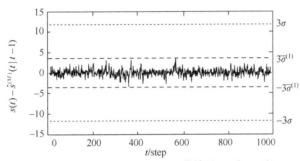
(a) $k=1$时的实际预报器误差 $s(t)-\hat{s}^{(M)}(t|t-1)$ 曲线及 $\pm3\sigma$ 和 $\pm3\bar{\sigma}_i^{(k)}(k=1,2,3)$ 界

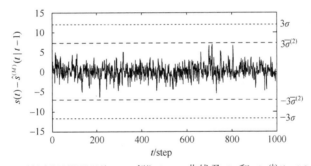
(b) $k=2$时的实际预报器误差 $s(t)-\hat{s}^{(M)}(t|t-1)$ 曲线及 $\pm3\sigma$ 和 $\pm3\bar{\sigma}_i^{(k)}(k=1,2,3)$ 界

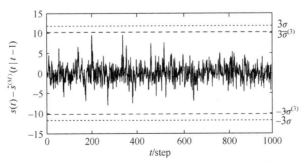
(c) $k=3$时的实际预报器误差 $s(t)-\hat{s}^{(M)}(t|t-1)$ 曲线及 $\pm3\sigma$ 和 $\pm3\bar{\sigma}_i^{(k)}(k=1,2,3)$ 界

图 4-3　ARMA 信号的鲁棒观测融合器的实际预报误差曲线及 $\pm3\sigma$ 和 $\pm3\bar{\sigma}_i^{(k)}(k=1,2,3)$ 界

4.3　带丢失观测和不确定噪声方差的 ARMA 信号鲁棒加权融合 Kalman 估值器

本节对带不确定噪声方差和丢失观测的多通道 ARMA 信号多传感器系统鲁棒融合 Kalman 估计（预测器、滤波器、平滑器）问题，应用状态空间法和虚拟噪声方法，将带丢失观测和不确定噪声方差的 ARMA 信号转换为仅带不确定噪声方差的系统，并基于极大极小鲁棒估计原理，通过 Lyapunov 方程法，设计统一框架下的按矩阵加权融合 ARMA 信号的鲁棒 Kalman 估计器，并证明了鲁棒性和精度关系。

4.3.1　问题的提出

考虑带丢失观测和不确定噪声方差的多传感器多通道 ARMA 信号

$$A(q^{-1})s(t) = C(q^{-1})w(t) \tag{4-115}$$

$$y_i(t) = \gamma_i(t)s(t) + v_i(t), \quad i = 1, \cdots, L \tag{4-116}$$

$$A(q^{-1}) = I_m + A_1 q^{-1} + \cdots + A_{n_a} q^{-n_a}, C(q^{-1}) = C_1 q^{-1} + \cdots + C_{n_c} q^{-n_c}, \quad n_a \geqslant n_c \tag{4-117}$$

其中，$A(q^{-1})$ 和 $C(q^{-1})$ 为如式（4-117）所示参数多项式；$s(t) \in R^m$ 为待估多通道信号；$w(t) \in R^m$ 和 $v_i(t) \in R^m$ 分别为过程噪声和第 i 个子系统的观测噪声；$y_i(t) \in R^m$ 为第 i 个子系统的观测；$\gamma_i(t)$ 为服从伯努利分布的随机变量；L 为传感器个数；$n_a \geqslant n_c, A_0 = I_m, C_0 = 0$。

假设 4-4　$w(t)$ 和 $v_i(t)$ 为零均值且互不相关白噪声，$i = 1, \cdots, L$，不确定实际方差分别为 $\bar{Q}$ 和 $\bar{R}_i$，保守上界各为 Q 和 R_i，即

$$\bar{Q} \leqslant Q, \quad \bar{R}_i \leqslant R_i \tag{4-118}$$

定义不确定噪声方差扰动分别为 $\Delta Q = Q - \bar{Q}$，$\Delta R_i = R_i - \bar{R}_i$，可得

$$\Delta Q \geqslant 0, \quad \Delta R_i \geqslant 0 \tag{4-119}$$

假设 4-5　ARMA 为平稳随机信号，即 $A(q^{-1})$ 为稳定的多项式矩阵。

假设 4-6　$\gamma_i(t)$ 与 $w(t)$ 和 $v_i(t)$ 互不相关，且服从如下概率分布：

$$\text{Porb}[\gamma_i(t) = 1] = \lambda_i, \ 0 \leqslant \lambda_i \leqslant 1, \quad \text{Porb}[\gamma_i(t) = 0] = 1 - \lambda_i, \ i = 1, \cdots, L \tag{4-120}$$

如果 $\gamma_i(t) = 1$，则第 i 个传感器能够接收到相应的状态信息，当 $\gamma_i(t) = 0$ 时，第 i 个传感器仅能接收到观测噪声，且 $\gamma_i(t)$ 与 $w(t)$ 和 $v_i(t)$ 互不相关。E 表示数学期望，则由式（4-120）可得 $E[\gamma_i^2(t)] = \lambda_i$，

$$E\{[\gamma_i(t) - \lambda_i]^2\} = E[\gamma_i^2(t) - 2\gamma_i(t)\lambda_i + \lambda_i^2] \tag{4-121}$$

这引出

$$E\{[\gamma_i(t) - \lambda_i]^2\} = \lambda_i(1 - \lambda_i) \tag{4-122}$$

问题是针对 ARMA 信号式（4-115）～式（4-117），在假设 1-3 下，设计 $\hat{s}_f(t\,|\,t+N)$，其中 f 表示加权融合，$N>0$ 和 $N=-1,0$，分别代表滤波/预报平滑器。

4.3.2　模型转换

由式（4-115）～式（4-117）有等价的状态空间模型[5]

$$x(t+1) = \Phi x(t) + \Gamma w(t) \tag{4-123}$$

$$y_i(t) = \gamma_i(t)Hx(t) + v_i(t), \quad i = 1, \cdots, L \tag{4-124}$$

$$s(t) = Hx(t) \tag{4-125}$$

其中

$$\Phi = \begin{Bmatrix} -A_1 & 1 & 0 & 0 \\ \vdots & 0 & \ddots & 0 \\ \vdots & 0 & 0 & 1 \\ -A_{n_a} & 0 & \cdots & 0 \end{Bmatrix}, \Gamma = \begin{Bmatrix} C_1 \\ \vdots \\ C_{n_a} \end{Bmatrix}, H = [I_m\,0\cdots0], C_j = 0, \ j>n_c \tag{4-126}$$

注意：由 $E[\gamma_i(t)H] = \lambda_i H$，我们可将式（4-124）改写为

$$y_i(t) = \lambda_i Hx(t) + [\gamma_i(t) - \lambda_i]Hx(t) + v_i(t), \quad i = 1, \cdots, L \tag{4-127}$$

引入虚拟观测噪声 $v_{ai}(t)$

$$v_{ai}(t) = [\gamma_i(t) - \lambda_i]Hx(t) + v_i(t), \quad i = 1, \cdots, L \tag{4-128}$$

并令 $H_{ai} = \lambda_i H$，则将式（4-128）代入式（4-123）可得带确定参数的观测方程

$$y_i(t) = H_{ai}x(t) + v_{ai}(t), \quad i = 1, \cdots, L \tag{4-129}$$

由式（4-123）可得稳态保守和实际状态的非中心二阶矩，即 $X = E[x(t)x^{\mathrm{T}}(t)][x(t)$ 是保守状态] 和 $\bar{X} = E[x(t)x^{\mathrm{T}}(t)][x(t)$ 是实际状态]，且二者分别满足如下 Lyapunov 方程：

$$X = \Phi X\Phi^{\mathrm{T}} + \Gamma Q\Gamma^{\mathrm{T}}, \quad \bar{X} = \Phi\bar{X}\Phi^{\mathrm{T}} + \Gamma\bar{Q}\Gamma^{\mathrm{T}} \tag{4-130}$$

由假设 4-5 知，Φ 为稳定矩阵。基于 Φ 的稳定性对式（4-130）中的两个 Lyapunov 方程分别应用引理 2-1，可知其有唯一解 X 和 $\bar{X}$。定义 $\Delta X = X - \bar{X}$，则由式（4-130），可得

$$\Delta X = \Phi\Delta X\Phi^{\mathrm{T}} + \Gamma\Delta Q\Gamma^{\mathrm{T}} \tag{4-131}$$

由 Φ 的稳定性，式（4-119）中 $\Delta Q \geqslant 0$，及对式（4-131）应用引理 2-1，可得

$$\Delta X \geqslant 0 \tag{4-132}$$

由式（4-127），可得所引入的虚拟噪声 $v_{ai}(t)$ 的保守和实际方差分别为

$$R_{ai} = \lambda_i(1-\lambda_i)HXH^{\mathrm{T}} + R_i, \quad \bar{R}_{ai} = \lambda_i(1-\lambda_i)H\bar{X}H^{\mathrm{T}} + \bar{R}_i \tag{4-133}$$

定义虚拟噪声的不确定方差扰动为 $\Delta R_{ai} = R_{ai} - \bar{R}_{ai}$，则由式（4-133），可得

$$\Delta R_{ai} = \lambda_i(1-\lambda_i)H\Delta XH^{\mathrm{T}} + \Delta R_i \tag{4-134}$$

由于 $0 \leqslant \lambda_i \leqslant 1$，易知 $\lambda_i(1-\lambda_i) \geqslant 0$，由式（4-119）知 $\Delta R_i \geqslant 0$，由式（4-132）知 $\Delta X \geqslant 0$，这引出

$$\Delta R_{ai} \geqslant 0 \tag{4-135}$$

由式（4-128）经计算，可得

$$E[v_{ai}(t)] = E\Big[[\gamma_i(t) - \lambda_i]Hx(t) + v_i(t)\Big] \tag{4-136}$$

$$E\Big[v_{ai}(t)v_{ai}^{\mathrm{T}}(k)\Big] = E\Big(\{[\gamma_i(t) - \lambda_i]Hx(t) + v_i(t)\}\{[\gamma_i(k) - \lambda_i]Hx(k) + v_i(k)\}^{\mathrm{T}}\Big) \tag{4-137}$$

$$E\Big[v_{ai}(t)w_a^{\mathrm{T}}(k)\Big] = E\Big(\{[\gamma_i(t) - \lambda_i]Hx(t) + v_j(t)\}w_a^{\mathrm{T}}(k)\Big)$$

$$E\Big[v_{ai}(t)w^{\mathrm{T}}(t)\Big] = E\Big(\{[(\gamma_i(t) - \lambda_i]Hx(t) + v_i(t)\}w^{\mathrm{T}}(t)\Big) \tag{4-138}$$

由于 $E[(\gamma_i(t) - \lambda_i)Hx(t)] = 0$，$E[v_i(t)] = 0$，及 $\gamma_i(t)$ 与 $v_i(t)$ 和 $w(t)$ 均互不相关，所以引出

$$E[v_{ai}(t)] = 0, \ E\Big[v_{ai}(t)v_{ai}^{\mathrm{T}}(k)\Big] = 0, (t \neq k), \ E\Big[v_{ai}(t)w_a^{\mathrm{T}}(k)\Big] = 0, \forall t, k \tag{4-139}$$

式（4-139）表明，虚拟噪声 $v_{ai}(t)$ 为零均值白噪声，且与 $w(t)$ 不相关。

4.3.3　ARMA 信号鲁棒局部预报器

根据极大极小鲁棒估计原理，对带已知保守上界方差 Q 和 R_{ai} 的最坏情形系统式（4-123）和式（4-129），在假设 4-4～假设 4-6 下，有实际局部稳态 Kalman 预报器[1]

$$\hat{x}_i(t+1|t) = \Psi_i \hat{x}_i(t|t-1) + K_i y_i(t) \tag{4-140}$$

$$K_i = \Phi \Sigma_i H_{ai}^{\mathrm{T}}\Big[H_{ai}\Sigma_i H_{ai}^{\mathrm{T}} + R_{ai}\Big]^{-1} \tag{4-141}$$

$$\Psi_i = \Phi - K_i H_{ai} \tag{4-142}$$

其中，$y_i(t)$ 为实际观测，预报误差方差 Σ_i 满足如下 Riccati 方程：

$$\Sigma_i = \Phi\Big[\Sigma_i - \Sigma_i H_{ai}^{\mathrm{T}}(H_{ai}\Sigma_i H_{ai}^{\mathrm{T}})^{-1}H_{ai}\Sigma_i\Big]\Phi^{\mathrm{T}} + \Gamma Q \Gamma^{\mathrm{T}} \tag{4-143}$$

由式（4-123）减式（4-140），可得实际局部预报误差 $\tilde{x}_i(t+1|t) = x(t+1) - \hat{x}_i(t+1|t)$ 为

$$\begin{aligned}\hat{x}_i(t+1|t) &= \Phi x(t) + \Gamma w(t) - \Psi_{pi}\hat{x}_i(t|t-1) - K_i y_i(t) \\ &= \Psi_{pi}\hat{x}_i(t|t-1) + \Gamma w(t) + K_{pi}v_{ai}(t)\end{aligned} \tag{4-144}$$

则由式（4-144）可得保守和实际局部预报误差方差和互协方差各为

$$\Sigma_{ij} = \Psi_{pi}\Sigma_{ij}\Psi_{pj}^{\mathrm{T}} + \Gamma Q \Gamma^{\mathrm{T}} + K_{pi}R_{ai}K_{pi}^{\mathrm{T}}\delta_{ij} \tag{4-145}$$

$$\overline{\Sigma}_{ij} = \Psi_{pi}\overline{\Sigma}_{ij}\Psi_{pj}^{\mathrm{T}} + \Gamma \overline{Q} \Gamma^{\mathrm{T}} + K_{pi}\overline{R}_{ai}K_{pi}^{\mathrm{T}}\delta_{ij} \tag{4-146}$$

其中，Kronecker 函数 δ_{ij} 满足 $\delta_{ij} = 1(i = j), \delta_{ij} = 0(i \neq j)$。

由式（4-125），实际 Kalman 信号预报器 $\hat{s}_i(t|t-1)$ 为

$$\hat{s}_i(t \mid t-1) = H\hat{x}_i(t \mid t-1), \quad i=1,\cdots,L \tag{4-147}$$

由式（4-125）和式（4-147），局部信号误差 $\tilde{s}_i(t \mid t-1) = s(t) - \hat{s}_i(t \mid t-1)(i=1,\cdots,L)$ 为

$$\tilde{s}_i(t \mid t-1) = H\tilde{x}_i(t \mid t-1), \quad i=1,\cdots,L \tag{4-148}$$

由式（4-148）可得保守和实际局部信号预报误差方差分别为

$$\Sigma_{ij}^s = H\Sigma_{ij}H^{\mathrm{T}}, \quad \bar{\Sigma}_{ij}^s = H\bar{\Sigma}_{ij}H^{\mathrm{T}} \tag{4-149}$$

其中，定义 $\Sigma_i^s = \Sigma_{ii}^s, \bar{\Sigma}_i^s = \bar{\Sigma}_{ii}^s$。令 $\Delta\Sigma_i = \Sigma_i - \bar{\Sigma}_i$，则当 $i=j$ 时，由式（4-145）减式（4-146），可得

$$\Delta\Sigma_i = \Psi_{pi}\Delta\Sigma_i\Psi_{pi}^{\mathrm{T}} + \Gamma\Delta Q\Gamma^{\mathrm{T}} + K_{pi}\Delta R_{ai}K_{pi}^{\mathrm{T}} \tag{4-150}$$

由 Ψ_{pi} 的稳定性[1]，式（4-119）和式（4-135）及对式（4-150）应用引理 2-1，有

$$\Delta\Sigma_i \geqslant 0 \tag{4-151}$$

类似于定理 2-5 容易证明 Σ_i 为 $\bar{\Sigma}_i$ 的最小上界。

定理 4-5 对带混合不确定性的多通道 ARMA 信号式（4-115）和式（4-117），在假设 4-4～假设 4-6 下，实际局部稳态 ARMA 信号预报器式（4-147）是鲁棒的，即对所有容许的满足式（4-119）的不确定实际噪声方差，相应的实际信号预报误差方差 $\bar{\Sigma}_i^s$ 有最小上界 Σ_i^s，即

$$\bar{\Sigma}_i^s \leqslant \Sigma_i^s \tag{4-152}$$

证明 定义 $\Delta\Sigma_i^s = \Sigma_i^s - \bar{\Sigma}_i^s$，则当 $i=j$ 时，由式（4-149）可得

$$\Delta\Sigma_i^s = H\Delta\Sigma_iH^{\mathrm{T}} \tag{4-153}$$

将式（4-151）代入上式，则式（4-152）得证。类似于定理 2-5 易证 $\bar{\Sigma}_i^s$ 有最小上界 Σ_i^s。证略。我们称实际局部信号预报器式（4-147）为 ARMA 信号的局部鲁棒 Kalman 预报器。

4.3.4 ARMA 信号鲁棒局部平滑器和滤波器

根据极大极小鲁棒估计原理，对带已知保守上界方差 Q 和 R_{ai} 的最坏情形系统式（4-123）和式（4-129），在假设 4-4～假设 4-6 下，可得实际局部稳态 Kalman 信号滤波器和平滑器

$$\hat{x}_i(t \mid t+N) = \hat{x}_i(t \mid t-1) + \sum_{k=0}^{N} K_i(k)\varepsilon_i(t+k), \quad N \geqslant 0 \tag{4-154}$$

$$\begin{cases} K_i(k) = \Sigma_i(\Psi_i^{\mathrm{T}})^k H_{ai}^{\mathrm{T}}Q_{\varepsilon i}^{-1}, k \geqslant 0, \quad \Psi_i = \Phi - K_iH_{ai} \\ Q_{\varepsilon i} = H_{ai}\Sigma_iH_{ai}^{\mathrm{T}} + R_{ai}, \quad \varepsilon_i(t) = y_i(t) - H_{ai}\hat{x}_i(t) \end{cases} \tag{4-155}$$

$$P_i(N) = \Sigma_i - \sum_{k=0}^{N} K_i(k)Q_{\varepsilon i}K_i^{\mathrm{T}}(k) \tag{4-156}$$

其中，$\hat{x}_i(t|t-1)$ 是实际局部预报器。由式（4-123）和式（4-154）可得，实际滤波和平滑误差 $\tilde{x}_i(t|t+N)$ 为[6]

$$\tilde{x}_i(t|t+N) = \Psi_{iN}\tilde{x}_i^{(j)}(t|t-1) + \sum_{\rho=0}^{N} K_{Np}^{wN} w_a^{(j)}(t+\rho) + \sum_{\rho=0}^{N} K_{Np}^{vN} v^{(j)}(t+\rho), \quad N \geqslant 0 \quad (4\text{-}157)$$

其中

$$\begin{cases} K_{i\rho}^{vN} = -\sum_{k=\rho+1}^{N} K_i(k)H_{ai}\Psi_i^{k-\rho-1}K_{ip} - K_i(\rho), \ N \geqslant 0 \\[2mm] K_{iN}^{vN} = -K(N), \Psi_{iN} = I_{n_a} - \sum_{k=0}^{N} K_i(k)H_{ai}\Psi_i^k \\[2mm] \Psi_{i0} = I_{n_a} - K_i(0)H \\[2mm] K_{i\rho}^{wN} = -\sum_{k=\rho+1}^{N} K_i(k)H_{ai}\Psi_i^{k-\rho-1}\Gamma, \quad \rho = 0,\cdots,N-1 \\[2mm] K_{iN}^{w0} = 0, K_{i0}^{w0} = -K_i(0), K_{i0}^{v0} = 0 \end{cases} \quad (4\text{-}158)$$

由式（4-157）可得保守和实际误差方差和互协方差分别满足如下 Lyapunov 方程：

$$P_{ij}(N) = \Psi_{iN}\Sigma_i\Psi_{jN}^{\mathrm{T}} + \sum_{\rho=0}^{N} K_{ip}^{wN} Q K_{jp}^{wN\mathrm{T}} + \sum_{\rho=0}^{N} K_{ip}^{vN} R_{ai} K_{ip}^{vN\mathrm{T}} \delta_{ij} \quad (4\text{-}159)$$

$$\bar{P}_{ij}(N) = \Psi_{iN}\bar{\Sigma}_i\Psi_{jN}^{\mathrm{T}} + \sum_{\rho=0}^{N} K_{ip}^{wN} \bar{Q} K_{jp}^{wN\mathrm{T}} + \sum_{\rho=0}^{N} K_{ip}^{vN} \bar{R}_{ai} K_{ip}^{vN\mathrm{T}} \delta_{ij} \quad (4\text{-}160)$$

其中，定义 $P_i(N) = P_{ii}(N), \bar{P}_i(N) = \bar{P}_{ii}(N), N \geqslant 0$。

由式（4-125），可得实际局部 Kalman 信号滤波器和平滑器为

$$\hat{s}_i(t|t+N) = H\hat{x}_i(t|t+N), \quad i = 1,\cdots,L; \ N \geqslant 0 \quad (4\text{-}161)$$

同理，可得保守和实际局部信号滤波和平滑误差方差各为

$$P_{ij}^s(N) = HP_{ij}(N)H^{\mathrm{T}}, \quad \bar{P}_{ij}^s(N) = H\bar{P}_{ij}(N)H^{\mathrm{T}} \quad (4\text{-}162)$$

其中，定义 $P_i^s(N) = P_{ii}^s(N), \bar{P}_i^s(N) = \bar{P}_{ii}^s(N)$。

定理 4-6　对带混合不确定性的多通道 ARMA 式（4-115）和式（4-117），在假设 4-4～假设 4-6 下，实际局部稳态 ARMA 信号滤波器 $(N=0)$ 和平滑器 $(N \geqslant 0)$ 式（4-161）是鲁棒的，即对满足式（4-119）的所有容许实际噪声方差，相应的实际估值误差方差有最小上界

$$\bar{P}_i^s(N) \leqslant P_i^s(N), \quad N \geqslant 0 \quad (4\text{-}163)$$

且 $P_i^s(N)$ 为 $P_i^s(N)$ 的最小上界。

证明　欲证式（4-163），即证 $P_i^s(N) - \bar{P}_i^s(N) \geqslant 0$，定义 $\Delta P_i^s(N) = P_i^s(N) - \bar{P}_i^s(N)$，则由式（4-162），可得

$$P_i^s(N) = H[P_i(N) - \overline{P}_i(N)]H^{\mathrm{T}} \qquad (4\text{-}164)$$

显然，由式（4-164）知，欲证 $\Delta P_i^s(N) \geqslant 0$，只需证 $P_i(N) - \overline{P}_i(N) \geqslant 0$，定义 $\Delta P_i(N) = P_i(N) - \overline{P}_i(N)$，则由式（4-159）减式（4-160），可得

$$\Delta P_i(N) = \Psi_{iN} \Delta \Sigma_i \Psi_{iN}^{\mathrm{T}} + \sum_{\rho=0}^{N} K_{ip}^{wN} \Delta Q K_{ip}^{wNT} + \sum_{\rho=0}^{N} K_{ip}^{vN} \Delta R_{ai} K_{ip}^{vNT} \qquad (4\text{-}165)$$

将式（4-119）、式（4-135）及式（4-151）代入上式，引出

$$\Delta P_i(N) \geqslant 0 \qquad (4\text{-}166)$$

则将式（4-166）代入式（4-164），易知

$$\Delta P_i^s(N) \geqslant 0 \qquad (4\text{-}167)$$

则式（4-163）得证，类似于定理 2-5，容易证明 $P_i^s(N)$ 为 $\overline{P}_i^s(N)$ 的最小上界。证略。

我们称式（4-161）为 ARMA 信号的鲁棒局部稳态 Kalman 滤波器和平滑器。

4.3.5　ARMA 信号鲁棒按矩阵加权融合估值器

根据极大极小鲁棒估计原理，对带已知保守上界方差 Q 和 R_{ai} 的最坏情形保守系统式（4-123）和式（4-129），在假设 4-4～假设 4-6 下，可得统一框架下的按矩阵加权融合鲁棒 Kalman 信号估值器

$$\hat{s}_f(t|t+N) = \sum_{i=1}^{L} \Omega_i(N) \hat{s}_i(t|t+N), \quad N \geqslant -1 \qquad (4\text{-}168)$$

其中，$\sum_{i=1}^{L} \Omega_i(N) = I_m$。保守最优加权矩阵可由下式计算得出[5]

$$\left[\Omega_1(N) \cdots \Omega_L(N) \right] = \left\{ e^{\mathrm{T}} \left[P^s(N) \right]^{-1} e \right\}^{-1} e^{\mathrm{T}} \left[P^s(N) \right]^{-1} \qquad (4\text{-}169)$$

其中 $e = \left[I_m \cdots I_m \right]^{\mathrm{T}}$，

$$P^s(N) = \left[P_{ij}^s(N) \right]_{mL \times mL} \qquad (4\text{-}170)$$

保守加权融合误差方差为

$$P_f^s(N) = \left\{ e^{\mathrm{T}} [P^s(N)]^{-1} e \right\}^{-1}, \quad N \geqslant -1 \qquad (4\text{-}171)$$

注意：上标 s 表示信号，下标 f 表示按矩阵加权融合。由 $\sum_{i=1}^{L} \Omega_i(N) = I_m$ 引出 $s(t) = \sum_{i=1}^{L} \Omega_i(N)s(t)$，进而由式（4-168），可得信号误差 $\tilde{s}_m(t|t+N) = s(t) - \hat{s}_f(t|t+N)$ 为

$$\tilde{s}_m(t|t+N) = \sum_{i=1}^{L} \Omega_i(N) \left[s(t) - \hat{s}_i(t|t+N) \right], \quad N \geqslant -1 \qquad (4\text{-}172)$$

从而可得保守和实际融合估值误差方差各为

$$P_f^s(N) = \sum_{i=1}^{L}\sum_{j=1}^{L}\Omega_i(N)P_{ij}^s(N)\Omega_i^{\mathrm{T}}(N) = \Omega(N)P^s(N)\Omega^{\mathrm{T}}(N) \tag{4-173}$$

$$\bar{P}_f^s(N) = \sum_{i=1}^{L}\sum_{j=1}^{L}\Omega_i(N)\bar{P}_{ij}^s(N)\Omega_i^{\mathrm{T}}(N) = \Omega(N)\bar{P}^s(N)\Omega^{\mathrm{T}}(N) \tag{4-174}$$

其中，定义 $P_{ij}^s(-1)=\varSigma_{ij}^s,\bar{P}_{ij}^s(-1)=\bar{\varSigma}_{ij}^s,\bar{P}^s(N)=\left[\bar{P}_{ij}^s(N)\right]_{mL\times mL}$。

定理 4-7　对带混合不确定性的多通道 ARMA 式（4-115）和式（4-117），在假设 4-4～假设 4-6 下，按矩阵加权融合鲁棒 ARMA 信号估值器（4-168）具有如下鲁棒性：即对满足式（4-119）的所有容许实际噪声方差，相应的实际融合方差有最小上界，即

$$\bar{P}_f^s(N) \leqslant P_f^s(N), \quad N \geqslant -1 \tag{4-175}$$

其中，$\bar{P}_f^s(N)$ 有最小上界 $P_f^s(N)$。

证明　欲证式（4-175），即证 $P_f^s(N)-\bar{P}_f^s(N)\geqslant 0$，定义 $\Delta P_f^s(N)=P_f^s(N)-\bar{P}_f^s(N)$，则由式（4-173）减式（4-174），可得

$$\Delta P_f^s(N) = \Omega(N)\left[P^s(N)-\bar{P}^s(N)\right][\Omega(N)]^{\mathrm{T}} \geqslant 0 \tag{4-176}$$

由式（4-162）式（4-170），可得

$$P^s(N)_{mL\times mL} = H_a P_a(N)H_a^{\mathrm{T}}, \quad \bar{P}^s(N)_{mL\times mL} = H_a \bar{P}_a(N)H_a^{\mathrm{T}} \tag{4-177}$$

其中，定义 $H_a=\mathrm{diag}[H,\cdots,H]$。令 $\Delta P^s(N)=P^s(N)-\bar{P}^s(N)$，则由式（4-177），有

$$\Delta P^s(N)_{mL\times mL} = H_a\left[P_a(N)-\bar{P}_a(N)\right]H_a^{\mathrm{T}}, \quad N \geqslant -1 \tag{4-178}$$

定义 $\Delta P_a(N)=P_a(N)-\bar{P}_a(N)$，这引出

$$\Delta P_f^s(N) = \Omega(N)\left[H_a\Delta P_a(N)H_a^{\mathrm{T}}\right][\Omega(N)]^{\mathrm{T}} \geqslant 0 \tag{4-179}$$

显然，欲证 $\Delta P_f^s(N)\geqslant 0$，只需证 $\Delta P_a(N)\geqslant 0$。当 $N=-1$ 时，由式（4-145）和式（4-146），可得总体预报误差方差满足 Lyapunov 方程

$$P_a(N) = \Psi_a\varSigma_a\Psi_a^{\mathrm{T}} + \sum_{\rho=0}^{N}U_p^w Q_a U_p^{w\mathrm{T}} + \sum_{\rho=0}^{N}K_p^{vN}R_a K_p^{vN\mathrm{T}} \tag{4-180}$$

$$\bar{P}_a(N) = \Psi_a\bar{\varSigma}_a\Psi_a^{\mathrm{T}} + \sum_{\rho=0}^{N}U_p^w \bar{Q}_a U_p^{w\mathrm{T}} + \sum_{\rho=0}^{N}K_p^{vN}\bar{R}_a K_p^{vN\mathrm{T}} \tag{4-181}$$

其中

$$\begin{cases}
\Psi = \mathrm{diag}(\Psi_{p1}\cdots,\Psi_{pL}), \Psi_a = \mathrm{diag}(\Psi_{1N},\cdots,\Psi_{LN}) \\
K = \mathrm{diag}(K_{p_1},\cdots,K_{p_L}), U = \mathrm{ding}(\Gamma,\cdots,\Gamma) \\
K_\rho^{wN} = \mathrm{diag}(K_{1\rho}^{wN},\cdots,K_{L\rho}^{wN}), n = n_a m, K_\rho^{vN} = \mathrm{diag}\left(K_{1\rho}^{vN},\cdots,K_{L\rho}^{vN}\right) \\
P_a(N) = \left[P_{ij}(N)\right]_{nL\times nL}, \bar{P}_a(N) = \left[\bar{P}_{ij}(N)\right]_{nL\times nL}, \quad N \geqslant 0 \\
\varSigma_a = (\varSigma_{ij})_{nL\times nL} = P_a(-1), \bar{\varSigma}_a = (\bar{\varSigma}_{ij})_{nL\times nL} = \bar{P}_a(-1)
\end{cases} \tag{4-182}$$

$$Q_a = \begin{bmatrix} Q & \cdots & Q \\ \vdots & & \vdots \\ Q & \cdots & Q \end{bmatrix}, \quad \bar{Q}_a \begin{bmatrix} \bar{Q} & \cdots & \bar{Q} \\ \vdots & & \vdots \\ \bar{Q} & \cdots & \bar{Q} \end{bmatrix} \tag{4-183}$$

$$R_a = \mathrm{diag}(R_{a1}, \cdots, R_{aL}), \quad \bar{R}_a = \mathrm{diag}(\bar{R}_{a1}, \cdots, \bar{R}_{aL}) \tag{4-184}$$

定义 $\Delta \Sigma_a = \Sigma_a - \bar{\Sigma}_a$，则由式（4-180）减式（4-181），可得

$$\Delta \Sigma_a = \Psi \Delta \Sigma_a \Psi^{\mathrm{T}} + U(Q_a - \bar{Q}_a)U^{\mathrm{T}} + K(R_a - \bar{R}_a)K^{\mathrm{T}} \tag{4-185}$$

分别令 $\Delta Q_a = Q_a - \bar{Q}_a$，$\Delta R_a = R_a - \bar{R}_a$，则由式（4-183）和式（4-184），可得

$$\Delta Q_a = \begin{bmatrix} \Delta Q & \cdots & \Delta Q \\ \vdots & & \vdots \\ \Delta Q & \cdots & \Delta Q \end{bmatrix} \tag{4-186}$$

$$\Delta R_a = \mathrm{diag}(\Delta R_{a1}, \cdots, \Delta R_{aL}) \tag{4-187}$$

分别对式（4-186）和式（4-187）应用引理 2-2 和引理 2-3，可得

$$\Delta Q_a \geq 0, \quad \Delta R_a \geq 0 \tag{4-188}$$

这引出式（4-185）的第二项和第三项非负定，即

$$U(Q_a - \bar{Q})U^{\mathrm{T}} + K(R_a - \bar{R}_a)K^{\mathrm{T}} = U \Delta Q_a U^{\mathrm{T}} + K \Delta R_a K^{\mathrm{T}} \geq 0 \tag{4-189}$$

由 Ψ 的稳定性及对式（4-185）应用引理 2-1，可得

$$\Delta \Sigma_a \geq 0 \tag{4-190}$$

当 $N \geq 0$ 时，由式（4-159）和式（4-160），可得总体滤波和平滑方差满足如下方程

$$P_a(N) = \Psi_a \Sigma_a \Psi_a^{\mathrm{T}} + \sum_{\rho=0}^{N} K_\rho^{wN} Q_a K_\rho^{wN\mathrm{T}} + \sum_{\rho=0}^{N} K_\rho^{vN} R_a K_\rho^{vN\mathrm{T}} \tag{4-191}$$

$$\bar{P}_a(N) = \Psi_a \bar{\Sigma}_a \Psi_a^{\mathrm{T}} + \sum_{\rho=0}^{N} K_\rho^{wN} \bar{Q}_a K_\rho^{wN\mathrm{T}} + \sum_{\rho=0}^{N} K_\rho^{vN} \bar{R}_a K_\rho^{vN\mathrm{T}} \tag{4-192}$$

其中

$$\begin{cases} K = \mathrm{diag}(K_{p_1}, \cdots, K_{p_L}), U = \mathrm{diag}(\Gamma, \cdots, \Gamma) \\ K_\rho^{wN} = \mathrm{diag}(K_{1\rho}^{wN}, \cdots, K_{L\rho}^{wN}), K_\rho^{vN} = \mathrm{diag}(K_{1\rho}^{vN}, \cdots, K_{L\rho}^{vN}) \\ P_a(N) = \begin{bmatrix} P_{ij}(N) \end{bmatrix}_{nL \times nL}, \bar{P}_a(N) = \begin{bmatrix} \bar{P}_{ij}(N) \end{bmatrix}_{nL \times nL}, \quad N \geq 0 \\ \Sigma_a = (\Sigma_{ij})_{nL \times nL} = P_a(-1), \bar{\Sigma}_a = (\bar{\Sigma}_{ij})_{nL \times nL} = \bar{P}_a(-1) \end{cases} \tag{4-193}$$

令 $\Delta P_a(N) = P_a(N) - \bar{P}_a(N)$，由式（4-191）减式（4-192），可得

$$\Delta P_a(N) = P_a(N) - \bar{P}_a(N) = \Psi_a \Delta \Sigma \Psi_a^{\mathrm{T}}$$
$$+ \sum_{\rho=0}^{N} U_\rho^w (Q_a - \bar{Q}_a) U_\rho^{w\mathrm{T}} + \sum_{\rho=0}^{N} K_\rho^v (R_a - \bar{R}_a) K_\rho^{v\mathrm{T}}, \quad N \geq 0 \tag{4-194}$$

将式（4-188）和式（4-190）代入上式，可得

$$\Delta P_a(N) \geqslant 0, \quad N \geqslant 0 \tag{4-195}$$

由式（4-190）和式（4-195），引出

$$\Delta P_a(N) \geqslant 0, \quad N \geqslant -1 \tag{4-196}$$

将上式代入（4-179），则式（4-175）得证。类似于定理 2-5 容易证明 $P_m^s(N)$ 为 $\bar{P}_m^s(N)$ 的最小上界。证毕。

我们称具有定理 4-6 所述鲁棒性的实际加权融合信号估值器式（4-168）为鲁棒加权融合信号估值器。

4.3.6 精度分析

定理 4-8 对带已知保守上界方差 Q 和 R_{ai} 的最坏情形保守系统式（4-123）和式（4-129），在假设 4-4～假设 4-6 下，对所有可能的满足式（4-118）的不确定性，统一框架的局部和按矩阵加权融合鲁棒 Kalman 信号估值器有如下矩阵或矩阵迹值不等式关系

$$\bar{P}_f^s(N) \leqslant P_f^s(N) \leqslant P_i^s(N), \quad i = 1, \cdots, L; \ N \geqslant -1 \tag{4-197}$$

$$\mathrm{tr}\bar{P}_f^s(N) \leqslant \mathrm{tr}P_f^s(N) \leqslant \mathrm{tr}P_i^s(N), \quad i = 1, \cdots, L; \ N \geqslant -1 \tag{4-198}$$

证明 定理 4-7 的结论式（4-175）证明了式（4-197）的第一个不等式。由 $\hat{x}_1(t \mid t+N), \cdots, \hat{x}_L(t \mid t+N)$ 加权且满足无偏线性约束的线性流形 L_m 及由局部估值 $\hat{x}_i(t \mid t+N)(i=1,\cdots,L)$ 生成的线性流形 L_i 有包含关系 $L_m \supset L_i$，保守按矩阵加权融合器是无偏线性最小方差估值器，这引出精度关系式（4-197）的第二个不等式。对式（4-197）两端取矩阵迹运算，引出式（4-198），证毕。

4.3.7 仿真与实验结果分析

考虑带不确定噪声方差和丢失观测的三传感器双通道 ARMA 信号系统式（4-115）～式（4-117），其中 $s(t) = [s_1(t), s_2(t)]^T$ 是待估信号。问题是设计带混合不确定性的 ARMA 信号加权融合鲁棒一步平滑器 $\hat{s}_f(t \mid t+1)$。仿真选取参数如下：

$$\begin{cases} Q = I_2, \bar{Q} = 0.85 I_2 \\ R_1 = I_2, R_2 = 16 I_2, R_3 = 9 I_2, \bar{R}_1 = 0.74 R_1, \bar{R}_2 = 0.46 R_2, \bar{R}_3 = 0.83 R_3 \\ \gamma_1 = 0.6, \gamma_2 = 0.789, \gamma_3 = 0.96, n = 4, m = 2 \end{cases} \tag{4-199}$$

$$C_1 = \mathrm{diag}(1.5, 0.1), C_2 = \begin{bmatrix} -0.2 & 0 \\ 0.16 & 0.5 \end{bmatrix}, A_1 = \begin{bmatrix} -0.8 & 0.1 \\ -2 & -0.8 \end{bmatrix}, A_2 = \begin{bmatrix} 0.1 & -0.05 \\ 0 & -0.5 \end{bmatrix} \tag{4-200}$$

图 4-4 给出了鲁棒局部和加权融合 Kalman 信号平滑器的协方差椭圆的比较。由图 4-4

可见，$\overline{P}_i^s(1)$ 的协方差椭圆被包含在对应的 $P_i^s(1)$ 的协方差椭圆内，$P_f^s(1)$ 的协方差椭圆被包含在每个 $P_i^s(1)$ 的协方差椭圆内，即被包含在 $P_i^s(1), i=1,2,3$ 所对应的椭圆的交叉区域内。图 4-4 验证了式（4-197）。

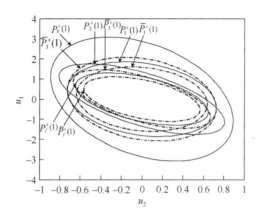

图 4-4　鲁棒局部和加权融合 Kalman 信号平滑器的协方差椭圆的比较

表 4-2　鲁棒局部和加权融合 Kalman 信号平滑器实际和鲁棒精度比较

$\mathrm{tr}P_1^s(1)$	$\mathrm{tr}P_2^s(1)$	$\mathrm{tr}P_3^s(1)$	$\mathrm{tr}P_f^s(1)$
3.3026	21.9201	9.7554	2.6374
$\mathrm{tr}\overline{P}_1^s(1)$	$\mathrm{tr}\overline{P}_2^s(1)$	$\mathrm{tr}\overline{P}_3^s(1)$	$\mathrm{tr}\overline{P}_f^s(1)$
2.4972	11.7122	8.1247	2.0340

表 4-2 给出了鲁棒局部和加权融合 Kalman 平滑器的鲁棒和实际精度比较。由表 4-2 可见，加权融合 Kalman 信号一步平滑器的实际精度高于其鲁棒精度，且融合信号一步平滑器的鲁棒精度高于任一局部信号一步平滑器的鲁棒精度。表 4-2 验证了式（4-198）。

任意选取三组满足式（4-118）的实际噪声方差 $\left(\overline{Q}^{(l)}, \overline{R}_1^{(l)}, \overline{R}_2^{(l)}, \overline{R}_3^{(l)}\right), l=1,2,3$，图 4-5 给出了相应的实际融合平滑误差曲线和 ± 3 倍鲁棒和实际标准差界 $\pm 3\overline{\sigma}_1^{(l)}$ 和 $\pm 3\sigma_1$，其中 $\overline{\sigma}_1^{(l)}$ 是取第 l 组实际噪声方差时对应的实际融合一步平滑误差方差 $\overline{P}_f^s(1)$ 的第 $(1,1)$ 个元素经开方运算得到的，而 σ_1 是鲁棒融合一步平滑误差方差 $P_f^s(1)$ 的第 $(1,1)$ 个元素经开方运算得到的。图 4-5 中实线表示实际融合平滑误差曲线 $s(t)-\hat{s}_f(t\mid t+1)$，虚线和短划线分别表示 ± 3 倍实际和鲁棒标准差界。由图 4-5 可见，超过 99% 的误差曲线位于 ± 3 倍实际标准差界 $\pm 3\overline{\sigma}_1^{(l)}$ 内，且位于 ± 3 倍鲁棒标准差界内，有 $\overline{\sigma}_1^{(l)} \leqslant \sigma_1^{(l)}, l=1,2,3$。图 4-5 验证了所提出的加权融合信号平滑器的鲁棒性和 $\overline{\sigma}_1^{(l)}$ 正确性。

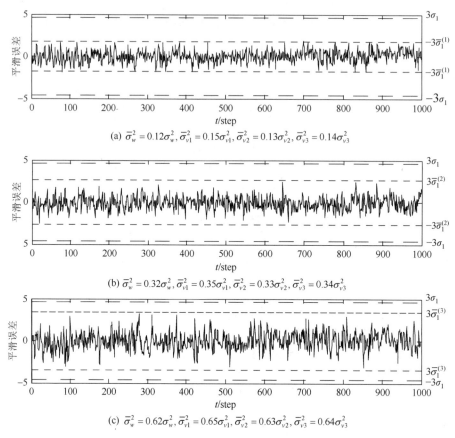

(a) $\bar{\sigma}_w^2 = 0.12\sigma_w^2, \bar{\sigma}_{v1}^2 = 0.15\sigma_{v1}^2, \bar{\sigma}_{v2}^2 = 0.13\sigma_{v2}^2, \bar{\sigma}_{v3}^2 = 0.14\sigma_{v3}^2$

(b) $\bar{\sigma}_w^2 = 0.32\sigma_w^2, \bar{\sigma}_{v1}^2 = 0.35\sigma_{v1}^2, \bar{\sigma}_{v2}^2 = 0.33\sigma_{v2}^2, \bar{\sigma}_{v3}^2 = 0.34\sigma_{v3}^2$

(c) $\bar{\sigma}_w^2 = 0.62\sigma_w^2, \bar{\sigma}_{v1}^2 = 0.65\sigma_{v1}^2, \bar{\sigma}_{v2}^2 = 0.63\sigma_{v2}^2, \bar{\sigma}_{v3}^2 = 0.64\sigma_{v3}^2$

图 4-5　实际融合平滑误差 $s(t) - \hat{s}_f(t\,|\,t+1)$ 的第一分量曲线和 ±3 倍鲁棒和实际标准差界

4.4　带混合不确定性的 ARMA 信号鲁棒加权融合 Kalman 估值器

　　本节研究了包含混合不确定性多传感器单通道 ARMA 信号系统的鲁棒加权融合估计问题，其中混合不确定性包括随机参数不确定性、丢失观测和不确定噪声方差。随机参数不确定性是指参数中包含随机扰动。我们也称随机参数扰动为乘性噪声。在系统状态空间模型中，相加到含有状态项的噪声称为加性噪声，可分为过程噪声和观测噪声，而与状态相乘的噪声称为状态相依乘性噪声，与噪声相乘的噪声称为噪声相依乘性噪声。本节中的不确定噪声方差同时包含不确定加性噪声方差和不确定乘性噪声方差。利用状态空间法将原系统转化为等价的状态空间模型，其中信号是状态的分量；进而利用第 3 章 3.3 节的理论方法，通过引入两个虚拟噪声，将原始系统转化为具有确定性参数和不确定噪声方差的系统。基于极大鲁棒估计原理，设计了统一的框架下的 ARMA 信号鲁棒加权融合估值器，并基于 Lyapunov 方程方法证明鲁棒性和精度关系。

4.4.1　问题的提出

　　考虑带不确定乘性和加性噪声方差及随机丢失观测的多传感器单通道 ARMA 信号

$$A_t(q^{-1})s(t) = C_t(q^{-1})w(t) \tag{4-201}$$

$$y_i(t) = \gamma_i(t)s(t) + v_i(t), \quad i = 1, \cdots, L \tag{4-202}$$

其中

$$\begin{cases} A(q^{-1}) = 1 + a_1(t-1)q^{-1} + \cdots + a_{n_a}(t-n_a)q^{-n_a} \\ C(q^{-1}) = c_1(t-1)q^{-1} + \cdots + c_{n_c}(t-n_a)q^{-n_c}, n_a \geqslant n_c \end{cases} \tag{4-203}$$

$$a_k(t) = a_k + \xi_k(t), \quad c_p(t) = c_p + \eta_p(t) \tag{4-204}$$

$A(q^{-1})$ 和 $C(q^{-1})$ 是由式（4-203）和式（4-204）给出的包含随机扰动的参数多项式；随机参数 $a_k(t)(k=1,\cdots,n_a)$ 和 $c_p(t)(p=1,\cdots,n_c)$ 分别有均值 a_k、c_p 和随机扰动 $\xi_k(t)$、$\eta_p(t)$；$s(t) \in R^1$ 为单通道待估信号；$y_i(t) \in R^1$ 表示第 i 个子系统的观测；$w(t) \in R^1$ 和 $v_i(t) \in R^1$ 分别为过程噪声和第 i 个子系统的观测噪声；L 为传感器个数；$n_a \geqslant n_c, a_0 = 1, c_0 = 0$；$\gamma_i(t), i = 1, \cdots, L$ 为服从 Bernoulli 分布的随机序列，与 $w(t)$、$v_i(t)$ 互不相关，用来描述随机丢失观测，其概率分布满足

$$\begin{aligned} &\mathrm{Prob}(\gamma_i(t) = 1) = \lambda_i, \quad 0 \leqslant \lambda_i \leqslant 1 \\ &\mathrm{Prob}(\gamma_i(t) = 0) = 1 - \lambda_i, \quad i = 1, \cdots, L \end{aligned} \tag{4-205}$$

假设 4-7　$w(t)$ 和 $v_i(t)$ 的未知不确定实际噪声方差分别为 $\bar{Q}$ 和 $\bar{R}_i$，它们的已知保守上界分别为 Q 和 R_i，即

$$\bar{Q} \leqslant Q, \quad \bar{R}_i \leqslant R_i \tag{4-206}$$

定义不确定加性噪声方差扰动分别为 $\Delta Q = Q - \bar{Q}$ 和 $\Delta R_i = R_i - \bar{R}_i$，则

$$\Delta Q \geqslant 0, \quad \Delta R_i \geqslant 0 \tag{4-207}$$

假设 4-8　扰动噪声 $\xi_k(t)$ 和 $\eta_p(t)$ 的未知实际方差各为 $\bar{\sigma}_{\xi k}^2$ 和 $\bar{\sigma}_{\eta p}^2$，相应的已知保守上界各为 $\sigma_{\xi k}^2$ 和 $\sigma_{\eta p}^2$，即满足 $\bar{\sigma}_{\xi k}^2 \leqslant \sigma_{\xi k}^2$ 和 $\bar{\sigma}_{\eta p}^2 \leqslant \sigma_{\eta p}^2$。

令不确定噪声方差扰动各为 $\Delta\sigma_{\xi k}^2 = \sigma_{\xi k}^2 - \bar{\sigma}_{\xi k}^2$ 和 $\Delta\sigma_{\eta p}^2 = \sigma_{\eta p}^2 - \bar{\sigma}_{\eta p}^2$，则有

$$\Delta\sigma_{\xi k}^2 \geqslant 0, \quad \Delta\sigma_{\eta p}^2 \geqslant 0 \tag{4-208}$$

假设 4-9　$\xi_k(t), \eta_p(t)$ 和 $w(t), v_i(t)$ 均为零均值互不相关白噪声，即满足

$$E\left\{ \begin{bmatrix} w(t) \\ v_i(t) \\ \xi_i(t) \\ \eta_i(t) \end{bmatrix} \begin{bmatrix} w(l) \\ v_i(l) \\ \xi_k(l) \\ \eta_q(l) \end{bmatrix}^{\mathrm{T}} \right\} = \begin{bmatrix} \bar{Q}\delta_{tl} & 0 & 0 & 0 \\ 0 & \bar{R}_i\delta_{ij}\delta_{tl} & 0 & 0 \\ 0 & 0 & \bar{\sigma}_{\delta k}^2\delta_{ik}\delta_{tl} & 0 \\ 0 & 0 & 0 & \bar{\sigma}_{\eta p}^2\delta_{iq}\delta_{tl} \end{bmatrix} \tag{4-209}$$

问题是对带混合不确定性的多传感器 ARMA 信号式（4-201）和式（4-202）设计鲁

棒加权融合 Kalman 信号估值器 $\hat{s}_f(t\,|\,t+N)$。当 N 取值为 $N=-1,N=0,N>0$ 时，$\hat{s}_f(t\,|\,t+N)$ 分别表示加权融合信号预报器、滤波器和平滑器。它应具有如下鲁棒性，即对于满足式（4-207）和式（4-208）的所有容许实际噪声方差，实际融合估值误差方差保证有最小上界。

4.4.2　模型转换

由状态空间方法可得系统式（4-201）～式（4-204）有等价的状态空间模型[5]

$$x(t+1)=\left[\Phi+\sum_{k=1}^{n_a}\xi_k(t)\Phi_k\right]x(t)+\left[\Gamma+\sum_{p=1}^{n_c}\eta_p(t)\Gamma_p\right]w(t) \qquad (4\text{-}210)$$

$$y_i(t)=\gamma_i(t)s(t)+v_i(t),\quad i=1,\cdots,L \qquad (4\text{-}211)$$

$$s(t)=Hx(t) \qquad (4\text{-}212)$$

其中，参数扰动 $\xi_k(t)$ 为状态相依乘性噪声；$\eta_p(t)$ 为噪声相依乘性噪声，

$$\Phi=\begin{bmatrix} -a_1 & 1 & \cdots & 0 \\ -a_2 & 0 & \cdots & 0 \\ \vdots & & 0 & \cdots & 1 \\ -a_{n_a} & 0 & \cdots & 0 \end{bmatrix},\Phi_1=\begin{bmatrix} -1 & 0 & \cdots & 0 \\ 0 & 0 & \cdots & 0 \\ \vdots & & 0 & & \\ 0 & 0 & \cdots & 0 \end{bmatrix},\Phi_k=\begin{bmatrix} 0 & 0 & \cdots & 0 \\ \vdots & & 0 & & \\ 1 & 0 & \cdots & 0 \\ 0 & 0 & \cdots & 0 \end{bmatrix},$$

$$\Gamma=\begin{bmatrix} c_1 \\ \vdots \\ c_{n_c} \\ 0 \end{bmatrix},\Gamma_1=\begin{bmatrix} 1 \\ \vdots \\ 0 \\ 0 \end{bmatrix}\Gamma_p=\begin{bmatrix} 0 \\ \vdots \\ 1 \\ 0 \end{bmatrix},H=\begin{bmatrix} 1 & 0\cdots0 \end{bmatrix}$$

其中，Φ_k 的第 $(k,1)$ 元素为 1，其余均为 0。Γ_p 的第 $(p,1)$ 元素为 1，其余为 0。

由 $E\big[\gamma_i(t)\big]=\lambda_i$，可将原观测方程（4-211）改写为

$$y_i(t)=\big\{\lambda_iH+\big[\gamma_i(t)-\lambda_i\big]H\big\}x(t)+v_i(t),\quad i=1,\cdots,L \qquad (4\text{-}213)$$

令 $H_i=\lambda_iH$，$H_{11}=H_{21}=H_{31}=H$，$n_{\beta i}=1$，$\beta_{i1}(t)=\gamma_i(t)-\lambda_i$，则可将观测方程（4-213）重新写为

$$y_i(t)=\big[H_i+\beta_{i1}(t)H_{i1}\big]x(t)+v_i(t),\quad i=1,\cdots,L \qquad (4\text{-}214)$$

由 $\beta_{i1}(t)=\gamma_i(t)-\lambda_i$ 及 $E(\gamma_i(t))=\lambda_i$ 可引出 $\sigma_{\beta i}^2=E\big\{\big[\gamma_i(t)-\lambda_i\big]^2\big\}=\lambda_i(1-\lambda_i)$，$\sigma_{\beta i}^2=E\big[\beta_i(t)\big]=0$，则可得乘性噪声 $\beta_{i1}(t)$ 有零均值和方差为

$$\sigma_{\beta_{i1}}^2=\lambda_i\big(1-\lambda_i\big) \qquad (4\text{-}215)$$

注 4-2　由丢失观测率的定义可知，丢失观测率满足 $\lambda_i\in[0,1]$，由式（4-215）易知在丢失观测率 λ_i 已知的情况下，观测方程中的乘性噪声 $\beta_{i1}(t)=\gamma_i(t)-\lambda_i$ 的方差可通过式（4-215）

计算得出。因此，本节为第 3 章 3.3 节理论结果在 ARMA 信号系统中应用的一个特例，即状态相依乘性噪声和噪声相依乘性噪声的方差是不确定的，但已知其保守上界，而观测方程中所包含的乘性噪声的方差为已知，可计算出来的。

至此，带随机参数、不确定方差乘性和加性噪声及丢失观测的 ARMA 信号系统式（4-201）～式（4-204）的鲁棒融合估计问题可转换为对等价的状态空间模型式（4-210）～式（4-212）的状态估计问题，其中信号是状态的分量，可进一步化为系统式（4-210）、式（4-214）和式（4-212），进而可利用第 3 章 3.3 节所提理论方法解决。

4.4.3　ARMA 信号鲁棒局部估值器

对带保守上界的最坏情形系统式（4-201）～式（4-204），在假设 4-7～假设 4-9 下，对所有可能的满足式（4-207）和式（4-208）不确定实际噪声方差，有实际局部 ARMA 信号估值器（预报器、滤波器和平滑器）

$$\hat{s}_i(t\,|\,t+N) = H\hat{x}(t\,|\,t+N), \quad N \geqslant -1 \qquad (4\text{-}216)$$

其中，$\hat{x}_i(t\,|\,t+N)$ 由第 3 章 3.3 节的实际局部 Kalman 预报器式（3-111）与实际局部 Kalman 滤波器和平滑器式（3-121）。

由式（4-212）减式（4-216），可得 $\tilde{s}_i(t+1\,|\,t) = H\tilde{x}(t+1\,|\,t)$，则保守和实际局部 ARMA 信号估值误差方差和互协方差分别为

$$P_{sij}(N) = HP_{ij}(N)H^{\mathrm{T}}, \quad N \geqslant -1 \qquad (4\text{-}217)$$

$$\bar{P}_{sij}(N) = H\bar{P}_{ij}(N)H^{\mathrm{T}}, \quad N \geqslant -1 \qquad (4\text{-}218)$$

其中，$P_{ij}(-1) = \Sigma_{ij}$ 和 $\bar{P}_{ij}(-1) = \bar{\Sigma}_{ij}$ 分别由 3.3 节中的式（3-119）和式（3-120）给出；$P_{ij}(N)$（$N \geqslant 0$）和 $\bar{P}_{ij}(N)$（$N \geqslant 0$）分别由 3.3 节式（3-133）和式（3-134）给出。

由第 3 章定理 3-4 和定理 3-5 易知，对带保守上界的最坏情形系统式（4-201）～式（4-204），在假设 4-7～假设 4-9 下，实际局部 ARMA 信号估值器式（4-216）是鲁棒的，即对所有容许的满足式（4-207）和式（4-208）的实际噪声方差，相应的实际局部估值误差方差被保证有最小上界，即

$$P_{si}(N) \geqslant \bar{P}_{si}(N), \quad N \geqslant -1 \qquad (4\text{-}219)$$

称实际局部 ARMA 信号估值器为鲁棒局部 ARMA 信号估值器。

4.4.4　ARMA 信号按标量加权融合鲁棒估值器

基于按标量加权准则，由局部鲁棒 Kalman 信号估值器式（4-216）可得统一框架下的按标量加权融合鲁棒 Kalman 信号估值器

$$\hat{s}(t\,|\,t+N) = \sum_{i=1}^{L} \omega_i(N)\hat{s}_i(t\,|\,t+N), \quad N \geqslant -1 \qquad (4\text{-}220)$$

其中，$\hat{s}_i(t|t+N)$ 为由式（4-216）给出的鲁棒信号估值器（预报器、滤波器和平滑器）；下标 i 表示按标量加权融合。$\Omega(N)=\left[\omega_i(N)\cdots\omega_L(N)\right]=\left[e^{\mathrm{T}}P_s^{-1}(N)e\right]^{-1}e^{\mathrm{T}}P_s^{-1}(N)$，$P_s(N)=\left[P_{sij}(N)\right]_{L\times L}$，$e=[1\cdots1]^{\mathrm{T}}$，则按标量加权融合保守和实际融合误差方差阵为

$$P_{fs}(N)=\sum_{i=1}^{L}\sum_{j=1}^{L}\omega_i(N)\omega_j(N)P_{sij}(N)=\Omega(N)P_s(N)\Omega^{\mathrm{T}}(N) \tag{4-221}$$

$$\bar{P}_{fs}(N)=\sum_{i=1}^{L}\sum_{j=1}^{L}\omega_i(N)\omega_j(N)\bar{P}_{sij}(N)=\Omega(N)\bar{P}_s(N)\Omega^{\mathrm{T}}(N) \tag{4-222}$$

其中，$\bar{P}_s(N)=\left[\bar{P}_{sij}(N)\right]_{L\times L}$，$\bar{P}_s(-1)=\left[\bar{\Sigma}_{sij}\right]_{L\times L}$，$P_s(-1)=\left[\Sigma_{sij}\right]_{L\times L}$。

类似于第 3 章定理 3-6，容易证明按标量加权融合 Kalman 信号估值器式（4-220）是鲁棒的，即实际局部估值误差方差 $\bar{P}_{fs}(N)$ 有最小上界 $P_{fs}(N)$：

$$\bar{P}_{fs}(N)\leqslant P_{fs}(N) \tag{4-223}$$

4.4.5　精度分析

易证，按标量加权融合鲁棒 Kalman 局部和融合估值器存在如下矩阵不等式精度关系：

$$\bar{P}_{fs}(N)\leqslant P_{fs}(N),\quad N\geqslant-1 \tag{4-224}$$

$$P_{fs}(N)\leqslant P_{si}(N),\quad N\geqslant-1;\ i=1,\cdots,L \tag{4-225}$$

$$P_{si}(N)\leqslant P_{si}(0)\leqslant\Sigma_{si},\quad N\geqslant1;\ i=1,\cdots,L \tag{4-226}$$

4.4.6　仿真实验与结果分析

考虑带丢失观测、随机参数和不确定噪声方差的三传感器单通道 ARMA 信号系统典范模型

$$A_t(q^{-1})s(t)=C_t(q^{-1})w(t) \tag{4-227}$$

$$y_i(t)=\gamma_i(t)s(t)+v_i(t),\quad i=1\cdots L \tag{4-228}$$

其中

$$A_t(q^{-1})=1+a_1(t-1)q^{-1}+a_2(t-2)q^{-2},\quad C_t(q^{-1})=c_1(t-1)q^{-1} \tag{4-229}$$

$$a_1(t)=a_1+\xi_1(t),a_2(t)=a_2+\xi_2(t),c_1(t)=c_1+\eta_1(t) \tag{4-230}$$

$a_k(t),(k=1,2)$ 和 $c_1(t)$ 分别有均值 a_k 和 c_1 及随机扰动 $\xi_k(t)$ 和 $\eta_1(t)$。随机扰动 $\xi_k(t)$ 和 $\eta_1(t)$ 的未知实际方差分别为 $\bar{\sigma}_{\xi k}^2$、$\bar{\sigma}_{\eta1}^2$，相应的已知保守上界各为 $\sigma_{\xi k}^2$、$\sigma_{\eta1}^2$。$w(t)$ 和 $v_i(t)$ 的未知实际噪声方差分别为 $\bar{\sigma}_w^2$ 和 $\bar{\sigma}_{vi}^2$，相应的已知保守上界各别为 σ_w^2 和 σ_{vi}^2。系统式（4-227）和式（4-228）有等价的状态空间模型[5]

$$\begin{cases} x(t+1) = \begin{bmatrix} -a_1(t) & 1 \\ -a_2(t) & 0 \end{bmatrix} x(t) + \begin{bmatrix} c_1(t) \\ 0 \end{bmatrix} w(t) \\ s(t) = \begin{bmatrix} 1 & 0 \end{bmatrix} x(t), \quad c_j(t) = 0, \ j > n_c \\ y_i(t) = \gamma_i(t)s(t) + v_i(t), \quad i = 1,2,3 \end{cases} \quad (4\text{-}231)$$

将式（4-229）和式（4-230）代入式（4-231），可得带确定参数和乘性噪声的状态方程

$$\begin{cases} x(t+1) = \begin{bmatrix} -a_1 & 1 \\ -a_2 & 0 \end{bmatrix} x(t) + \begin{bmatrix} -\xi_1(t) & 1 \\ -\xi_2(t) & 0 \end{bmatrix} x(t) \\ \qquad\qquad + \begin{bmatrix} c_1 \\ 0 \end{bmatrix} w(t) + \begin{bmatrix} \eta_1(t) \\ 0 \end{bmatrix} w(t) \\ s(t) = \begin{bmatrix} 1 & 0 \end{bmatrix} x(t) \end{cases} \quad (4\text{-}232)$$

其中，令

$$\begin{cases} \Phi = \begin{bmatrix} -a_1 & 1 \\ -a_2 & 0 \end{bmatrix}, \Phi_1 = \begin{bmatrix} -1 & 0 \\ 0 & 0 \end{bmatrix}, \Phi_2 = \begin{bmatrix} 0 & 0 \\ -1 & 0 \end{bmatrix} \\ H = \begin{bmatrix} 1 & 0 \end{bmatrix}, \Gamma = \begin{bmatrix} c_1 & 0 \end{bmatrix}^{\mathrm{T}} \Gamma_1 = \begin{bmatrix} 1 & 0 \end{bmatrix}^{\mathrm{T}}, L = 3, k = 2, p = 1 \end{cases} \quad (4\text{-}233)$$

则式（4-231）可化为形如式（3-87）、式（4-214）和式（4-212）的状态空间模型，仿真中取

$$\begin{cases} \sigma_w^2 = 4, \bar{\sigma}_w^2 = 0.8\sigma_w^2, \sigma_{v1}^2 = 1, \sigma_{v2}^2 = 4, \sigma_{v3}^2 = 16, \bar{\sigma}_{v1}^2 = 0.8\sigma_{v1}^2, \\ \bar{\sigma}_{v2}^2 = 0.8\sigma_{v2}^2, \bar{\sigma}_{v3}^2 = 0.8\sigma_{v3}^2, a_1 = -0.77, a_2 = -0.0780, c_1 = 0.8, \\ \sigma_{\xi1}^2 = 0.021, \bar{\sigma}_{\xi1}^2 = 0.01, \sigma_{\xi2}^2 = 0.014, \bar{\sigma}_{\xi1}^2 = 0.01, \sigma_{\eta1}^2 = 0.021, \\ \bar{\sigma}_{\eta1}^2 = 0.0145, \gamma_1 = 0.8, \gamma_2 = 0.82, \gamma_3 = 0.73 \end{cases} \quad (4\text{-}234)$$

问题是设计鲁棒加权融合信号估值器 $\hat{s}_f(t|t+N), N = -1, 0, 2$。

表 4-3 给出了 $\bar{P}_{fs}(N)(N = -1, 0, 2)$ 及其最小上界。由表 4-3 可知，估值器的实际精度高于其鲁棒精度。$\hat{s}_f(t|t+2)$ 的鲁棒精度高于 $\hat{s}_f(t|t)$，而 $\hat{s}_f(t|t)$ 的鲁棒精度高于 $\hat{s}_f(t|t-1)$。表 4-3 验证了加权融合 ARMA 信号估值器的鲁棒性。

表 4-3　加权融合 ARMA 信号估值器的鲁棒和实际精度比较

Σ_{fs}	$P_{fs}(0)$	$P_{fs}(2)$	$\bar{\Sigma}_{fs}$	$\bar{P}_{fs}(0)$	$\bar{P}_{fs}(2)$
3.2378	2.7020	2.4908	3.0395	2.4223	2.2509

图 4-6（a）～（b）给出了实际 ARMA 信号 $s(t)$ 和鲁棒加权融合估值器（预报器、滤波器和平滑器）$\hat{s}_f(t|t+N)(N = -1, 0, 2)$ 的仿真结果，其中实线表示实际信号，虚线分别表示相应的估值器（预报器、滤波器、平滑器）。由图 4-6 可见，所提鲁棒融合信号估值器

$\hat{s}_f(t|t+N)(N=-1,0,2)$ 对实际信号跟踪良好，平滑器的估计精度高于滤波器，而滤波器的估计精度高于预报器。

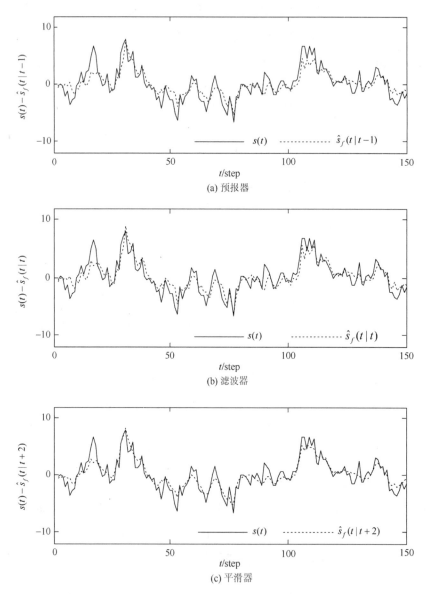

图 4-6　实际 ARMA 信号 $s(t)$ 和鲁棒加权融合估值器 $s_f(t|t+N),N=-1,0,2$ 的仿真结果

　　图 4-7 给出鲁棒加权融合信号估值器 $\hat{s}_f(t|t+N)(N=-1,0,2)$ 的累积估计误差平方曲线，其中虚线、点划线和实线分别表示融合预报器/滤波器/平滑器的累积估计误差平方曲线。由图 4-7 可见，融合信号平滑器 $\hat{s}_f(t|t+2)$ 的估计精度高于融合信号滤波器 $\hat{s}_f(t|t)$，而融合信号滤波器 $\hat{s}_f(t|t)$ 的估计精度高于融合信号预报器 $\hat{s}_f(t|t-1)$。

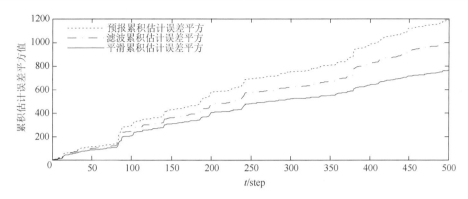

图 4-7　鲁棒加权融合信号估值器 $\hat{s}_f(t|t+N)(N=-1,0,2)$ 的累积估计误差平方曲线

图 4-8（a）～（c）分别给出了 $k=1,2,3$ 时相应的信号融合预报误差曲线及其 ±3 倍鲁棒和实际标准差界，其中实线表示实际融合预报误差曲线，虚线和点划线分别代表 ±3 倍实际和鲁棒标准差界 $\pm3\bar{\sigma}^{(k)}$ 和 $\pm3\sigma$。对于任意选取三组满足假设 1 和假设 2 的实际噪声方差，$\left[\bar{Q}^{(k)},\bar{R}_1^{(k)},\bar{R}_2^{(k)},\bar{R}_3^{(k)},\bar{R}_4^{(k)}\right]=(qQ,qR_1,qR_2,qR_3qR_4)$，$k=1,2,3$ 时分别取 $q=0.2,0.4,0.8$。由注 3-2 可知，图 4-8 中鲁棒和实际标准差 σ 和 $\bar{\sigma}^{(k)}$ 可由实际融合估值方差及其最小上界 $P_{fs}(-1)$ 和 $\bar{P}_{fs}(-1)$ 开方计算得到。

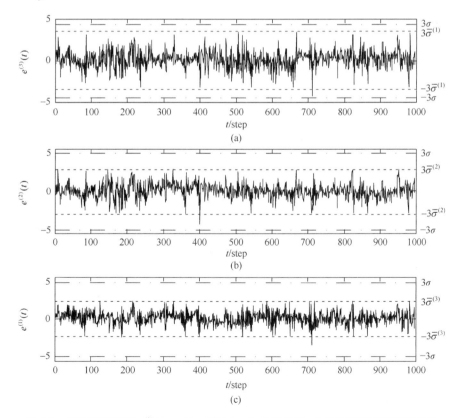

图 4-8　实际预报误差 $e^{(k)}(t)=s(t)-\hat{s}_f^{(k)}(t|t-1)$ 曲线及其 ±3 倍鲁棒和实际标准差界

由图 4-8 可见，随着实际噪声方差的增大，实际误差曲线的值也逐渐增大，同时 $\pm 3\bar{\sigma}^{(k)}$ 界随着实际噪声方差的增大而增大，$\pm 3\sigma$ 界保持不变，即与实际噪声方差无关；实际误差曲线值逐渐增大，但始终在 $\pm 3\bar{\sigma}^{(k)}$ 界以内，且位于 $\pm 3\sigma$ 界内。图 4-8 验证了带混合不确定性的 ARMA 信号加权融合估值器的鲁棒性。

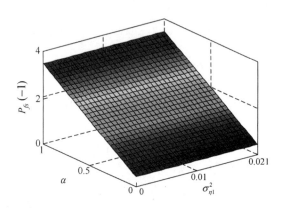

图 4-9　鲁棒精度 $P_{fs}(-1)$ 随乘性噪声方差最小上界 $\sigma_{\xi 1}^2$、$\sigma_{\xi 2}^2$、$\sigma_{\eta 1}^2$ 的变化

为了说明乘性噪声对融合估计精度的影响，图 4-9 给出了乘性噪声方差最小上界 $\sigma_{\xi 1}^2$、$\sigma_{\xi 2}^2$、$\sigma_{\eta 1}^2$ 与融合估值误差方差最小上界 $P_{fs}(2)$ 之间的关系图，其中 $\sigma_{\xi 1}^2$、$\sigma_{\xi 2}^2$ 分别由零变化到 0.021 和 0.014，且满足 $(\sigma_{\xi 1}^2, \sigma_{\xi 2}^2) = \alpha [0.021 \quad 0.014], \alpha \in (0,1)$，$a$ 为标量系数，$\sigma_{\eta 1}^2$ 由零变化到 0.021。$P_{fs}(-1)$ 也逐渐增大到 3.2378。由图 4-9 可见，融合估值误差方差最小上界 $P_{fs}(2)$ 随着乘性噪声方差最小上界 $\sigma_{\xi 1}^2$、$\sigma_{\xi 2}^2$、$\sigma_{\eta 1}^2$ 的增大而增大，这说明估值器的鲁棒精度随乘性噪声方差的最小上界增大而降低。

4.5　本 章 小 结

本章主要研究带混合不确定性单通道和多通道 ARMA 信号鲁棒融合估计问题，其中混合不确定性包括不确定噪声方差和随机丢失观测（和随机参数）。利用状态空间法和虚拟噪声方法将带混合不确定性的 ARMA 信号加权融合估计问题转化为相应的仅带噪声方差不确定性的系统加权状态融合鲁棒估计问题，其中信号是状态的一个或多个分量。用基于 Lyapunov 方程方法的极大极小鲁棒 Kalman 滤波方法，分别提出 ARMA 信号加权观测融合、按矩阵加权融合和按标量加权融合鲁棒估值器，并证明了鲁棒性和精度关系。

参 考 文 献

[1]　邓自立. 信息融合滤波理论及其应用[M]. 哈尔滨：哈尔滨工业大学出版社，2007.

[2]　Zhang H S，Zhang D，Xie L H，et al. Robust filtering under stochastic parametric uncertainties[J]. Automatica，2004，40（9）：1583-1589.

[3]　Chen Y L，Chen B S. Minimax robust deconvolution filters under stochastic parametric and noise uncertainties[J]. IEEE Transactions on Signal Processing，1994，42（1）：32-45.

[4]　Yang Z B，Yang C S，Deng Z L. Robust weighted measurement fusion steady-state Kalman estimators for ARMA signals with uncertain noise variances and missing measurements[C]. Yinchuan：Chinese Control and Decision Conference，IEEE，2016：3929-3935.

[5]　Cadzow J A，Martens H R，Barkelew C H. Discrete-time and computer control systems[M]. Upper Saddle Kiver：Prentice-Hall，1970：197-198.

[6]　Sun X J，Gao Y，Deng Z L，et al.Multi-model information fusion Kalman filtering and white noise deconvolution[J]. Information Fusion，2010，11（2）：163-173.

第5章 基于确定性采样卡尔曼滤波的被动跟踪算法

5.1 引 言

机载无源定位跟踪系统，虽然具有设备简单、隐蔽性强、作用距离远等优点，但万事都具有两面性，它也存在许多处理起来比较棘手的问题。首先，机载平台能够获得的信息量有限，而且实际应用过程中机体的姿态变化以及不确定的环境因素造成对各观测变量的测量精度较低，无法得到较为精确的初始估计值，而且不能直接通过合作信号进行测距，定位跟踪的难度比较大；其次，受系统可观测性弱的限制，在一些条件下不能完成定位跟踪；最后，系统的观测方程存在严重非线性，与线性条件下的滤波算法相比，非线性滤波要复杂得多，而且一般很难得到最优估计。这些因素很容易导致机载无源定位与跟踪算法收敛速度慢、收敛精度不高和算法不稳定甚至发散的现象产生。因此，探求适合于具体无源定位系统特点、高实时性、高精度、高稳定度的定位跟踪算法一直是无源定位研究领域的重要内容，这对于缓解机载系统对观测变量测量误差大的压力和提高定位跟踪性能具有重要的研究价值，是无源定位的关键技术。

通过第 2 章的分析可知，机载无源定位的本质就是非线性滤波问题，因此需要采用非线性滤波算法进行处理，由于最优估计的计算量巨大，所以难于应用。因此实际应用中大多采用次优算法，最传统的方法莫过于最大似然估计算法（MLE）、修正辅助变量估计算法（MIV）和伪线性估计算法（PLE）[1]。但是文献[2]研究发现 MLE 和 MIV 在迭代过程中，初始状态估计和迭代策略对其性能的影响很大，很容易陷入局部最优或者发散的境地，而 PLE 在存在噪声影响的条件下被证明其估计是有偏的[3]。另外一类非线性滤波算法就是基于贝叶斯原理的递推估计算法，最常见的就是 EKF 及其衍生算法，如旋转协方差扩展卡尔曼滤波算法（RVEKF）、修正增益扩展卡尔曼滤波算法（MGEKF）、修正协方差扩展卡尔曼滤波算法（MVEKF）和修正极坐标系下扩展卡尔曼滤波算法（MPCEKF），他们本质上都是高斯解析近似算法，即通过在当前状态进行泰勒展开来对非线性方程进行近似处理，近似精度常常为 1 阶或者 2 阶，在每次时间更新和量测更新的操作中都需要重新推导雅可比矩阵，但对于非线性较为严重的系统来说，这样的操作很容易出现近似精度低、误差协方差矩阵产生畸变，滤波不稳定等问题。虽然 EKF 的衍生算法在特定的场合下表现出了较优异的性能，但是它们均不具备通用性，RVEKF 需要特定的旋转变换矩阵、MGEKF 需要观测方程可修正、MVEKF 本质上相当于 IEKF、MPCEKF 需要在精心设计的修正极坐标系下且只对 BOT 问题有较好的滤波效果。文献[4]经研究发现在使用径向运动信息定位技术时，MPCEKF 的滤波性能反而下降很多。

最近几年，对一种新型的确定性采样类卡尔曼滤波算法的研究逐渐兴起，它们就是

Julier 和 Uhlmann 提出的 UKF 算法、Nørgarrd 和 Ito 提出的 CDKF 算法及 Arasaratnam 和 Haykin 提出的 QKF 算法，它们分别采用 UT 变换、中心差分变换和求积分等方法选定一组确定性带权重的采样点，利用非线性变换后的带权值的采样点去逼近状态变量的后验分布，这样就避开了对模型的线性化近似操作和复杂的雅可比矩阵的推导。在高斯噪声条件下，这些方法对任意非线性系统的近似精度都可以达到 3 阶，滤波性能较 EKF 及其衍生算法有较大的提升，随着研究的深入，它们正逐步代替 EKF 成为非线性滤波领域的主流算法。

本章在传统确定性采样卡尔曼滤波算法的基础上，结合机载无源定位系统自身的特点及存在的问题，在高斯噪声条件下，从提高滤波算法收敛速度、收敛精度和稳定性的角度对传统算法进行改进，下面逐一进行详细的阐述。

5.1.1　基于多普勒频率变化率的机载无源定位系统数学模型

单站无源定位系统的作用距离通常都在 100 km 以上，这样观测平台和目标辐射源之间的相对距离就远远大于它们自身的尺寸，因此可以将它们看成三维空间中独立的质点，依据孙仲康教授提出的基于质点运动学原理的无源定位理论[4]，基于多普勒变化率可得机载无源定位系统数学模型。

1. 二维空间定位模型与观测方程

以图 5-1 中的二维直角坐标为例，假设飞机匀速飞行，在 k 时刻其状态矢量为 $X_{Ok} = [x_{Ok} \ y_{Ok} \ \dot{x}_{Ok} \ \dot{y}_{Ok}]$，飞机的位置信息由机载导航设备提供，目标辐射源 T 状态为 $X_{Tk} = [x_{Tk} \ y_{Tk} \ \dot{x}_{Tk} \ \dot{y}_{Tk}]$，两者之间的径向距离为 r，方位角为 β。观测器和目标辐射源之间的 k 时刻相对运动状态矢量为 $X_k = X_{Tk} - X_{Ok} = [x_k \ y_k \ \dot{x}_k \ \dot{y}_k]^{\mathrm{T}}$。直角坐标系下系统的状态方程和观测方程可表示为

$$\begin{cases} X_k = \phi_{k-1} X_{k-1} + G_{k-1} w_{k-1} = f(X_{K-1}, w_{k-1}) \\ Y_k = h(X_K, v_k) = \left[\beta_k \ \dot{\beta}_k \ \dot{f}_{dk}\right]^{\mathrm{T}} + v_k \end{cases} \tag{5-1}$$

式中，$\phi_k = \begin{bmatrix} I_2 & TI_2 \\ 0 & I_2 \end{bmatrix}$ 和 $G_k = \begin{bmatrix} T^2 I_2 / 2 \\ TI_2 \end{bmatrix}$ 分别为状态和噪声转移矩阵；T 为测量周期；I_2 为二阶单 Y 位阵；Y_k 为观测向量；$h(\cdot)$ 为状态向量的非线性函数；$w_k = \begin{bmatrix} w_x & w_y \end{bmatrix}^{\mathrm{T}}$ 为状态噪声，$v_k = \begin{bmatrix} v_{\beta_k} & v_{\dot{\beta}_k} & v_{\dot{f}_{dk}} \end{bmatrix}^{\mathrm{T}}$ 为观测噪声，均为相互独立的高斯噪声。

$$\begin{cases} E(w_k) = E(v_k) = 0 \\ E\left(w_i w_j^{\mathrm{T}}\right) = Q_k \delta_{ij} \\ E\left(v_i v_j^{\mathrm{T}}\right) = R_k \delta_{ij} \end{cases} \tag{5-2}$$

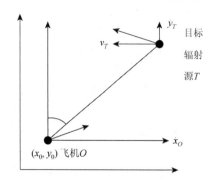

图 5-1　飞机和目标辐射源在二维平面的几何关系图

当 $i = j$ 时 δ_{ij} 为单位阵，当 $i \neq j$ 时 $\delta_{ij} = 0$。观测变量表达式如下：

$$
\begin{cases}
\beta_k = \arctan\left(\dfrac{x_k}{y_k}\right) \\[3mm]
\dot{\beta}_k = \dfrac{\dot{x}_k y_k - x_k \dot{y}_k}{x_k^2 + y_k^2} \\[3mm]
\dot{f}_{dk} = -\dfrac{f_r}{c}(\ddot{x}_k \sin\beta_k + \ddot{y}_k \cos\beta_k + r_k \dot{\beta}_k^2) = -\dfrac{f_T}{c} \cdot \left[\dfrac{x_k \ddot{x}_k + y_k \ddot{y}_k}{(x_k^2 + y_k^2)^{1/2}} + \dfrac{(\dot{x}_k y_k - x_k \dot{y}_k)^2}{(x_k^2 + y_k^2)^{3/2}} \right]
\end{cases}
\tag{5-3}
$$

这样由上式就可解算出飞机与目标辐射源之间的相对距离 r_k：

$$
r_k = -\dfrac{c \cdot \dot{f}_{dk} + f_T(\ddot{x}_k \sin\beta_k + \ddot{y}_k \cos\beta_k)}{f_r \cdot \dot{\beta}_k^2}
\tag{5-4}
$$

当目标辐射源距离飞机很远时，可以认为目标在短时间内不会有大的机动，加速度项可以忽略，即

$$
r_k = -\dfrac{c \cdot \dot{f}_{dk}}{f_T \cdot \dot{\beta}_k^2}
\tag{5-5}
$$

进而结合角度 β_k 可以实时地定出目标辐射源在二维直角坐标系中的位置

$$
\begin{cases}
x_{Tk} = x_{Ok} + r_k \sin\beta_k \\
y_{Tk} = y_{Ok} + r_k \cos\beta_k
\end{cases}
\tag{5-6}
$$

2. 三维空间定位模型与观测方程

对比二维平面来说三维空间定位模型较为复杂，这时加入了飞机的姿态变化，因为飞机自身姿态信息也会对定位精度产生影响。另外，在机载无源定位系统中，观测变量的获得是在载机探测设备中完成的，由接收机天线接收信号，然后通过各信号处理分机完成各观测量的测量。但是观测变量的获得取决于飞机与目标之间的相对运动，而完成定位又必须将飞机的姿态信息和测量信息进行融合。这时就需要进行坐标转换，将各参数统一到一个坐标系下进行处理[6, 7]。

1）坐标转换

机载无源定位的观测量是在机载探测设备的天线坐标系下进行测量的，这时为了分析

方便,我们将坐标系做一个近似,将天线坐标系与机体坐标系在矢量空间中定义为方向一致(工程上也常常将天线的放置方向与机体坐标系一致),坐标原点一个位于天线中心,另一个位于机体质心,由于质心与天线中心空间位置的相近,因此可以将两个坐标系近似为一个。下面对机体坐标系进行定义:以机体质心为坐标原点, Y' 轴为航向方向, Z' 轴垂直于机体平面向上, Y' 轴、X' 轴和 Z' 轴构成右手坐标系[6]。如图 5-2 所示,在地固坐标系中,假设在 k 时刻目标辐射源的状态矢量为 $X_{Tk} = \left[x_{Tk}\ y_{Tk}\ \dot{x}_{Tk}\ \dot{y}_{Tk} \right]^{\mathrm{T}}$,飞机自身的姿态信息为滚转角 θ_k、俯仰角 η_k 和偏航角 γ_k,状态矢量为 $X_{Ok} = \left[x_{Ok}\ y_{Ok}\ z_{Ok}\ \dot{x}_{Tk}\ \dot{y}_{Tk}\ \dot{z}_{Ok} \right]$,两者之间的方位角为 β_k,俯仰角为 ε_k,其中 x_{Ok}, y_{Ok}, z_{Ok} 和 x_{Tk}, y_{Tk} 分别为载机和目标辐射源的位置坐标,$\dot{x}_{Ok}, \dot{y}_{Ok}, \dot{z}_{Ok}$ 和 $\dot{x}_{Tk}, \dot{y}_{Tk}$ 分别为载机和目标辐射源的速度在 X、Y 和 Z 轴方向上的分量。相对状态矢量为 $X_k = \left[x_k\ y_k\ z_k\ \dot{x}_k\ \dot{y}_k\ \dot{z}_k \right]^{\mathrm{T}}$,其中飞机在 k 时刻的状态矢量和姿态信息可通过机载 GPS 和导航设备获得。定义两者在机体坐标系中的相对状态矢量为 $X'_k = \left[x'_k\ y'_k\ z'_k\ \dot{x}'_k\ \dot{y}'_k\ \dot{z}'_k \right]^{\mathrm{T}}$,位置矢量的坐标转换关系如下[6]:

$$\begin{bmatrix} x'_k \\ y'_k \\ z'_k \end{bmatrix} = A_k \begin{bmatrix} x_k \\ y_k \\ z_k \end{bmatrix} = A_k \begin{bmatrix} x_{Tk} - x_{Ok} \\ y_{Tk} - y_{Ok} \\ -z_{Ok} \end{bmatrix} \tag{5-7}$$

$$A_k = \begin{bmatrix} \cos\eta_k \cos\gamma_k & \cos\theta_k \sin\gamma_k + \sin\theta_k \sin\eta_k \cos\gamma_k & \sin\theta_k \sin\gamma_k - \cos\theta_k \sin\eta_k \cos\gamma_k \\ -\cos\eta_k \sin\gamma_k & \cos\theta_k \cos\gamma_k + \sin\theta_k \sin\eta_k \sin\gamma_k & \sin\theta_k \cos\gamma_k + \cos\theta_k \sin\eta_k \sin\gamma_k \\ \sin\eta_k & -\sin\theta_k \cos\eta_k & \cos\theta_k \cos\eta_k \end{bmatrix} \tag{5-8}$$

同理,速度矢量和加速度矢量也有如上式中的转换关系。

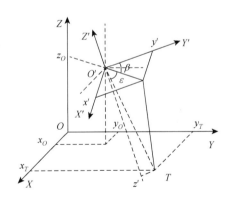

图 5-2　飞机和目标辐射源三维几何关系图

A_k 表示地固坐标系到机体坐标系的转换矩阵,由地固坐标系分别绕 Y 轴旋转 θ_k,绕 X 轴旋转 η_k,绕 Z 轴旋转 γ_k 得到。待完成定位解算出 X'_k 以后,再通过式(2-36)的逆运算得到目标辐射源在地固坐标系中的位置[7],即

$$\begin{bmatrix} x_{Tk} \\ y_{Tk} \\ z_{Tk} \end{bmatrix} = \begin{bmatrix} x_{Ok} \\ y_{Ok} \\ z_{Ok} \end{bmatrix} + A_k^{-1} \begin{bmatrix} x'_k \\ y'_k \\ z'_k \end{bmatrix} \tag{5-9}$$

2）定位模型

由于定位的是地面或者海面远距离慢速目标，因此可以认为目标在短时间内不会有较大的机动，我们仍以 CV 运动模型进行建模，由于三维空间定位加入了俯仰角信息，因此观测方程将为 5 项，下面按基于多普勒频率变化率的单站无源定位方法建立状态方程和观测方程：

$$\begin{cases} X_k = \phi_{k-1} X_{k-1} + G_{k-1} w_{k-1} = f(X_{K-1}, w_{k-1}) \\ Y_k = h(X_k) + v_k = \begin{bmatrix} \beta_k \, \varepsilon_k \, \dot{\beta}_k \, \dot{\varepsilon}_k \, \dot{f}_{dk} \end{bmatrix}^{\mathrm{T}} + v_k \end{cases} \tag{5-10}$$

式中，状态方程中的转移矩阵 ϕ_k、G_k 和系统噪声 w_k 及其协方差矩阵 Q_k 与式（5-2）定义的相同，由于观测变量增加了俯仰角信息，观测噪声 v_k 及其协方差矩阵 R_k 将变为 5 维向量和矩阵，$v_k = \begin{bmatrix} v_{\beta_k} \, v_{\varepsilon_k} \, v_{\dot{\beta}_k} \, v_{\dot{\varepsilon}_k} \, v_{\dot{f}_{dk}} \end{bmatrix}^{\mathrm{T}}$，下面由质点运动学原理给出各个观测变量的表达式：

$$\begin{cases} \beta_k = \arctan\left(\dfrac{x'_k}{y'_k} \right) \\[2mm] \varepsilon_k = \arctan\left(\dfrac{z'_k}{\sqrt{x'^2_k + y'^2_k}} \right) \\[2mm] \dot{\beta}_k = \dfrac{\ddot{x}'_k y'_k - x'_k \ddot{y}'_k}{x'^2_k + y'^2_k} \\[2mm] \dot{\varepsilon}_k = \dfrac{-x'_k z'_k \ddot{x}'_k - y'_k z'_k \ddot{y}'_k + (x'^2_k + y'^2_k)\ddot{z}'_k}{(x'^2_k + y'^2_k)^{1/2}(x'^2_k + y'^2_k + z'^2_k)} \\[2mm] \dot{f}_{dk} = -\dfrac{f_T}{c} \cdot \left[\ddot{x}'_k \sin\beta_k \cos\varepsilon_k + \ddot{y}'_k \cos\beta_k \cos\varepsilon_k + \ddot{z}'_k \sin\varepsilon_k + r_k (\dot{\beta}_k \cos\varepsilon_k)^2 + r_k (\dot{\varepsilon}_k)^2 \right] \\[2mm] \qquad = -\dfrac{f_T}{c} \cdot \left[\dfrac{x'_k \ddot{x}'_k + y'_k \ddot{y}'_k + z'_k \ddot{z}'_k}{(x'^2_k + y'^2_k + z'^2_k)^{1/2}} + \dfrac{(\dot{x}'_k y'_k - x'_k \dot{y}'_k)^2 + (\dot{x}_k z'_k - x'_k \dot{z}'_k)^2 + (\dot{z}'_k y'_k - z'_k \dot{y}'_k)^2}{(x'^2_k + y'^2_k + z'^2_k)^{3/2}} \right] \end{cases} \tag{5-11}$$

在两者之间没有较大机动的条件下，加速度项可忽略，即

$$\begin{aligned} \dot{f}_{dk} &= -\frac{f_T}{c} \left[r_k (\dot{\beta}_k \cos\varepsilon_k)^2 + r_k (\dot{\varepsilon}_k)^2 \right] \\ &= -\frac{f_T}{c} \left[\frac{(\dot{x}'_k y'_k - x'_k \dot{y}'_k)^2 + (\dot{x}_k z'_k - x'_k \dot{z}'_k)^2 + (\dot{z}'_k y'_k - z'_k \dot{y}'_k)^2}{(x'^2_k + y'^2_k + z'^2_k)^{3/2}} \right] \end{aligned} \tag{5-12}$$

这样由上式就可解算出飞机与目标辐射源之间的相对距离 r_k：

$$r_k = -\frac{\dot{f}_{dk} c + f_T (\ddot{x}'_k \cos\varepsilon_k \sin\beta_k + \ddot{y}'_k \cos\varepsilon_k \cos\beta_k + \ddot{z}'_k \sin\varepsilon_k)}{f_T \left[(\dot{\beta}_k \cos\varepsilon_k)^2 + \dot{\varepsilon}_k^2 \right]} \tag{5-13}$$

则结合方位角 β_k 和俯仰角 ε_k 就可以解算出目标辐射源在地固坐标系中的位置

$$\begin{bmatrix} x_{Tk} \\ y_{Tk} \\ z_{Tk} \end{bmatrix} = \begin{bmatrix} x_{Ok} \\ y_{Ok} \\ z_{Ok} \end{bmatrix} + A_k^{-1} \begin{bmatrix} r_k \cos \varepsilon_k \sin \beta_k \\ r_k \cos \varepsilon_k \cos \beta_k \\ r_k \sin \varepsilon_k \end{bmatrix} \tag{5-14}$$

5.1.2 常见的确定性采样卡尔曼滤波算法

对随机变量分布特性的近似要比对非线性函数的近似更容易，根据这一思想，按照当前状态的分布特性选取一组均值和方差与当前状态的分布特性完全相同的确定性采样点，通过非线性的一步转移映射近似得到下一时刻状态的均值和方差的估计，然后再通过卡尔曼滤波框架完成递推估计，这就是确定性采样卡尔曼滤波算法的核心思想。常见的确定性采样 Kalman 滤波算法包括不敏卡尔曼滤波算法、中心差分卡尔曼滤波算法和求积分卡尔曼滤波算法等。

与 EKF 算法等采用 Taylor 级数进行非线性函数近似的方法不同，不敏卡尔曼滤波（UKF）算法通过一组确定性采样点描述系统状态分布，并利用这组采样点实现非线性传递过程中统计特性的捕获，由于其核心思想是 UT 变换，将 UT 融合到卡尔曼滤波框架中，即可得到 UKF 算法。

中心差分卡尔曼滤波（CDKF）算法的核心原理就是 Stirling 插值公式，它采用偏差分算子构建一组确定性的带权值的采样点来逼近随机变量的后验分布，利用非线性变换后的采样点对随机变量的统计特征进行捕获。由于在中心差分的近似过程中充分地考虑了系统的状态和观测噪声对待估计参量的影响，因此它可以大幅地提高对状态随机变量的逼近精度，且在递推滤波的过程中不需要推导繁琐的 Jacobian 矩阵，仅需调整参数值和计算较少的几个函数值，便可以用较少的差分阶次来逼近泰勒级数的高阶[8]。将中心差分变换的思想引入到 Kalman 滤波框架便可得到 CDKF 滤波算法。对比 UKF 算法可以看出，UKF 中使用 3 个标量参数，即 α、β 和 k，而 CDKF 只使用了一个标量参数 h，调整起来相对来说比较方便。

求积分卡尔曼滤波（QKF）算法是在 Gaussian 噪声条件下，从统计线性回归的角度，使用 Gaussian-Hermite 积分方法计算贝叶斯估计的递推滤波方法[9]。它采用带权值的高斯积分点对状态随机变量的统计特性进行估计。非线性方程不存在可微映射的限制，在高斯噪声条件下其滤波性能优于 EKF、UKF 和 CDKF 算法[10, 11]。将 Gaussian-Hermite 积分规则结合卡尔曼滤波框架便可得 QKF 算法，因此 QKF 算法滤波性能提高的同时计算量也相应地增大了。

通过研究发现，在机载无源定位系统应用时，虽然这些传统的确定性采样卡尔曼滤波算法的性能较 EKF 算法有所改善，但是受系统可观测性弱、观测误差大等原因的影响，直接应用这些传统算法也很容易出现收敛速度慢，收敛精度不高，不稳定甚至发散的现象。这里总结一个传统利用空频域信息被动跟踪算法性能不佳的原因：

首先，利用空频域信息定位方法对运动目标进行定位跟踪时，观测方程呈现非常强的非线性和较弱可观测性，这是滤波算法出现不稳定的主要原因，滤波不稳定设置发散就谈不上定位跟踪了,因此稳定性是被动跟踪滤波算法最重要的因素。

其次,观测误差较大导致状态矢量及其误差协方差矩阵的初始估计误差过大是导致滤波算法不稳定、收敛速度慢、收敛精度不高的另一个重要因素。

最后,通过质点运动学原理进行分析,对运动目标来说,由于目标状态未知,因此多普勒频率是不可观测,也就是说径向速度信息是不可观测的,更为糟糕的是在进行滤波估计时,估计出的径向速度与切向速度在状态变量上存在耦合关系,这很容易使得滤波发散。

为了进一步改善算法的性能,以下的内容将围绕对这些传统的确定性采样卡尔曼滤波算法进行改进而展开。

5.2　基于观测域确定性采样卡尔曼滤波的被动跟踪算法

由于基于空频域信息的机载无源定位方法的观测方程增加了角度变换率和多普勒频率变化率信息,所以其非线性要强于 BOT 的观测方程,这就使得许多在 BOT 中性能较好的被动跟踪算法在基于空频域信息的机载无源系统中应用时性能大幅下降。比如说,在使用 MGEKF 或 RVEKF 算法时,由于多普勒频率变化率方程是不完全修正的,而且旋转变换矩阵难以寻找,所以它们的滤波的性能变得很差;在使用 MPCEKF 算法时,由于角度变化率和多普勒频率变化率方程在修正极坐标中是非线性的,因此修正极坐标的办法将大打折扣,滤波也难以达到满意的效果。但是借鉴 MPCEKF 算法的思想,我们有了一种新的思路,那就是转换滤波域,即对观测信息进行预测和滤波,然后根据定位方程对状态信息进行更新。这就是观测域滤波的思想。

5.2.1　观测域滤波及观测矢量的选取

我们以多普勒频率变化率定位法为基础来研究观测域滤波方法,首先给出观测域滤波的思想,即直接在观测域中滤波,然后对观测方程进行逆变换对当前状态矢量进行估计[11]。对于固定目标来说,利用一次观测得到的多普勒频率变化率、角度变化率、角度和飞机自身状态信息的测量即可实现单次定位,不需扩充观测域即可直接应用观测域滤波算法,但对于运动目标来说,由于目标状态的未知性,一次观测径向运动信息获得的不完全,而且还需要进行状态域与观测域之间的转换,这时就需要增加一个观测变量 u 来扩展观测域。新增辅助量的构造具有多种方法,为达到较好的滤波性能,需考虑以下两点:①u 中各项的非线性程度应尽量低,以减小引入的线性化误差;②尽量减小系统的弱可观测状态与其他状态的耦合[11]。因此,选取径向速度与距离之比 $u_k = \dot{r}_k / r_k$ 为扩充变量,u_k 中的径向速度 $\dot{r}_k$ 是系统不可观测的,这就可以将可观测与不可观测变量进行分离。这样,状态域到观测域的映射函数为

$$Y_{EK} = f_E(X'_k) = \left[\beta_k \varepsilon_k \dot{\beta}_k \dot{\varepsilon}_k \dot{f}_{dk} u_k \right]^{\mathrm{T}} \tag{5-15}$$

其中各观测变量的表达式为

$$
\left\{
\begin{aligned}
\beta_k &= \arctan\left(\frac{x_k'}{y_k'}\right) \\[4pt]
\varepsilon_k &= \arctan\left(\frac{z_k'}{\sqrt{x_k'^2 + y_k'^2}}\right) \\[4pt]
\dot\beta_k &= \frac{\dot x_k' y_k' - x_k' \dot y_k'}{x_k'^2 + y_k'^2} \\[4pt]
\dot\varepsilon_k &= \frac{-x_k' z_k' \dot x_k' - y_k' z_k' \dot y_k' + (x_k'^2 + y_k'^2)\dot z_k'}{(x_k'^2 + y_k'^2)^{1/2}(x_k'^2 + y_k'^2 + z_k'^2)} \\[4pt]
\dot f_{dk} &= -\frac{f_T}{c}\cdot\left[\ddot x_k' \sin\beta_k \cos\varepsilon_k + \ddot y_k' \cos\beta_k \cos\varepsilon_k + \ddot z_k' \sin\varepsilon_k + r_k(\dot\beta_k \cos\varepsilon_k)^2 + r_k(\dot\varepsilon_k)^2\right] \\[4pt]
&= -\frac{f_T}{c}\cdot\left[\frac{x_k' \ddot x_k' + y_k' \ddot y_k' + z_k' \ddot z_k'}{(x_k'^2 + y_k'^2 + z_k'^2)^{1/2}} + \frac{(\dot x_k' y_k' - x_k' \dot y_k')^2 + (\dot x_k z_k' - x_k' \dot z_k')^2 + (\dot z_k' y_k' - z_k' \dot y_k')^2}{(x_k'^2 + y_k'^2 + z_k'^2)^{3/2}}\right] \\[4pt]
u_k &= \dot r_k / r_k = \frac{x_k' \ddot x_k' + y_k' \ddot y_k' + z_k' \dot z_k'}{(x_k'^2 + y_k'^2 + z_k'^2)}
\end{aligned}
\right.
\tag{5-16}
$$

则观测方程可表示为 $Y_k = HY_{Ek} + v_k$，其中

$$
H = \begin{bmatrix}
1 & 0 & 0 & 0 & 0 & 0 \\
0 & 1 & 0 & 0 & 0 & 0 \\
0 & 0 & 1 & 0 & 0 & 0 \\
0 & 0 & 0 & 1 & 0 & 0 \\
0 & 0 & 0 & 0 & 1 & 0
\end{bmatrix}
$$

按照即时定位原理，扩充观测函数的逆映射为

$$
X_k' = f_E^{-1}(Y_{Ek}) = \begin{bmatrix}
r_k \sin\beta_k \cos\varepsilon_k \\
r_k \cos\beta_k \sin\varepsilon_k \\
r_k \sin\varepsilon_k \\
r_k(\dot\beta_k \cos\beta_k \cos\varepsilon_k - \dot\varepsilon_k \sin\beta_k \sin\varepsilon_k + u_k \sin\beta_k \cos\varepsilon_k) \\
r_k(-\dot\beta_k \sin\beta_k \cos\varepsilon_k - \dot\varepsilon_k \cos\beta_k \sin\varepsilon_k + u_k \cos\beta_k \cos\varepsilon_k) \\
r_k(\dot\varepsilon_k \cos\varepsilon_k + u_k \sin\varepsilon_k)
\end{bmatrix}
\tag{5-17}
$$

式中，$r_k = -\lambda \dot f_{dk} / (\dot\varepsilon_k^2 + \dot\beta_k^2 \cos^2\varepsilon_k)$。由式（5-16）和式（5-17）可以看出，观测域滤波在本质上也是一种修正极坐标下的滤波方法：将状态矢量转换到观测域下进行滤波，然后进行重新组合，这就分离了状态矢量中可观测分量和不可观测分量耦合的影响，因此可以获得较好的稳定性。

5.2.2　观测域卡尔曼滤波算法

文献[11]在观测域滤波思想的基础上提出了观测域卡尔曼滤波（measure space Kalman

filter，MSKF）算法。因为 MSKF 具有将所选的状态矢量中的可观测项和不可观测项自动解耦的功能，从而在收敛速度、定位精度和稳定性上较 EKF 及其衍生算法有了较大的改善[11]。其具体流程如下。

（1）初始化滤波器：给定初始的状态矢量及其协方差的估计 $\hat{X}_0$ 和 $\hat{P}_0$。噪声误差协方差矩阵 Q_k 和 R_k。

循环：从观测步骤 $k=1$ 开始一直到观测截止 $k=N$，N 为观测次数。

（2）状态预测：利用状态方程预测下一状态及其协方差矩阵：

$$\begin{cases} \hat{X}_{k|k-1} = \phi_{k-1}\hat{X}_{k|k-1} + G_{k-1}w_{k-1} \\ \hat{P}_{k|k-1} = \phi_{k-1}\hat{P}_{k|k-1}\phi_{k-1}^{\mathrm{T}} + G_{k-1}Q_{k-1}G_{k-1}^{\mathrm{T}} \end{cases} \tag{5-18}$$

（3）从状态域映射到观测域，得到下一时刻扩展的观测量的预测值及其协方差矩阵：

$$\begin{cases} \hat{Y}_{E,k|k-1} = f_E\left[\hat{X}_{k|k-1}\right] \\ \hat{P}_{E,k|k-1} = J_{Yk}\hat{P}_{k|k-1}J_{Yk}^{\mathrm{T}} \end{cases}, \quad J_{Yk} = \frac{\partial f_E\left[\hat{X}_{k|k-1}\right]}{\partial \hat{X}_{k|k-1}} \tag{5-19}$$

（4）观测域滤波：利用最新观测量 Y_k 计算增益矩阵 K，进而得出状态域的滤波值及协方差矩阵：

$$\begin{cases} K = \hat{P}_{E,k|k-1}H^{\mathrm{T}}(H\hat{P}_{E,k|k-1}H^{\mathrm{T}} + R_k)^{-1} \\ \hat{Y}_{E,k} = \hat{Y}_{E,k|k-1} + K\left[Y_k - H\hat{Y}_{E,k|k-1}\right] \\ \hat{P}_{E,k} = \left[I - KH\right]\hat{P}_{E,k|k-1} \end{cases} \tag{5-20}$$

（5）从观测域映射到状态域完成状态更新：利用扩充的观测函数的逆映射完成状态的更新

$$\begin{cases} \hat{X}_k = f_E^{-1}\left[\hat{Y}_{E,k}\right] \\ \hat{P}_k = J_{Xk}\hat{P}_{E,k}J_{Yk}^{\mathrm{T}} \end{cases}, \quad J_{Xk} = \frac{\partial f_E^{-1}\left[\hat{Y}_{E,k}\right]}{\partial \hat{Y}_{E,k}} \tag{5-21}$$

循环结束。

由式（5-19）和式（5-21）可以看出，由于该算法是在 EKF 的基础上进行推导的，在状态域和观测域之间变换时需要计算协方差矩阵 $\hat{P}_{E,k|k-1}$ 和 $\hat{P}_k$，这就需要计算雅可比矩阵 J_{Yk} 和 J_{Xk}，都需要用泰勒级数展开近似非线性函数，特别是在观测域和状态域之间转换时。由于这样的处理舍去了误差的高阶项，所以带来较大的舍入误差，必将影响 MKSF 滤波的性能。在机载无源定位中，可观测性弱、观测误差和初始误差较大，将直接导致滤波器定位精度低、稳定性下降，甚至发散。

5.2.3 观测域平方根 UKF 滤波的机载无源定位算法

针对 5.2.2 节 MSKF 在机载无源定位系统应用中存在的问题，结合观测域滤波思想和性能更为优异的平方根 UKF（square root unscented Kalman filter，SRUKF）算法，这里说明一下：SRUKF 为传统 UKF 的一种改进算法，在滤波过程中，它采用状态误差协方差矩阵的平方根参与算法的递推运算，不需要每次都对误差协方差矩阵进行求平方操作（当矩阵非正定时，不能对其求平方），因此，对比传统的 UKF 算法，SRUKF 在保证滤波精度的同时，增强了数值稳定性。下面在高斯噪声条件下针对多普勒频率变化率定位法提出一种基于观测域平方根 UKF 的机载无源定位（measure space square root unscented Kalman filter，MSSRUKF）算法，该算法充分利用了观测域滤波的自动解耦功能和 SRUKF 良好的数值稳定性及非线性滤波能力，并通过最小偏度单形采样的 UT 变换降低了算法的计算量和状态域与观测域之间变换的舍入误差。在对运动目标定位时，该算法提高了滤波的稳定性、收敛速度和定位精度。下面推导基于 MSSRUKF 的机载无源定位算法。

5.2.3.1　采样策略的选择

目前 UT 变换的采样策略主要分两大类，一类是对称采样，另一类是单形采样。文献[12]指出，如果状态空间为 L 维，理论上最少需要 $L+1$ 个 Sigma 点。对称采样至少需要 $2L+1$ 个 Sigma 点，使用单形采样时，Sigma 点的个数在考虑中心点的情况下为 $L+2$ 个。由此看出，单形采样较对称采样减少了计算量，单形采样又分超球体单形采样和最小偏度单形采样，最小偏度单形采样的近似精度对于高斯分布的随机变量可达到 3 阶，近似精度优于超球体单形采样[13, 14]。综合计算量和近似精度的考虑，新算法采用最小偏度单形采样策略。权值和样本点的选取方法如下[13]。

（1）确定初始权值范围 $0 \leqslant \omega_0 < 1$，然后采用下面公式迭代求取权值：

$$\omega_i = \begin{cases} 1 - \omega_0 / 2^L, & i = 1, 2 \\ 2^{i-2}\omega_1, & i = 3, \cdots, L+1 \end{cases} \tag{5-22}$$

（2）状态维数为一维时的 Sigma 点为

$$\chi_0^1 = 0, \quad \chi_1^1 = -1/\sqrt{2w_1}, \quad \chi_2^1 = 1/\sqrt{2w_1} \tag{5-23}$$

（3）对于维数 $j = 2, \cdots, L$，Sigma 点迭代公式为

$$\chi_i^j = \begin{cases} \begin{bmatrix} \chi_i^j & 0 \end{bmatrix}^{\mathrm{T}}, & i = 0 \\ \begin{bmatrix} \chi_i^j & 1/-\sqrt{2\omega_{j+1}} \end{bmatrix}^{\mathrm{T}}, & i = 1, \cdots, j \\ \begin{bmatrix} 0 & 1/\sqrt{2\omega_{j+1}} \end{bmatrix}^{\mathrm{T}}, & i = j+1 \end{cases} \tag{5-24}$$

5.2.3.2　基于 MSSRUKF 机载无源定位算法流程

（1）算法的初始化：利用首次观测求得初始相对距离 $\hat{r}_0 = -\lambda \dot{f}_{d0} / (\dot{\varepsilon}_0^2 + \dot{\beta}_0^2 \cos^2 \varepsilon_0)$，再结合角度 β_0、ε_0 得出目标 T 在机载坐标系下的位置矢量的估计 $[\hat{x}_0', \hat{y}_0', \hat{z}_0']^{\mathrm{T}}$，结合 $\hat{X}_{O0}$ 和目标辐射源在地固坐标系中的位置[7]，可得出目标 T 在 ENU 系下的位置矢量的估计 $[\hat{x}_{T0}, \hat{y}_{T0}]^{\mathrm{T}}$，观测域滤波的相对初始速度值的选取比较关键，如果将相对初始速度设为零，

则 u_k 对滤波不作任何贡献。相对速度初始值按下式求取：

$$\begin{cases} \hat{x}_0' = \hat{r}_0(\dot{\beta}_0 \cos\beta_0 \cos\varepsilon_0 - \dot{\varepsilon}_0 \sin\beta_0 \sin\varepsilon_0) \\ \hat{y}_0' = \hat{r}_0(-\dot{\beta}_0 \sin\beta_0 \cos\varepsilon_0 - \dot{\varepsilon}_0 \cos\beta_0 \sin\varepsilon_0) \\ \hat{z}_0' = \hat{r}_0\dot{\varepsilon}_0 \cos\varepsilon_0 \end{cases}$$

再结合 $\hat{X}_{O0}$ 和目标辐射源在地固坐标系中的位置得出目标 T 在地固坐标系下的速度矢量的估计 $\left[\hat{\dot{x}}_{T0}, \hat{\dot{y}}_{T0}\right]^{\mathrm{T}}$，这样得到初始状态估计为 $\hat{X}_{T0}$，再根据初次观测误差计算出初始误差协方差矩阵 $\hat{P}_0$。然后取其平方根 $\hat{S}_0^x = \left[\mathrm{chol}(\hat{P}_0)\right]^{\mathrm{T}}$。噪声协方差矩阵初始为：$Q_k = \mathrm{diag}\left[w_{x_T}^2 \ w_{y_T}^2\right]$，$R_k = \mathrm{diag}\left[\sigma_\beta^2 \ \sigma_{\dot\beta}^2 \ \sigma_\varepsilon^2 \ \sigma_{\dot\varepsilon}^2 \ \sigma_{fd}^2\right]$，其中 diag 代表对角阵。

循环：从观测步骤 $k=1$ 开始一直到观测截止 $k=N$，N 为观测次数。

（2）选取采样点：

$$\kappa_{i,k-1} = \hat{X}_{Tk-1} + \hat{S}_{k-1}^x \chi_i^{L_x}; \quad i = 0,1,\cdots,L_x+1 \tag{5-25}$$

（3）对状态向量进行时间更新：

$$\begin{cases} \mu_{i,k|k-1} = f(\kappa_{i,k-1}, w_{k-1}) \\ \hat{X}_{Tk|k-1} = \sum_{i=0}^{L_x+1} \omega_i \mu_{i,k|k-1} \\ \hat{S}_{k|k-1}^x = \mathrm{qr}\left[\sqrt{\omega_i}(\mu_{1:L+1,k|k-1} - \hat{X}_{Tk|k-1})\sqrt{G_{k-1}Q_{k-1}G_{k-1}^{\mathrm{T}}}\right] \\ \hat{S}_{k|k-1}^x = \mathrm{cholupdate}\{\hat{S}_{k|k-1}^x, \mu_{0,k|k-1} - \hat{X}_{Tk|k-1}, \omega_0\} \end{cases} \tag{5-26}$$

（4）状态域映射到观测域的非线性转换计算 Sigma 点：

$$\varsigma_{i,k|k-1} = \hat{X}_{Tk|k-1} + \hat{S}_{k|k-1}^x \chi_i^{L_x}, \quad i = 0,\cdots,L_x+1 \tag{5-27}$$

（5）利用 $\varsigma_{i,k|k-1}$、$\hat{X}_{Ok}$ 和式（5-7）式（5-7）计算目标在载机坐标系下的 Sigma 点 $\varsigma_{i,k|k-1}'$，然后将 Sigma 点从状态域映射到观测域，估计扩展后观测向量的预测值及其误差协方差矩阵的平方根。

$$\begin{cases} \xi_{i,k|k-1} = f_E(\varsigma_{i,k|k-1}') \\ \hat{\eta}_{k|k-1} = \sum_{i=0}^{L_x+1} \omega_i \xi_{i,k|k-1} \\ \hat{S}_{k|k-1}^\eta = \mathrm{qr}\left[\sqrt{\omega_i}(\xi_{1:L+1,k|k-1} - \hat{\eta}_{k|k-1})\right] \\ \hat{S}_{k|k-1}^\eta = \mathrm{cholupdate}\{\hat{S}_{k|k-1}^\eta, \xi_{0,k|k-1} - \hat{\eta}_{k|k-1}, \omega_0\} \end{cases} \tag{5-28}$$

（6）观测域滤波：采用观测量 Y_k 推导出增益矩阵 ρ_k，得到观测向量及其误差协方差矩阵的平方根的估计值。

$$\begin{cases} \gamma_{i,k} = H\xi_{i,k|k-1} \\ \hat{Y}_k = \sum_{i=0}^{L_x+1} \omega_i \gamma_{i,k} \\ \hat{S}_k^y = \mathrm{qr}\left[\sqrt{\omega_i}\left(\gamma_{1:L+1,k} - \hat{Y}_k \sqrt{R_k}\right) \right] \\ \hat{S}_k^y = \mathrm{cholupdate}\left\{ \hat{S}_k^y, \gamma_{0,k} - \hat{Y}_k, \omega_0 \right\} \\ \hat{P}_k^{\eta y} = \sum_{i=0}^{L_x+1} \omega_i \left[\xi_{i,k|k-1} - \hat{\eta}_k \right]\left[\gamma_{i,k} - \hat{Y}_k \right]^{\mathrm{T}} \\ \rho_k = \left[P_k^{\eta y} / (\hat{S}_k^y)^{\mathrm{T}} \right] / \hat{S}_k^y \\ \hat{\eta}_k = \hat{\eta}_{k|k-1} + \rho_k (Y_k - \hat{Y}_k) \\ \hat{S}_k^\eta = \mathrm{cholupdate}\left\{ \hat{S}_{k|k-1}^\eta, \rho_k S_k^y, -1 \right\} \end{cases} \tag{5-29}$$

（7）状态更新：利用 $\hat{\eta}_k$ 和 S_k^η 为观测域映射到状态域的非线性变换计算 Sigma 点，用 UT 变换传递的方法完成观测域到状态域的非线性映射。

$$\begin{cases} \lambda_{i,k} = \hat{\eta}_k + \hat{S}_k^\eta \chi_i^j, \qquad i = 0,1,\cdots,j+1; \ j = L_\eta \\ \zeta_{i,k}' = f_E^{-1}(\lambda_{i,k}) \end{cases} \tag{5-30}$$

（8）利用 $\zeta_{i,k}'$、$\hat{X}_{Ok}$ 和式（5-9）计算目标辐射源 ENU 系下的 Sigma 点 $\zeta_{i,k}$，然后完成状态更新。

$$\begin{cases} \hat{X}_{Tk} = \sum_{i=0}^{L_\eta+1} \omega_i \zeta_{i,k} \\ \hat{S}_k^x = \mathrm{qr}\left[\sqrt{\omega_i}\left(\zeta_{1:L+1,k} - \hat{X}_{Tk}\right) \right] \\ \hat{S}_k^x = \mathrm{cholupdate}\left\{ \hat{S}_k^x, \zeta_{0,k|k-1} - \hat{X}_{Tk}, \omega_0 \right\} \end{cases} \tag{5-31}$$

循环结束。

算法中 qr 和 cholupdate 分别为 QR 分解和 Cholesky 一阶更新。

5.2.3.3 仿真实验与结果分析

被动跟踪算法在不同的观测精度条件下的稳定性、收敛精度和收敛速度是描述算法性能的 3 个重要指标，由于机载无源定位自身的特点，我们也比较关心算法对观测误差和状态初始误差的适应能力。同时算法的运算量也是体现跟踪滤波算法性能的一个重要指标。下面参照利用基于多普勒频率变换率的机载无源定位方法的可观测条件，设置三组实验，在 MSSRUKF 不同的观测精度条件下对比 EKF、MSKF 和 SRUKF 的滤波性能进行仿真测试，其中 SRUKF 的 UT 采样策略也为最小偏度单形采样。

根据多普勒频率变换率定位法的可观测条件设置仿真场景如下。在 ENU 坐标系下，设定飞机的初始状态：起点坐标为 (0,0,10)km，初始速度为 (300,0,0)m/s，三坐标轴上的姿态角按 (1, −1, 0.1)mrad/s 变化；地面目标辐射源的起始状态为：起点坐标为 (200,100)km，

初始速度为 $(-18,10)\text{m/s}$。辐射频率为 10GHz，设置三组测量精度：

观测精度 1　　$\sigma_\beta = \sigma_\varepsilon = 17.4\text{mrad}$，$\sigma_{\dot\beta} = \sigma_{\dot\varepsilon} = 0.1\text{mrad/s}$，$\sigma_{\dot f_d} = 1\text{Hz/s}$；

观测精度 2　　$\sigma_\beta = 34.8.\text{mrad}$，$\sigma_\varepsilon = 17.4\text{mrad}$，$\sigma_{\dot\beta} = \sigma_{\dot\varepsilon} = 0.2\text{mrad/s}$，$\sigma_{\dot f_d} = 2\text{Hz/s}$；

观测精度 3　　$\sigma_\beta = \sigma_\varepsilon = 34.8\text{mrad}$，$\sigma_{\dot\beta} = 0.3\text{mrad/s}$，$\sigma_{\dot\varepsilon} = 0.2\text{mrad/s}$，$\sigma_{\dot f_d} = 3\text{Hz/s}$。

在三组试验中 $\sigma_{f_T} = 1\text{MHz}$，机载 GPS 和导航设备的精度为 $\sigma_{x_O} = \sigma_{y_O} = \sigma_{z_O} = 20\text{m}$，$\sigma_{\dot x_O} = \sigma_{\dot y_O} = \sigma_{\dot z_O} = 0.4\text{m/s}$。$w_{x_T} = w_{y_T} = 1\text{m/s}^2$，采样时间间隔 $T = 1\text{s}$，总时间步数为 100 次，算法性能用相对距离误差（relative range error，RRE）来衡量[11]：

$$\text{RRE} = \sqrt{\frac{(x_{\text{true}} - \hat x)^2 + (y_{\text{true}} - \hat y)^2}{(x_{\text{true}}^2 + y_{\text{true}}^2)}} \times 100\% \qquad (5\text{-}32)$$

其中，x_{true}、y_{true} 为目标位置的真实值；$\hat x$、$\hat y$ 为目标位置的估计值。仿真计算机为 Intel 酷睿双核 CPU，主频 2.75GHz，内存 2GB，仿真软件为 Matlab 2008a。以后各章的仿真实验均采用如上配置的计算机及仿真软件，每一组做 100 次蒙特卡罗实验，将定位跟踪结束时 RRE<15% 作为算法是否收敛的指标。仿真结果如表 5-1 和图 5-3 所示。

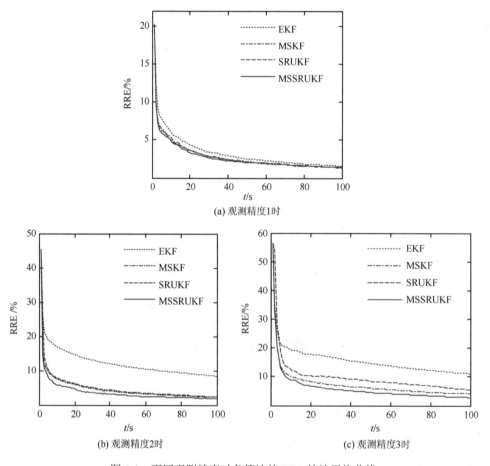

(a) 观测精度1时

(b) 观测精度2时　　　　　　　　　(c) 观测精度3时

图 5-3　不同观测精度时各算法的 RRE 统计平均曲线

由表 5-1 和图 5-3 可知，在实验 1 观测精度较高时，所有算法均有较好的滤波表现，但随着实验 2 和实验 3 观测精度的逐渐降低，各算法的性能开始下降，收敛速度变慢，滤波稳定性开始下降，定位精度逐渐降低。相比之下，MSKF、SRUKF 和 MSSRUKF 的滤波性能均优于 EKF。

从表 5-1 和图 5-3（b）、（c）可以看出，虽然 MSKF 是在 EKF 的基础上推导的，但是它在稳定性、收敛速度和滤波精度上仍优于 SRUKF，这是因为观测域滤波算法在稳定性和收敛速度上有其独特的优势，将状态矢量中的各个分量自动解耦，分离了可观测项和不可观测项，进而大幅提高了算法的性能。本章提出的 MSSRUKF 不但继承了观测域滤波算法的优点，而且通过使用 UT 交换的方法有效地降低了状态域与观测域之间非线性转换时存在的高阶误差，进而提高了对状态矢量的估计精度，仿真结果表明该算法在稳定性、收敛速度和定位精度上优于其它三种算法。

表 5-1　算法的运行时间和稳定性比较

算法	运行时间/ms	收敛次数		
		实验 1	实验 2	实验 3
EKF	0.10	100	87	71
MSKF	0.15	100	96	90
SRUKF	0.44	100	95	85
MSSRUKF	0.78	100	100	96

但是有利就有弊，MSSRUKF 也存在一个明显的缺点，即较 SRUKF 多了两次状态域与观测域之间状态的转换的步骤，计算量相应有所增加，但增加不明显。

研究中还发现，UKF 算法和 CDKF 算法性能比较接近，限于篇幅，这里不给出具体流程。读者如果对此感兴趣，可按照本节的思路自行推导观测域中心差分卡尔曼滤波算法。

5.2.4　观测域求积分卡尔曼滤波的机载无源定位算法

在 5.2.3 中我们采用 UT 变换的办法有效地降低了状态域与观测域之间转换存在的非线性误差，滤波稳定性和收敛精度大幅提高，下面我们采用 Gaussian-Hermite 积分的方法来完成状态域与观测域之间的转换。由于 Gaussian-Hermite 积分对非线性状态分布的近似精度高于 UT 变换，因此状态域与观测域之间的转换将更为精确。同时基于统计线性回归的角度严格计算递归贝叶斯估计积分进行滤波的 QKF 算法没有非线性可微映射的限制，性能优于 EKF 和 UKF，考虑到平方根 QKF（square root quadrature Kalman filter，SRQKF）良好的非线性滤波能力和观测域滤波良好的稳定性，将这两种方法相结合必定会进一步提高滤波器的整体性能。基于这一思想，下面推导基于观测域求积分卡尔曼滤波的机载无源定位算法（measure space square root quadrature Kalman filter，MSSRQKF）。

1. 基于 MSSRQKF 机载无源定位算法流程

（1）算法的初始化：此步骤同 MSSRUKF 的初始化。

循环：从观测步骤 $k=1$ 开始一直到观测截止 $k=N$ ，N 为观测次数。

（2）计算高斯积分点 $\left\{\chi_{i,k-1}^{x}\right\}_{i=1}^{L=m^{n_{XT}}}$ ，并计算相应的权系数 $\left\{\omega_i\right\}_{i=1}^{L}$ ：

$$\chi_{i,k-1}^{x} = \hat{X}_{Tk-1} + \hat{S}_{k-1}^{x}\xi_i \tag{5-33}$$

（3）采用高斯积分点 $\left\{\chi_{i,k-1}^{x}\right\}_{i=1}^{L=m^{n_{XT}}}$ 对状态矢量进行时间更新：

$$\begin{cases} \chi_{i,k-1}^{x} = f(\chi_{i,k-1}^{x}, w_{k-1}) \\ \hat{X}_{Tk|k-1} = \sum_{i=1}^{L} \omega_i \chi_{i,k-1}^{x} \\ B_k = \left[(\omega_i)^{1/2}(\chi_{1:L,k-1} - \hat{X}_{Tk|k-1}) \right] \\ \hat{S}_{k|k-1}^{x} = \mathrm{qr}\left\{ \left[B_k (G_{k-1}Q_{k-1}G_{k-1}^{\mathrm{T}})^{1/2} \right] \right\} \end{cases} \tag{5-34}$$

（4）状态域映射到观测域的非线性转换计算高斯积分点 $\left\{\varsigma_{i,k|k-1}\right\}_{i=1}^{L=m^{n_{XT}}}$ ：

$$\varsigma_{i,k|k-1} = \hat{X}_{Tk|k-1} + \hat{S}_{k|k-1}^{x}\xi_i \tag{5-35}$$

（5）利用 $\varsigma_{i,k|k-1}$、$\hat{X}_{Ok}$ 和式（5-7）计算目标在载机坐标系下的高斯积分点 $\varsigma_{i,k|k-1}'$，然后用式（5-16）将这些积分点从状态域映射到观测域。对比 MSKF 的第（3）步和 MSSRUKF 的第（5）步，采用 Gaussian-Hermite 高斯积分来得到对扩展后观测向量的预测值及其误差协方差矩阵的平方根更为准确的估计：

$$\begin{cases} \mu_{i,k|k-1} = f_E(\varsigma_{i,k|k-1}') \\ \hat{\eta}_{k|k-1} = \sum_{i=1}^{L} \omega_i \mu_{i,k|k-1} \\ \hat{S}_{k|k-1}^{\eta-} = \mathrm{qr}\left\{ \left[(\omega_i)^{1/2}(\mu_{1:L,k|k-1} - \hat{\eta}_{k|k-1}) \right] \right\} \end{cases} \tag{5-36}$$

（6）采用观测量 Y_k 推导出增益矩阵 ρ_k，得到观测向量及其误差协方差矩阵的平方根的估计值。

$$\begin{cases} \gamma_{i,k} = H\mu_{i,k|k-1} \\ \hat{Y}_k = \sum_{i=0}^{L} \omega_i \gamma_{i,k} \\ \hat{S}_k^{y} = \mathrm{qr}\left\{ \left[(\omega_i)^{1/2}(\gamma_{1:L,k} - \hat{Y}_k) \right] \ (R_k)^{1/2} \right\} \\ \hat{P}_k^{\eta y} = \left[\omega_i(\mu_{1:L,k|k-1} - \hat{\eta}_{k|k-1}) \right]\left[\gamma_{1:L,k} - \hat{Y}_k^{-} \right]^{\mathrm{T}} \\ \rho_k = \left[P_k^{\eta y}/(S_k^{y})^{\mathrm{T}} \right]/S_k^{y} \\ \hat{\eta}_k = \hat{\eta}_{k|k-1} + \rho_k(Y_k - \hat{Y}_k) \\ \hat{S}_k^{\eta} = \mathrm{cholupdate}\left\{ S_{k|k-1}^{\eta}, \rho_k S_k^{y}, -1 \right\} \end{cases} \tag{5-37}$$

（7）从观测域映射到状态域完成状态更新：利用 $\hat{\eta}_k$ 和 S_k^{η} 重新计算数值积分点 $\{\lambda_{i,k}\}_{i=1}^{L_{\eta}=m^{n_{\eta}}}$，并确定其权值 $\{\omega_i\}_{i=1}^{L_{\eta}}$，然后对比 MSKF 的第（5）步和 MSSRUKF 的第（7）步，采用 Gzussian-Hermite 积分完成观测域到状态域的非线性映射：

$$\begin{cases} \lambda_{i,k} = \hat{\eta}_k + \hat{S}_k^{\eta}\xi_i \\ \zeta_{i,k}' = f_E^{-1}(\lambda_{i,k}) \end{cases} \tag{5-38}$$

（8）利用 $\zeta_{i,k}'$、$\hat{X}_{Ok}$ 和式（5-18）计算目标 ENU 系下的采样点 $\zeta_{i,k}$，然后完成状态更新

$$\begin{cases} \hat{X}_{Tk} = \sum_{i=1}^{L_{\eta}} \omega_i \zeta_{i,k} \\ \hat{S}_k^x = \mathrm{qr}\left\{ \left[(\omega_i)^{1/2}(\zeta_{1:L_{\eta},k} - \hat{X}_{Tk}) \right] \right\} \end{cases} \tag{5-39}$$

循环结束。

5.2.4.2　仿真实验与结果分析

应用基于多普勒频率变化率的方法，设置 3 组实验，在不同的观测精度条件下，对 MSSRQKF（算法的积分点数 m 设置为 3）、EKF、MSKF、SRUKF 和 SRQKF 算法的性能进行对比测试。

根据多普勒频率变化率定位法的可观测条件，设置航迹如下：在 ENU 系中，载机航迹和姿态角变化设置同 5.2.3.3 节；地面目标辐射频率为 $f_T = 10\mathrm{GHz}$，起点坐标为 $(150,100)\mathrm{km}$，初始速度为 $(-15,15)\mathrm{m/s}$。同样设置 3 组观测精度：

观测精度 1　$\sigma_{\beta} = \sigma_{\varepsilon} = 17.4\mathrm{mrad}$，$\sigma_{\dot{\beta}} = \sigma_{\dot{\varepsilon}} = 0.1\mathrm{mrad/s}$，$\sigma_{fd} = 1\mathrm{Hz/s}$；

观测精度 2　$\sigma_{\beta} = 26.1\mathrm{mrad}$，$\sigma_{\varepsilon} = 17.4\mathrm{mrad}$，$\sigma_{fd} = 2\mathrm{Hz/s}$，$\sigma_{\dot{\beta}} = \sigma_{\dot{\varepsilon}} = 0.15\mathrm{mrad/s}$；

观测精度 3　$\sigma_{\beta} = 34.8\mathrm{mrad}$，$\sigma_{\varepsilon} = 26.1\mathrm{mrad}$，$\sigma_{fd} = 4\mathrm{Hz/s}$，$\sigma_{\dot{\beta}} = \sigma_{\dot{\varepsilon}} = 0.2\mathrm{mrad/s}$。

在 3 组实验中，机载测频接收机测量误差、GPS 和导航设备定位误差、系统误差、采样时间间隔、总时间步骤的设置均与 5.2.3.3 节。性能指标依然用相对距离误差 RRE 来测度，每一组做 100 次蒙特卡罗实验，将定位跟踪结束时 RRE<15% 作为算法是否收敛的指标。仿真结果如表 5-2 和图 5-4 所示。

由表 5-2 和图 5-4（a）可知，在实验 1 观测精度较高时，所列算法的滤波性能相当，MSSRQKF 在收敛速度和定位精度上略有优势，但不是特别明显。

表 5-2　算法的运行时间和稳定性比较

算法	运行时间/ms	收敛次数		
		实验 1	实验 2	实验 3
EKF	0.10	100	87	67
MSKF	0.15	100	100	88

算法	运行时间/ms	收敛次数		
		实验 1	实验 2	实验 3
SRUKF	0.44	100	98	83
SRQKF	3.61	100	100	92
MSSRQKF	8.36	100	100	100

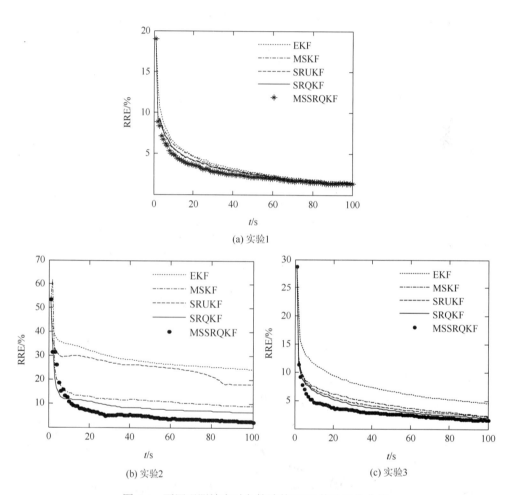

(a) 实验1

(b) 实验2　　　　　　　　　(c) 实验3

图 5-4　不同观测精度时各算法的 RRE 统计平均曲线

　　图 5-4（b）给出了实验 2 时各算法的 RRE 统计平均曲线，可以直观看出各算法的性能随着观测精度的降低而降低。相比之下，EKF 的性能最低，MSKF 在滤波精度上略低于 SRUKF 和 SRQKF，但鲁棒性优于 SRUKF，积分滤波器 SRQKF 对观测噪声的适应能力要优于 EKF、MSKF 和 SRUKF，性能略低于 MSSRQKF 算法。图 5-4（c）给出了实验 3 时各算法的 RRE 统计平均曲线，可以看出，随着观测误差的增大，其余各算法的稳定性大幅下降，而 MSSRQKF 依然保持稳健。按照滤波算法必须兼顾稳定性、收敛速度和

滤波精度 3 项指标对这几种算法的性能进行排序，MSSRQKF 最优，SRQKF 其次，然后依次是 MSKF、SRUKF，最差的是 EKF。

MSSRQKF 之所以性能稳健，是因为它继承了观测域滤波算法的优点，并使用 Gaussian-Hermite 积分有效地降低了状态域与观测域之间转换时存在的高阶误差，进而大幅提高了状态随机变量的估计精度。MSSRQKF 的缺点是计算量有所增加，但是从表 5-2 可以看出其单次运行时间为 8.36ms，随着芯片技术的日益发展，毫秒级的运算量将不会成为负担。观测域滤波算法的适用条件如下：MSSRUKF 和 MSSRQKF 适用于高斯噪声条件下采用多普勒频率变化率定位法对运动目标进行定位的场合，可以大幅的提高算法对观测误差的适应能力，滤波精度和稳定性大幅提高。

5.3　基于迭代确定性采样卡尔曼滤波的被动跟踪算法

在机载无源定位系统中，虽然确定性采样卡尔曼滤波算法的性能较 EKF 及其衍生算法有了大幅的提高，但因受到系统可观测性弱、非线性强和初始估计误差大等因素的影响，确定性采样滤波算法同样存在较大的近似误差。在递推滤波的过程中，算法会将这些非线性近似误差归入观测误差中，导致在量测更新过程中信息缺失和增益计算不准确等现象产生，状态估计的不确定性增大，估计出的误差协方差矩阵与实际误差存在较大的偏差，进而造成滤波性能大幅下降[15]。

针对这一问题，一个解决的办法就是将确定性采样卡尔曼滤波算法与迭代算法相结合[16, 17]。在迭代过程中使用观测量对状态量进行逐渐的修正，从而提高算法对观测误差的适应能力。但是在机载无源定位系统中初始状态误差较大，且观测方程存在严重的非线性，因此测量精度将严重影响每次迭代的收敛性。尽管 Gauss-Newton 迭代策略[17]通过当前和上一时刻状态之间的差值与判决门限相比较而确定迭代是否继续进行的迭代策略具有全局的收敛性，但它不能保证观测似然是一直增加的，且判决门限的设置相当棘手，若设置不恰当将严重影响算法性能[16]。例如，在迭代过程中最开始几次的观测误差很大，而判决门限设置得很小，这很可能导致滤波性能非但没有提高反而下降的现象产生，因此 Gauss-Newton 迭代策略对状态初值和观测精度也比较敏感。为此下面推导出在高斯噪声条件下一种保持似然一直增加的迭代判决准则。

5.3.1　迭代策略的推导

对于 5.2 节的非线性系统，假设在 k 时刻的状态矢量及其协方差的估计分别为 $\hat{X}_k$ 和 P_k。观测值为 Y_k，状态和观测噪声误差协方差矩阵分别为 Q_k 和 R_k，均为相互独立且零均值的高斯白噪声。迭代滤波就是指在 $\hat{X}_k$、P_k、Y_k、Q_k 和 R_k 的基础上对状态矢量 $\hat{X}_k$ 寻求更优估计的过程。下面我们用相互独立多维正态随机矢量的形式来表示 $\hat{X}_k$ 和 Y_k：

$$\begin{cases} \hat{X}_k \sim N(X_k, P_k) \\ Y_k \sim N(h(X_k), R_k) \end{cases} \tag{5-40}$$

其中，X_k 为状态矢量真实值。下面将写成增广矢量的形式：

$$Z_k = \begin{bmatrix} \hat{X}_k \\ Y_k \end{bmatrix} = \begin{bmatrix} X_k + w_k \\ h(X_k) + v_k \end{bmatrix} \tag{5-41}$$

式中，w_k 和 v_k 分别为均值为零、方差为 P_k 和 R_k 的高斯白噪声。Z_k 的多维正态随机矢量的形式为

$$Z_k \sim N\left(\begin{bmatrix} \hat{X}_k \\ Y_k \end{bmatrix}, P_k^z \right), \quad P_k^z = \begin{bmatrix} P_k & 0 \\ 0 & R_k \end{bmatrix} \tag{5-42}$$

下面根据增广矢量 Z_k 建立待估计状态矢量 $\hat{X}_k$ 的似然函数，其表达式为

$$\Lambda(\hat{X}_k) = \Lambda_c + \exp\left\{ -\frac{1}{2}\left(Z_k - \begin{bmatrix} \hat{X}_k \\ Y_k \end{bmatrix} \right)^{\mathrm{T}} (P_k^z)^{-1} \left(Z_k - \begin{bmatrix} \hat{X}_k \\ Y_k \end{bmatrix} \right) \right\} \tag{5-43}$$

根据最大似然准则，对上式求 $\hat{X}_k$ 的最优估计 $\hat{X}_k^*$，可以得到

$$\hat{X}_k^* = \arg\max\left[\Lambda(\hat{X}_k) \right] \tag{5-44}$$

很明显采用上式很难直接求出 $\hat{X}_k^*$，但是我们可以通过判断似然增加的趋势来得到更优的状态估计，即如果 $\Lambda(\hat{X}_{k,i}) > \Lambda(\hat{X}_{k,j})$，则状态估计值 $\hat{X}_{k,i}$ 要优于 $\hat{X}_{k,j}$。基于这一结论我们得出保持似然一直增加的迭代判决准则，假设在 k 时刻进行迭代估计，第 i 次迭代后的状态估计值表示为 $\hat{X}_{k,i}(i = 0,1,\cdots,N)$，$N$ 为迭代总次数。迭代判决准则如下：

如果 $\Lambda(\hat{X}_{k,i+1}) > \Lambda(\hat{X}_{k,i})$，则继续进行迭代操作，反之迭代终止。由于第 $i+1$ 次迭代是在第 i 次迭代的基础上进行的，因此结合 $\Lambda(\hat{X}_{k,i+1}) > \Lambda(\hat{X}_{k,i})$ 和式（5-43）可得

$$\begin{aligned}
&\left[\hat{X}_k - \hat{X}_{k,i} \right]^{\mathrm{T}} P_{k,i}^{-1} \left[\hat{X}_k - \hat{X}_{k,i} \right] + \left[Y_k - h(\hat{X}_{k,i}) \right]^{\mathrm{T}} R_k^{-1} \left[Y_k - h(\hat{X}_{k,i}) \right] \\
&> \left[\hat{X}_k - \hat{X}_{k,i+1} \right]^{\mathrm{T}} P_{k,i}^{-1} \left[\hat{X}_k - \hat{X}_{k,i+1} \right] + \left[Y_k - h(\hat{X}_{k,i+1}) \right]^{\mathrm{T}} R_k^{-1} \left[Y_k - h(\hat{X}_{k,i+1}) \right]
\end{aligned} \tag{5-45}$$

对上式化简可得

$$\left[\hat{X}_k - \hat{X}_{k,i+1} \right]^{\mathrm{T}} P_{k,i}^{-1} \left[\hat{X}_{k,i} - \hat{X}_{k,i+1} \right] < \left[h(\hat{X}_{k,i+1}) - h(\hat{X}_{k,i}) \right]^{\mathrm{T}} R_k^{-1} \left[h(\hat{X}_{k,i+1}) - h(\hat{X}_{k,i}) \right] \tag{5-46}$$

5.3.2　基于自适应迭代平方根 UKF 的机载无源定位算法

根据上面的分析，迭代算法对传统确定性采样卡尔曼滤波算法性能的提升程度取决于两个方面：一方面是迭代策略的选择，即必须保证算法按收敛的趋势进行递推运算；另一方面是迭代基础算法对观测误差的适应性，只有在保证算法稳定的基础上，才能进一步进行迭代，寻求更优的状态估计。下面基于这一思想，在 SRUKF 算法[13]、抗差自适应滤波理论[18, 19]以及 5.4.1 节推导出的迭代策略基础上，推导出一种自适应迭代 SRUKF（adaptive iterated SRUKF，AISRUKF）算法，通过引入自适应因子调整 SRUKF 滤波的观测值与状态值之间的权比，使预测信息更为准确。利用上一次滤波估计值对当前时刻的状态向量进行重采样，通过自适应迭代策略对实际的状态估计值及其协方差的平方根进行逼近，从而提高了算法的滤波性能。

5.3.2.1　自适应因子的选取

抗差自适应滤波利用自适应因子调整状态信息对滤波估值的作用，使状态参数预测值的协方差更加合理，滤波算法的稳定性和收敛精度明显提高[18]。结合抗差自适应滤波的思想和 SRUKF 算法，利用自适应因子和上面推导的选达策略对状态预测值进行实时调整。本书采用预测残差[19]作为判别统计量，定义

$$
\begin{cases}
\xi_k = \hat{Y}_k - Y_k \\
\Delta\xi_k = \sqrt{\dfrac{\xi_k^T \xi_k}{\mathrm{tr}\left[\left(S_k^y\right)^{\mathrm{T}} S_k^y\right]}}
\end{cases}
\tag{5-47}
$$

其中，S_k^y 为量测更新后算法估计出的观测矢量误差协方差矩阵的平方根，自适应因子的选取规则如下[19]：

$$
\eta_k = \begin{cases}
1, & \Delta\xi_k \leqslant c \\
\dfrac{c}{\Delta\xi_k}, & \Delta\xi_k > c
\end{cases}
\tag{5-48}
$$

其中，c 为经验值常数，通常选取 1.0～2.5。关于抗差自适应滤波理论，这里不给出介绍，具体详见文献[20]，本节只应用其结论。

5.3.2.2　SRUKF 的迭代判决准则

由于 SRUKF 在滤波过程中采用误差协方差矩阵的平方根参与算法的递推运算，因此需要对 5.3.1 节的迭代判决准则做出改变，即用状态误差协方差矩阵的平方根的形式替代协方差矩阵，对式（5-46）进行调整。

$$
\begin{aligned}
&\left[\hat{X}_{k,i} - \hat{X}_{k,i+1}\right]^{\mathrm{T}}\left[(S_{k,i}^x)^{\mathrm{T}} S_{k,i}^x\right]^{-1}\left[\hat{X}_{k,i} - \hat{X}_{k,i+1}\right] \\
&< \left[h\left(\hat{X}_{k,i+1}\right) - h\left(\hat{X}_{k,i}\right)\right]^{\mathrm{T}} R_k^{-1}\left[h\left(\hat{X}_{k,i+1}\right) - h\left(\hat{X}_{k,i}\right)\right]
\end{aligned}
\tag{5-49}
$$

式中，$S_{k,i}^x$ 为第 i 次迭代量测更新后状态矢量误差协方差矩阵的平方根。

5.3.2.3　基于 AISRUKF 滤波的机载无源定位算法流程

本算法以二维平面情况下基于相位差变化率和多普勒频率变换率相结合的复合定位方法为研究背景，假设飞机和目标均做匀速运动。算法的具体流程如下。

（1）算法的初始化：利用首次观测值 β_0、$\dot{\phi}_0$ 和 $\dot{f}_{d0}$，根据测距公式求得初始相对距离

$r_0 = \left[(-\lambda \dot{f}_{d0}) \right] \cdot (2\pi d \cos \beta_0)^2 / \lambda^2 \cdot \dot{\phi}_0^2$，再结合角度 β_0 得出两者之间的相对位置矢量的估计 $\left[\hat{x}_0, \hat{y}_0 \right]^{\mathrm{T}}$，将相对速度初始为 0，这样得到初始状态估计为 $\hat{X}_0$；根据初次观测误差计算出初始误差协方差矩阵 P_0，噪声协方差矩阵初始为：$R_k = \mathrm{diag} \left[\sigma_\beta^2 \sigma_\phi^2 \sigma_{fd}^2 \right]$，$Q_k = \mathrm{diag} \left[w_x^2 w_y^2 \right]$，然后对 $\hat{X}_0$ 和 P_0 进行矢量扩展：$\hat{X}_0^a = E\left[X_0^a \right] = \left[X_0^{\mathrm{T}} \ 0 \ 0 \right]^{\mathrm{T}}$，$P_0^a = \mathrm{diag} \left[P_0 Q_0 R_0 \right]$，最后求取扩展后误差协方差矩阵 P_0^a 的平方根 $S_0^a = \left[\mathrm{chol}(P_0^a) \right]^{\mathrm{T}}$。其中 $X^a = \left[X^{\mathrm{T}} w^{\mathrm{T}} v^{\mathrm{T}} \right]^{\mathrm{T}}$，$L_a = L_x + L_w + L_v$，$L_w$ 为状态噪声维数，L_x 和 L_v 分别为状态矢量和观测矢量的维数。

循环：从观测步骤 $k=1$ 开始一直到观测截止 $k=N$，N 为观测次数。

（2）采样点计算：

$$\chi_{k-1}^a = \left[\hat{X}_{k-1}^a \ \hat{X}_{k-1}^a \pm \sqrt{(L_a + \lambda)} S_{k-1}^a \right] \tag{5-50}$$

（3）状态变换预测（时间更新）：

$$\begin{cases} \chi_{k|k-1}^x = f(\chi_{k-1}^x \chi_{k-1}^w) \\ \hat{X}_{k|k-1} = \sum_{i=0}^{2L_a} \omega_i^{(m)} \chi_{i,k|k-1}^x \\ S_{k|k-1}^x = \mathrm{qr} \left\{ \left[\sqrt{\omega_1^{(c)}} (\chi_{1:2L_a,k|k-1}^x) - \hat{X}_{k|k-1} \right] \right\} \\ S_{k|k-1}^x = \mathrm{cholupdate} \left\{ S_{k|k-1}^x, \chi_{0,k|k-1}^x - \hat{X}_{k-1}, \omega_0^{(c)} \right\} \end{cases} \tag{5-51}$$

（4）量测更新所需采样点计算：

$$\chi_{k|k-1}^{a*} = \left[\hat{X}_{k-1}^a \ \hat{X}_{k-1}^a \pm \sqrt{(L_a + \lambda)} S_{k-1}^a \right] \tag{5-52}$$

（5）采样点非线性映射，量测更新：

$$\begin{cases} Y_{k|k-1} = h(\chi_{k|k-1}^{x*} \chi_{k|k-1}^{v*}) \\ \hat{Y}_k = \sum_{i=0}^{2L_a} \omega_i^{(m)} Y_{i,k|k-1} \\ S_k^y = \mathrm{qr} \left\{ \left[\sqrt{\omega_i^{(c)}} (Y_{1:2L_a,k|k-1} - \hat{Y}_k) \right] \right\} \\ S_k^y = \mathrm{cholupdate} \left\{ S_k^y, Y_{0,k|k-1} - \hat{Y}_k, \omega_0^{(c)} \right\} \end{cases} \tag{5-53}$$

（6）采用式（5-47）、式（5-48）和式（5-69）计算自适应因子，然后对观测误差协方差矩阵进行抗差自适应操作，然后计算状态、量测互协方差：

$$\begin{cases} S_k^y = \left[S_k^y - \mathrm{chol}(R_k) \right] / \sqrt{\eta_k} \mathrm{chol}(R_k) \\ P_k^{xy} = \sum_{i=0}^{2L_a} \omega_i^{(c)} \left[\chi_{i,k|k-1}^x - \hat{X}_{k|k-1} \right] \left[Y_{i,k|k-1} - \hat{Y}_k \right]^{\mathrm{T}} \end{cases} \tag{5-54}$$

（7）抗差自适应增益计算和状态更新：

$$
\begin{cases}
\rho_k = \left[P_k^{xy} / (S_k^y)^{\mathrm{T}} \right] / S_k^y \\
\rho_k = \rho_k / \eta_k \\
\hat{X}_k = \hat{X}_{k|k-1} + \rho_k (Y_k - \hat{Y}_k) \\
S_k^x = \mathrm{cholupdate}\left\{ S_{k|k-1}^x, \rho_k S_k^y, -1 \right\}
\end{cases}
\tag{5-55}
$$

算法迭代：迭代从 $j=1$ 开始一直到迭代截止 $j=M$ ，M 为迭代总次数。

（8）对状态向量进行重新采样，由 k 时刻估计的状态矢量 $\hat{X}_k$ 和协方差平方根阵 S_k^x 产生采样点，即 $\hat{X}_{k,0} = \hat{X}_k$ ，$S_{k,0}^x = S_k^x$ 。因为不需要状态矢量转换，所以不需要对系统误差进行扩展，这时权值 $\omega_i^{(c)}$ 、$\omega_i^{(m)}$ 和参数 λ 需要代入式（5-2）重新进行计算。其中状态维数变为 $L_a^* = L_x + L_v$ ，$\hat{X}_{k,j-1}^{*a} = \left[(\hat{X}_k)^{\mathrm{T}}\ 0 \right]^{\mathrm{T}}$ ，$S_{k,j-1}^{*a} = \mathrm{diag}\left[S_{k,j-1}^x \left[\mathrm{chol}(R_k) \right]^{\mathrm{T}} \right]$ 。

$$
\chi_{k,j-1}^{*a} = \left[\hat{X}_{k,j-1}^{*a}\quad \hat{X}_{k,j-1}^{*a} \pm \sqrt{(L_a^* + \lambda)} S_{k,j-1}^{*a} \right]
\tag{5-56}
$$

（9）基于抗差自适应的迭代估计和更新，对式（5-73）～式（5-77）重新进行计算：

$$
\begin{cases}
\hat{X}_{k,j}^- = \sum_{i=0}^{2L_a^*} \omega_i^{(m)} \chi_{i,k,j-1}^x \\
S_{k,j}^{x-} = \mathrm{qr}\left\{ \left[\sqrt{\omega_i^{(c)}} (\chi_{1:2L_a^*,k,j-1}^x - \hat{X}_{k,j}^-) \right] \right\} \\
S_{k,j}^{x-} = \mathrm{cholupdate}\left\{ S_{k,j}^{x-}, \chi_{0,k,j-1}^x - \hat{X}_{k,j}^-, \omega_0^{(c)} \right\}
\end{cases}
\tag{5-57}
$$

$$
\begin{cases}
\chi_{k,j}^{*a} = \left[\hat{X}_{k,j}^{*a}\quad \hat{X}_{k,j}^{*a} \pm \sqrt{(L_a^* + \lambda)} S_{k,j}^{*a-} \right] \\
Y_{k,j} = h(\chi_{k,j}^{*x} \chi_{k,j}^{*v}) \\
\hat{Y}_{k,j} = \sum_{i=0}^{2L_a^*} \omega_i^{(m)} Y_{i,k,j} \\
S_{k,j}^y = \mathrm{qr}\left\{ \left[\sqrt{\omega_i^{(c)}} (Y_{1:2L_a^*,k,j} - \hat{Y}_{k,j}) \right] \right\} \\
S_{(k,j)}^y = \mathrm{cholupdate}\left\{ S_{k,j}^y, Y_{0,k,j} - \hat{Y}_{k,j}, \omega_0^{(c)} \right\}
\end{cases}
\tag{5-58}
$$

$$
\begin{cases}
S_{k,j}^y = \left[S_{k,j}^y - \mathrm{chol}(R_k) \right] / \sqrt{\eta_{k,j}} + \mathrm{chol}(R_k) \\
P_{k,j}^{xy} = \sum_{i=0}^{2L_a^*} \omega_i^{(c)} \left[\chi_{i,k,j}^x - \hat{X}_{k,j} \right] \left[Y_{i,k,j} - \hat{Y}_{k,j} \right]^{\mathrm{T}}
\end{cases}
\tag{5-59}
$$

$$
\begin{cases}
\rho_{k,j} = \left[P_{k,j}^{xy} / (S_{k,j}^y)^{\mathrm{T}} \right] / S_{k,j}^y \\
\rho_{k,j} = \rho_{k,j} / \eta_{k,j} \\
\hat{X}_{k,j} = \hat{X}_{k,j}^- + \rho_{k,j} (Y_k - \hat{Y}_{k,j}) \\
S_{k,j}^x = \mathrm{cholupdate}\left\{ S_{k,j}^x, \rho_{k,j} S_{k,j}^y, -1 \right\}
\end{cases}
\tag{5-60}
$$

（10）如果式（5-49）成立，且 $j \leq M$ ， $j = j+1$ ；返回步骤（8），否则，迭代中止，跳出迭代循环。

迭代循环结束。

循环结束。

从算法的流程可以看出，AISRUKF 的运算量是与迭代次数成正比的，但是通过计算机仿真发现，一般在一个时刻的迭代次数都不超过 3 次，因此运算量的增加不明显。

5.3.2.4　仿真实验与结果分析

下面参照二维平面下利用基于相位差变换率和多普勒频率变换率相结合的机载无源定位方法的可观测条件，设置两个仿真场景，并做六组实验。

仿真场景 1：在地固坐标系中，飞机的起始位置坐标为（0,0）km，速度为（300,－100）m/s，目标辐射源为慢速目标（慢速目标是相对而言的，我们将小于载机飞行速度 1/10 的目标定义为慢速目标），起始位置坐标为（150,100）km，速度为（40,0）m/s。

仿真场景 2：飞机的起始位置坐标为（0,0）km，速度为（100,100）m/s，目标辐射源为快速目标起始位置坐标为（250,200）km，速度为（－250,120）m/s。

在上述两个仿真场景中，AISRUKF 在不同的观测精度条件下对比 EKF、标准的 UKF 和基于 Gauss-Newton 方法的迭代 UKF（简称 IUKF）算法性能进行测试，在两个仿真场景中观测精度均为：

观测精度 1　　$\sigma_\beta = 2\mathrm{mrad}$ ， $\sigma_{\dot\phi} = 0.015 \,\mathrm{rad/s}$ ， $\sigma_{\dot f_d} = 1\mathrm{Hz/s}$ ；

观测精度 2　　$\sigma_\beta = 5\mathrm{mrad}$ ， $\sigma_{\dot\phi} = 0.03\mathrm{rad/s}$ ， $\sigma_{\dot f_d} = 2\mathrm{Hz/s}$ ；

观测精度 3　　$\sigma_\beta = 10\mathrm{mrad}$ ， $\sigma_{\dot\phi} = 0.05\mathrm{rad/s}$ ， $\sigma_{\dot f_d} = 6\mathrm{Hz/s}$ 。

仿真中，系统误差均为 $w_x = w_y = 1\mathrm{m/s}^2$ ，观测周期为 $T = 1\mathrm{s}$ ，目标辐射源频率为 $f_T = 9\mathrm{GHz}$ ，观测精度为 $\sigma_{f_T} = 1\mathrm{MHz}$ ，干涉仪阵元间距为 7.5m。在观测精度 1 和 2 时总时间步数为 N=120，在观测精度 3 时总时间步数为 N=200，每一组做 100 次蒙特卡罗实验，性能指标依然用相对距离误差 RRE 来测度。衡量标准同 5.2.4.2 节，仿真结果如表 5-3、表 5-4 和图 5-5、图 5-6 所示（在表 5-3 和表 5-4 中算法的运行时间是总时间步数为 $N = 120$ 时测量的，各图中已剔除不收敛的实验结果）。

表 5-3　仿真场景 1 不同观测精度时算法的稳定性与定位精度比较

算法	运行时间/ms	观测精度 1		观测精度 2		观测精度 3	
		收敛次数	定位精度	收敛次数	定位精度	收敛次数	定位精度
EKF	0.09	100	1.09%	72	4.60%	39	8.12%
UKF	0.46	100	0.76%	92	2.15%	61	3.29%
IUKF	1.33	100	0.68%	100	1.75%	88	2.95%
AISRUKF	1.37	100	0.56%	100	1.34%	100	1.60%

表 5-4　仿真场景 2 不同观测精度时算法的稳定性与定位精度比较

算法	运行时间 /ms	观测精度 1		观测精度 2		观测精度 3	
		收敛次数	定位精度	收敛次数	定位精度	收敛次数	定位精度
EKF	0.10	92	1.97%	69	5.17%	26	9.30%
UKF	0.49	98	1.11%	87	3.67%	53	4.32%
IUKF	1.47	100	0.88%	95	3.32%	78	3.76%
AISRUKF	1.56	100	0.70%	100	2.25%	97	2.98%

当观测精度较高时，各算法的性能相当，滤波性能都很优异，迭代算法在收敛速度和滤波精度上稍显优势，从图 5-5 和图 5-6（a）和（b）中可以明显看出 IUKF 和 AISRUKF 的性能优于 UKF 和 EKF。在稳定性上迭代算法的性能优势明显，由表 5-3 和表 5-4 可以看出，EKF 和 UKF 对观测误差的适应性较差，当观测误差增大时，发散次数大幅增加，而迭代算法保持稳健。

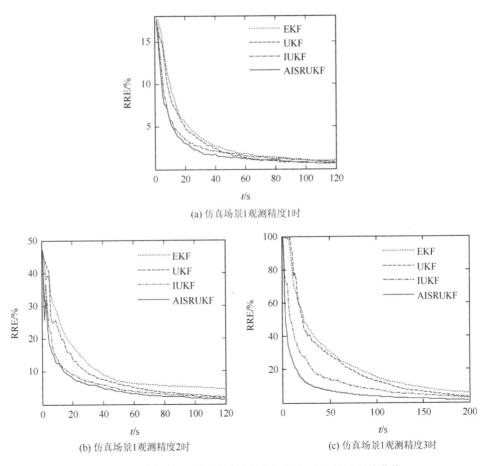

(a) 仿真场景1观测精度1时

(b) 仿真场景1观测精度2时

(c) 仿真场景1观测精度3时

图 5-5　仿真场景 1 不同观测精度时各算法 RRE 统计平均曲线

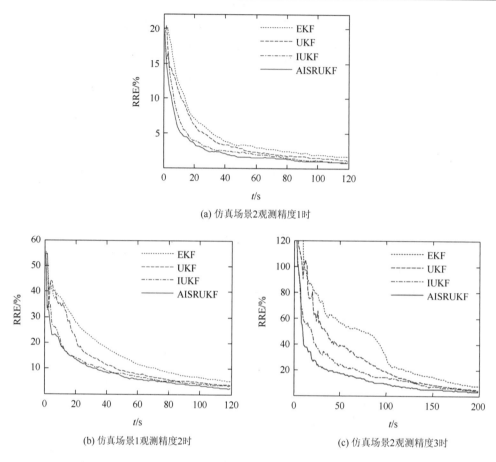

(a) 仿真场景2观测精度1时

(b) 仿真场景1观测精度2时

(c) 仿真场景2观测精度3时

图 5-6　仿真场景 2 不同观测精度时各算法 RRE 统计平均曲线

　　虽然基于 Guass-Newton 迭代策略的 IUKF 算法在收敛速度、收敛精度和稳定性上较 UKF 有了较大的提高，但是基于 UKF 推导的 IUKF 也会由于系统非线性强、可观测性弱、初始状态估计误差大和计算机截断误差等因素的影响引起误差协方差矩阵负定，致使其在观测误差较大条件下稳定性下降。本书提出的 AISRUKF 以 SRUKF 为基础进行推导，采用 QR 分解和 Cholesky 更新算法对误差协方差矩阵的平方根进行计算，在提高运行效率的同时保证算法的数值稳定性。同时利用自适应因子调整状态信息对 SRUKF 滤波估计的贡献，采用基于似然增加的迭代策略使状态参数预测值更加准确，进而提高了算法的滤波性能和对观测误差的适应能力。从图 5-5 和图 5-6 可以看出，AISRUKF 优于其他三种算法。

　　然而，迭代算法的缺点是运算量增加，且运算量是与迭代次数成正比的，但是通过计算机仿真发现，一般在一个时刻的迭代次数都不超过 3 次，因此运算量的增加不明显。从表 5-3 和表 5-4 可以看出，AISRUKF 算法的计算量大约为标准的 UKF 算法的 3 倍，与 IUKF 基本相当，但是从算法流程上看比 IUKF 多两步的求自适应因子并进行更新的步骤，但随着计算机硬件技术的发展，这两步的运算量可忽略不计。

5.3.3　基于 Levenberg-Marquardt 优化迭代 CDKF 滤波的机载无源定位算法

基于上一节的思想：只有在保证迭代基础算法稳定的前提下，才能进一步提高迭代算法的性能，下面提出一种基于 Levenberg-Marquardt 优化的迭代中心差分卡尔曼滤波算法（iterated central difference Kalman filter based on Levenberg-Marquardt optimization，ILMODKF），在 5.3.1 节迭代判决准则的约束下重复利用观测信息对状态向量及其误差协方差矩阵进行迭代估计，在保证算法的全局收敛性的同时使滤波估计更趋向真实值，同时用 Levenberg-Marquardt 优化方法对预测误差协方差矩阵进行修正，进而提高算法的滤波性能。

5.3.3.1　基于 Levenberg-Marquardt 优化方法的迭代策略

为了提高算法的稳定性、收敛速度和滤波精度，一个有效的解决方法就是对滤波预测量的误差协方差矩阵进行实时的调整使其更为准确。本书采用 Levenberg-Marquardt 优化方法调整预测值的误差协方差矩阵，即在每次迭代过程中，使用参数 λ_i 对预测误差协方差矩阵进行修正[21]。关于 Levenberg-Marquardt 优化方法的原理及参数的选取方法参照文献[21]，这里只给出优化公式和量测更新公式：

$$\tilde{P}_k = \left[I_{n_x} - \hat{P}_k (\hat{P}_k + \lambda_i^{-1} I_{n_x})^{-1} \right] \hat{P}_k \tag{5-61}$$

式中，n_x 为状态矢量维数。综合以上分析得出新的迭代策略：将式（5-46）作为迭代判决准则，在其约束下，首先用 Levenberg-Marquardt 方法优化当前时刻滤波预测值的误差协方差矩阵，然后用滤波后的状态估计值和优化后协方差矩阵对状态向量进行重采样，最后通过迭代估计逐渐逼近状态量的真实值。

5.3.3.2　基于 ILMCDKF 的机载无源定位算法流程

本算法以二维平面情况下基于多普勒频率变换率的机载无源定位方法为研究背景。由于系统可观测性弱、初值误差大和数值计算舍入误差等原因可能引起误差协方差矩阵负定，严重时可导致滤波器不能正常工作，因此采用误差协方差矩阵的平方根代替协方差矩阵参与递推运算，提高了滤波算法的运行效率和数值稳定性。假设飞机和目标均做匀速运动，算法的具体流程如下。

（1）初始化：将初始测距公式变为 $r_0 = (-\lambda \dot{f}_{d0}) / \dot{\beta}_0^2$，其余步骤同 AISRUKF 算法的初始化，对误差协方差矩阵求平方根，$S_0^x = \left[\text{chol}(\hat{P}_0^x) \right]^{\mathrm{T}}$，$S_k^w = \text{chol}(Q_k)^{\mathrm{T}}$，$S_k^v = \text{chol}(R_k)^{\mathrm{T}}$。

循环：从观测步骤 $k=1$ 开始一直到观测截止 $k=N$，N 为观测次数。

（2）扩展状态矢量，然后进行采样点计算：

$$\hat{X}_{k-1}^a = \left[\hat{X}_{Tk-1}^{\mathrm{T}} 0 \right]^{\mathrm{T}}, \quad S_{k-1}^a = \begin{bmatrix} S_{k-1}^x & 0 \\ 0 & S_{k-1}^w \end{bmatrix} \tag{5-62}$$

$$\chi^a_{k-1} = \begin{bmatrix} \hat{X}^a_{k-1} & \hat{X}^a_{k-1} + hS^a_{k-1} & \hat{X}^a_{k-1} - hS^a_{k-1} \end{bmatrix} \tag{5-63}$$

（3）对状态矢量作时间更新：

$$\begin{cases} \chi^x_{k|k-1} = f(\chi^x_{k-1}\chi^w_{k-1}) \\ \hat{X}_{k|k-1} = \displaystyle\sum_{i=0}^{2L_{a1}} \omega_i^{(m1)} \chi^x_{i,k|k-1} \\ \hat{P}^x_{k|k-1} = \displaystyle\sum_{i=1}^{L_{a1}} \left\{ \begin{array}{l} \omega_i^{(c_1)} \left[\chi^x_{i,k|k-1} - \chi^x_{L_{a1+i},k|k-1} \right]\left[\chi^x_{i,k|k-1} - \chi^x_{L_{a1+i},k|k-1} \right]^{\mathrm{T}} \\ + \omega_i^{(c_2)} \left[\chi^x_{i,k|k-1} + \chi^x_{L_{a1+i},k|k-1} - 2\chi^x_{0,k|k-1} \right]\left[\chi^x_{i,k|k-1} + \chi^x_{L_{a1+i},k|k-1} - 2\chi^x_{0,k|k-1} \right]^{\mathrm{T}} \end{array} \right\} \end{cases} \tag{5-64}$$

算法迭代：迭代从 $j=1$ 开始一直到迭代截止 $j=M$，M 为迭代总次数。

（4）采用 Levenberg-Marquardt 方法优化状态误差协方差矩阵，然后对状态预测值进行采样点计算，此时迭代初值为 $\hat{X}_{k|k-1,0} = \hat{X}_{k|k-1}$，$\hat{P}^x_{k|k-1,0} = \hat{P}^x_{k|k-1}$。

$$\begin{cases} \tilde{P}^x_{k|k-1,j-1} = \left[I_4 - \hat{P}^x_{k|k-1,j-1}(\hat{P}^x_{k|k-1,j-1} + \lambda_{j-1}^{-1}I_4)^{-1} \right] \hat{P}^x_{k|k-1,j-1} \\ S^x_{k|k-1,j-1} = \mathrm{chol}(\tilde{P}^x_{k|k-1,j-1})^{\mathrm{T}} \end{cases} \tag{5-65}$$

$$\hat{X}^a_{k|k-1,j-1} = \begin{bmatrix} \hat{X}^{\mathrm{T}}_{k|k-1,j-1} 0 \end{bmatrix}^{\mathrm{T}}, \quad S^{j,a}_{k|k-1} = \begin{bmatrix} S^x_{k|k-1,j-1} & 0 \\ 0 & S^v_k \end{bmatrix} \tag{5-66}$$

$$\chi^{j,a}_{k|k-1} = \begin{bmatrix} \hat{X}^{j,a}_{k|k-1} & \hat{X}^{j,a}_{k|k-1} + hS^{j,a}_{k|k-1} & \hat{X}^{j,a}_{k|k-1} - hS^{j,a}_{k|k-1} \end{bmatrix} \tag{5-67}$$

（5）采样点非线性映射，量测更新：

$$\begin{cases} Y_{k|k-1,j-1} = h(\chi^{j,x}_{k|k-1,j-1}\chi^v_k) \\ \hat{Y}_{k,j-1} = \displaystyle\sum_{i=0}^{2L_a} \omega_i^{(m)} Y^j_{i,k|k-1,j-1} \\ C_{k,j-1} = \left[\sqrt{\omega_i^{(c_1)}} (Y^j_{1\cdot L_{a2},k|k-1,j-1} - Y^j_{L_{a2}+1:2L_{a2},k|k-1,j-1}) \right] \\ S^y_{k,j-1} = \mathrm{qr}\left(\left\{ C_{k,j-1} \left[\sqrt{\omega_i^{(c_2)}} (Y^j_{1\cdot L_{a2},k|k-1,j-1} + Y^j_{L_{a2}+1:2L_{a2},k|k-1,j-1} - 2Y^j_{0,k|k-1,j-1}) \right] \right\} \right) \end{cases} \tag{5-68}$$

（6）计算状态、量测互协方差，然后完成增益计算，状态更新：

$$\begin{cases} P^{xy}_{k,j-1} = \sqrt{\omega_i^{(c_1)}} S^x_{k|k-1} \left[C^j_{1:L_x,k,j-1} \right]^{\mathrm{T}} \\ \rho_{k,j-1} = \left[P^{xy}_{k,j-1} / (S^y_{k,j-1})^{\mathrm{T}} \right] / S^y_{k,j-1} \\ \hat{X}_{k,j} = \hat{X}_{k|k-1,j-1} + \rho_{k,j-1} \left\{ (Y_k - \hat{Y}_{k,j-1}) - \left[(\tilde{P}^x_{k|k-1,j-1})^{-1} P^{xy}_{k,j-1} \right]^{\mathrm{T}} (\hat{X}_{k|k-1} - \hat{X}_{k|k-1,j-1}) \right\} \\ \qquad + \lambda_{j-1} \left\{ I_4 - \rho_{k,j-1} \left[(\tilde{P}^x_{k|k-1,j-1})^{-1} P^{xy}_{k,j-1} \right]^{\mathrm{T}} \right\} \tilde{P}^x_{k|k-1,j-1} (\hat{X}_{k|k-1} - \hat{X}_{k|k-1,j-1}) \\ S^x_{k,j} = \mathrm{cholupdate}\left\{ S^x_{k|k-1,j-1}, \rho_{k,j-1} S^y_{k,j-1}, -1 \right\} \end{cases} \tag{5-69}$$

（7）利用 $\hat{X}_{k,j}$ 和 $S_{k,j}^{x}$ 生成新的采样点，并按照第（5）步对观测矢量及其协方差矩阵的平方根再次更新，得到 $\hat{Y}_{k,j}$ 和 $S_{k,j}^{y}$。

（8）同样采用 5.3.1 的迭代判决准则，如果式（5-49）成立，且 $j \leqslant M$，$j = j+1$，返回步骤（4），否则，迭代终止，跳出迭代循环。

迭代循环结束，输出迭代结果。

循环结束。

在算法中，L_x 为状态变量维数，L_w 为过程噪声维数，L_v 为观测噪声维数，$L_{a1} = L_x + L_w$，$L_{a2} = L_x + L_v$。CDKF 权重：$\omega_0^{(m1)} = (h^2 - L_{a1})/h^2$，$\omega_0^{(m2)} = (h^2 - L_{a2})/h^2$，$\omega_i^{(m1)} = \omega_i^{(m2)} = 1/2h^2$，$\omega_i^{(c_1)} = 1/4h^2$，$\omega_i^{(c_2)} = (h^2 - 1)/4h^4$，$i \geqslant 1$。文献[8]指出，在噪声均为高斯白噪声的情况下，$h = \sqrt{3}$ 时滤波器性能最优。Levenberg-Marquardt 参数选为 $\lambda_j = 2^{j-1}\lambda_{j-1}$，$\lambda_1 = 0.1$。

5.3.3.3　仿真实验与结果分析

本节依旧采用 5.3.2.4 节设置的仿真场景 1，ILMCDKF 在不同的观测精度条件下对比 EKF、平方根 CDKF（简称 SRCDKF）和基于 Gauss-Newton 方法的迭代 CDKF 算法（简称 ICDKF）性能进行测试，在三组实验中各观测精度为：

观测精度 1　$\sigma_\beta = 8.7$ mrad，$\sigma_{\dot{\beta}} = 0.1$ mrad/s，$\sigma_{\dot{f}_d} = 1$ Hz/s；

观测精度 2　$\sigma_\beta = 17.4$ mrad，$\sigma_{\dot{\beta}} = 0.3$ mrad/s，$\sigma_{\dot{f}_d} = 3$ Hz/s；

观测精度 3　$\sigma_\beta = 26.1$ mrad，$\sigma_{\dot{\beta}} = 0.5$ mrad/s，$\sigma_{\dot{f}_d} = 5$ Hz/s。

表 5-5　仿真场景 1 不同观测精度时算法的稳定性与定位精度比较

算法	运行时间/ms	观测精度 1		观测精度 2		观测精度 3	
		收敛次数	定位精度	收敛次数	定位精度	收敛次数	定位精度
EKF	0.07	100	2.13%	72	7.87%	39	14.72%
SRCDKF	0.40	100	1.81%	92	4.75%	61	9.29%
ICDKF	1.31	100	1.38%	100	6.72%	88	7.81%
ILMCDKF	1.38	100	1.38%	100	2.94%	100	3.45%

其余各仿真参数均与 5.3.2.4 节相同，每一组做 100 次蒙特卡罗实验，观测次数 $N = 100$，依然采用 RRE 作为检验算法性能的指标，具体衡量标准与 5.2.3.3 节相同，仿真结果如表 5-5 和图 5-7 所示。由表 5-5 和图 5-7（a）可知，在观测精度较高时，其余各算法的性能均优于 EKF，两个迭代算法在收敛速度和定位精度上略有优势，但不明显。SRCDKF 稳定，收敛速度也相对较慢，这也直观地验证了 5.3.1 节的分析。从图 5-7（b）和（c）可以看出，在观测精度下降到一定程度时，ICDKF 反而不如方差矩阵进行迭代估计，理论上可以是随着观测精度的逐渐降低，各算法的性能开始明显下降。

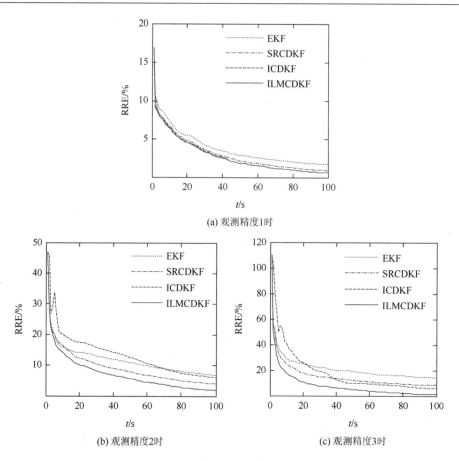

(a) 观测精度1时

(b) 观测精度2时　　　　　　　　　　　(c) 观测精度3时

图 5-7　不同观测精度时各算法的统计平均曲线

ICDKF 通过 Gauss-Newton 的方法对状态及其误差协方差阵进行迭代优化，进而提高其滤波性能，而 ILMCDKF 采用基于似然增加的迭代策略约束和优化整个迭代过程，不但避开了 Gauss-Newton 迭代策略判决门限难以设定的问题，而且保证了算法的全局收敛性，进一步降低了非线性观测方程对滤波精度造成的影响，从而提高了算法的滤波性能。从表 5-5 和图 5-7 可以直观看出 ILMCDKF 的性能优于 SRCDKF 与 ICDKF。另外，在运算量上，ILMCDKF 比 ICDKF 多一个优化误差协方差矩阵的步骤。但是在仿真过程中发现 ILMCDKF 在一个时刻的迭代步骤不高于 3 步，运算量基本上与 ICDKF 相当。因此，ILMCDKF 算法适用于高斯噪声条件下对实时性要求不高的定位场合，可以大幅提高算法的收敛速度和定位精度。

读者如果对此感兴趣，可按照上面两节的迭代思路自行推导出其余的迭代确定性采样卡尔曼滤波的被动跟踪算法。限于篇幅，这里不做详细阐述。

5.4　基于强跟踪确定性采样卡尔曼滤波的被动跟踪算法

强跟踪滤波理论最早由 Chien 等在文献[22]中提出，它主要针对削弱卡尔曼滤波算法的增长记忆特性而设计，通过使用渐消因子对过去时刻过早的滤波序列进行渐消操作，充分利用当前时刻的观测值,实时调整协方差矩阵和增益矩阵,提高了滤波算法对目标状态突变跟踪的能力。1991 年,周东华在其基础上提出带次优渐消因子的扩展卡尔曼滤波[23, 24](suboptimal fading extended Kalman filter,SFEKF)算法,对强跟踪滤波理论进行了进一步的改进和完善,进一步提高了算法对模型参数不确定以及状态突变的适应能力,降低了对系统噪声、观测噪声和初值误差的敏感性。为了提高确定性采样卡尔曼滤波算法在机载无源定位系统应用时的稳定性,本节引入强跟踪滤波理论对其进行改进。

5.4.1　正交原理

首先定义残差序列为 $\gamma_k = Y_k - h(\hat{X}_{k|k-1})$,然后给出强跟踪滤波的正交原理[25]:

$$\begin{cases} P_{\gamma,k} = E\left[\gamma_k \gamma_k^{\mathrm{T}}\right] = \min \\ E\left[\gamma_{k+j}\gamma_k^{\mathrm{T}}\right] = 0, \quad k = 1,2,\cdots; j = 1,2,\cdots \end{cases} \tag{5-70}$$

从正交原理的表达式(5-70)可以看出,不同时刻的残差序列与 Gaussian 噪声的性质相同,需要保持相互正交性。但受非线性近似误差、初始状态误差、模型误差和数值截断现象等因素的影响,实际应用过程中预测误差协方差矩阵很容易出现畸变或者病态,其物理意义也表明一旦发生了系统参数失配,必然会在 γ_k 上体现出来[25]。带次优渐消因子的EKF 就是根据正交原理提出的,通过引入自适应渐消因子对卡尔曼增益矩阵 ρ_k 进行实时修正, γ_k 保持正交或者近似正交的性质,从而保持对系统状态的实时跟踪。下面给出强跟踪滤波理论的引理。

引理 5-1　对于非线性系统,在应用正交原理时,式(5-70)不可能精确满足,这时,只要近似满足即可。这样可以减少计算量,使强跟踪滤波器保持良好的实时性[26]。

引理 5-2　正交原理的核心就是要求不同时刻的残差序列处处保持正交,当采用其它的方法也能替代 $P_{\gamma,k} = E\left[\gamma_k \gamma_k^{\mathrm{T}}\right] = \min$ 时,便可得到正交原理的扩展形式。这样就可以在其它的滤波算法上进行改进,即在原有的滤波算法基础上附加上条件 $E\left[\gamma_{k+j}\gamma_k^{\mathrm{T}}\right] = 0$ 后,使其具备强跟踪滤波的性质[27]。

引理 5-1 和引理 5-2 为推导带次优渐消因子的平方根中心差分卡尔曼滤波算法提供了理论基础。

5.4.2　基于带次优渐消因子的平方根 CDKF 的机载无源定位算法

为了提高滤波算法的稳定性,本节在研究带次优渐消因子的 EKF 算法[28, 29]的基础上,推导出一种带次优渐消因子的 SRCDKF(suboptimal fading square root central difference Kalman filter,SFSRCDKF)算法,通过引入自适应渐消因子对卡尔曼增益阵进行实时修正,保持残差序列在不同时刻的近似正交性,提高了 SRCDKF 对状态变化的反应速度和对观测误差的适应能力,并使用误差协方差矩阵的平方根代替协方差矩阵参与递推运算,在保证数值稳定性的同时提高了算法的运行效率。

5.4.2.1 正交性推导以及次优渐消因子的选取

文献[30]根据正交原理提出了带次优渐消因子的 EKF 算法，推导过程和流程详见文献[30]。EKF 算法满足正交原理的充分必要条件为

$$P^x_{(k|k-1)}H_k^T - K_kP_{\gamma,k} = 0, \quad H_k = \left.\frac{\partial h_k(X_k)}{\partial X_k}\right|_{X_k=X_{k|k-1}} \tag{5-71}$$

应用引理 5-1，为了近似满足正交原理，按照中心差分思想，对应于 CDKF 算法上式可表示为

$$P^{xy}_{k|k-1} - K_kP_{\gamma,k} = 0 \tag{5-72}$$

其中，$P^x_{k|k-1}$ 为状态误差协方差矩阵；$P^y_{k|k-1}$ 为量测误差协方差矩阵；$P^{xy}_{k|k-1}$ 为互协方差矩阵。又由于在 CDKF 算法中卡尔曼增益矩阵 $\rho_k = P^{xy}_{k|k-1}(P^y_{(k|k-1)} + R_k)^{-1}$，将其代入上式得

$$P^y_{k|k-1} = P_{\gamma,k} - R_k \tag{5-73}$$

按照文献[29]的办法，采用次优渐消因子 λ_k 调整 $P^x_{k|k-1}$，在 CDKF 算法中即可表示为

$$P^x_{k|k-1} = \lambda_kP^x_{k|k-1} + Q_k \tag{5-74}$$

接下来便可以应用下面的公式确定次优渐消因子 λ_k，此时我们根据一步近似算法得出

$$\lambda_{k+1} = \begin{cases} \lambda_k, & \lambda_k > 1 \\ 1, & \lambda_k \leqslant 1 \end{cases}$$

其中

$$\begin{cases} \lambda_k = \dfrac{\mathrm{tr}(\mu P_{\gamma,k} - R_k)}{\mathrm{tr}(\hat{P}^y_{k|k-1})} \approx \dfrac{\mu P_{\gamma,k} - R_k}{\hat{P}^y_{k|k-1}} \\ P_{\gamma,k} = \begin{cases} \gamma_1\gamma_1^T, & k=1 \\ (\rho P_{\gamma,k-1} + \gamma_k\gamma_k^T)/(1+\rho), & k>1 \end{cases} \end{cases} \tag{5-75}$$

式中，tr 表示对矩阵求迹；ρ 为遗忘因子，通常取值 $0.5 < \rho < 1$；μ 为调整系数，$\mu > 1$ 则跟踪性能增强，$\mu < 1$ 则滤波性能增强[29]。

5.4.2.2　基于 SFSRCDKF 的机载无源定位算法流程

（1）初始化：将目标辐射源的初始速度设为零，其余步骤同 MSSRUKF 的初始化。将次优渐消因子 λ_1 设为 1。

循环：从观测步骤 $k=1$ 开始一直到观测截止 $k=N$，N 为观测次数。

（2）采样点计算：

$$\chi^x_{k-1} = \left[\hat{X}_{k-1}\ \hat{X}_{k-1} \pm h\hat{S}^x_{k-1} \right] \tag{5-76}$$

（3）对状态矢量作时间更新，并采用次优渐消因子 λ_k 对预测状态协方差矩阵进行渐消调整：

$$
\begin{cases}
\chi_{k|k-1}^x = f(\chi_{k-1}^x, w_{k-1}) \\
\hat{X}_{k|k-1} = \sum_{i=0}^{2L} \omega_i^{(m)} \chi_{i,k|k-1}^x \\
A_k = \sqrt{\lambda_k}\left[\sqrt{\omega_i^{(c_1)}}\,(\chi_{1:L,k|k-1}^x - \chi_{L+1:2L,k|k-1}^x)\right] \\
\hat{S}_{k|k-1}^x = \mathrm{qr}\left\{\left[A_k\left[\sqrt{\lambda_k \omega_i^{(c_2)}}\,(\chi_{1:L,k|k-1}^x + \chi_{L+1:2L,k|k-1}^x - 2\chi_{0,k|k-1}^x)\right]\sqrt{G_k Q_k G_k^{\mathrm{T}}}\right]\right\}
\end{cases}
\tag{5-77}
$$

（4）为量测更新生成新的采样点：

$$
\chi_{k|k-1} = \left[\hat{X}_{k|k-1}\ \hat{X}_{k|k-1} \pm h\hat{S}_{k|k-1}^x\right]
\tag{5-78}
$$

（5）采样点非线性传递，量测更新：

$$
\begin{cases}
Y_{k|k-1} = h(\chi_{k|k-1}) \\
\hat{Y}_k = \sum_{i=0}^{2L} \omega_i^{(m)} Y_{i,k|k-1} \\
C_k = \left[\sqrt{\omega_i^{(c_1)}}\,(\hat{Y}_{1:L_{a2},k|k-1} - \hat{Y}_{La_2+1:2L_{a2},k|k-1})\right] \\
\hat{S}_k^y = \mathrm{qr}\left(\left\{C_k\left[\sqrt{\omega_i^{(c_2)}}\,(\hat{Y}_{1:L,k|k-1} + \hat{Y}_{L+1:2L,k|k-1} - 2\hat{Y}_{0,k|k-1})\right]\sqrt{R_k}\right\}\right)
\end{cases}
\tag{5-79}
$$

（6）计算状态、量测互协方差，然后完成增益计算和状态更新：

$$
\begin{cases}
\hat{P}_k^{xy} = \sqrt{\omega_i^{(c_1)}}\,\hat{S}_{k|k-1}^x [C_{1:L_x,k}]^{\mathrm{T}} \\
\rho_k = \left[\hat{P}_k^{xy} / (\hat{S}_k^y)^{\mathrm{T}}\right] / \hat{S}_k^y \\
\hat{X}_k = \hat{X}_{k|k-1} + \rho_k(Y_k - \hat{Y}_k) \\
\hat{S}_k^x = \mathrm{cholupdate}\left\{\hat{S}_{k|k-1}^x, \rho_k \hat{S}_k^y, -1\right\}
\end{cases}
\tag{5-80}
$$

（7）计算残差 $\gamma_k = Y_k - \hat{Y}_k$，然后按照 5.4.2.1 节式（5-75）确定次优渐消因子 λ_{k+1}，其中

$$
\begin{aligned}
\hat{P}_{k|k-1}^y = &\left\{C_k\left[\sqrt{\omega_i^{(c_2)}}\left(\hat{Y}_{1:L,k|k-1} + \hat{Y}_{L+1:2L,k|k-1} - 2\hat{Y}_{0,k|k-1}\right)\right]\right\} \\
&\cdot \left\{C_k\left[\sqrt{\omega_i^{(c_2)}}\left(\hat{Y}_{1:L,k|k-1} + \hat{Y}_{L+1:2L,k|k-1} - 2\hat{Y}_{0,k|k-1}\right)\right]\right\}^{\mathrm{T}}
\end{aligned}
\tag{5-81}
$$

循环结束。

算法中遗忘因子 ρ 取 0.75，调整因子 μ 取 0.9。L 为状态变量维数。CDKF 权重系数同 5.3.3 节。

5.4.3　仿真实验与结果分析

本节采用 5.2.4.2 节的仿真场景，SFSRCDKF 在不同的观测精度条件下对比 EKF、SFEKF、SRCDKF 性能进行测试，在三组实验中各观测精度为：

观测精度 1　$\sigma_\beta = \sigma_\varepsilon = 17.4\ \text{mrad}$，$\sigma_{\dot\beta} = \sigma_{\dot\varepsilon} = 0.1\ \text{mrad/s}$，$\sigma_{\dot f_d} = 1\ \text{Hz/s}$；

观测精度 2　$\sigma_\beta = \sigma_\varepsilon = 26.1\ \text{mrad}$，$\sigma_{\dot\beta} = \sigma_{\dot\varepsilon} = 0.2\ \text{mrad/s}$，$\sigma_{\dot f_d} = 2\ \text{Hz/s}$；

观测精度 3　$\sigma_\beta = \sigma_\varepsilon = 34.8\ \text{mrad}$，$\sigma_{\dot\beta} = \sigma_{\dot\varepsilon} = 0.3\ \text{mrad/s}$，$\sigma_{\dot f_d} = 4\ \text{Hz/s}$。

其余各仿真参数均与 5.2.4.2 节相同，每一组做 100 次蒙特卡罗实验，依然采用 RRE 作为检验算法性能的指标，具体衡量标准与 5.2.3.3 节相同，观测次数 $N = 100$。仿真结果如图 5-8 和表 5-6 所示。

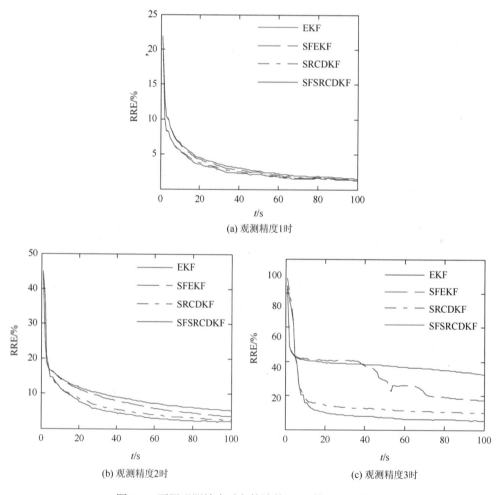

(a) 观测精度1时

(b) 观测精度2时　　　　　　　　　(c) 观测精度3时

图 5-8　不同观测精度时各算法的 RRE 统计平均曲线

表 5-6　不同观测精度时算法的稳定性与定位精度比较

算法	运行时间 /ms	观测精度 1		观测精度 2		观测精度 3	
		收敛次数	定位精度	收敛次数	定位精度	收敛次数	定位精度
EKF	0.07	100	2.06%	72	7.34%	39	35.11%
SFEKF	0.11	100	1.83%	92	4.69%	61	17.71%
SRCDKF	0.43	100	1.51%	100	3.82%	88	11.24%
SFSRCDKF	0.49	100	1.49%	100	3.24%	100	7.26%

由表 5-6 和图 5-8（a）可知，在高精度观测时，相比之下，SRCDKF 和 SFSRCDKF 在收敛速度和定位精度上略有优势，但不是非常明显。按照 5.2.3.3 节给出的对算法性能评判的指标，对这几种算法的性能进行排序，从图 5-8（b）可以明显看出 SFSRCDKF 最优，然后依次是 SRCDKF、SFEKF、EKF。

虽然 SFEKF 的滤波性能较 EKF 均有较大的提高，但是它是基于 EKF 进行推导的，在机载无源定位这一特殊场合（初值误差大，观测方程非线性严重），当观测精度降低到一定程度时，其近似非线性函数的能力迅速下，降致使其性能迅速恶化。这从图 5-8（c）可以直观地看出。而 SFSRCDKF 算法结合了带次优渐消因子滤波器与 SRCDKF 的优点，通过自适应次优渐消因子实时调整增益阵，强迫不同时刻残差序列相互正交，保持对系统状态的实时跟踪，从而提高了 SRCDKF 对状态变化的反应速度和对有偏估计的自适应修正能力，因此性能优于其它三种算法。

但是万物都具有两面性，SFSRCDKF 每次递推估计都需要计算自适应次优渐消因子，运算量较其他算法有所增加，但是从表 5-6 可以看出，运算量增加并不明显。

5.5　本 章 小 结

机载无源定位本质上是一个复杂的非线性滤波问题。本章在分析了利用空频域信息无源定位方法的特点以及直接应用传统确定性采样被动跟踪算法性能不佳的原因的基础上，针对系统的可观测性弱、初始状态估计误差大而导致滤波算法稳定性差、收敛速度慢和收敛精度不高等问题，相应地提出三类改进算法。

首先，针对多普勒频率变化率定位法提出了基于观测域滤波的确定性采样卡尔曼被动跟踪算法，该算法兼顾了观测域滤波和确定性采样卡尔曼滤波算法的优点，将状态矢量中的各个分量自动解耦，分离了可观测项和不可观测项，并通过 UT 变换或者 Gaussian-Hermite 数值积分提高了非线性变换后随机变量参数的估计精度，有效地降低了状态域与观测域之间转换时存在的高阶误差，同时，使用误差协方差矩阵的平方根代替协方差矩阵参与递推滤波在保证数值稳定性的同时提高了算法的运行效率。该算法适用于高斯噪声条件下采用多普勒频率变化率定位法对运动目标进行定位的场合，可以大幅提高算法对观测误差的适应能力，滤波稳定性大幅提高。

其次，针对复合定位方法提出了迭代确定性采样卡尔曼被动跟踪算法，将抗差自适应滤波理论和 Levenberg-Marquardt 优化方法融合到确定性采样卡尔曼滤波算法中，提高了滤波算法对初始状态误差和观测误差的适应能力；然后推导了基于似然增加的迭代判决准则，在其约束下，重复利用观测信息对状态向量和误差协方差矩阵进行迭代估计使其更趋向真实值。该迭代算法适用于高斯噪声条件下对实时性要求不高的定位场合，可以大幅提高算法的收敛速度和定位精度。

最后，提出基于强跟踪确定性采样卡尔曼滤波的被动跟踪算法，将强跟踪理论引入确定性采样卡尔曼滤波算法中，通过引入自适应渐消因子实时调整增益阵，强迫残差序列相互正交或近似正交，从而提高滤波器对状态变化的反应速度和对有偏估计的自适应修正能力。该算法适用于对稳定性要求较高的场合，可以大幅提高对目标的跟踪能力。

参 考 文 献

[1]　Lindgren A，Gong K F. Position and velocity estimation via bearing observations[J]. IEEE Transactions on Aerospace and Electronic Systems，1978，14（4）：564-577.

[2]　Le Cadre J E，Jauffret C. On the convergence of iterative methods for bearings-only tracking[J]. IEEE Transactions on Aerospace and Electronic Systems，1999，35（3）：801-818.

[3]　Aidala V J. Kalman filter behavior in bearing-only tracking applications[J]. IEEE Transactions on Aerospace and Electronic Systems，1979，15（1）：29-39.

[4]　孙仲康，郭福成，冯道旺. 单站无源定位跟踪技术[M]. 北京：国防工业出版社，2008：前言，65-120，187-198.

[5]　刘建，陈韦，杨同森. 单站快速空对地固定辐射源的无源定位[C]. 北京：雷达无源定位跟踪技术研讨会论文集，2001：29-32.

[6]　牛新亮，赵国庆. 基于多普勒变化率的机载无源定位研究[J]. 系统仿真学报，2009，21（11）：3370-3373.

[7]　王强.机载单站无源定位跟踪技术研究[D]. 长沙：国防科技大学硕士学位论文，2004.

[8]　Merwe R V D. Sigma-point Kalman filter for probabilistic inference in dynamic state-space models [D]. Portland：Oregon Health and Science University，2004.

[9]　Arasaratnam I，Haykin S. Square-root quadrature Kalman filtering[J]. Proceedings of the IEEE，2008，56（6）：2589-2593.

[10]　巫春玲，韩崇昭. 平方根求积分卡尔曼滤波器[J]. 电子学报，2009，37（5）：987-992.

[11]　周亚强，曹延伟，冯道旺，等. 基于视在加速度与角速度信息的单站无源定位原理与目标跟踪算法研究[J]. 电子学报，2005，33（5）：2120-2124.

[12]　Julier S J，Uhlmann J K. Reduced sigma point filters for the propagation of means and covariance through nonlinear transformations[C]. Anchorage Proceedings of the American Control Conference，2002：887-892.

[13]　Merwe R V D，Wan E A. The square root unscented kalman filter for state and parameter estimation [C]. New York：Proceedings of IEEE International Conference on Acoustics，2001：3461-3464.

[14]　李丹，刘建业，熊智，等. 基于最小偏度采样的卫星自主导航 SRUKF 算法[J]. 南京航空航天大学学报，2009，41（1）：53-58.

[15]　刘学，焦淑红. 自适应迭代平方根 UKF 的单站无源定位算法[J]. 哈尔滨工程大学学报，2011，32（3）：372-377.

[16]　Zhan R H，Wan J W. Iterated unscented Kalman filter for passive target tracking[J]. IEEE Transactions on Aerospace and Electronic Systems，2007，43（3）：1155-1162.

[17]　王鼎，曲阜平，吴瑛. 一种基于空域和频域信息的固定单站无源定位跟踪改进算法[J]. 电子与信息学报，2007，29（12）：2891-2895.

[18]　归庆明，许阿裴，韩松辉. 分步抗差自适应滤波及其在 GPS 动态导航中的应用[J]. 武汉大学学报（信息科学版），2009，34（6）：719-723.

[19]　张双成，高为广. 基于系统误差及其协方差阵拟合的抗差自适应滤波[J]. 地球科学与环境学报，2005，27（2）：60-62.

[20] 司锡才，赵建民. 宽频带反雷达飞机导引头技术基础[M]. 哈尔滨：哈尔滨工程大学出版社，1996：11-74.

[21] More J. The Levenberg-Marquardt algorithm：implementation and theory in numerical analysis[M]. Berlin：Springer Verlag，1978：105-116.

[22] Chien T T，Adams M B. A sequential failure detection technique and its application[J]. IEEE Transactions on Automatic Control，1976，21（10）：750-757.

[23] 周东华，席裕庚，张钟俊. 非线性系统的带次优渐消因子的扩展卡尔曼滤波[J].控制与决策，1990（5）：1-6.

[24] 周东华，席裕庚，张钟俊. 一种带多重次优渐消因子的扩展卡尔曼滤波器[J]. 自动化学报，1991，17（6）：689-695.

[25] 张祖涛. 基于采样强跟踪非线性滤波理论的驾驶员眼动跟踪技术研究[D]. 成都：西南交通大学博士学位论文，2010.

[26] 文成林，周东华. 多尺度估计理论及其应用[M]. 北京：清华大学出版社，2002.

[27] Doucet A，De Freitas N，Gordon N. Sequential Monte-Carlo methods in practice[M]. Berlin：Springer-Verlag，2001.

[28] 周东华，席裕庚，张钟俊. 非线性系统的带次优渐消因子的扩展卡尔曼滤波[J]. 控制与决策，1990（5）：1-6.

[29] 周东华，席裕庚，张钟俊. 一种带多重次优渐消因子的扩展卡尔曼滤波器[J]. 自动化学报，1991，17（6）：689-695.

[30] Zhang T，Zhang J S. Sampling strong tracking nonlinear unscented Kalman filter and its application in eye tracking[J]. Chinese Physics B，2010，19（10）：1046-1054.

第6章 基于蒙特卡罗随机采样的被动跟踪算法

6.1 引 言

与第 5 章基于确定性采样卡尔曼滤波算法不同,本章将对另一类随机性采样递推型非线性滤波算法展开研究。这类算法采用随机样本跟踪和捕获状态的条件概率分布,通过观测量调整样本的空间位置和权值实现对状态的递推估计。由于是对状态分布进行近似而不是非线性函数本身,所以该类算法原则上可以对任意非线性、非高斯随机系统进行状态估计,且在样本数足够多的情况下其估计精度理论上可以逼近最优估计。又由于该类算法是基于蒙特卡罗原理进行推导的,所以它们也称为序贯蒙特卡罗(sequential Monte Carlo,SMC)算法[1]或粒子滤波(particle filter,PF)算法[2]。

通过第 5 章的分析,机载无源定位本质上是一个复杂的非线性最优滤波问题,且由于系统的可观测性弱、初始状态估计误差大等原因,很容易导致滤波算法稳定性差、收敛速度慢和收敛精度不高等问题。相比之下,PF 算法在稳定性和收敛速度上有其独特的优势,它通过蒙特卡罗方法产生大量的粒子,由于粒子的散布空间大且具有随机性,所以很容易在粒子空间中对状态分布进行快速捕获。万物都具有两面性,PF 算法的缺点就是运算量大,通常比 UKF 和 CDKF 高出 2~5 个数量级,且运算量随系统状态维数呈指数型增加。但是它易于并行实现,且随着数字处理硬件技术的快速发展,该方法在机载无源定位领域仍然具有广阔的应用前景。

本章首先从粒子滤波的基本理论入手,阐述其原理、算法实现流程,然后分析其在机载无源定位应用时存在的主要问题,最后从优选重要性密度函数和改进重采样方法两个角度对传统粒子滤波算法进行改进,分别得到基于新的数值积分卡尔曼粒子滤波的被动跟踪算法和基于聚合重采样粒子滤波的被动跟踪算法。

6.1.1 贝叶斯滤波理论及其蒙特卡罗实现

贝叶斯滤波的实质就是一种基于概率分布对状态进行估计的解决方案。它将状态估计视为一个概率递推的过程,即将状态的估计问题转换为利用贝叶斯公式求解后验概率密度 $p(x_{1:k}|y_{1:k})$ 或滤波概率密度 $p(x_k|y_{1:k})$,进而获得对状态的最优估计。它通常包含预测和更新两个阶段,预测过程利用系统模型预测状态的先验概率密度,更新过程则利用最新的测量值对先验概率密度进行修正,得到后验概率密度 $p(x_k|y_{1:k})$[3]。贝叶斯滤波以递推的形式求得后验概率密度函数的最优解。状态的最优估计值可由后验概率密度函数进行计算[3]。

$$E[f(x_k)\,|\,y_{1:k}] = \int f(x_k)p(x_k\,|\,y_{1:k})\mathrm{d}x_k \tag{6-1}$$

但实际中式（6-1）的积分是很难求解的。为了简化运算，通常使用蒙特卡罗随机采样的方法，采用大量带权值的随机样本点来追踪和捕获待估计状态变量的后验分布，以蒙特卡罗方法代替式（6-1）的积分运算[3]，其原理如图 6-1 所示，下面采用蒙特卡罗方法对式（6-1）的积分式进行近似。

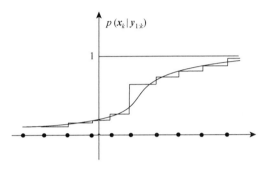

图 6-1　蒙特卡罗积分近似示意图

利用一系列随机样本的加权和表示后验概率密度，通过求和来近似积分操作。假设可以从后验概率密度 $p(x_k\,|\,y_{1:k-1})$ 中抽取 N 个独立同分布的随机样本 $x_k^{(i)}$，$i = 1,\cdots,N$，当 x_k 为离散变量时，后验概率分布 $P(x_k\,|\,y_{1:k})$ 可近似逼近为[3]

$$p(x_k\,|\,y_{1:k}) \approx \frac{1}{N}\sum_{i=1}^{N}\delta\left(x_k - x_k^{(i)}\right) \tag{6-2}$$

其中，$\delta\left(x_k - x_k^{(i)}\right) = 1, x_k = x_k^{(i)}$；$\delta\left(x_k - x_k^{(i)}\right) = 0, x_k \neq x_k^{(i)}$。

由上式可知，$f(x_k)$ 的期望估计可以用求和方式逼近[7]，即

$$\hat{E}\left[f(x_k)\,|\,y_{1:k}\right] \approx \int f(x_k)p(x_k\,|\,y_{1:k})\mathrm{d}x_k \approx \frac{1}{N}\sum_{i=1}^{N}f(x_k^{(i)}) \tag{6-3}$$

当 N 足够大时，根据大数定理，$\hat{E}\left[f(x_k)\,|\,y_{1:k}\right]$ 绝对收敛于其真实的期望 $E\left[f(x_k)\,|\,y_{1:k}\right]$。

6.1.2　粒子滤波

粒子滤波的基础为序贯重要性采样,即将统计学中的序贯分析方法应用到蒙特卡罗方法中,通过蒙特卡罗模拟的方法实现递推贝叶斯估计。当采用基于重要性采样的蒙特卡罗方法时,必须知道所有时刻的观测值,因为在更新过程中必须利用观测值对样本权值进行重新调整。序贯重要性采样从重要性概率密度函数中生成采样粒子,在更新过程中利用当前时刻的观测值对粒子权值进行重新调整,以粒子加权聚合的方式计算状态变量的后验分布,完成对状态的递推估计。当采用重要性概率密度函数生成随机样本时,我们希望后验

概率分布,即粒子权值的方差尽可能趋近于零[4]。这就为 PF 算法带来一个很棘手的问题,即权值退化问题。经过数次迭代,粒子的权重集中在到少数几个粒子上,大多数粒子的权值可忽略不计,这样在状态空间有效的粒子个数很少,对无效粒子的更新操作将花费大量的时间,这就使得滤波性能大幅下降。虽然增加总的粒子数可以增加有效粒子,进而缓解粒子的退化,但这是没有意义的,因为这不但增加了计算负担,而且治标不治本。解决这一问题最根本也是最有效的方法是引导粒子向高似然区移动[4],一般通过优选重要性概率密度函数或重采样的方法缓解粒子退化现象。

优选重要性概率密度函数对设计一个较好的重要性密度函数有很重要的指导作用。在实际应用中,很难得到最优重要性密度函数,为了减轻粒子的退化,可以采用便于实现的近似最优重要性密度函数来代替。

粒子重采样是缓解粒子退化的另一种策略,即对大权值的粒子进行复制,忽略和去除小权值粒子。常见的重采样方法有多项式重采样、系统重采样、残差重采样和层次重采样。采样前的随机粒子经重采样环节后重新映射为等权值的随机粒子。小权值粒子个数减少,大权值粒子个数增多,重采样后重新对粒子的权值进行均分。

虽然重采样方法可以在一定程度上缓解粒子的退化问题,但却因此带来了粒子贫化的问题。粒子贫化是指大权值粒子被多次复制,小权值粒子被删除导致状态空间中的粒子丧失了多样性[5]。常见的克服粒子贫化的方法包括:高斯粒子滤波和正则化粒子滤波等。

高斯粒子滤波(Gaussian particle filter,GPF)算法,将状态先验和后验分布定义为高斯分布,利用蒙特卡罗方法对后验分布进行估计,并根据估计出的高斯分布重新采样得到新的粒子。由于所有步骤都是对连续分布进行采样,因此不存在粒子退化和贫化问题。当后验分布高斯假设成立时,该算法可以达到渐进最优估计。

正则化粒子滤波[6](regularized particle filter,RPF)滤波可以看成一种基于核密度估计的滤波方法,它通过对后验密度的连续近似采样得到新的粒子,与标准的 PF 算法的区别在于 RPF 滤波采用连续分布采样代替 PF 算法重采样的离散分布采样,这样就可以避免大权值粒子被多次复制而导致的粒子多样性丧失。RPF 可以看成一种基于核函数的平滑技术,它将所有重采样后的粒子加了一个高斯扰动的平滑噪声,由此增加了粒子的多样性。

另外,常见的还有在重采样后加入马尔可夫链蒙特卡罗(MCMC)移动算法[7]、将优化算法引入重采样环节[8]等诸多方法,尽管这些方法能够有效地减轻退化和克服粒子贫化,但是它们的运算量巨大,并不适合实时性要求较高的机载无源定位系统。

标准的粒子滤波算法,即在给定重要性函数的条件下,通过递推计算重要性权值的方法对状态进行递推估计,具有简单、易于实现等优点,但是由于没有融入最新的观测值,从转移概率中抽取的样本与真实后验分布产生的样本之间将存在较大的偏差,特别是当似然函数位于先验的尾部或者系统噪声较小时,大部分的粒子权值都可忽略,不仅计算量巨大,而且性能极其低下[9]。下面针对机载无源定位系统自身特点,从优选重要性密度函数和粒子重采样两个角度对粒子滤波算法进行改进。

6.2　基于新的数值积分粒子滤波的机载无源定位算法

粒子滤波的核心思想就是利用大量随机样本及相应的权值来逼近随机变量的后验概率分布。但是对于机载无源定位应用而言，受可观测性弱和观测误差较大的影响，初值误差及其协方差都非常大，标准的粒子滤波算法由于选择系统状态的转移概率作为重要性密度函数，没有融入最新的观测值，产生的样本偏差很大，粒子退化、样本贫化现象随之产生，滤波性能非常差。通过 6.1.2 节的分析可知，优选重要性密度函数是提升 PF 性能的一个途径。为此，文献[9, 10]提出了扩展卡尔曼粒子滤波（extended Kalman particle filter，EKPF）算法，采用 EKF 算法的滤波结果作为建议分布有效地融合了最新的观测数据，将粒子推向高似然区域，使得建议分布更贴近状态的后验分布，因此算法性能有了较大提高。随着确定性采样卡尔曼滤波算法的兴起，文献[11, 12]分别提出了不敏粒子滤波算法（unscented particle filter，UPF）和中心差分粒子滤波算法（central difference particle filter，CDPF），由于 UKF 算法和 CDKF 算法的滤波性能优于 EKF，所以产生的建议分布较 EPF 更接近后验分布，所以 UPF 和 CDPF 的性能优于 EKPF。最近文献[13]提出一种求积分卡尔曼粒子滤波（quadrature Kalman particle filter，QKPF）算法，采用求积分卡尔曼滤波器（quadrature Kalman filter，QKF）来生成重要性密度函数，由于 QKF 的滤波精度高于 UKF 和 CDKF，因此 QKPF 的滤波性能优于 UPF 和 CDPF。但是基于 Gaussian-Hermite 公式推导的 QKF 在高维滤波时的计算量会随状态维数的增加成指数形式增长。这对于实时性要求较高的机载无源定位系统来说是不可接受的。针对此问题，本书在高斯噪声条件下提出一种基于 3 阶球形和径向数值积分规则的数值积分滤波（cubature Kalman filter，CKF）算法，用它来生成重要性概率密度函数推导出一种新的数值积分粒子滤波（cubature Kalman particle filter，CKPF）算法。仿真结果表明，对比 QKPF 算法，CKPF 在保证稳定性和定位精度的条件下明显提高了运算效率，单次运行时间仅约为 QKPF 的 15%，有效地提高了算法的实时性。

6.2.1　球面-径向数值积分规则

对于标准正态分布多维随机矢量 x，概率密度为 $N\left(x;0,I_{n_x}\right)$，$n_x$ 为状态维数。采用 5.2.3 节介绍的 Gaussian-Hermite 积分规则，需要 m^{n_x} 个高斯积分点才能使下式成立：

$$E\left[f(x)\right]=\int_{R^{n_x}}f(x)N(x;0,I_{n_x})\mathrm{d}x\approx\sum_{l_{n_x}=1}^{m}\cdots\sum_{l_1=1}^{m}\omega_{l_{n_x}}\cdots\omega_{l_1}f(\xi_{l_1}\cdots\xi_{l_{n_x}})=\sum_{l=1}^{m^{n_x}}\omega_l f(\xi_l)\qquad(6\text{-}4)$$

但是在机载无源定位系统应用时（状态维数高，实时性要求高），采用 Gaussian-Hermite 积分规则产生的积分点明显增多，计算量也随之急剧增加，实时性难以保证。为了降低数值积分点个数，提高运行效率，接下来推导新的数值积分规则。

首先对多维矢量 x 做变换，令 $x=\sqrt{2I_{n_x}}\,y$，然后将式（6-4）展开得

$$E[f(x)] = \int_{R^{n_x}} f(x)N(x;0,I_{n_x})\mathrm{d}x = \int_{R^{n_x}} \frac{1}{\sqrt{2\pi I_{n_x}}} f\left(\sqrt{2I_{n_x}}\, y\right) e^{-y^{\mathrm{T}}y} \sqrt{2I_{n_x}}\, \mathrm{d}y$$

$$= \frac{1}{\sqrt{\pi}} \int_{R^{n_x}} f(\sqrt{2}y) e^{-y^{\mathrm{T}}y} \mathrm{d}y \tag{6-5}$$

对上式进行积分变换，令 $y = rz$，r 为积分球半径，z 为方向矢量，即 $z^{\mathrm{T}}z = 1$，$y^{\mathrm{T}}y = r^2$。U^{n_x} 为单位球表面，$\sigma(z)$ 为球表面对应方向矢量 z 的积分区域，则式（6-5）可变换为

$$E[f(x)] = \frac{1}{\sqrt{\pi}} \int_0^\infty \int_{U^{n_x}} f\left(\sqrt{2}rz\right) r^{n_x-1} e^{-r^2} \mathrm{d}\sigma(z)\mathrm{d}r \tag{6-6}$$

上式可表示为径向积分的形式

$$E[f(x)] = \frac{1}{\sqrt{\pi}} \int_0^\infty S(r) r^{n_x-1} e^{-r^2} \mathrm{d}r = \frac{1}{\sqrt{\pi^{n_x}}} \sum_{i=1}^{m_r} a_i S(r_i) \tag{6-7}$$

其中，$S(r)$ 为球面积分：

$$S(r) = \int_{U^{n_x}} f(\sqrt{2}rz) \mathrm{d}\sigma(z) = \sum_{j=1}^{m_s} b_j f(\sqrt{2}rz_j) \tag{6-8}$$

如果积分点之间是相互独立的，则可以得到 $m_r \times m_s$ 个数值积分点的球面-径向数值积分规则：

$$E[f(x)] \approx \frac{1}{\sqrt{\pi^{n_x}}} \sum_{i=1}^{m_r} \sum_{j=1}^{m_s} a_i b_j f(\sqrt{2}r_i z_j) \approx \sum_{i=1}^{m} \omega_i f(\xi_i) \tag{6-9}$$

接下来的问题就是求权值 a_i、b_j 和积分点 $\sqrt{2}r_i z_j$。根据文献[14]提出的 Invariant 理论，通过对单位超球面积分，可以减少积分点的数量。下面首先用 3 阶球面积分规则求 b_j 和 z_j，然后令 $t = r^2$ 将式（6-7）转化成广义的 Gauss-Laguerre 积分式（6-10），最后用文献[15]的方法求 a_i 和 r_i。限于篇幅，下面只给出结果，具体计算方法参见文献[15，16]。

$$\int_0^\infty f(r) r^{n_x-1} e^{-r^2} \mathrm{d}r = \frac{1}{2} \int_0^\infty f(\sqrt{t})\, t^{\frac{n_x}{2}-1} e^{-t} \mathrm{d}t \tag{6-10}$$

$$\begin{cases} b_j = 2\sqrt{\pi^{n_x}} / 2n_x \Gamma(n_x/2) \\ z_j = u_j \\ u_j^{\mathrm{T}} u_j = 1 \\ a_i = \Gamma(n_x/2)/2 \\ r_i = \sqrt{n_x/2} \end{cases} \tag{6-11}$$

其中，$u = [u_1, u_2, \cdots, u_s, 0, \cdots, 0] \in R^{n_x}$ 为数值积分点的生成因子，其中 $u_s \geqslant u_{(s-1)}$

$\geqslant \cdots \geqslant u_1 > 0$ ，$s \leqslant n_x$ ；$\Gamma(n) = \int_0^\infty x^{n-1} \mathrm{e}^{-x} \mathrm{d}x$ ，$m_s = 2n_x$ ，$m_r = 1$ 。

综合以上分析和结果，得出利用球面-径向数值积分规则求数值积分点及其权值的公式为

$$\begin{cases} \omega_i = \left(1/\sqrt{\pi^{n_x}}\right) \cdot a_i \cdot b_j = 1/m \\ \xi_i = \sqrt{2}r_i z_j = \sqrt{m/2}u_i \\ m = 2n_x, \quad u_i^{\mathrm{T}} u_i = 1 \end{cases} \tag{6-12}$$

6.2.2 基于球面-径向数值积分卡尔曼滤波算法

借鉴 QKF 算法的推导过程，CKF 也从统计线性回归的角度进行推导，回归点采用 3 阶球面-径向数值积分规则求解出来的积分点和权值 $\{\xi_i, \omega_i\}_{i=1}^m$ 。

（1）假设在 $k-1$ 时刻状态向量及其误差协方差矩阵的估计分别为 $\hat{x}_{k-1}$ 和 P_{k-1} ，求 P_{k-1} 的平方根，$S_{k-1}^x = [\mathrm{chol}(P_{k-1})]^{\mathrm{T}}$ 。

（2）计算数值积分点 $\{\chi_{i,k-1}^x\}_{i=1}^m$ 。

$$\chi_{i,k-1}^x = \hat{x}_{k-1} + S_{k-1}^x \xi_i \tag{6-13}$$

（3）对状态向量进行时间更新。

$$\begin{cases} \chi_{i,k|k-1}^x = f(\chi_{i,k-1}^x, w_{k-1}) \\ \hat{x}_{k|k-1} = \sum_{i=1}^m \chi_{i,k|k-1}^X / m \\ P_{k|k-1} = \dfrac{1}{m} \sum_{i=1}^m \left[\chi_{i,k|k-1}^x - \hat{x}_{k-1} \right] \cdot \left[\chi_{i,k|k-1}^x - \hat{x}_{k-1} \right]^{\mathrm{T}} + Q_k \end{cases} \tag{6-14}$$

（4）求 $P_{k|k-1}$ 的平方根 $S_{k|k-1}^x = [\mathrm{chol}(P_{k|k-1})]^{\mathrm{T}}$ ，然后为预测观测计算数值积分点 $\{\chi_{i,k|k-1}^{x^*}\}_{i=1}^m$ 。

$$\chi_{i,k|k-1}^{x^*} = \hat{x}_{k|k-1} + S_{k|k-1}^x \xi_i \tag{6-15}$$

（5）传播数值积分点，量测更新。

$$\begin{cases} \chi_{i,k|k-1}^y = h(\chi_{i,k|k-1}^{x^*}) \\ \hat{y}_k = \sum_{i=1}^m \chi_{i,k|k-1}^y / m \\ P_k^y = \dfrac{1}{m} \sum_{i=1}^m [\chi_{i,k|k-1}^y - \hat{y}_k] \cdot [\chi_{i,k|k-1}^y - \hat{y}_k]^{\mathrm{T}} + R_k \end{cases} \tag{6-16}$$

（6）计算互协方差矩阵和卡尔曼增益。

$$\begin{cases} P_k^{xy} = \dfrac{1}{m} \sum_{i=1}^{m} [\chi_{i,k|k-1}^x - \hat{x}_{k|k-1}][\chi_{i,k|k-1}^y - \hat{y}_k]^{\mathrm{T}} \\ \rho_k = P_k^{xy} / P_k^y \end{cases} \tag{6-17}$$

（7）对状态向量进行估计。

$$\begin{cases} \hat{x}_k = \hat{x}_{k|k-1} + \rho_k(y_k - \hat{y}_k) \\ P_k = P_{k|k-1} - \rho_k P_k^y \rho_k^{\mathrm{T}} \end{cases} \tag{6-18}$$

UKF、CDKF、CKF 与 QKF 算法之间的异同点如下：相同点是它们均为确定性采样滤波算法，由于是从统计线性回归的角度推导，因此这些算法的框架都是基于贝叶斯滤波框架的；不同点是采样点的选取方法，UKF 与 CDKF 分别通过 UT 交换和中心差分变换选取采样点集去追踪状态高斯随机变量的后验分布，当状态变量通过实际的非线性系统之后，对统计参量的近似精度可达到 3 阶，而 CKF 与 QKF 采用数值积分的方法选取采样点，利用不同数值积分规则，通过一套参数化高斯密度的积分点来提高状态高斯随机变量均值和方差估计的代数精度。后两者之间不同的只是前者采用球面-径向数值积分规则，后者采用 Gaussian-Hermite 积分规则。

6.2.3 基于 CKPF 的机载无源定位算法

6.2.3.1 基于 QKF 的粒子滤波算法

QKF 是在粒子滤波算法的基础上使用 QKF 推导出重要性概率密度函数，即每一次采样后的粒子都由 QKF 进行更新，所得的均值和误差协方差矩阵用于重要性采样生成新的粒子。这样就融入了最新的观测信息，在一定程度上解决了粒子退化的问题，而且获得的重要性概率密度函数更接近状态的后验分布，因此滤波性能相对于 PF 有较大的提高，并且性能优于 UPF 算法[13]。但是基于 Gaussiam-Hermite 积分规则的 QKF 本身就存在计算量大的问题，用它产生 PF 需要的重要性概率密度函数无疑会加剧计算负担，为了减少计算量、提高实时性，下面推导新的粒子滤波算法。

6.2.3.2 基于 CKPF 的机载无源定位算法流程

通过第 6.2.2 节的分析可知，采用 3 阶球面-径向数值积分规则可以减少数值积分点的数量，因此新算法采用 6.2.2 节推导 CKF 产生重要性概率密度函数，并引入比例因子增加粒子的多样性，减少粒子贫化，提高滤波精度。下面给出具体的算法流程。

（1）初始化：同 MSSRUKF 的初始化，在得到初始状态估计 $\hat{X}_{T0}$ 和初始误差协方差矩阵 $\hat{P}_0$ 后，从初始分布 $N(X_{T0}; \hat{X}_{T0}; \hat{P}_0)$ 中抽取 N 个粒子 $\{\hat{x}_0^i\}_{i=1}^N$。

循环：$k = 1, 2, \cdots$

（2）序贯重要性采样：应用 CKF 对每一个粒子 x_{k-1}^i 进行状态更新，得到更新后粒子 $\hat{x}_k^i$，误差协方差矩阵为 P_k^i，生成重要性概率密度函数 $N(x_k^i;\hat{x}_k^i;P_k^i)$。为了增加粒子的多样性，减少粒子的贫化，引入比例因子 μ（$0.5<\mu<1$），从 $N(x_k^i;\hat{x}_k^i;P_k^i)$ 中抽取 $\mu\times N$ 个粒子，再从转移概率 $P\left(x_k\,|\,x_{(k-1)}^i\right)$ 中抽取 $(1-\mu)\times N$ 个粒子，其中 $P\left(x_k\,|\,x_{(k-1)}^i\right)$ 用 CKF 估计的 $\hat{x}_{k|k-1}^i$ 和 $P_{k|k-1}^i$ 生成。

$$P\left(x_k\,|\,x_{k-1}^i\right)=N\left(x_{k|k-1}^i;\hat{x}_{k-1}^i;P_{k-1}^i\right) \tag{6-19}$$

（3）权值递推：按下式进行重要性权值递推，然后对权值进行归一化处理。

$$\begin{cases} \omega_k^i=\omega_{k-1}^i\dfrac{P(y_k\,|\,x_k^i)P(x_k^i\,|\,x_{k-1}^i)}{\pi(x_k\,|\,x_{k-1}^i,y_k)} \\[3mm] \omega_k^{(i)}=\omega_k^{(i)}\,/\sum_{i=1}^N\omega_k^{(i)} \end{cases} \tag{6-20}$$

（4）重采样：不设定有效粒子阈值，直接进行重采样。

（5）状态更新：$\hat{x}_k=\sum_{i=1}^N\omega_k^i x_k^i$，得当前时刻加权状态后验均值估计。

循环结束。

6.2.4　仿真实验与结果分析

实验 1　本节依旧采用 5.2.4.2 节的仿真场景，设置三组观测精度，CKPF 在不同的观测精度条件下对比 PF 和 QKPF 性能进行测试（由于文献[13]已经证明 QKPF 的滤波性能优于 EPF、UPF 和 CDPF，所以本节不再加入它们作性能对比）。其中 QKPF 的数值积分点按 $m=3$ 选取，三种算法的重采样步骤均采用系统重采样，选取粒子数为 100，比例因子 μ 为 0.6～0.9 之间的随机数。每组测量精度如下：

观测精度 1　$\sigma_\beta=\sigma_\varepsilon=17.4$ mrad，$\sigma_{\dot\beta}=\sigma_{\dot\varepsilon}=0.1$ mrad/s，$\sigma_{\dot f_d}=1$ Hz/s；

观测精度 2　$\sigma_\beta=\sigma_\varepsilon=26.1$ mrad，$\sigma_{\dot\beta}=\sigma_{\dot\varepsilon}=0.2$ mrad/s，$\sigma_{\dot f_d}=2$ Hz/s；

观测精度 3　$\sigma_\beta=\sigma_\varepsilon=34.8$ mrad，$\sigma_{\dot\beta}=\sigma_{\dot\varepsilon}=0.4$ mrad/s，$\sigma_{\dot f_d}=4$ Hz/s。

实验 2　参照实验 1 给定的条件，在测量精度 3 的条件下，将 CKF 与 EKF、UKF 和 QKF 算法进行对比测试。

实验 3　在实验 2 的测量精度下，CKPF 在不同粒子数条件下($N=25,50,100,200$)进行测试，仿真总时间步数为 50 步。其余各仿真参数均与 5.2.4.2 节相同，每一组做 50 次蒙特卡罗实验，总时间步数为 $N=100$，RRE 的衡量指标同 5.2.4.2 节。仿真结果如表 6-1、表 6-2 和图 6-2～图 6-4 所示。

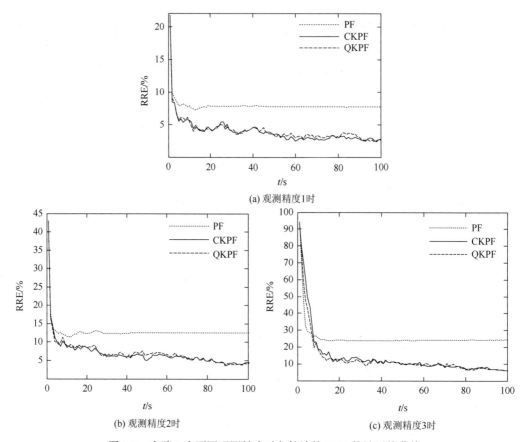

图 6-2　实验 1 中不同观测精度时各算法的 RRE 统计平均曲线

表 6-1　实验 1 中算法的运行时间与定位精度比较

算法	运行时间 /ms	定位精度/%		
		观测精度 1	观测精度 2	观测精度 3
PF	7.47	8.87	12.69	26.92
CKPF	51.61	2.41	3.83	6.20
QKPF	394.66	2.53	3.76	6.42

　　从表 6-1 和图 6-2 可以看出，随着观测精度的降低，各算法的收敛速度开始变慢，定位精度降低；PF 的定位精度在收敛到一定程度后就会一直保持，不再继续收敛，这是因为发生了严重的粒子退化现象，而 QKPF 和 CKPF 采用 QKF 和 CKF 滤波产生的建议分布，有效地增加了有效粒子的个数，进而性能均较 PF 有了较大提高。图 6-2（a）和（b）给出了高观测精度和中等观测精度时各算法的统计平均曲线，可以看出 CKPF 和 QKPF 性能基本相当。

表 6-2　CKPF 在不同粒子数条件下运行时间和定位精度比较

粒子个数/个	运行时间/ms	定位精度/%
25	12.7	5.68
50	26.1	6.68

续表

粒子个数/个	运行时间/ms	定位精度/%
100	51.6	3.87
200	103.6	3.79

图 6-2（c）给出实验 1 中最低观测精度时各算法的统计平均曲线，可以看出 QKPF 在收敛速度上略高于 CKPF，这是因为 QKF 的滤波精度（$2m-1=5$ 阶）优于 CKF（3 阶），使得 QKF 产生的重要性概率密度函数更加接近状态后验概率密度，从而使得 QKPF 收敛速度要快。但是 CKPF 引入比例因子，使得粒子的多样性增加，减少了粒子的贫化，从而弥补了 CKF 滤波精度的不足，结果显示 CKPF 在滤波精度上略优于 QKPF。

在算法的运行时间上，QKPF 因为选取了 $m^{n_x}=3^4=81$ 个数值积分点导致计算量大幅增加，算法的单次运行时间达到 0.3702s，而 CKF 只选取 $2n_x=8$ 个数值积分点，使得 CKPF 单次运行时间仅约为 QKPF 的 15%。根据滤波算法必须兼顾收敛速度、滤波精度和稳定性三个指标，从图 6-3 中可以明显比较出实验 2 所测试的四个算法的性能，QKF 最优，CKF 优于 UKF，EKF 最差。

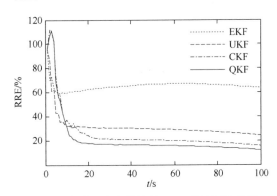

图 6-3　实验 2 中各算法的 RRE 统计平均曲线

从表 6-2 和图 6-4 可以看出，CKPF 的定位精度随着粒子数的增加而逐渐提高，但是

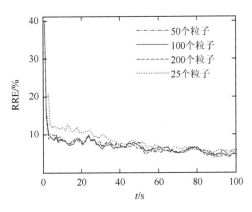

图 6-4　CKPF 在不同粒子数条件下的统计平均曲线

粒子数超过 100 后提高得不是十分明显，而算法运行时间基本上与粒子数的增加成正比。因为实际应用中需要综合考虑定位精度与实时性，所以 100 个粒子较为合适。

6.3　基于聚合重采样粒子滤波的机载无源定位算法

通过 6.2.3 节和 6.2.4 节的分析可知，解决粒子退化问题最根本的方法是引导粒子向高似然区移动，而克服粒子贫化则需要保持粒子的多样性，尽管 RPF 采用核函数平滑技术对粒子空间进行了平滑，保证了粒子的多样性，但是它是在等权值的条件下进行平滑操作的，并没有考虑粒子的空间分布性，而且每步都需要估计核密度。为了进一步提高重采样算法的性能，下面结合机载无源定位系统自身特点提出一种聚合重采样的粒子滤波（merging resampling partical filter，MKPF）算法。

6.3.1　粒子聚合

基于离散栅格的粒子聚合方法，通过求取在精细划分的栅格集中的粒子密度来实现对粒子的稀疏化聚合，可有效控制机器人定位时的粒子规模，提高算法的运行效率[17, 18]。但其前提条件是机器人的作业空间比较小，且能用直角坐标栅格进行精细划分[18]，划分尺度也可以保持不变。这对于机载无源定位来说是非常困难的，因为目标状态未知，状态空间的大小也难以确定，栅格的划分尺度必须按状态空间的大小进行实时调整，否则就难以达到较好的聚合效果。下面借鉴其思想给出划分尺度随时间变化的粒子聚合方法。仍然按文献[18]给出状态空间网格的有关定义。

定义 6-1（网格单元）　若将 n 维空间 s 的第 i 维分成长度相等的 m_i 个左闭右开区间，从而将整个空间 S 划分为 $m_1 \times m_2 \times \cdots \times m_n$ 个不相交的 n 维网格单元 G^n [18]。

定义 6-2（网格密度）　用空间上隶属于网格单元 G_i 内的样本粒子数表示 G_i 的网格密度[18]。

定义 6-3（网格集）　当前网格及其 l $(l<n)$ 维方向上的相邻网格组成一个当前网格对应的 3^l 规模的网格集，对网格集相关变量采用"#"标记，网格 G_i 对应的 l 维网格集记为 $\#G_i^l$ [18]。

定义 6-4（粒子聚合）　基于样本粒子权重，将单位空间内的全部粒子加权平均，得到一个聚合粒子，该单位空间称为聚合单元，以网格集为聚合单元实现的粒子聚合方法称为交叉聚合[18]。

由于无源定位系统可观测性弱，初值误差及其协方差都非常大，粒子初始状态空间也相应很大，随着滤波过程的进行，状态空间逐步缩小，所以我们划分状态空间的尺度也应随着滤波时间步数和状态空间减小的趋势相应做出调整，这里我们将尺度 λ_k 选择为一个与时间 k 相关的平稳的高斯分布的函数：

$$\lambda_k = \text{const} \times \sigma_{\dot{\beta}} \times \exp(-k^2/2\sigma^2)/\sqrt{2\pi\sigma^2} + \lambda_{\min} \tag{6-21}$$

式中，$\sigma_{\dot{\beta}}$ 为角度变化率测量误差。由于角度变化率的测量精度对无源定位精度影响相对较大，因此将其作为一个控制参数，划分尺度随 $\sigma_{\dot{\beta}}$ 变化相应地增加或减小[19]。σ^2 是一个与观测次数关联的负载，由于在仿真中时间步数选为 100，故参数 σ^2 应选在 15～22 之间较为合适。const 为调整常数，$\lambda_{\min}$ 为最小划分尺度[划分尺度的大小要综合考虑系统误差和定位精度的要求的影响，由于粒子聚合时相同网格集内的所有粒子加权聚合为一个聚合粒子，而这个粒子又隶属于相邻的不同网格集，根据聚合造成的近似误差应该小于克拉美罗下限（CRLB）的原则，有 $\lambda_{\min} \geqslant$ CRLB，CRLB 根据先验知识给出]。粒子聚合算法流程如下。

（1）划分网格：课题的背景是机载平台对海面慢速目标的无源定位，我们只需在二维平面内划分网格即可。这样做的原因是对于远距离的慢速目标，速度突变的概率较小，速度空间也比较狭小，因此不对速度空间进行划分。首先用式（6-21）将粒子二维状态空间划分为 K 个非空网格单元，对应 K 个网格集，假设网格单元 G_k 中含有 N_k 个粒子，$G_k : \left\{ (x_k^i, \omega_k^i) | i = 1, 2, \cdots, N_k \right\}$，对应于二维网格集 $\#G_k^2 : \left\{ (x_k^i, \omega_k^i) | i = 1, 2, \cdots \#N_k^2 \right\}$，$\#N_k^2$ 为二维网格集 $\#G_k^2$ 中含有的粒子数目。

（2）交叉聚合：以网格集作为聚合单元内的全部粒子加权聚合。$\left(x_k^t, \omega_k^t \right)$ 为相应的聚合粒子。

$$x_k^t = \sum_{i=1}^{\#N_k^2} x_k^i \omega_k^i \Big/ \sum_{i=1}^{\#N_k^2} \omega_k^i, \quad \omega_k^t = \sum_{i=1}^{\#N_k^2} \omega_k^i \Big/ 9 \tag{6-22}$$

由于文献[18]已经采用斯米尔诺夫检验方法检验了聚合前后样本分布一致性，在此不做证明，将聚合前后样本保持同分布作为结论使用。

6.3.2　随机样本生成算法——Thompson-Taylor 算法

Thompson-Taylor 算法是一种新颖的生成随机样本的方法，它既不过分依赖样本的状态空间分布，也不需要进行高斯近似，而是通过随机数的方法对样本集中某个样本最近邻的 m 个样本进行平滑操作进而生成新的样本。算法的流程如下[20]。

（1）首先从样本集 $\{x^i\}_{i=1}^N$ 中随机抽取一个样本 x^i，然后找到与其最相近的 m 个样本（包括 x^i）$\left\{ x_1^i, x_2^i, \cdots, x_m^i \right\}$，最后求这 m 个样本的均值 $\bar{x}^i$；

（2）生成随机数集合 $\{u_i\}_{i=1}^m \sim U\left(\dfrac{1}{m} - \sqrt{\dfrac{3m-3}{m^2}}, \dfrac{1}{m} + \sqrt{\dfrac{3m-3}{m^2}} \right)$；

（3）生成新的随机样本 $z^i = \bar{x}^i + u_i(x_k^i - \bar{x}^i), \quad k = 1, 2, \cdots, m$。

尽管 Thompson-Taylor 算法不是针对粒子滤波算法而提出的，但它可以在保证样本集均值和方差不变的前提下使得随机样本分布得更为均匀，这就为我们研究粒子滤波保证样本的多样性提供了一个新的思路。

6.3.3　基于聚合重采样粒子滤波的机载无源定位算法

首先利用基于离散状态空间的粒子聚合技术对空间相近粒子进行加权聚合，在保证粒子空间分布合理性的同时有效地抑制了粒子的退化，然后采用 Thompson-Taylor 算法的思想随机线性组合生成新的采样样本，优化粒子在状态空间中的分布特性，增加了样本的多样性。算法的具体流程如下。

（1）初始化：此步骤同 CKPF 的初始化；

循环：$k=1,2,\cdots$。

（2）时间更新、序贯重要性采样、计算粒子权值并归一化的步骤与 PF 相同。

（3）重采样判决：计算有效粒子数，$N_{\text{eff}}=1/\sum_{i=1}^{N}(\omega_k^i)^2$，设置门限 N_{th}，如果 $N_{\text{eff}}>N_{\text{th}}$，算法继续，否则，进行粒子聚合；

（4）粒子聚合：采用 6.3.1 节的步骤对粒子进行聚合，记录每个网格集 $\#(G_k^2)_i$ 中所含有的粒子 $\left\{(x_k^{t_i}(j),\omega_k^{t_i}(j))\right\}_{j=1}^{\#(N_k^2)_i}$，其中粒子数目为 $\#(N_k^2)_i$，$i=1,2,\cdots,m$，$\#(N_k^2)_1+\#(N_k^2)_2+\cdots+\#(N_k^2)_m=N$，对每个网格集中的粒子进行聚合，生成 m 个聚合粒子 $\left\{(x_k^{t_i},\omega_k^{t_i})\right\}_{i=1}^{m}$；

（5）聚合重采样：借鉴 Thompson-Taylor 算法的思想，以每个网格集的粒子数目 $\#(N_k^2)_i$ 为平滑参数，通过式（6-22）重新生成以 $x_k^{t_i}$ 为中心、以 $x_k^{t_i}(j)$ 为边界的空间内的 $\#(N_k^2)_i$ 个随机样本组成的样本集 $\left\{(x_k^{t_i*}(j),\omega_k^{t_i*}(j))\right\}_{j=1}^{\#(N_k^2)_i}$，最后将网格集内的所有粒子权值进行均分 $\omega_k^{t_i*}(j)=\omega_k^{t_i}/\#(N_k^2)_i$。

$$x_k^{t_i*}(j)=x_k^{t_i}+\left[x_k^{t_i}(j)-x_k^{t_i}\right]\times u_j,\quad j=1,2,\cdots,\#(N_k^2)_i \tag{6-23}$$

式中，u_j 为随机数，其取值规则为

$$\{u_j\}_{j=1}^{m}\sim U\left(\frac{1}{\#(N_k^2)_i}-\sqrt{\frac{3\cdot\#(N_k^2)_i-3}{\#(N_k^2)_i^2}},\frac{1}{\#(N_k^2)_i}+\sqrt{\frac{3\cdot\#(N_k^2)_i-3}{\#(N_k^2)_i^2}}\right) \tag{6-24}$$

循环结束。

下面证明粒子聚合前后状态均值的一致性。首先式（6-26）证明了聚合重采样后的粒子集与聚合粒子的均值一致性，再通过式（6-27）就可以证明粒子聚合前后均值是一致的。

$$\sum_{j=1}^{\#(N_k^2)_i}\omega_k^{t_i*}(j)x_k^{t_i*}(j)=\frac{\omega_k^{t_i}}{\#(N_k^2)}\left\{\sum_{j=1}^{\#(N_k^2)_i}\left[x_k^{t_i}+(x_k^{t_i}(j)-x_k^{t_i})\times u_j\right]\right\}=\frac{\omega_k^{t_i}}{\#(N_k^2)}\left[\#(N_k^2)_i\cdot x_k^{t_i}\right]=\omega_k^{t_i}x_k^{t_i}$$

$$\tag{6-25}$$

$$\sum_{i=1}^{m}\omega_k^{t_i}x_k^{t_i}=\frac{\sum_{i=1}^{m}\sum_{j=1}^{\#N_k^2}\omega_{k,t_i}^j x_{k,t_j}^j}{9}=\sum_{i=1}^{m}\sum_{j=1}^{N_k}\omega_{k,t_i}^j x_{k,t_j}^j=\bar{x}_k \tag{6-26}$$

然后证明聚合重采样后粒子集的方差是减小的。粒子聚合后的方差可表示为

$$P_k^t = \sum_{i=1}^m \omega_k^{t_i}(x_k^{t_i} - \overline{x}_k)(x_k^{t_i} - \overline{x}_k)^{\mathrm{T}} = \sum_{i=1}^m \frac{\displaystyle\sum_{j=1}^{\#N_k^2} \omega_{k,t_i}^j \left(\sum_{j=1}^{\#N_k^2} \omega_{k,t_i}^j x_{k,t_i}^j \Big/ \sum_{j=1}^{\#N_k^2} \omega_{k,t_i}^j - \overline{x}_k \right)^2}{9} \qquad (6\text{-}27)$$

式中 $(\bullet)^2 = (\bullet)(\bullet)^{\mathrm{T}}$，根据矩阵论的知识和柯西-施瓦茨不等式可得

$$P_k^t \leqslant \sum_{i=1}^m \frac{\displaystyle\sum_{j=1}^{\#N_k^2} \omega_{k,t_i}^j (x_{k,t_i}^j - \overline{x}_k)^2}{9} = \sum_{i=1}^m \sum_{j=1}^{N_k} \omega_{k,t_i}^j (x_{k,t_j}^j - \overline{x}_k)^2 = P_k \qquad (6\text{-}28)$$

上式等号成立的充分必要条件即每个划分网格中只有一个粒子。

6.3.4　仿真实验与结果分析

实验 1　本节依旧采用 6.2.4 节的仿真场景和观测精度，MRPF 在不同的观测精度条件下对比 PF、GPF 和 RPF 算法[21]性能进行测试，其中各算法的粒子数均取为 1000，PF 和 RPF 的重采样步骤使用系统重采样，粒子数门限 N_{th} 设为 600。

实验 2　在观测精度 2 的条件下，聚合重采样算法对比系统重采样、高斯采样和正则化重采样算法对系统观测噪声为高斯分布和非高斯分布时的近似性能进行测试，各采样算法的采样粒子数取 $N=1000$。非高斯分布的角度观测噪声假设为闪烁噪声，通过观测精度 2 的条件下角度高斯噪声和具有厚尾特性的大方差高斯分布的加权和来实现，即角度闪烁噪声的概率密度函数表示为[22]

$$P(x) = (1-\omega)N(x_1; \overline{x}_1, P_1) + \omega N(x_2; \overline{x}_2, P_2) \qquad (6\text{-}29)$$

其中，$N(x_1; \overline{x}_1, P_1)$ 为观测精度 2 的条件下高斯噪声；$N(x_2; \overline{x}_2, P_2)$ 为具有厚尾特性的大方差高斯分布，其中 $x_2 = \begin{bmatrix} \beta_{\mathrm{gint}} & \varepsilon_{\mathrm{gint}} \end{bmatrix}^{\mathrm{T}}$，$\beta_{\mathrm{gint}}$ 和 $\varepsilon_{\mathrm{gint}}$ 的均值为 0，标准差为 $\sigma_{\beta_{\mathrm{gint}}} = \sigma_{\varepsilon_{\mathrm{gint}}} = 261\ \mathrm{mrad}$，闪烁概率 ω 取 0.1。

实验 3　在实验 2 设置的非高斯噪声的条件下，MRPF 对比 PF、GPF 和 RPF 算法性能进行测试。

其余各仿真参数均与 6.2.4 节相同，每一组做 50 次蒙特卡罗实验，总时间步数为 $N=100$，RRE 的衡量指标同 5.2.4.2 节。仿真结果如表 6-3 和图 6-5～图 6-8 所示。

表 6-3　实验 1 中算法的运行时间与定位精度比较

算法	单次运行时间/ms	定位精度/%		
		观测精度 1	观测精度 2	观测精度 3
PF	22.82	8.13	12.78	22.32
GPF	19.66	2.36	4.13	8.25

续表

算法	单次运行 时间/ms	定位精度/%		
		观测精度 1	观测精度 2	观测精度 3
RPF	20.12	3.73	5.36	8.71
MRPF	18.83	2.41	4.02	8.97

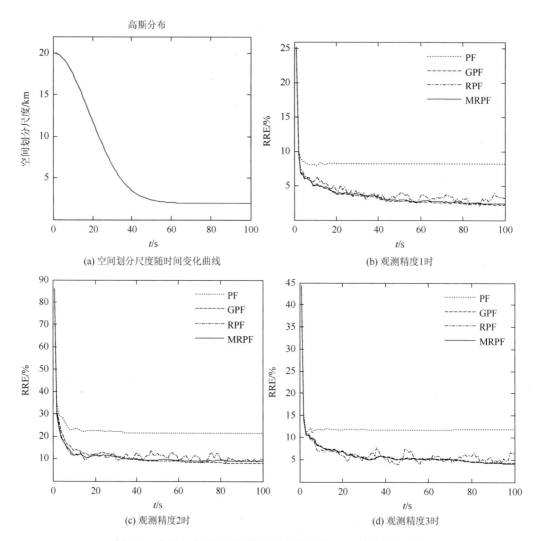

图 6-5　实验 1 中不同观测精度时各算法的 RRE 统计平均曲线

　　图 6-5(a)给出了实验 1 中空间划分尺度随时间变化曲线,开始时的划分尺度为 20 km,随时间进行高斯分布形式的递减,在 61s 的时候递减到观测精度 1 时的 CRLB 2.26 km,一直保持到最后。这是根据大量仿真统计得出的结果。由于粒子聚合时相同网格集内的所有粒子加权聚合为一个聚合粒子,而这个粒子又隶属于相邻的不同网格集,根据聚合造成

的近似误差应该小于克拉美罗下限的原则，λ_{min} 应该大于 CRLB。限于篇幅，这里未给出观测精度 2 和 3 中空间划分尺度随时间变化的曲线，但其可由式（6-20）推导得出。

从表 6-3 和图 6-5（b）～（d）可以看出，随着观测精度的降低，各算法的定位精度开始降低，PF 的定位精度在收敛到一定程度后就会一直保持，不再继续收敛，这是发生了严重的粒子退化和贫化现象；GPF 和 RPF 因为高斯分布的假设成立，且从连续分布中进行采样，对每个样本点增加高斯扰动，从而增加了粒子的多样性，不会出现粒子贫化问题，因此它们的性能较 PF 有较大改善；而 MRPF 首先使用粒子聚合技术对空间相近粒子进行加权聚合，在保证粒子空间合理性的同时对粒子的权值进行了平滑，有效地缓解了粒子的退化，然后使用 Thompson-Taylor 算法生成新的样本，进一步对粒子权值进行平滑的同时增加了粒子的多样性，有效缓解了粒子的贫化，仿真结果表明其性能与 GPF 和 RPF 相近，为粒子重采样算法的研究提供了一个新的思路。

从图 6-6 可以看出，对于高斯分布各采样算法均有较好的表现，相比之下，三种重采样算法均优于系统重采样算法，这是因为高斯采样和正则化重采样适用于高斯分布的情况，且从连续分布中进行采样，有效地克服了粒子的贫化。

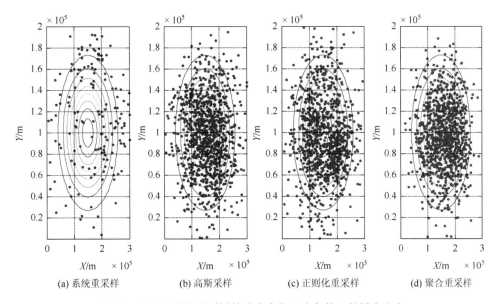

图 6-6　实验 2 中各重采样算法在高斯噪声条件下的样本分布

聚合重采样算法采用粒子聚合技术和 Thompson-Taylor 算法在抑制退化的同时保持了粒子的多样性。但是从图 6-7 可以发现，对于非高斯分布的情况，由于不满足高斯采样和正则化重采样的适用条件，它们的性能开始下降，而聚合重采样算法性能依然稳健；相应地从图 6-8 可以看出，在闪烁噪声条件下，由于噪声不是高斯噪声，GPF 和 RPF 的适用条件不再满足，所以它们的性能大幅下滑，而 MRPF 虽然也受到闪烁噪声的影响，但是滤波性能下滑得不明显，依然保持稳健，优于其它算法。尽管在被动接收中不会产生闪烁噪声，但是对比来看，MRPF 的适用条件更加广泛，可以应用到其它非线性滤波领域中。

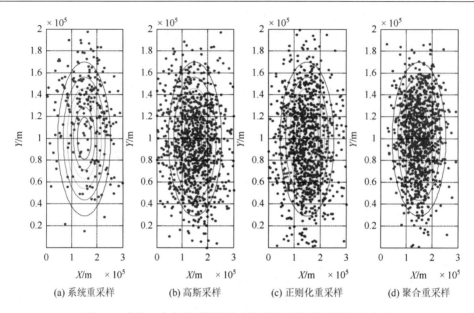

图 6-7　实验 2 中各重采样算法在闪烁噪声条件下的样本分布

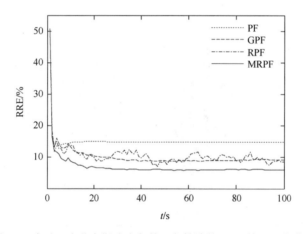

图 6-8　实验 3 中非高斯噪声条件下各算法的 RRE 统计平均曲线

6.4　本 章 小 结

　　本章主要研究基于蒙特卡罗随机采样的被动跟踪算法。首先给出了粒子滤波算法的原理，然后分析了传统 PF 算法存在的主要问题。并给出了一些常用的减轻粒子退化、缓解粒子贫化的方法。由于 PF 直接从状态转移概率中抽取粒子，没有融入最新的观测值，这样从转移概率中抽取的样本与真实后验分布产生的样本之间将存在较大的偏差，特别是对于机载无源定位系统来说，很容易产生粒子退化现象，性能很差。

　　针对这些问题，通过分析得出解决粒子退化问题最根本的方法是引导粒子向高似然区移动，而克服粒子贫化则需要保持粒子的多样性，最后结合机载无源定位系统的自身特点，从优选重要性密度函数的角度在高斯噪声条件下提出了一种基于 3 阶球形和径向数值积分粒子滤波的机载无源定位算法，与 QKPF 相比，CKPF 在保证稳定性和定位精度的条件下有效地提高了算法的实时性；从重采样的角度提出了一种基于聚合重采样的粒子滤波的机载无源定位算法，仿真结果表明在观测噪声为高斯噪声时其性能与 GPF 和 RPF 相近，当噪声分布为非高斯分布时其性能优于高斯采样和正则化重采样，拓宽了算法的适用条件，为粒子重采样算法的研究提供了一个新的思路。

参 考 文 献

[1] Vo B N，Singh S，Doucet A. Sequential Monte Carlo methods for multitarget filtering with random finite sets[J]. IEEE Transactions on Aerospace and Electronic Systems，2005，41（4）：1224-1245.

[2] Djuric P M，Kotecha J H，Zhang J，et al. Particle filtering[J]. IEEE Signal Processing Magazine，2003，20（5）：19-38.

[3] Kay S M. 统计信号处理基础-估计与检测理论[M]. 罗鹏飞等译. 北京：电子工业出版社，2011.

[4] Arulampalam M S，Maskell S，Gordon N，et al. A tutorial on particle filters for online nonlinear/non-Gaussian Bayesian tracking[J]. IEEE Transactions on Signal Processing，2002，50（2）：174-188.

[5] 梁军. 粒子滤波算法及其应用研究[D]. 哈尔滨：哈尔滨工业大学博士学位论文，2009.

[6] Oudjane N，Musso C. Progressive correction for regularized particle filters[C]. Paris：Proceedings of the 3th International Conference on Inforniation Fusion，2000：10-17.

[7] Freitas J F G，Niranjan M，Gee A H，et al. Sequential Monte Carlo methods to train neural network models[J]. Neural Computation，2000，12（4）：955-993.

[8] Zhang G Y，Cheng Y M，Yang F，et al. Particle filter based on PSO [C]. Xian：Proceedings of the Intelligent Computation Technology and Automation，2008：121-124.

[9] 李良群，姬红兵，罗宗辉. 迭代扩展卡尔曼粒子滤波器[J]. 西安电子科技大学学报（自然科学版），2007，（2）：233-238.

[10] Wu P L，Cai Y D，Wang B B. Satellite bearings-only tracking using extended Kalman partcle filter[J]. Infrared and Laser Engineering，2011，40（10）：2008-2013.

[11] Merwe R V D，Freitas D N，Doucet A，et al. The unscented particle filter[R]. Cambridge University Engineering Department，2000.

[12] 梁军利，杨树元，曲超，等. 一种新的基于数值积分的粒子滤波算法[J]. 电子与信息学报，2007，29（6）：1369-1372.

[13] 巫春玲，韩崇昭. 求积分卡尔曼粒子滤波算法[J]. 西安交通大学学报，2009，43（2）：25-28.

[14] Wang X Q. Random invariant cubature formulae and the superposition principle in Monte Carlo methods [D]. Saint Petersburg：Saint Petersburg State University，1995.

[15] Wang X Q. An extension of sobolev's theorem [J]. Tsinghua Science and Technology，2000，5（2）：140-144.

[16] Cools R. Constructing cubature formulae：the science behind the art [J]. Acta Numerica，1997（6）：1-54.

[17] 李天成，孙树栋. 采用双重采样的移动机器人 Monte Carlo 定位方法[J]. 自动化学报，2010，36（9）：1279-1285.

[18] 李天成，孙树栋，司书宾，等. 基于粒子聚合重采样的移动机器人蒙特卡罗定位[J]. 机器人，2010，32（5）：674-680.

[19] 刘学. 机载无源定位技术与跟踪算法研究[D]. 哈尔滨：哈尔滨工程大学博士学位论文，2012.

[20] Taylor M S，Tliompson J R. A data based algoritlun for the generation of random vectors[J]. Computational Statistics&Data Analysis，1986，4（2）：93-101.

[21] Douc R，Cappe O. Comparison of resampling schemes for particle filtering[C]. Zagreb：Proceedings of the 4th International Symposium on Image and Signal Processing and Analysis，2005：64-69.

[22] Hewer G A，Martin R D，Zeh J. Robust preprocessing for Kalman filterig of glint noise [J]. IEEE Transactions on Aerospace and Electronic Systems，AES-23，1987，1：120-128.

第7章 拟蒙特卡罗粒子滤波的被动跟踪算法

7.1 引 言

通过上文研究的基于蒙特卡罗随机采样的被动跟踪算法可知，PF 算法通过蒙特卡罗（Monte Carlo，MC）积分近似状态后验分布，进而可以估计出状态均值和误差协方差矩阵等状态参数。虽然在稳定性和收敛速度方面有着独特的优势，但是它存在运算量大、重要性函数的选择、粒子退化和粒子贫化等问题，对其估计性能产生严重的影响。此外，PF 使用 MC 随机采样注重于描述系统的随机性，但是这样的随机操作很容易使得粒子集合在状态空间积聚而形成"团簇"和"间隙"，从而不能充分地对状态分布进行描述，继而影响积分近似的精度[1]。针对这一问题，近年来，文献[2]提出了基于拟蒙特卡罗积分方法的粒子滤波（quasi Monte Carlo particle filter，QMCPF）算法，其由于良好的采样性能而备受重视。它采用确定性的采样方法代替随机采样，利用 QMC 积分中的低偏差序列在状态空间中产生均匀分布的采样点，且各采样点之间最大程度地互相远离，这样就可以有效避免 MC 随机采样的不足，提高了粒子滤波的精度。近年的研究成果表明，该方法很有前途，正逐渐成为研究改进粒子滤波算法的一个重要方向。

但是，由于 QMC 积分方法的计算量与采样粒子个数的平方成正比，且随系统状态维数增加呈指数形式增长，当状态空间维数增加时，QMC 方法会因为计算量太大而失去其实用价值。为了提高算法的计算效率，本章结合机载无源定位系统的自身特点相应地提出了拟蒙特卡罗自适应高斯粒子滤波（quasi Monte Carlo adaptive Gaussian particle filter，QMCAGPF）算法和拟蒙特卡罗聚合重采样粒子滤波（quasi Monte Carlo merging resampling particle filter，QMCMRPF）算法，两种算法均在保证滤波精度的同时，有效地提高了计算效率。

7.2 拟蒙特卡罗方法

7.2.1 拟蒙特卡罗采样

文献[3]通过研究发现，完全采用蒙特卡罗随机采样不能有效地利用模拟数据[3]，采样样本往往会出现聚集和空隙现象，因此不能充分地表示整个采样空间。针对这个问题，文献[3]提出 QMC 积分方法，QMC 采样可以看成与 MC 采样相对应的确定性采样方法，对于 4.2.2 节的积分式

$$\hat{E}[f(x_k) \,|\, y_{1:k}] \approx \int f(x_k) p(x_k \,|\, y_{1:k}) \mathrm{d}\,x_k \approx \frac{1}{N} \sum_{i=1}^{N} f(x_k^{(i)}) \tag{7-1}$$

式中，$x_k^{(i)}$ 是利用 MC 采样方法从后验概率密度 $p(x_k|y_{1:k-1})$ 中抽取 N 个独立同分布的随机样本，相应地，QMC 采样方法也是从 $p(x_k|y_{1:k-1})$ 抽取 N 个采样样本，不同之处在于这些采样点是通过精选的确定性样本点来代替蒙特卡罗采样中的随机点，使采样样本在状态空间内尽可能均匀分布的同时彼此之间的距离最大，以充分描述被积函数 $p(x_k|y_{1:k-1})$ 在状态空间中的分布特性。其中确定性的样本点是由低偏差序列通过某种变换得到的。根据 Koksma-Hlawka 不等式，MC 积分误差的上确界与采样点样本的偏差成正比，采样点序列的偏差越小，积分精度越高，因而 QMC 积分方法的收敛精度和收敛速度将高于 MC 积分。理论上，对于相同 d 维空间上积分，若采样点数为 N，QMC 方法将以阶数 $O(N^{-1}\log_d N)$ 收敛，而蒙特卡罗积分收敛阶数为 $O(N^{-1/2})$，因此它的估计精度和收敛速度高于 MC 积分方法[4]。

常见的低偏差序列有 Halton 序列、Sobol 序列、Failure 序列和 LHS 序列等[4]，为了给下面提出 QMCAGPF 和 QMCMRPF 做铺垫，下面以 Halton 序列为例，给出生成低偏差序列的方法[5]。

设 p 为一质数，则任意的整数 $n \geq 0$ 都可以表示为以 p 为基的多项式描述形式[4]

$$n = \sum_{i=0}^{m} a_i(n)p^i \tag{7-2}$$

该多项式项数为 m，系数为 $a_i(n) \in \{0,1,\cdots,p-1\}$，这样利用式（7-3）就可以计算得到与 n 对应的 Halton 序列中的一个元素 $H_p(n)$，即

$$H_p(n) = \sum_{i=0}^{m} \frac{a_i(n)}{p^{i+1}} \tag{7-3}$$

如果采用不同的基数 $p_1, p_2, \cdots, p_d$，就可以得到长度为 N 的 d 维 Halton 序列 $\{u_1, u_2, \cdots, u_N\}$，其中 $u_k = [H_{p1}(k), H_{p2}(k), \cdots, H_{pd}(k)]^T$。

相应地便可得到一维 Halton 序列的生成算法，具体流程如下[6]。

（1）初始化：设置质数 p，序列长度 N，然后选择一个初始值 $u_1 \sim U(0,1)$；

循环：$i = 2,3,\cdots,N$

（2）计算指数 $k = 1 - \dfrac{\ln(1-u_{i-1})}{\ln p}$；

（3）计算 $b_k^p = \dfrac{p+1-p^k}{p^k}$；

（4）递推得到 $u_i = u_{i-1} + b_k^p$；

循环结束。

如果要生成 n 维的 Halton 序列，可以采用 n 个不同质数 p 作为基，先生成 n 个一维的 Halton 序列，然后将它们合并便可得到。

图 7-1 和图 7-2 分别为 1000 个 QMC 采样样本点和 MC 采样随机样本点的二维平面分布图。从两幅图中可以看出，QMC 采样样本点在采样空间中分布得较为均匀，而 MC 采

样样本点则在某些地方较密集，形成团簇，在另一些地方较稀疏，形成空隙，因此不能充分地描述整个采样空间，影响积分精度。

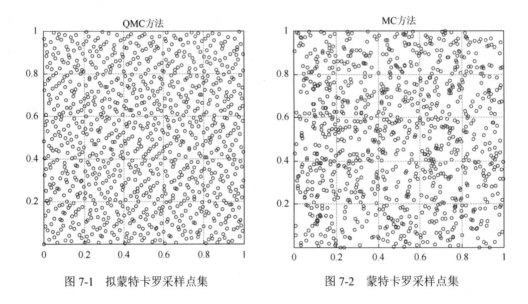

图 7-1　拟蒙特卡罗采样点集　　　　　　　图 7-2　蒙特卡罗采样点集

QMC 方法虽然可以比较充分地描述整个采样空间，但是也面临两个主要问题。

（1）使用低偏差序列这种确定性采样方法不能保证采样点之间相互独立，这违背了状态估计的无偏特性，积分精度难以得到保证。为此，文献[2]提出了将拟蒙特卡罗序列随机化的方法：将初始点进行随机化处理，这样低偏差序列便具有了随机性。这样经过随机化处理后的序列不仅在采样空间中满足均匀分布，而且保持了序列的低偏差特性。对于状态分布为高斯分布的情况，文献[6]提出了将低偏差序列转换服从高斯分布的拟高斯序列的方法，经过转换后的低偏差序列也满足随机性。下面介绍将低偏差序列转换服从高斯分布 $N(\mu, P)$ 的拟高斯序列的方法[7]：

a. 用 d 维单位高斯分布的反函数 φ^{-1} 将随机 Halton 序列转换为服从单位高斯分布的序列 $y_k = \varphi^{-1}(u_k'), k = 1, 2, \cdots, N$。

b. 将服从单位 d 维高斯分布的序列转换为服从均值为 μ 协方差为 Q 的高斯分布序列。首先对协方差矩阵 P 进行 Cholesky 分解 $P = S^{\mathrm{T}}S$，然后得到拟高斯序列为[7]

$$x_k = \mu = Sy_k, \quad k = 1, 2, \cdots, N \tag{7-4}$$

图 7-3 和图 7-4 分别给出了 1000 个采用 QMC 方法和 MC 方法生成的服从 $N(0, 1)$ 分布的拟高斯样本在二维平面的分布图。从两图可以看出，QMC 方法生成的拟高斯样本在采样空间中分布得更为均匀，更能充分地描述整个采样空间。

（2）QMC 方法的计算量较大，同样使用 N 个采样样本，相对于标准 PF 算法 $O(N)$ 的计算量，拟蒙特卡罗粒子滤波（quasi Monte Carlo particle filter，QMCPF）算法的计算量为 $O(N^2)$，且随系统的状态维数呈指数型增长。

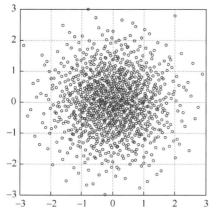

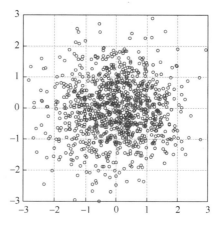

图 7-3　QMC 方法生成的拟高斯样本　　　　　　图 7-4　MC 方法生成的高斯样本

7.2.2　拟蒙特卡罗粒子滤波算法

由于 QMC 确定性采样点序列在积分过程中相对于 MC 随机采样具有优越性, 文献[6]提出了用随机低偏差序列代替 MC 随机采样点集实现系统状态递推估计的 QMCPF 算法。其具体流程如下[6]。

（1）初始化: $k=0$ 时刻, 首先利用先验分布 $p(x_0)$ 估计出采样空间 $[\alpha_0, \beta_0]$, 然后生成一个长度为 N 的 d 维 Halton 序列 $\{u'_k\}_{k=1}^N$, 对其进行随机化处理得到 $\{u'_k\}_{k=1}^N$。通过式（7-5）将其映射到 $[\alpha_0, \beta_0]$ 上, 形成初始粒子群 $\{x_0^i\}_{i=1}^N$, 将权值初始化为 $\omega_0^i = 1/N$, $i=1,\cdots,N$。

$$x^i = [\alpha + (\beta - \alpha) \cdot u'_k] \tag{7-5}$$

循环: $k=1,2,\cdots$

（2）根据状态方程预测 k 时刻的粒子集 $\{x_{k|k-1}^i\}_{i=1}^N$。

（3）序贯重要性采样: 估计 $\{x_{k|k-1}^i\}_{i=1}^N$ 的支撑区间 $[\alpha_k, \beta_k]$, 再将随机化处理后的低偏差序列 $\{u'_k\}_{k=1}^N$ 通过式（7-5）映射到 $[\alpha_k, \beta_k]$ 上, 形成 k 时刻的粒子群 $\{x_k^i\}_{i=1}^N$, 利用式（7-6）预测概率密度 $p(x_k^i \mid y_{1:k-1})$:

$$p(x_k^i \mid y_{1:k-1}) \approx \sum_{i=1}^N \omega_{k-1}^i p(x_k \mid x_{k-1}^i) \tag{7-6}$$

（4）利用式（7-7）计算 k 时刻粒子的权值 ω_k^i, 然后归一化权值, $\omega_k^i = \omega_k^i / \sum_{i=1}^N \omega_k^i$。

$$\omega_k^i \approx p(x_k^i \mid y_{1:k}) \propto \frac{p(y_k \mid x_k^i) p(x_k^i \mid y_{1:k-1})}{\sum_{i=1}^N p(y_k \mid x_k^i) p(x_k^i \mid y_{1:k-1})} \tag{7-7}$$

（5）输出粒子, 得到当前时间步的后验均值估计, $\hat{x}_k = \sum_{i=1}^N \omega_k^i x_k^i$。

循环结束。

从算法的流程看，QMCPF 与 PF 的区别在于用确定性采样序列代替了随机采样点，并且在每次进行 QMC 采样的过程中需要预测采样点的支撑区间 $[\alpha_k, \beta_k]$[9]，虽然 QMCPF 算法采用拟蒙特卡罗方法生成的低偏差序列在状态空间中分布得较为均匀，但改善了 PF 算法的样本聚集现象，其估计精度优于标准 PF 算法。但是 QMCPF 算法同样没有融入最新的观测值，从转移概率中抽取的样本与真实后验分布产生的样本之间也会存在较大的偏差，所以它也会出现粒子退化和贫化的现象，导致滤波性能下降。另外，QMCPF 的计算复杂度高，原因如下：在每个时刻都需要额外地对采样支撑空间 $[\alpha_k, \beta_k]$ 进行估计，即从预测概率密度 $p(x_k^i \mid y_{1:k-1})$ 估计出 x_k 最密集的区间，然后再进行 QMC 采样，而对支撑区间的估计是 QMCPF 算法的主要困难之一，支撑区间的选取和 QMC 采样要求在每个时刻进行，这就造成了 QMCPF 计算量的增加。

7.2.3　拟蒙特卡罗高斯粒子滤波算法

针对 QMCPF 存在的问题，借鉴 GPF 的思想，将后验分布假设是高斯的，在粒子更新权值后利用蒙特卡罗积分估计后验分布的均值和方差，并根据这个高斯分布采样得到新的样本，每次迭代重新生成新的粒子集合。由于所有步骤都是对连续分布采样的，因此不会引起粒子贫化问题。在高斯粒子滤波算法的框架下，文献[8]和[9]用拟蒙特卡罗采样样本代替传统的蒙特卡罗随机样本，得到拟蒙特卡罗高斯粒子滤波算法（quasi Monte Carlo Gaussian particle filter，QMCGPF）算法。算法流程如下[8]。

（1）生成一个长度为 N 的 d 维 Halton 序列 $\{u_k\}_{k=1}^N$，对其进行随机化处理得到 $\{u_k'\}_{k=1}^N$。已知 $k-1$ 时刻的状态分布 $P(x_{k-1})$：

$$P(x_{k-1}) = N(x_{k-1}; \overline{x}_{k-1}, \hat{p}_{k-1}) \tag{7-8}$$

（2）QMC 采样：采用 7.2.1 节介绍的将低偏差序列转换服从高斯分布的拟高斯序列的方法，生成 N 个服从 $P(x_{k-1})$ 的拟高斯点：$\{x_{k|k-1}^i\}_{i=1}^N \sim N(x_{k-1}; \overline{x}_{k-1}, \hat{P}_{k-1})$；

（3）根据状态方程预测 k 时刻的粒子集 $\{x_{k|k-1}^i\}_{i=1}^N$，估计 $\{x_{k|k-1}^i\}_{i=1}^N$ 的均值和协方差：

$$\begin{cases} \overline{x}_{k|k-1} = \dfrac{1}{N}\sum_{i=1}^N x_{k|k-1}^i \\ \hat{P}_{k|k-1} = \dfrac{1}{N}\sum_{i=1}^N (x_{k|k-1}^i - \overline{x}_{k|k-1})(x_{k|k-1}^i - \overline{x}_{k|k-1})^{\mathrm{T}} \end{cases} \tag{7-9}$$

（4）从重要性密度 $q(x_k \mid y_{1:k})$ 中利用 QMC 采样抽取拟高斯样本 $\{x_k^{(i)}\}_{i=1}^N$；

（5）利用观测值 z_k 计算各个粒子的权值 $\omega_k^{(i)}$，然后做归一化处理：

$$\begin{cases} \omega_k^i = \dfrac{P(y_k \mid x_k^{(i)})N(x_k^i; \overline{x}_{k|k-1}, \hat{P}_{k|k-1})}{q(x_k \mid y_{1:k})} \\ \omega_k^i = \omega_k^i / \sum_{i=1}^N \omega_k^i \end{cases} \tag{7-10}$$

（6）估计 k 时刻目标状态及后验分布；

$$\begin{cases} \bar{x}_k = \sum_{i=1}^{N} \omega_k^i x_k^i \\ \hat{P}_k = \sum_{i=1}^{N} \omega_k^i (x_k^i - \bar{x}_k)(x_k^i - \bar{x}_k)^{\mathrm{T}} \end{cases} \tag{7-11}$$

通常，GPF 算法重要性概率 $q(x_k | y_{1:k})$ 采用 $N(x_k; \bar{x}_{k|k-1}, \hat{P}_{k|k-1})$ 或 $P(x_k | x_{k-1})$ 表示。

拟蒙特卡罗高斯粒子滤波算法虽然提高了滤波性能，但是从算法流程可以看出 QMCGPF 较 GPF 多两步 QMC 采样的步骤，对于 GPF 只有 $O(N)$ 的计算复杂度，其复杂度为 $O(N^2)$，且计算量与采样粒子个数的平方成正比，并随系统状态维数的增加呈指数形式增长。这对于实时性要求较高的机载无源定位系统来说是不可接受的，下面两节将针对提高算法的计算效率展开研究。

7.3 拟蒙特卡罗自适应粒子滤波的机载无源定位算法

针对 QMCGPF 计算量大的问题，结合机载无源定位自身特点，本书提出一种粒子数可在线调整的拟蒙特卡罗自适应高斯粒子滤波（QMCAGPF）的机载无源定位算法，首先利用拟蒙特卡罗积分技术优化采样粒子在状态空间中的分布特性，降低积分误差，提高滤波精度；同时根据预测粒子在状态空间中的分布情况实时自适应调整下一次滤波所需的粒子个数，减少冗余粒子，在保证滤波精度的同时有效地提高了算法的运行效率。

7.3.1 粒子数目自适应

粒子滤波的计算效率主要受粒子数目影响，因此提高效率的关键在于：当系统不确定性较大时，采用较多的粒子对后验分布进行较为准确的估计；而当系统不确定性较小时，仅保留保证滤波估计精度所需的最少粒子个数即可完成对系统状态的估计。目前常用的方法是文献[10]提出的 KLD 采样方法和文献[11]提出的样本数控制器。样本数控制器是采用了两个不同粒子数的粒子滤波器，根据他们估计的后验分布之间的差异调整粒子数目，但是其代价是额外增加了一个粒子滤波器的时间及空间的开销；KLD 采样方法通过对状态空间进行划分，根据状态真实分布与基于粒子的近似分布之间的 KL 距离求取划分空间中的粒子密度，然后根据这个粒子密度对粒子数进行控制，但采用 KLD 方法的前提是可以对状态空间范围有较为准确的把握，并能做适当的划分，但这对机载无源定位系统来说是非常困难的，不仅受可观测性的限制，初始状态误差及其随机性都较大，而且如何准确地确定误差边界及如何准确地划分离散状态空间都是难以解决的问题。针对上述两种方法存在的问题，在 KLD 方法的基础上，结合 QMCGPF 的特点（将后验分布和建议分布均假设为单峰的高斯分布，QMC 采样粒子分布均匀），提出一种粒子数模糊自适应调整方法。

7.3.2　基于 KL 距离的粒子数自适应控制策略

KL 距离又称相对熵，表示两个概率分布 $P(x)$ 和 $q(x)$ 的近似程度。KL 距离定义为

$$\mathrm{KL}(P\|q) = \int P(x)\log\frac{P(x)}{q(x)}\,\mathrm{d}x \tag{7-12}$$

其中，$\mathrm{KL}(P\|q) \geqslant 0$，当且仅当 $P(x)$ 与 $q(x)$ 分布一致时 $\mathrm{KL}(P\|q) = 0$[11]。

在 QMCGPF 算法中，用 $P(x)$ 和 $q(x)$ 分别表示状态的后验概率 $P(x_k | y_{1:k})$ 和重要性密度 $q(x_k | y_{1:k})$。基于 KL 距离的粒子数自适应控制策略的核心思想是：根据预测粒子在状态空间的分布状况来在线改变粒子个数，即当 $\mathrm{KL}(P\|q) \leqslant \sigma_{\mathrm{thr}} \approx 0$ 时，表示量测提供的新信息对滤波的作用不大，只保留能维持滤波精度的粒子数即可；而当 KL 距离较远时，表明系统的不确定性很大，需增加粒子才能对状态进行准确估计。模糊自适应控制策略如下：

$$N_k = \begin{cases} (1+\lambda_k)N_{k-1}, & \mathrm{KL}(P_k\|q_k) > \sigma_{\mathrm{thr}} \\ N_{k-1}, & \mathrm{KL}(P_k\|q_k) = \sigma_{\mathrm{thr}} \\ (1-\lambda_k)N_{k-1}, & \mathrm{KL}(P_k\|q_k) < \sigma_{\mathrm{thr}} \end{cases} \tag{7-13}$$

且 $N_k \in [N_{\min}, N_{\max}]$。$N_{\min}$ 和 $N_{\max}$ 分别为粒子数的下限与上限，σ_{thr} 为设定的 KL 距离阈值，它们由系统状态维数和滤波精度指标共同确定。由于无源定位系统的滤波过程一般都是前期系统不确定性较大，后期较小，所以 λ_k 应选择一个与时间 k 相关的平稳函数，本书选择一个瑞利分布的函数：

$$\lambda_k = \frac{\mathrm{KL}(P_k\|q_k)\times k}{\sigma^2}\exp\left(-\frac{k^2}{2\sigma^2}\right) \tag{7-14}$$

式中，σ^2 是一个与观测次数关联的负载，在第 5.3.4 节的仿真中，由于时间步数选为 100，故上式中瑞利函数的参数 σ^2 应选在 23~28 之间才能保证函数随时间衰减得较为平稳，不产生衰落边沿陡峭或截断的现象。

7.3.3　基于 QMCAGPF 的机载无源定位算法流程

将 7.3.2 节提出的基于 KL 距离的粒子数自适应控制策略融入 QMCGPF 算法中便可得到拟蒙特卡罗自适应高斯粒子滤波（QMCAGPF）算法，具体流程如下。

（1）初始化：同 CKPF 的初始化，首先得到初始状态估计 $\hat{X}_{T0}$ 和初始误差协方差矩阵 $\hat{P}_0$ 后，可得到初始分布 $N(X_{T0}; \hat{X}_{T0}; \hat{P}_0)$，然后设定初始粒子数 N_0、$N_{\min}$、$N_{\max}$、σ_{thr} 和 σ^2，这里的 σ_{thr} 由本书机载无源定位系统的状态维数（4 维）和滤波精度共同确定，具体方法为：以 QMCGPF 滤波平稳后的 KL 距离为基准，取粒子数为 N_0、$N_{\min}$ 和 $N_{\max}$ 时的 KL 距离的均值作为阈值。

（2）~（7）步同 QMCGPF 的（1）~（6）步，但这里要注意粒子数不再固定不变；

（8）计算状态的后验概率 $P(x_k | y_{1:k})$ 和重要性密度 $q(x_k | y_{1:k})$ 之间的 KL 距离，然后根据式（7-13）和得到 k 时刻需要的粒子数 N_k，返回第（2）步继续递推估计，直至滤波结束。

7.3.4　仿真实验与结果分析

本节仍然采用 6.2.4 节设置的仿真场景和观测精度，QMCAGPF 在不同的观测精度条件下对比 PF、GPF 和 QMCGPF 算法性能进行测试，PF 采用系统重采样。各滤波算法取相同的初始粒子数 $N = 300$，QMCAGPF 的 $N_{\min} = 150$，$N_{\max} = 500$，$\sigma^2 = 25$。算法的性能指标用相对距离误差 RRE 来测度。仿真中，每一组做 50 次蒙特卡罗实验，总时间步数为 100 步，RRE 衡量指标同 6.2.4 节。仿真结果如表 7-1 和图 7-5 所示。

从表 7-1 和图 7-5 可以看出，随着观测精度的降低，各算法的收敛速度开始变慢，定位精度降低；PF 的定位精度在收敛到一定程度后就会一直保持，不再继续收敛，这是因为发生了严重的粒子退化和贫化现象，而 GPF 因为高斯

表 7-1　不同观测精度时各算法的平均单次运行时间与定位精度比较

算法	观测精度 1		观测精度 2		观测精度 3	
	平均单次运行时间/ms	定位精度/%	平均单次运行时间/ms	定位精度/%	平均单次运行时间/ms	定位精度/%
PF	23.31	6.87	21.64	12.64	26.08	26.42
GPF	19.42	3.11	18.73	5.03	19.48	9.28
QMCGPF	59.12	2.53	58.82	3.41	60.37	7.03
QMCAGPF	33.67	2.49	36.43	3.36	44.18	7.16

分布的假设成立，且从连续分布中采样，对每个样本点增加高斯扰动，从而增加粒子的多样性，不会出现粒子贫化问题，因此它的性能较 PF 有较大改善。

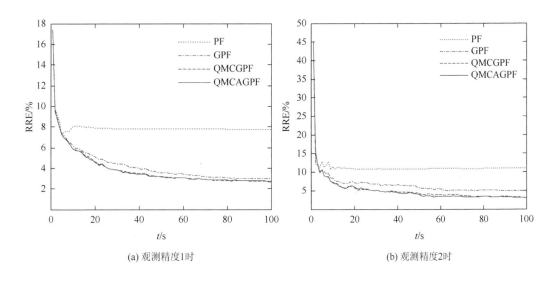

(a) 观测精度1时　　　　　　　　　　　　　　　　　(b) 观测精度2时

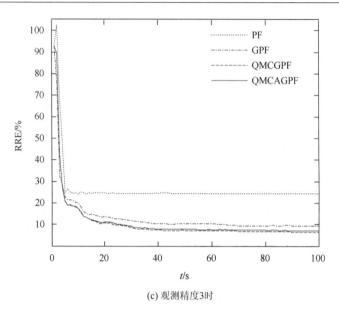

(c) 观测精度3时

图 7-5　不同观测精度时各算法的 RRE 统计平均曲线

　　QMCGPF 在 GPF 的基础上采用拟蒙特卡罗采样技术使得采样点在状态空间中的分布更加均匀，提高了对状态后验分布的估计精度，因此在相同粒子数的条件下，定位精度高于 GPF。但是从表 7-1 可以看出，QMCGPF 在提高定位精度的同时，算法的单次运行时间也大幅增加。

　　QMCAGPF 在 QMCGPF 的基础上增加了粒子数自适应调整步骤，从表 7-1 和图 7-5 可以看出，QMCAGPF 在保证定位精度的同时有效地提高了粒子的使用效率，但是在不同观测精度条件下对粒子使用效率提高的程度有所不同；另外，可以看出 QMCAGPF 的运行时间随观测精度的降低而增加，这是因为系统状态预测空间会随观测精度的降低而逐渐增大，随之而来的对状态的后验分布预测的不确定性增加，即在滤波开始后的较长时间内 $\mathrm{KL}(P\|q)$ 远大于 σ_{thr}，导致 λ_k 的值较大，粒子规模迅速达到 $N_{\max}$，并较长时间地停留在 $N_{\max}$ 不变，留给缩减粒子的时间相对较少，这就产生了粒子使用效率随观测精度下降而下降的现象。

7.4　拟蒙特卡罗聚合重采样粒子滤波的机载无源定位算法

　　利用基于离散状态空间的粒子聚合技术对空间相近粒子进行加权聚合，可在保证粒子空间分布合理性的同时有效抑制粒子的退化。由于 QMCGPF 的计算效率主要受 QMC 采样粒子数目影响，因此提高效率的关键在于减少 QMC 采样粒子数。本节我们依然采用粒子聚合的思想，提出一种基于拟蒙特卡罗聚合重采样粒子滤波算法（QMCMRPF）。新算法采用粒子聚合技术在保证粒子空间分布合理性的同时，可明显地减少 QMC 采样粒子数。仿真结果表明：新算法在保证滤波精度的同时，有效地提高了计算效率。

7.4.1 算法原理

由 7.3.1 节的分析可以看出，QMCGPF 的计算效率主要受 QMC 采样粒子数目影响，因此提高效率的关键在于减少 QMC 采样粒子数。新提出的 QMCMRPF 算法的核心思想是：通过使用 6.3 节的粒子聚合技术对空间相近粒子进行加权聚合，在保证粒子空间分布合理性的同时对粒子权值进行平滑，这样就有效地抑制了粒子的退化；同时在以聚合粒子为中心、以预测均值为边界的空间内进行拟蒙特卡罗重采样，这样做的创新之处在于：省略了 QMCGPF 预测采样空间的步骤，在聚合粒子周围邻域内进行 QMC 采样，在保证空间分布合理性的同时减少了 QMC 采样规模，而且还保证了粒子向高似然区移动，优化了粒子在状态空间中的分布特性，进而提高了滤波精度。

7.4.2 基于 QMCMRPF 的机载无源定位算法流程

（1）初始化：同 CKPF 的初始化，首先得到初始状态估计 $\hat{X}_{T0}$ 和初始误差协方差矩阵 $\hat{P}_0$ 后，再得到初始分布 $P(x_{k-1})$。

（2）～（6）步同 QMCPF 的（1）～（5）步；

（7）粒子聚合：采用 6.5.1 节的粒子聚合技术对粒子进行聚合，记录每个网格集 $\#(G_k^2)_i$ 中所含有的粒子数目 $\#(N_k^2)_i$，$i=1,2,\cdots,m$，其中 $\#(N_k^2)_1+\#(N_k^2)_2+\cdots+\#(N_k^2)_m=N$，对每个网格集中的粒子进行聚合，生成 m 个聚合粒子 $\{(x_k^{t_i},\omega_k^{t_i})\}_{i=1}^m$；

（8）QMC 粒子聚合重采样：首先生成长度为 $N-m$ 的 4 维随机化 QMC 序列 $\{u_i\}_{i=1}^{N-m}$，然后将其截断成 m 个长度为 $\#(N_k^2)_i-1$ 的子序列，通过公式（7-16）得到以 $x_k^{t_i}$ 为中心、以 $\overline{x}_k$ 为边界的空间内的 $\#(N_k^2)_i-1$ 个 QMC 采样粒子 $\{(x_k^{t_i}(j),\omega_k^{t_i}(j))\}_{j=1}^{\#(N_k^2)_i-1}$，这样每个网格集中的粒子数目又重新回归到 $\#(N_k^2)_i$，最后将网格集内的所有粒子权值进行均分 $\omega_k^{t_i}(j)=\omega_k^{t_i}/\#(N_k^2)_i$。

$$x_k^{t_i}(j)=x_k^{t_i}+(x_k^{t_i}-\overline{x}_k)\times u_j \tag{7-15}$$

下面证明网格集中粒子聚合前后均值的一致性。首先用式（7-16）证明 QMC 采样后的粒子集与聚合粒子的均值一致性，然后再通过式（7-17）就可以证明粒子聚合前后均值是一致的。

$$\sum_{j=1}^{\#(N_k^2)_i}\omega_k^{t_i}(j)x_k^{t_i}(j)=\frac{\omega_k^{t_i}}{\#(N_k^2)}\left(x_k^{t_i}+\sum_{j=1}^{\#(N_k^2)_i-1}x_k^{t_i}(j)\right)=\frac{\omega_k^{t_i}}{\#(N_k^2)}\left[x_k^{t_i}+(\#(N_k^2)-1)x_k^{t_i}\right]=\omega_k^{t_i}x_k^{t_i} \tag{7-16}$$

$$\sum_{i=1}^m\omega_k^{t_i}x_k^{t_i}=\sum_{i=1}^m\sum_{j=1}^{\#N_k^2}\omega_{k,t_i}^j x_{k,t_i}^j/9=\sum_{i=1}^m\sum_{j=1}^{N_k}\omega_{k,t_i}^j x_{k,t_i}^j=\overline{x}_k \tag{（7-17）}$$

7.4.3 仿真实验与结果分析

实验 1：仍然采用 7.3.4 节设置的仿真场景和观测精度，QMCMRPF 在不同的观测精度条件下对比 PF、GPF 和 QMCGPF 算法性能进行测试，PF 采用系统重采样。各滤波算法取相同的粒子数 $N = 300$。

实验 2：仍然采用 6.2.4 节实验 2 中设置的高斯和非高斯噪声的条件，QMC 聚合重采样算法对比系统重采样、高斯采样和 QMC 高斯采样算法近似状态分布的性能进行测试，各采样算法粒子数均取为 1000 个。

实验 3：在 6.2.4 节实验 2 设置的闪烁噪声的条件下，QMCMRPF 对比 PF、GPF 和 QMCGPF 算法性能进行测试，同样各算法的粒子数均取为 300，PF 的重采样步骤使用系统重采样，粒子数门限 N_{th} 设为 200。

仿真中，每一组做 50 次蒙特卡罗实验，算法的性能指标用相对距离误差 RRE 来测度，RRE 衡量指标同 6.2.4 节。粒子的退化程度用平均有效粒子数 N_{eff} 作为衡量指标，其计算公式为式（7-18），仿真结果如表 7-2 和图 7-6 所示。

$$(N_{\text{eff}})_k = 1 / \sum_{i=1}^{N} (\omega_k^i)^2, \quad N_{\text{eff}} = \frac{1}{100} \sum_{k=1}^{100} (N_{\text{eff}})_k \tag{7-18}$$

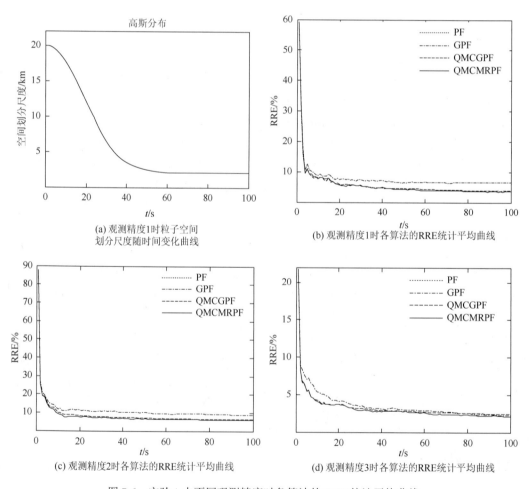

(a) 观测精度1时粒子空间
划分尺度随时间变化曲线

(b) 观测精度1时各算法的RRE统计平均曲线

(c) 观测精度2时各算法的RRE统计平均曲线

(d) 观测精度3时各算法的RRE统计平均曲线

图 7-6　实验 1 中不同观测精度时各算法的 RRE 统计平均曲线

图 7-6（a）给出了实验 1 中观测精度 1 时粒子空间划分尺度随时间变化曲线，开始时的划分尺度为 20 km，随时间进行高斯分布形式的递减，在 61 s 时递减到观测精度 1 时的 CRLB 2.26 km，一直保持到最后。由于粒子聚合时相同网格集内的所有粒子加权聚合为一个聚合粒子，而这个粒子又隶属于相邻的不同网格集，根据聚合造成的近似误差应该小于克拉美罗下限的原则，$\lambda_{\min}$ 应该大于 CRLB。

从表 7-2 中平均有效粒子数可以看出，PF 的定位精度在收敛到一定程度后就会一直保持，不再继续收敛，性能极其低下，这是因为发生了严重的粒子退化和贫化现象。在相同粒子数的条件下，QMCGPF 在 GPF 的基础上采用拟蒙特卡罗采样技术使得采样点在状态空间中的分布更加均匀，提高了对状态后验分布的估计精度，因此其性能优于 GPF，但是其单次运行时间也大幅增加。

表 7-2　不同观测精度时各算法的平均单次运行时间、平均有效粒子数与定位精度比较

算法	观测精度 1			观测精度 2			观测精度 3		
	平均单次运行时间/ms	平均有效粒子数/个	定位精度/%	平均单次运行时间/ms	平均有效粒子数/个	定位精度/%	平均单次运行时间/ms	平均有效粒子数/个	定位精度/%
PF	23.26	37.80	6.91	22.89	12.29	13.27	26.01	9.29	23.86
GPF	19.61	281.36	3.03	19.24	266.60	6.75	19.64	258.77	9.56
QMCGPF	59.47	286.59	2.47	58.96	273.35	3.43	60.44	263.75	6.99
QMCMRPF	33.42	281.60	2.40	35.07	268.77	3.41	40.26	265.00	6.81

同样从图 7-6 可以看出，QMCMRPF 的定位精度略高于 QMCGPF 的定位精度，同时有效地提高了算法的运行效率，有以下三个原因：①QMCMRPF 省略了 QMCGPF 预测采样空间的步骤，而是使用粒子聚合技术对空间相近粒子进行加权聚合，在保证粒子空间合理性的同时在聚合粒子周围进行 QMC 采样，采样规模随着空间划分尺度的缩小而缩小，这就减少了采样粒子的数量，相应地也就大幅地提高了算法的运行效率；②粒子聚合也是对粒子权值进行平滑的过程，QMC 聚合重采样再一次均分了粒子权值，这样就有效抑制了粒子的退化；③在以聚合粒子为中心、以预测均值为边界的空间内进行拟蒙特卡罗重采样，在避免粒子过度重叠的同时保证了其向高似然区移动，优化了粒子在状态空间中的分布特性，增加了样本的多样性，相应地也就提高了滤波精度。

从图 7-7 可以看出，在高斯噪声的条件下，相比之下，其它三种重采样算法均优于系统重采样算法，而 QMC 高斯采样和 QMC 聚合重采样生成的采样点相对更为均匀，更能充分地描述整个采样空间，采样性能优于普通的高斯采样。但是从图 7-8 就可以发现，对于非高斯噪声的情况，由于不满足高斯采样的适用条件，高斯采样和 QMC 高斯采样的性能开始下降，在状态分布中心分布的粒子开始减少，且变得稀疏。而 QMC 聚合重采样算法性能依然稳健，在状态分布中心分布的粒子更为密集且均匀，采样性能优于其它三种采样算法，相应地从图 7-9 就可以看出，在闪烁噪声条件下，由于噪声服从高斯分布，GPF 和 QMCGPF 的适用条件不再满足，它们的性能开始下滑，而 QMCMRPF 虽

然也受到闪烁噪声的影响，但是滤波性能依然稳健，所以对比来看，QMCMRPF 的适用
条件更加广泛。

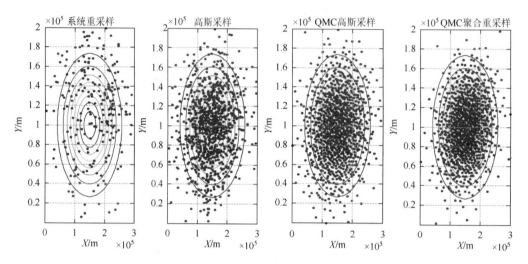

图 7-7　实验 2 中各重采样算法在高斯噪声条件下的样本分布

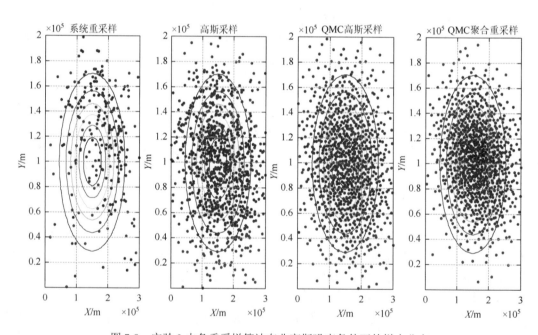

图 7-8　实验 2 中各重采样算法在非高斯噪声条件下的样本分布

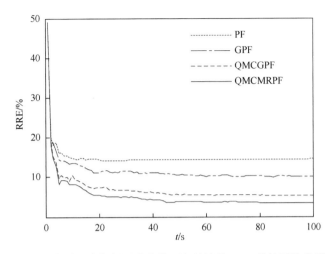

图 7-9　实验 3 中闪烁噪声条件下各算法的 RRE 统计平均曲线

7.5　本　章　小　结

本章主要研究基于 QMC 采样的被动跟踪算法。首先给出了拟蒙特卡罗积分的原理，介绍了低偏差序列的生成及随机化的方法，然后介绍了 QMCPF 和 QMCGPF 算法并分析了存在的主要问题，最后针对 QMCGPF 计算量大的问题，结合机载无源定位自身特点，分别提出 QMCAGPF 和 QMCMRPF 算法，在保证滤波精度的同时，有效地减少了 QMC 采样粒子数，提高了算法的运行效率。另外，QMCMRPF 以聚合粒子为中心、以预测均值为边界的空间内进行拟蒙特卡罗重采样，在有效减少 QMC 采样规模的同时引导粒子向高似然区移动，优化了粒子在状态空间中的分布特性，进而提高了滤波精度。仿真结果表明，QMCMRPF 突破了高斯噪声的限制，适用性更为广泛，在高斯噪声条件下其滤波性能与 QMCGPF 相近，当噪声分布为非高斯分布时，其性能优于 QMCGPF。

参 考 文 献

[1]　Owen A B. Monte carlo extension of quasi-Monte Carlo[C]. Piscataway：Proceedings of the 1998 Winter Simulation Conference. NJ，USA：IEEE，1998：571-577.

[2]　Guo D，Wang X D. Quasi-Monte Carlo filtering in nonlinear dynamic systems[J]. IEEE Transactions on Signal Processing，2006，54（6）：2087-2098.

[3]　Morokoff W J，Caflisch R E. Quasi-Monte Carlo integration[J]. Journal of Computational Physics，1995，122（2）：218-230.

[4]　Tan K S. Quasi-Monte Carlo methods：applications in finance and actuarial science[D]. Ontario：University of Waterloo，1998.

[5]　LEcuyer P，Lemieux C. Recent advances in randomized quasi-Monte Carlo methods in modeling uncertainty：an examination of Stochastic theory，methods，and applications [M]. Boston：Springer，2005：419-474.

[6]　Stuckmeier J. Fast generation of low-discrepancy sequences[J]. Journal of Computational and Applied Mathematics，1995，（6）：29-41.

[7]　Henderson S G，Chiera B A，Cooke R M. Generating dependent quasi-random numbers[C]. Piscataway：Proceedings of the 2000 Winter Simulation Conference，2000：527-536.

[8]　郭辉，姬红兵，武斌.采用拟蒙特卡罗法的被动多传感器目标跟踪[J].西安电子科技大学学报，2010，37（6）：1042-1047.

[9] Karlsson R，Gustafsson F. Monte Carlo data association for multiple target tracking [C]. Piscataway：Proceedings of IEEE Colloquium on Target Tracking：Algorithms and Applications，2001：1-5.

[10] Fox D. Adapting the sample size in particle filters through KLD-sampling[J]. International Journal of Robotic Research，2003，22（12）：985-1003.

[11] 段琢华，蔡自兴，于金霞. 移动机器人软故障检测与补偿的自适应粒子滤波算法[J]. 中国科学 E 辑：信息科学，2008，38（4）：565-578.

第8章 基于随机有限集理论的天基观测低轨多目标跟踪方法

8.1 引　　言

多目标跟踪问题中，空间目标的数量具有时变性，目标与测量的关联关系是未知的，测量集中混有数量不定的杂波，测量会受到随机噪声的污染，目标因漏检会缺失测量。多目标跟踪方法在这些因素的影响下既要给出目标数量的估计又要给出每个目标运动状态的估计。基于随机有限集理论的多目标跟踪方法与联合概率数据关联（joint probabilistic data association，JPDA）[1-4]等传统的多目标跟踪方法相比，能够回避复杂的数据关联问题，算法的复杂度显著降低，是目前解决多目标跟踪问题较为有效的方法。本章研究利用基于随机有限集理论的多目标跟踪方法解决天基观测条件下的低轨多目标跟踪问题，包括低轨多目标的天基像平面跟踪问题、天基观测低轨目标的三维跟踪问题以及天基观测低轨多目标跟踪的传感器系统误差自校准问题。

8.2　基于随机有限集理论的多目标跟踪方法

基于随机有限集理论的多目标跟踪方法包括单目标 Bayes 滤波、多目标 Bayes 滤波、PHD 滤波、CPHD 滤波、CBMeMBer 滤波等。对每个时刻 k，单目标 Bayes 滤波的目标是利用直到 k 时刻的所有测量 $z_{1:k}=\{z_1,\cdots,z_k\}$ 计算 k 时刻目标状态的后验概率密度 $p_k(x_k|z_{1:k})$，在运动模型和测量模型都是线性高斯模型的条件下，由单目标 Bayes 滤波可以推导出标准 Kalman 滤波。

在多目标跟踪问题中，我们采用随机有限集描述多目标状态和多目标测量。

与单目标 Bayes 滤波类似，多目标 Bayes 滤波递推计算多目标后验概率密度 $\pi_k(X_k|Z_{1:k})$，递推公式为[5]

$$\pi_{k|k-1}(X_k|Z_{1:k-1})=\int f_{k|k-1}(X_k|X)\pi_{k-1}(X|Z_{1:k-1})\delta X \tag{8-1}$$

$$\pi_k(X_k|Z_{1:k})=\frac{g_k(Z_k|X_k)\pi_{k|k-1}(X_k|Z_{1:k-1})}{\int g_k(Z_k|X)\pi_{k|k-1}(X|Z_{1:k-1})\delta X} \tag{8-2}$$

我们称 $\pi_{k|k-1}(X_k|Z_{1:k-1})$ 为多目标预测概率密度。获得多目标后验概率密度 $\pi_k(X_k|Z_{1:k})$ 以后，多目标状态估计可采用边缘多目标（marginal multitarget，MaM）估计或联合多目标（joint multitarget，JoM）估计[5]。本书中，对任意时刻 l 和 k，我们也用 $\pi_{l|k}(X)$ 和 $\pi_k(X)$ 表示多目标条件概率密度 $\pi_{l|k}(X|Z_{1:k})$ 和 $\pi_k(X|Z_{1:k})$。但多目标 Bayes 滤波公式（8-1）和（8-2）中含有集合积分，无法直接计算，PHD 滤波[6-10]、CPHD 滤波[11-13]和 CBMeMBer 滤波[14]是多目标 Bayes 滤波的三种近似计算方法。

　　PHD 滤波是多目标 Bayes 滤波式（8-1）和式（8-2）的一阶矩近似——PHD 近似[6]，它递推计算多目标后验概率密度的 PHD 而不是整个后验概率密度。PHD 滤波的实现需要杂波服从多目标泊松过程，多目标预测概率密度为多目标泊松过程概率密度。PHD 滤波包括预测和更新两个步骤，但 PHD 滤波的预测和更新公式中包含多重积分，无法获得闭合解。SMC-PHD 滤波[7-8]和 GM-PHD 滤波[9-10]是 PHD 滤波的两种实现形式。

　　PHD 滤波的目标数量估计实际上是目标数量后验分布 $p_k(n|Z_{1k})$ 的均值估计（EAP 估计），在杂波和漏检的影响下，EAP 估计的精度不高，稳定性不好。CPHD 滤波在递推多目标状态的后验 PHD 的同时，递推目标数量的后验分布，这样对目标数量的估计可采用更加稳定的 MAP 估计，目标数量估计精度相对 PHD 滤波得到提高[12]。CPHD 滤波的实现需要杂波服从独立同分布杂波过程；多目标后验概率密度和多目标预测概率密度服从独立同分布杂波过程。CPHD 滤波的独立同分布杂波过程假设相对 PHD 滤波的多目标泊松过程假设较为宽松。与 PHD 滤波类似，CPHD 滤波也无法获得闭合解，SMC-CPHD 滤波[5]和 GM-CPHD 滤波[13]是 CPHD 滤波的两种实现形式。

　　CBMeMBer 滤波是利用多伯努利随机有限集对多目标 Bayes 滤波式（8-1）和式（8-2）的另一种近似[14]，它将多目标后验概率密度近似为多伯努利概率密度，此概率密度的参数根据多目标 Bayes 滤波进行递推计算。PHD 和 CPHD 滤波递推多目标状态的后验分布的一阶矩，而 CBMeMBer 滤波递推整个多目标状态的后验分布。CBMeMBer 滤波的实现需要新产生目标状态的随机有限集为多伯努利随机有限集；杂波服从多目标泊松过程，且杂波的密度不太大；目标的检测概率较高。CBMeMBer 滤波能够递推计算多目标后验概率密度的关键是将其近似为多伯努利概率密度。CBMeMBer 滤波也有 SMC-CBMeMBer 滤波和 GM-CBMeMBer 滤波两种实现形式[14]，SMC-CBMeMBer 滤波在跟踪性能上优于 SMC-CPHD 滤波和 SMC-PHD 滤波，而 GM-CBMeMBer 滤波的性能劣于 GM-CPHD 滤波，与 GM-PHD 滤波的性能相当[14]。

　　对于单目标跟踪问题，跟踪性能可用目标状态估计的均方根（root mean square，RMS）误差进行度量，RMS 误差反映了目标状态估计值与真实值的差异。在多目标跟踪问题中，目标数量是时变的，多目标跟踪既要估计目标的数量又要估计每个目标的状态，目标数量的估计值与真实值可能不相等，因此，对多目标跟踪性能的度量既需要考虑目标数量的估计误差又需要考虑目标状态的估计误差。文献[15]提出最优次模式分配（optimal subpattern assignment，OSPA）距离度量多目标跟踪性能。

　　定义 8-1　对两个具有相同维数的向量 x 和 y，令
$$d^{(c)}(x,y) = \min(c, \|x-y\|), \quad c>0$$
对正整数 k，令 Π_k 为序列 $\{1,\cdots,k\}$ 的所有排列构成的集合，则两集合 $X=\{x_1,\cdots,x_m\}$ 和 $Y=\{y_1,\cdots,y_n\}$ 之间的 OSPA 距离定义为[15]

$$\bar{d}_p^{(c)}(X,Y) = \begin{cases} 0, & m=n=0 \\ \left\{\dfrac{1}{n}\left[\min_{\pi\in\Pi_n}\sum_{i=1}^m d^{(c)}(x_i, y_{\pi(i)})^p + c^p(n-m)\right]\right\}^{\frac{1}{p}}, & m\leq n \\ \bar{d}_p^{(c)}(Y,X), & m>n \end{cases}$$

其中参数 p 和 c 满足 $1 \leqslant p < \infty$ ，$c > 0$ 。

多目标跟踪问题中，X 和 Y 分别取多目标状态的估计值和真实值，则 OSPA 距离 $\bar{d}_p^{(c)}(X, Y)$ 表示平均每个目标的状态估计误差，包括定位误差 $\bar{e}_{p,\mathrm{loc}}^{(c)}(X, Y)$ 和目标数量的估计误差（势误差）$\bar{e}_{p,\mathrm{card}}^{(c)}(X, Y)$ [15]：

$$
\bar{e}_{p,\mathrm{loc}}^{(c)}(X, Y) = \begin{cases} 0, & m = n = 0 \\ \left(\dfrac{1}{n} \min_{\pi \in \Pi_n} \sum_{i=1}^{m} d^{(c)}(x_i, y_{\pi(i)})^p \right)^{\frac{1}{p}}, & m \leqslant n \\ \bar{e}_{p,\mathrm{loc}}^{(c)}(Y, X), & m > n \end{cases}
$$

$$
\bar{e}_{p,\mathrm{card}}^{(c)}(X, Y) = \begin{cases} 0, & m = n = 0 \\ \left(\dfrac{c^p(n - m)}{n} \right)^{\frac{1}{p}}, & m \leqslant n \\ \bar{e}_{p,\mathrm{card}}^{(c)}(Y, X), & m > n \end{cases}
$$

其中，可调参数决定了定位误差和势误差在 OSPA 距离中的比重，当我们关注定位误差时，取较小的 c 值，此时，OSPA 距离对势误差不敏感；当我们关注势误差时，取较大的 c 值，此时，OSPA 距离对定位误差不敏感。

8.3　基于 GM-CPHD 滤波的低轨多目标天基像平面跟踪方法

为了突破防御系统，多个低轨目标会同时发射，每个目标在飞行过程中又会释放大量诱饵目标，它们与母仓、助推器等同时出现在天基传感器的像平面中，使低轨目标的天基像平面跟踪问题成为一个复杂的多目标跟踪问题，存在目标数量的不确定、数据关联的不确定、随机噪声和杂波的干扰、目标漏检等诸多不利因素。低轨多目标的天基像平面跟踪方法在这些因素的影响下既要给出像平面上目标的数量估计，又要给出各目标在像平面上的状态（位置和速度）估计。文献[16-18]利用 PHD 滤波解决低轨多目标的天基像平面跟踪问题，但 PHD 滤波对目标数量的估计具有不稳定性[19]，而 CPHD 滤波相对 PHD 滤波对目标数量估计的稳定性更好[12]，因此，我们考虑使用 CPHD 滤波解决低轨多目标的天基像平面跟踪问题。

本节研究基于 GM-CPHD 滤波的低轨多目标天基像平面跟踪方法。首先建立了低轨多目标在天基像平面上的状态模型和测量模型，其次给出了 GM-CPHD 滤波的递推公式，接着利用高斯项删减合并方法以及自适应跟踪门方法降低计算量，然后提出了基于最小权匹配的轨迹生成方法，最后通过仿真实验检验跟踪方法的性能。

8.3.1　多目标状态模型和测量模型

低轨目标在天基卫星传感器坐标系下的位置坐标设为 (x_s, y_s, z_s) ，则目标在像平面上的位置坐标 (x, y) 为[20]

$$\begin{bmatrix} x \\ y \end{bmatrix} = -\frac{f}{z_s} \begin{bmatrix} x_s \\ y_s \end{bmatrix}$$

其中，f 为传感器的焦距。

低轨目标 k 时刻在像平面上的状态表示为 $x_k = [x_k, y_k, \dot{x}_k, \dot{y}_k]^T$，其中，$(x_k, y_k)$ 表示目标在像平面上的位置坐标，$(\dot{x}_k, \dot{y}_k)$ 表示目标在像平面上的运动速度，则低轨目标在像平面上的运动模型表示为[16-18]

$$x_k = Fx_{k-1} + Gw_{k-1} \tag{8-3}$$

其中

$$F = \begin{bmatrix} 1 & 0 & \Delta t & 0 \\ 0 & 1 & 0 & \Delta t \\ 0 & 0 & 1 & 0 \\ 0 & 0 & 0 & 1 \end{bmatrix}, \quad G = \begin{bmatrix} \Delta t^2/2 & 0 \\ 0 & \Delta t^2/2 \\ \Delta t & 0 \\ 0 & \Delta t^2 \end{bmatrix}$$

Δt 为采样周期，$w_k = [w_{x,k}, w_{y,k}]^T$ 为过程噪声，$w_{x,k}$ 和 $w_{y,k}$ 为相互独立的零均值高斯分布。w_k 的协方差矩阵为 $Q_{w,k} = \text{ding}([\sigma_{x,k}^2, \sigma_{y,k}^2])$，$Gw_k$ 的协方差矩阵记为 Q_k，则有

$$Q_k = GQ_{w,k}G^T$$

$$= \begin{bmatrix} \dfrac{\Delta t^4}{4} Q_{w,k} & \dfrac{\Delta t^3}{2} Q_{w,k} \\ \dfrac{\Delta t^3}{2} Q_{w,k} & \Delta t^2 Q_{w,k} \end{bmatrix}$$

k 时刻像平面上目标的测量设为 z_k，z_k 为目标在像平面上的位置，则测量模型表示为[16-18]

$$z_k = Hx_k + \varepsilon_k \tag{8-4}$$

其中

$$H = \begin{bmatrix} 1 & 0 & 0 & 0 \\ 0 & 1 & 0 & 0 \end{bmatrix}$$

$\varepsilon_k = [\varepsilon_{x,k}, \varepsilon_{y,k}]^T$ 为测量噪声，$\varepsilon_{x,k}$ 和 $\varepsilon_{y,k}$ 是相互独立的零均值高斯分布。ε_k 的协方差矩阵记为 R_k。

我们采用随机有限集描述天基像平面上的多目标状态和多目标测量。假设 k 时刻天基像平面中有 N_k 个目标，它们的状态为 $x_{k,1}, \cdots, x_{k,N_k}$，同时得到 M_k 个测量 $z_{k,1}, \cdots, z_{k,M_k}$，这时，多目标状态和多目标测量表示为如下两个随机有限集：

$$X_k = \{x_{k,1}, \cdots, x_{k,N_k}\}$$

$$Z_k = \{z_{k,1}, \cdots, z_{k,M_k}\}$$

不考虑卵生目标，多目标状态 X_k 可表示为

$$X_k = \left[\bigcup_{x_{k-1} \in X_{k-1}} S_{k|k-1}(x_{k-1}) \right] \bigcup \Gamma_k$$

其中，Γ_k 表示 k 时刻新产生目标状态的随机有限集；$S_{k|k-1}(x_{k-1})$ 表示 $k-1$ 时刻状态为 x_{k-1} 的目标在 k 时刻状态的随机有限集。设 $k-1$ 时刻状态为 x 的目标的生存概率为 $p_{S,k}(x)$，则 $S_{k|k-1}(x_{k-1})$ 以概率 $1-p_{S,k}(x_{k-1})$ 为空集，表示目标在 k 时刻死亡，$S_{k|k-1}(x_{k-1})$ 以概率 $p_{S,k}(x_{k-1})$

为单点集 $\{x_k\}$，表示目标在 k 时刻存活并且运动到状态 x_k，由 x_{k-1} 到 x_k 的状态转移概率密度为 $f_{k|k-1}(x_k|x_{k-1})=N(x_k;Fx_{k-1},Q_{k-1})$，$N(x;m,P)$ 表示均值为 m、协方差为 P 的高斯分布概率密度。

多目标测量 Z_k 可表示为

$$Z_k=\left[\bigcup_{x_k\in X_k}\Theta_k(x_k)\right]\bigcup K_k$$

其中，K_k 表示杂波状态的随机有限集，为多目标泊松过程；$\Theta_k(x_k)$ 表示 k 时刻源于状态 x_k 的测量的随机有限集。设 k 时刻状态为 x 的目标的检测概率为 $p_{D,k}(x)$，若 $\Theta_k(x_k)$ 以概率 $1-p_{D,k}(x_k)$ 为空集，表示目标漏检，若 $\Theta_k(x_k)$ 以概率 $p_{D,k}(x_k)$ 为单点集 $\{z_k\}$，表示目标被检测并产生测量 z_k。z_k 的似然函数为 $g_k(z_k|x_k)=N(z_k;Hx_k,R_k)$。

8.3.2　GM-CPHD 滤波

GM-CPHD 滤波采用混合高斯函数近似多目标状态的后验 PHD，同时递推计算多目标状态的后验 PHD 以及目标数量的后验概率分布，从而得到目标状态和目标数量的估计[13]。GM-CPHD 滤波需要满足以下几个假设条件[13]。

（1）单目标运动模型和测量模型都是线性高斯模型，即

$$f_{k|k-1}(x|\zeta)=N(x;F\zeta,Q_{k-1})$$
$$g_k(z|x)=N(z;Hx,R_k)$$

由式（8-3）和式（8-4）知，此假设是成立的。

（2）目标检测概率和目标生存概率在整个状态空间上是恒定的，即

$$P_{D,k}(x)=P_{D,k}$$
$$P_{S,k}(x)=P_{S,k}$$

（3）新产生目标的 PHD 具有混合高斯形式：

$$r_k(x)=\sum_{i=1}^{J_{r,k}}w_{r,k}^{(i)}N(x;m_{r,k}^{(i)},P_{r,k}^{(i)})$$

其中，$w_{r,k}^{(i)}$、$m_{r,k}^{(i)}$ 和 $P_{r,k}^{(i)}$ 是第 i 个高斯项的权重、均值和协方差矩阵；$J_{r,k}$ 是高斯项的数量。我们用 $(w_{r,k}^{(i)},m_{r,k}^{(i)},P_{r,k}^{(i)})$ 表示第 i 个高斯项。

GM-CPHD 滤波分为预测和更新两个步骤，下面分别给出 GM-CPHD 滤波的预测和更新公式[13]。

预测：已知 $k-1$ 时刻多目标状态的后验 PHD v_{k-1} 和目标数量的后验分布 P_{k-1}，并且假设 v_{k-1} 具有混合高斯形式：

$$v_{k-1}(x)=\sum_{i=1}^{J_{k-1}}w_{k-1}^{(i)}N(x;m_{k-1}^{(i)},P_{k-1}^{(i)})$$

则 k 时刻目标数量的预测分布 $p_{k|k-1}$ 为

$$p_{k|k-1}(n)=\sum_{j=0}^{n}p_{\Gamma,\kappa}(n-j)\sum_{l=j}^{\infty}C_j^l p_{k-1}(l)p_{S,k}^j(1-p_{S,k}^{l-j})$$

多目标状态的预测 PHD $v_{k|k-1}$ 具有混合高斯形式：

$$v_{k|k-1}(x)=p_{S,k}\sum_{j=1}^{J_{k-1}}w_{k-1}^{(j)}N(x;m_{S,k|k-1}^{(j)},P_{S,k|k-1}^{(j)})+r_k(x)$$

其中

$$m_{S,k|k-1}^{(j)}=Fm_{k-1}^{(j)}$$

$$P_{S,k|k-1}^{(j)}=Q_{k-1}+FP_{k-1}^{(j)}F^{\mathrm{T}}$$

$p_{\Gamma k}(n)$ 为 k 时刻新产生目标数量的分布，C_j^l 为组合数 $l!/j!(l-j)!$。

更新：已知 k 时刻多目标状态的预测 PHD $v_{k|k-1}$ 和目标数量的预测分布 $p_{k|k-1}$，并且 $v_{k|k-1}$ 具有混合高斯形式：

$$v_{k|k-1}(x)=\sum_{i=1}^{J_{k|k-1}}w_{k|k-1}^{(i)}N(x;m_{k|k-1}^{(i)},P_{k|k-1}^{(i)})$$

则 k 时刻目标数量的后验分布 p_k 为

$$p_k(n)=\frac{\Theta_k^0[w_{k|k-1},Z_k](n)}{\langle\Theta_k^0[w_{k|k-1},Z_k],p_{k|k-1}\rangle}p_{k|k-1}(n)$$

k 时刻多目标状态的后验 PHD v_k 也是混合高斯函数，形式如下：

$$v_k(x)=\frac{\langle\Theta_k^1[\boldsymbol{w}_{k|k-1},Z_k],p_{k|k-1}\rangle}{\langle\Theta_k^0[\boldsymbol{w}_{k|k-1},Z_k],p_{k|k-1}\rangle}(1-p_{D,k})v_{k|k-1}(x)+\sum_{z\in Z_k}\sum_{j=1}^{J_{k|k-1}}w_k^{(j)}(z)N(x;m_k^{(j)}(z),P_k^{(j)})$$

其中

$$\Theta_k^u[w,Z](n)=\sum_{j=0}^{\min(|Z|,n)}|Z|-j!p_{c,k}|Z|-jP_{j+u}^n\frac{(1-p_{D,k})^{n-(j+u)}}{\langle 1,w\rangle^{j+u}}e_j[\Delta_k(w,Z)]$$

$$\Delta_k(w,Z)=\left\{\frac{\langle 1,I_k\rangle}{I_k(z)}p_{D,k}w^{\mathrm{T}}q_k(z)|z\in Z\right\} \tag{8-5}$$

$$w_{k|k-1}=\left[w_{k|k-1}^{(1)},\cdots,w_{k|k-1}^{(J_{k|k-1})}\right]^{\mathrm{T}}$$

$$q_k(z)=\left[q_k^{(1)}(z),\cdots,q_k^{(J_{k|k-1})}(z)\right]^{\mathrm{T}}$$

$$q_k^{(j)}(z)=N(z;\eta_{k|k-1}^{(j)},S_{k|k-1}^{(j)})$$

$$\eta_{k|k-1}^{(j)}=Hm_{k|k-1}^{(j)} \tag{8-6}$$

$$S_{k|k-1}^{(j)}=HP_{k|k-1}^{(j)}H^{\mathrm{T}}+R_k \tag{8-7}$$

$$w_k^{(j)}(z)=p_{D,k}w_{k|k-1}^{(j)}q_k^{(j)}(z)\frac{\langle\Theta_k^1[w_{k|k-1},Z_k\setminus\{z\}],p_{k|k-1}\rangle\langle 1,I_k\rangle}{\langle\Theta_k^0[w_{k|k-1},Z_k],p_{k|k-1}\rangle I_k(z)}$$

$$m_k^{(j)}(z)=m_{k|k-1}^{(j)}+K_k^{(j)}(z-\eta_{k|k-1}^{(j)})$$

$$P_k^{(j)}=(I-K_k^{(j)}H)P_{k|k-1}^{(j)}$$

$$K_k^{(j)}=P_{k|k-1}^{(j)}H^{\mathrm{T}}\left[S_{k|k-1}^{(j)}\right]^{-1}$$

$p_{c,k}(n)$ 为 k 时刻杂波数量的分布，P_j^n 为排列数 $n!/(n-j)!$。

获得目标数量的后验分布 $p_k(n)$ 和多目标状态的后验 PHD $v_k(x)$ 以后, 对目标数量的估计采用 MAP 估计, 即

$$\hat{N}_k = \arg\max_n p_k(n)$$

将 $v_k(x)$ 的高斯项按对应的权重从大到小排列, 取前 $\hat{N}_k$ 个高斯项的均值作为多目标状态的估计结果。

8.3.3　高斯项的删减与合并

从 GM-CPHD 滤波的递推公式可以看出, 后验 PHD $v_k(x)$ 的高斯项数随时间推移无限制增长, 导致计算量不断增大。我们可以采用删除权重较小的高斯项和合并彼此间距离较近的高斯项的方法限制高斯项数的快速增长, 从而在不影响跟踪性能的前提下减小计算量。

设置删减阈值 K, 合并阈值 U, 高斯项个数限制值 $J_{\max}$, 则对多目标状态后验 PHD $v_k(x) = \sum_{i=1}^{J_k} w_k^{(i)} N(x; m_k^{(i)}, P_k^{(i)})$ 的高斯项进行删减与合并的算法[10]如下:

令 $l = 0$, $I = \{i \mid 1 \leq i \leq J_k, w_k^{(i)} > K\}$

while $I \neq \varnothing$

　　　　$l = l + 1$

　　　　$j = \arg\max_{i \in I} w_k^{(i)}$

　　　　$L = \{i \in I \mid (m_k^{(i)} - m_k^{(j)})^{\mathrm{T}} (P_k^{(i)})^{-1} (m_k^{(i)} - m_k^{(j)}) \leq U\}$

　　　　$\tilde{w}_k^{(l)} = \sum_{i \in L} w_k^{(i)}$

　　　　$\tilde{m}_k^{(l)} = \dfrac{1}{\tilde{w}_k^{(l)}} \sum_{i \in L} w_k^{(i)} m_k^{(i)}$

　　　　$\tilde{P}_k^{(l)} = \dfrac{1}{\tilde{w}_k^{(l)}} \sum_{i \in L} w_k^{(i)} (P_k^{(i)} + (\tilde{m}_k^{(l)} - m_k^{(i)})(\tilde{m}_k^{(l)} - m_k^{(i)})^{\mathrm{T}})$

　　　　$I = I \setminus L$

end

　　如果 $l \leq J_{\max}$, 则取 $v_k(x) = \sum_{i=1}^{l} \tilde{w}_k^{(i)} N(x; \tilde{m}_k^{(i)}, \tilde{P}_k^{(i)})$, 否则取前 $J_{\max}$ 个 $\tilde{w}_k^{(i)}$ 值最大的高斯项。

8.3.4　自适应跟踪门

GM-CPHD 滤波的复杂度是测量数量的三次方[13], 剔除测量集中的杂波, 能够显著降低 GM-CPHD 滤波的计算量。这里采用自适应跟踪门[21]去除杂波。

对 k 时刻的预测 PHD $v_{k|k-1}(x) = \sum_{i=1}^{J_{k|k-1}} w_{k|k-1}^{(i)} N(x; m_{k|k-1}^{(i)}, P_{k|k-1}^{(i)})$，通过式（8-6）和式（8-7）可计算 $\eta_{k|k-1}^{(j)}$ 和 $S_{k|k-1}^{(j)}, j=1,\cdots,J_{k|k-1}$，如果测量 $z \in Z_k$ 源于第 j 个高斯项所表示的目标，则 $(z-\eta_{k|k-1}^{(j)})^{\mathrm{T}}(S_{k|k-1}^{(j)})^{-1}(z-\eta_{k|k-1}^{(j)})$ 服从自由度为 n_z 的 χ^2 分布。n_z 为测量的维数，对于低轨多目标的像平面跟踪问题，$n_z = 2$。根据入门概率 $1-\alpha$ 设置门限 K_α（自由度为 n_z 的 χ^2 分布的 $\alpha/2$ 分位点），对 $v_{k|k-1}(x)$ 每个高斯项 $(w_{k|k-1}^{(j)}, m_{k|k-1}^{(j)}, P_{k|k-1}^{(j)})$，定义跟踪门

$$\Omega_j = \{z \mid (z-\eta_{k|k-1}^{(j)})^{\mathrm{T}}(S_{k|k-1}^{(j)})^{-1}(z-\eta_{k|k-1}^{(j)}) \leq K_\alpha(1+w_{k|k-1}^{(j)})\}$$

对任意测量 $z_k \in Z_k$，如果存在 j，使得 $z_k \in \Omega_j$，则认为 z_k 为源于目标的测量，否则认为 z_k 是杂波，将其从 Z_k 中剔除。通过自适应跟踪门可以去除大量杂波，使测量集 Z_k 得到缩减，从而降低 GM-CPHD 滤波的计算量。

如果杂波在观测区域上均匀分布，则杂波强度 $I_k(z) = \lambda u(z)$，其中 λ 为杂波数量，$u(z)$ 为观测区域上的均匀分布概率密度函数，令 V 为观测区域的体积，则式（8-5）中 $\dfrac{\langle 1, I_k \rangle}{I_k(z)} = \dfrac{\lambda}{\lambda u(z)} = V$。使用跟踪门时，观测区域变为包含至少一个测量的所有门限的并集，相对原来的观测区域有所改变，我们需要计算新观测区域的体积。跟踪门 Ω_j 的椭球体积为

$$V_j = \frac{\pi^{\frac{n_z}{2}}}{\Gamma\left(\frac{n_z}{2}+1\right)} \sqrt{|\det(S_{k|k-1}^{(j)})|} \left[K_\alpha(1+w_{k|k-1}^{(j)})\right]^{\frac{n_z}{2}}$$

为了方便计算，我们不考虑跟踪门的交集，设原观测区域的体积为 V，则新观测区域的椭球体积取为

$$\tilde{V} = \min\left(\sum_{j=1}^{J_{k|k-1}} V_j \alpha_j, V\right)$$

其中，α_j 为 Bool 变量，当 Ω_j 包含至少一个测量时，$\alpha_j = 1$，否则 $\alpha_j = 0$。这样，式（8-5）中 $\dfrac{\langle 1, I_k \rangle}{I_k(z)}$ 可取为 $\tilde{V}$。

8.3.5　轨迹生成

GM-CPHD 滤波虽然能够估计任意时刻各目标的状态，但不能区分各估计状态属于哪个目标，即没有解决估计状态到轨迹的关联问题。这里提出基于最小权匹配的轨迹生成算法，能够实现轨迹起始、轨迹维持和轨迹终止。

设 $k-1$ 时刻的轨迹集为 $TR_{k-1} = \{TR_{k-1}^{(1)}, \cdots, TR_{k-1}^{(\tau_{k-1})}\}$，其中，$\tau_{k-1}$ 表示轨迹的数量，轨迹

$TR_{k-1}^{(i)}$ 的末端状态（$k-1$ 时刻的状态）记为 $x_{k-1}^{(i)}$，其对应的协方差矩阵为 $P_{k-1}^{(i)}$。k 时刻的多目标状态估计为 $\hat{X}_k = \{\hat{x}_k^{(1)}, \cdots, \hat{x}_k^{(\hat{N}_k)}\}$，$\hat{x}_k^{(j)}$ 对应的高斯项协方差矩阵记为 $\hat{P}_k^{(j)}$。

$k=1$ 时，令 $TR_1 = \{TR_1^{(1)}, \cdots, TR_1^{(\hat{N}_1)}\}$，其中 $TR_1^{(i)} = \{\hat{x}_1^{(i)}\}$，$\hat{x}_1^{(i)}$ 的协方差矩阵为 $\hat{P}_1^{(i)}$，对每个轨迹 $TR_1^{(i)}$ 设置丢失计数 $n_{\text{miss}}^{(i)} = 0$。$k \geq 2$ 时，轨迹生成算法的步骤如下：

Step1　由式（8-3）对 $k-1$ 时刻的每个轨迹 $TR_{k-1}^{(i)}$ 进行预测，得到 k 时刻的预测状态和协方差矩阵为

$$x_{k|k-1}^{(i)} = F x_{k-1}^{(i)}$$

$$P_{k|k-1}^{(i)} = F P_{k-1}^{(i)} F^{\text{T}} + Q_{k-1}$$

Step2　计算权值

$$w_{ij} = (x_{k|k-1}^{(i)} - \hat{x}_k^{(j)})^{\text{T}} (P_{k|k-1}^{(i)} + \hat{P}_k^{(j)})^{-1} (x_{k|k-1}^{(i)} - \hat{x}_k^{(j)}), \quad i = 1, \cdots, \tau_{k-1}, \ j = 1, \cdots, \hat{N}_k$$

Step3　构造赋权二部图 $G = (X, Y, E, W)$，其中，顶点集 $X = \{v_1, \cdots, v_{\tau_{k-1}}\}$ 代表 k 时刻轨迹的预测状态集 $X_{k|k-1} = \{x_{k|k-1}^{(1)}, \cdots, x_{k|k-1}^{(\tau_{k-1})}\}$，顶点集 $Y = \{\tilde{v}_1, \cdots, \tilde{v}_{\hat{N}_k}\}$ 代表 k 时刻的多目标状态估计 $\hat{X}_k = \{\hat{x}_k^{(1)}, \cdots, \hat{x}_k^{(\hat{N}_k)}\}$，如果 v_i 和 $\tilde{v}_j$ 对应的权值 w_{ij} 不超过设定的门限 K，v_i 与 $\tilde{v}_j$ 之间建立边 e_{ij}，其权重取为 w_{ij}，否则，v_i 与 $\tilde{v}_j$ 之间没有边相连。

Step4　采用 Kuhn[22] 提出的匈牙利算法求 G 的最小权匹配，此算法为多项式算法。

Step5　如果 $x_{k|k-1}^{(i)}$ 与 $\hat{x}_k^{(j)}$ 匹配，将 $\hat{x}_k^{(j)}$ 加入轨迹 $TR_{k-1}^{(i)}$，$\hat{x}_k^{(j)}$ 的协方差矩阵为 $\hat{P}_k^{(j)}$，取 $n_{\text{miss}}^{(i)} = 0$，将 $TR_{k-1}^{(i)}$ 加入 k 时刻的轨迹集 TR_k。

Step6　对于 $X_{k|k-1} = \{x_{k|k-1}^{(1)}, \cdots, x_{k|k-1}^{(\tau_{k-1})}\}$ 中没有匹配的预测状态 $x_{k|k-1}^{(i)}$，如果 $n_{\text{miss}}^{(i)} < 2$，令 $n_{\text{miss}}^{(i)} = n_{\text{miss}}^{(i)} + 1$，将 $x_{k|k-1}^{(i)}$ 加入轨迹 $TR_{k-1}^{(i)}$，$x_{k|k-1}^{(i)}$ 的协方差矩阵为 $P_{k|k-1}^{(i)}$，将 $TR_{k-1}^{(i)}$ 加入 k 时刻的轨迹集 TR_k，否则，将 $TR_{k-1}^{(i)}$ 中的 $k-2$、$k-1$ 时刻的状态删去，轨迹 $TR_{k-1}^{(i)}$ 在 $k-3$ 时刻终止。

Step7　对于 $\hat{X}_k = \{\hat{x}_k^{(1)}, \cdots, \hat{x}_k^{(\hat{N}_k)}\}$ 中没有匹配的估计状态 $\hat{x}_k^{(j)}$，建立 k 时刻的新轨迹 $\{\hat{x}_k^{(j)}\}$，$\hat{x}_k^{(j)}$ 的协方差矩阵为 $\hat{P}_k^{(j)}$，将 $\{\hat{x}_k^{(j)}\}$ 加入到 k 时刻的轨迹集 TR_k，其丢失计数取为零。

Step8　将轨迹集 TR_k 中长度大于 3 的轨迹确定为 k 时刻的目标轨迹。

8.3.6　仿真实验与结果分析

仿真实验中，天基低轨卫星对 4 个处于飞行中段的低轨目标进行跟踪成像，场景如图 8-1 所示，成像时长为 220 s。4 个目标的生命周期分别为 0～220 s、80～200 s、80～220 s 和 160～220 s，目标生存概率取 $p_S = 0.99$。像平面的大小为 256 pixel×256 pixel，采样周期为 $\Delta t = 1$ s，目标检测概率为 $p_D = 0.99$，测量噪声的标准差为 0.8 pixel，杂波为像平面上均匀分布的多目标泊松过程，平均每帧的杂波数量为 17。

图 8-2 是低轨目标的真实轨迹以及一次仿真实验所有测量在一幅图上的叠加，图 8-3 是 GM-CPHD 滤波输出的各目标的运动轨迹，可见，GM-CPHD 滤波能够有效滤除杂波和正确判断轨迹起始和终止，成功实现目标状态估计到目标轨迹的数据关联。进行 500 次蒙

特卡罗实验，有 494 次实验能够正确生成 4 个目标的轨迹。将 GM-CPHD 滤波方法与文献[16]的 GM-PHD 滤波方法进行性能比较。图 8-4 是 500 次 MC 实验目标数量估计的平均值，可见，GM-PHD 滤波和 GM-CPHD 滤波对目标数量的估计都是无偏估计，同时还可以看出，与 GM-PHD 滤波相比，GM-CPHD 滤波对目标数量的变化反应较为迟缓。

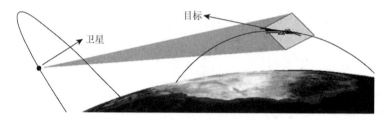

图 8-1　天基卫星对低轨多目标的跟踪场景

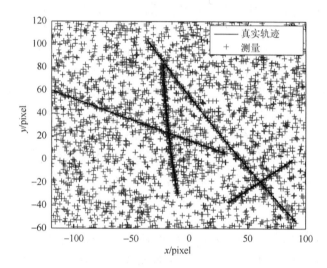

图 8-2　目标的真实轨迹与测量

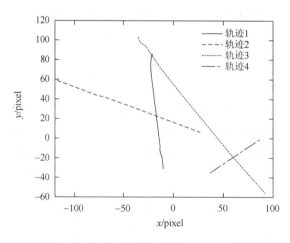

图 8-3　GM-CPHD 滤波的输出轨迹

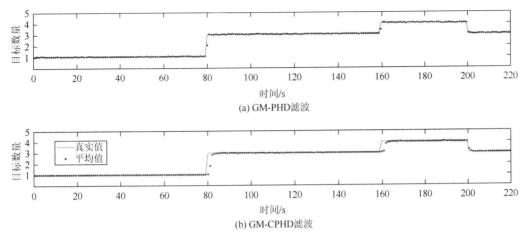

(a) GM-PHD滤波

(b) GM-CPHD滤波

图 8-4　目标数量估计的平均值

　　图 8-5 是 500 次 MC 实验目标数量估计的 RMS 误差，在大多数时间里，GM-CPHD 滤波对目标数量估计精度比 GM-PHD 滤波高，GM-PHD 滤波和 GM-CPHD 滤波目标数量估计的平均 RMS 误差分别为 0.29 和 0.18，但是当目标数量发生变化时（80 s、160 s 和 200 s），GM-CPHD 滤波的估计误差明显大于 GM-PHD 滤波，这是因为 GM-CPHD 滤波对目标数量变化的反应相对 GM-PHD 滤波更为迟缓。

　　OSPA 距离的参数取 $p = 2$，$c = 2$ pixel，图 8-6 是 500 次 MC 实验的平均 OSPA 距离，可见，在目标数量稳定时，GM-CPHD 滤波的 OSPA 距离比 GM-PHD 滤波要小，表明 GM-CPHD 滤波比 GM-PHD 滤波具有较好的跟踪性能。

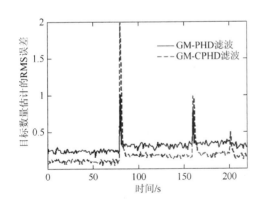

图 8-5　目标数量估计的平均 RMS 误差

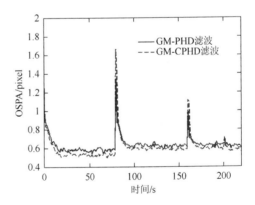

图 8-6　平均 OSPA 距离

　　图 8-7 和图 8-8 分别是 OSPA 距离的定位误差分量和势误差分量，可以看出，GM-CPHD 滤波与 GM-PHD 滤波的定位误差相差不大，平均定位误差都约为 0.57 pixel，GM-CPHD 滤波相对 GM-PHD 滤波在势误差分量上显著减小，说明 GM-CPHD 滤波相对 GM-PHD 滤波在 OSPA 性能上的提高主要归功于目标数量估计精度的提高。GM-CPHD 滤波在目标数量变化时具有较大的 OSPA 距离也是因为此时目标数量的估计误差较大。

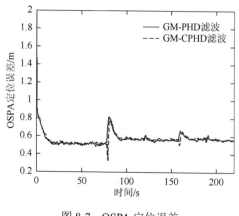

图 8-7　OSPA 定位误差

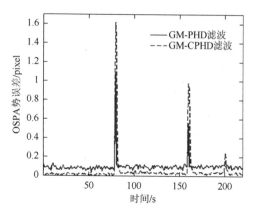

图 8-8　OSPA 势误差

8.4　低轨多目标天基像平面跟踪的多伯努利平滑方法

由 k 时刻以前的所有观测 $z_{1:k}=(z_1,\cdots,z_k)$ 对 l 时刻的目标状态 x_l 在一定统计准则下作出的最优估计记为 $\hat{x}_{l|k}$，当 $l=k$ 时，称 $\hat{x}_{l|k}$ 为滤波，当 $l>k$ 时，称 $\hat{x}_{l|k}$ 为预测；当 $l<k$ 时，称 $\hat{x}_{l|k}$ 为平滑。与滤波相比，平滑具有延迟性，能够利用更多的观测数据，所以平滑可以用于提高滤波的精度。本节研究基于平滑的低轨多目标像平面跟踪方法，以估计的延迟为代价提高基于滤波的跟踪方法的性能。

平滑有三种形式：固定点平滑、固定延迟平滑和固定区间平滑[23]。固定点平滑指 l 固定、k 取 $l+1,l+2,\cdots$ 的估计方式；固定延迟平滑指 l 变化、k 取 $l+d$ ($d>0$ 为固定的平滑延迟时间)的估计方式；固定区间平滑指 $k=N$ 固定、l 取 $1,\cdots,k$ 的估计方式，N 为测量接收的终止时刻。在这三种平滑方式中，固定延迟平滑最适合目标跟踪，这是因为固定延迟平滑能够序贯地对观测数据进行处理，并且具有固定的估计延迟。本书中，低轨多目标天基像平面跟踪的平滑方法采用固定延迟平滑。

多目标跟踪问题中目标数量的时变性、数据关联的不确定性、杂波和噪声的干扰、目标的漏检等因素给多目标跟踪的平滑方法的研究带来很大困难。考虑到基于随机有限集理论的多目标跟踪方法的优势，一些学者尝试建立基于随机有限集理论的平滑方法，利用平滑的估计延迟性提高多目标跟踪滤波的性能。文献[24, 25]提出了杂波单目标条件下的伯努利前向-反向平滑，主要是采用伯努利随机有限集对单目标运动状态进行建模。伯努利前向-反向平滑提高了伯努利滤波[5, 26]对目标产生消失识别的准确度以及对目标状态估计的精度，但是任意时刻场景中最多只能允许一个目标存在，这是因为伯努利随机有限集只能表示单个目标的运动状态，对场景中存在多个目标的情况，我们考虑使用多伯努利随机有限集。

本节首先提出一种基于多伯努利平滑的低轨多目标天基像平面跟踪方法，多伯努利平滑由前向滤波和反向平滑两部分组成，前向滤波采用 CBMeMBer 滤波，反向平滑利用多伯努利概率密度近似多目标平滑状态的概率密度，根据随机有限集理论得到多伯努利概率密度参数的反向递推公式，从而实现多目标平滑状态概率密度的反向递推计算；然后采用 SMC 方法解决多伯努利平滑的多重积分的计算问题；最后通过仿真实验检验多伯努利平滑的跟踪性能。

8.4.1　多伯努利平滑

单目标跟踪的平滑问题的目的是计算目标平滑状态的概率密度 $p_{l|k}(x|z_{1:k})$ $(l<k)$，由 $p_{l|k}(x|z_{1:k})$ 可以得到目标状态的最小均方误差估计 $\hat{x}_{l|k}=E(x|z_{1:k})=\int xp_{l|k}(x|z_{1:k})dx$。$p_{l|k}(x|z_{1:k})$ 可通过如下反向平滑递推公式进行计算[27]：

$$p_{l|k}(x|z_{1:k})=p_l(x|z_{1:l})\int f_{l+1|l}(y|x)\frac{p_{l+1|k}(y|z_{1:k})}{p_{l+1|l}(y|z_{1:l})}dy \tag{8-8}$$

其中，$f_{l+1|l}(y|x)$ 为 l 时刻到 $l+1$ 时刻的状态转移概率密度，对于低轨多目标的天基像平面跟踪问题，$f_{l+1|l}(y|x)$ 由低轨目标在像平面上的运动模型式（8-3）确定，$f_{l+1|l}(y|x)=N(y;Fx,Q_l)$，归一化因子 $p_{l+1|l}(y|z_{1:l})$ 为

$$p_{l+1|l}(y|z_{1:l})=\int f_{l+1|l}(y|x)p_l(x|z_{1:l})dx$$

对多目标跟踪的平滑问题，我们也希望通过多目标平滑状态的概率密度 $\pi_{l|k}(X|Z_{1:k})$ $(l<k)$ 给出多目标状态的最优估计，因此如何计算 $\pi_{l|k}(X|Z_{1:k})$ 是解决多目标跟踪的平滑问题的关键所在。与单目标反向平滑递推公式（8-8）类似，$\pi_{l|k}(X|Z_{1:k})$ 也有如下反向递推公式[25]：

$$\pi_{l|k}(X|Z_{1:k})=\pi_l(X|Z_{1:l})\int f_{l+1|l}(Y|X)\frac{\pi_{l+1|k}(Y|Z_{1:k})}{\pi_{l+1|l}(Y|Z_{1:l})}\delta Y \tag{8-9}$$

其中，$f_{l+1|l}(Y|X)$ 为 l 时刻到 $l+1$ 时刻的多目标状态转移概率密度，归一化因子 $\pi_{l+1|l}(Y|Z_{1:l})$ 的计算公式为

$$\pi_{l+1|l}(Y|Z_{1:l})=\int f_{l+1|l}(Y|X)\pi_l(X|Z_{1:l})\delta X \tag{8-10}$$

多伯努利平滑由前向滤波和反向平滑两部分组成，CBMeMBer 滤波的预测和更新分别表述为如下两个定理[14]。

定理 8-1　已知 $k-1$ 时刻的多目标后验概率密度为多伯努利密度 $\pi_{k-1}=\{(r_{k-1}^{(i)},p_{k-1}^{(i)})\}_{i=1}^{M_{k-1}}$，则多目标预测概率密度 $\pi_{k|k-1}$ 也是多伯努利密度，且具有如下形式：

$$\pi_{k|k-1}=\{(r_{P,k|k-1}^{(i)},p_{P,k|k-1}^{(i)})\}_{i=1}^{M_{k-1}}\bigcup\{(r_{\Gamma,k}^{(i)},p_{\Gamma,k}^{(i)})\}_{i=1}^{M_{\Gamma,k}} \tag{8-11}$$

其中

$$r_{P,k|k-1}^{(i)}=r_{k-1}^{(i)}p_{k-1}^{(i)}[p_{S,k}] \tag{8-12}$$

$$p_{P,k|k-1}^{(i)}(x)=\frac{p_{k-1}^{(i)}[p_{S,k}f_{k|k-1}(x|\bullet)]}{p_{k-1}^{(i)}[p_{S,k}]} \tag{8-13}$$

$\{(r_{\Gamma,k}^{(i)},p_{\Gamma,k}^{(i)})\}_{i=1}^{M_{\Gamma,k}}$ 为 k 时刻新生目标的多伯努利概率密度。

定理 8-2　已知 k 时刻的多目标预测概率密度为多伯努利密度 $\pi_{k|k-1}=\{(r_{k|k-1}^{(i)},p_{k|k-1}^{(i)})\}_{i=1}^{M_{k|k-1}}$，则 k 时刻的多目标后验概率密度 π_k 可近似为下面的多伯努利密度：

$$\pi_k \approx \{(r_{L,k}^{(i)}, p_{L,k}^{(i)})\}_{i=1}^{M_{k|k-1}} \bigcup \{(r_{U,k}(z), p_{U,k}(\bullet; z))\}_{z \in Z_k} \tag{8-14}$$

其中

$$r_{L,k}^{(i)} = r_{k|k-1}^{(i)} \frac{1 - p_{k|k-1}^{(i)}[p_{D,k}]}{1 - r_{k|k-1}^{(i)} p_{k|k-1}^{(i)}[p_{D,k}]} \tag{8-15}$$

$$p_{L,k}^{(i)}(x) = p_{k|k-1}^{(i)}(x) \frac{1 - p_{D,k}(x)}{1 - p_{k|k-1}^{(i)}[p_{D,k}]} \tag{8-16}$$

$$r_{U,k}(z) = \frac{\displaystyle\sum_{i=1}^{M_{k|k-1}} \frac{r_{k|k-1}^{(i)}(1 - r_{k|k-1}^{(i)}) p_{k|k-1}^{(i)}[p_{D,k} g_k(z|\bullet)]}{(1 - r_{k|k-1}^{(i)} p_{k|k-1}^{(i)}[p_{D,k}])^2}}{I_k(z) + \displaystyle\sum_{i=1}^{M_{k|k-1}} \frac{r_{k|k-1}^{(i)} p_{k|k-1}^{(i)}[p_{D,k} g_k(z|\bullet)]}{1 - r_{k|k-1}^{(i)} p_{k|k-1}^{(i)}[p_{D,k}]}} \tag{8-17}$$

$$p_{U,k}(x; z) = \frac{\displaystyle\sum_{i=1}^{M_{k|k-1}} \frac{r_{k|k-1}^{(i)}}{1 - r_{k|k-1}^{(i)}} p_{k|k-1}^{(i)}(x) p_{D,k}(x) g_k(z|x)}{\displaystyle\sum_{i=1}^{M_{k|k-1}} \frac{r_{k|k-1}^{(i)}}{1 - r_{k|k-1}^{(i)}} p_{k|k-1}^{(i)}[p_{D,k} g_k(z|\bullet)]} \tag{8-18}$$

前向滤波利用 CBMeMBer 滤波式（8-11）～式（8-18）递推计算 k 时刻的多目标后验概率密度 $\pi_k(X_k | Z_{1:k})$，反向平滑利用多目标平滑递推公式（8-9）和（8-10）从 k 时刻反向递推计算 $l = k - d$ 时刻的多目标平滑状态的概率密度 $\pi_{l|k}(X | Z_{1:k})$。

与单目标平滑递推公式（8-8）不同，多目标平滑递推公式（8-9）和（2.3.2）中的积分都是集合积分，无法对其进行精确计算，为得到近似解，我们用多伯努利概率密度 $\pi_{l|k} = \{(r_{l|k}^{(i)}, p_{l|k}^{(i)})\}_{i=1}^{M_{l|k}}$ 近似多目标平滑状态的概率密度 $\pi_{l|k}(X | Z_{1:k})$，这样做的直观原因是认为平滑后的多目标状态有 $M_{l|k}$ 个假设轨迹，第 i 个假设轨迹为真实轨迹的概率为 $r_{l|k}^{(i)}$（称为存在概率），并且它的空间分布概率密度为 $p_{l|k}^{(i)}$。

多伯努利反向平滑的递推公式由下面定理给出。

定理 8-3 假设 $l+1$ 时刻多目标平滑状态的概率密度 $\pi_{l+1|k}(X | Z_{1:k})$ $(l+1 \leqslant k)$ 为多伯努利概率密度

$$\pi_{l+1|k} = \{(r_{l+1|k}^{(i)}, p_{l+1|k}^{(i)})\}_{i=1}^{M_{l+1|k}}$$

l 时刻多目标后验概率密度 $\pi_l(X | Z_{1:l})$ 为多伯努利概率密度（可由 CBMeMBer 滤波得到）

$$\pi_l = \{(r_l^{(i)}, p_l^{(i)})\}_{i=1}^{M_l}$$

$l+1$ 时刻新产生目标的多目标概率密度为多伯努利概率密度

$$\pi_{\Gamma,l+1} = \{(r_{\Gamma,l+1}^{(i)}, p_{\Gamma,l+1}^{(i)})\}_{i=1}^{M_{\Gamma,l+1}}$$

$l+1$ 时刻目标的生存概率 $p_{S,l+1}(x)$ 较大，$l+1$ 时刻所有目标的状态是可分辨的（各目标运动状态之间有差异），则 l 时刻多目标平滑状态的概率密度 $\pi_{l|k}(X | Z_{1:k})$ 可以近似为如下形式的多伯努利概率密度：

$$\pi_{l|k} \approx \{(r_{G,l}^{(i)}, p_{G,l}^{(i)})\}_{i=1}^{M_l} \bigcup \{(r_{Y,l|k}^{(i)}, p_{Y,l|k}^{(i)})\}_{i=1}^{M_{l+1|k}} \tag{8-19}$$

其中

$$r_{G,l}^{(i)} = \frac{r_l^{(i)}\left[1 - p_l^{(i)}[p_{S,l+1}]\right]}{1 - r_l^{(i)} p_l^{(i)}[p_{S,l+1}]} \tag{8-20}$$

$$p_{G,l}^{(i)}(x) = \frac{p_l^{(i)}(x)[1 - p_{S,l+1}(x)]}{1 - p_l^{(i)}[p_{S,l+1}]} \tag{8-21}$$

$$r_{Y,l|k}^{(i)} = r_{l+1|k}^{(i)} p_{l+1|k}^{(i)}[r_{H,l}] \tag{8-22}$$

$$p_{Y,l|k}^{(i)}(x) = \frac{p_{l+1|k}^{(i)}[p_{H,l}(x;\bullet)r_{H,l}]}{p_{l+1|k}^{(i)}[r_{H,l}]} \tag{8-23}$$

$$r_{H,l}(y) \frac{\displaystyle\sum_{i=1}^{M_l} \frac{r_l^{(i)}(1 - r_l^{(i)} p_l^{(i)}[p_{S,l+1} f_{l+1|l}(y|\bullet)])}{[1 - r_l^{(i)} p_l^{(i)}[p_{S,l+1}]]^2}}{\displaystyle\sum_{i=1}^{M_{\Gamma,l+1}} \frac{r_{\Gamma,l+1}^{(i)} p_{\Gamma,l+1}^{(i)}(y)}{1 - r_{\Gamma,l+1}^{(i)}} + \sum_{i=1}^{M_l} \frac{r_l^{(i)} p_l^{(i)}[p_{S,l+1} f_{l+1|l}(y|\bullet)]}{1 - r_l^{(i)} p_l^{(i)}[p_{S,l+1}]}} \tag{8-24}$$

$$p_{H,l}(x;y) = \frac{\displaystyle\sum_{i=1}^{M_l} \frac{r_l^{(i)} p_l^{(i)}(x) p_{S,l+1}(x) f_{l+1|l}(y|x)}{1 - r_l^{(i)}}}{\displaystyle\sum_{i=1}^{M_l} \frac{r_l^{(i)} p_l^{(i)}[p_{S,l+1} f_{l+1|l}(y|\bullet)]}{1 - r_l^{(i)}}} \tag{8-25}$$

证明　由 Ψ 的概率母泛函（probability generating functional，PGF）定义

$$G_\Psi[h] = E(h^\Psi) = \int h^Y f_\Psi(Y)\delta Y$$

其中，$f_\Psi(Y)$ 是随机有限集 Ψ 的概率密度函数；$h(y)$ 为满足 $0 \leqslant h(y) \leqslant 1$ 的任意实值函数；h^Y 定义为

$$h^Y = \begin{cases} 1, & Y = \varnothing \\ \displaystyle\prod_{y \in Y} h(y), & Y \neq \varnothing \end{cases}$$

根据式（8-9）和式（8-10），$\pi_{l|k}(X|Z_{1:k})$ 的 PGFL 可写为

$$G_{l|k}[h] = \int G_{W,l}[h]\pi_{l+1|k}(Y|Z_{1:k})\delta Y$$

其中

$$G_{W,l}[h] = \frac{\displaystyle\int h^X f_{l+1|l}(Y|X)\pi_l(X|Z_{1:l})\delta X}{\displaystyle\int f_{l+1|l}(Y|X)\pi_l(X|Z_{1:l})\delta X}$$

定义如下两变量的 PGFL：

$$F[g,h] = \iint h^X g^Y f_{l+1|l}(Y|X)\pi_l(X|Z_{1:l})\delta X\delta Y$$

根据随机有限集 Ψ 的概率密度函数 $f_\Psi(X)$ 与它的 PGFL G_Ψ 的导数关系

$$f_\Psi(X) = \frac{\delta G_\Psi}{\delta X}[0]$$

$G_{W,l}[h]$ 可由下式计算：

$$G_{W,l}[h] = \frac{\dfrac{\delta}{\delta Y}F[0,h]}{\dfrac{\delta}{\delta Y}F[0,1]}$$

$f_{l+1|l}(Y \mid X)$ 的 PGFL 具有如下形式[47]：

$$\int f_{l+1|l}(Y \mid X)g^Y \delta Y = (1 - p_{S,l+1} + p_{S,l+1}p_g)^X G_{\Gamma,l+1}[g]$$

其中

$$p_g(x) = \int g(y)f_{l+1|l}(y \mid x)\mathrm{d}y$$

$G_{\Gamma,l+1}[g]$ 是 $\pi_{\Gamma,l+1}$ 的 PGFL，所以

$$F[g,h] = \int h^X (1 - p_{S,l+1} + p_{S,l+1}p_g)^X G_{\Gamma,l+1}[g]\pi_l(X \mid Z_{1:l})\delta X$$
$$= G_{\Gamma,l+1}[g]G_l[h(q_{S,l+1} + p_{S,l+1}p_g)]$$

其中

$$q_{S,l+1}(x) = 1 - p_{S,l+1}(x)$$

$G_l[h]$ 是 $\pi_l(X \mid Z_{1:l})$ 的 PGFL。因为 $\pi_{\Gamma,l+1} = \left\{(r_{\Gamma,l+1}^{(i)}, p_{\Gamma,l+1}^{(i)})\right\}_{i=1}^{M_{\Gamma,l+1}}$，$\pi_l = \left\{(r_l^{(i)}, p_l^{(i)})\right\}_{i=1}^{M_l}$，参数为 $\{(r^{(i)}, p^{(i)})\}_{i=1}^{M}$ 的多伯努利随机有限集 X 的 PGFL 为

$$G[h] = \prod_{i=1}^{M}(1 - r^{(i)} + r^{(i)}p^{(i)}[h])$$

可得

$$F[g,h] = \prod_{i=1}^{M_{\Gamma,l+1}}(1 - r_{\Gamma,l+1}^{(i)} + r_{\Gamma,l+1}^{(i)}p_{\Gamma,l+1}^{(i)}[g])\prod_{i=1}^{M_l}\left\{1 - r_l^{(i)} + r_l^{(i)}p_l^{(i)}[h(q_{S,l+1} + p_{S,l+1}p_g)]\right\}$$

令 $Y = \{y_1, \cdots, y_m\}$，可得

$$\frac{\delta F[0,h]}{\delta y_1} = \prod_{i=1}^{M_{\Gamma,l+1}}(1 - r_{\Gamma,l+1}^{(i)})\prod_{i=1}^{M_l}(1 - r_l^{(i)} + r_l^{(i)}p_l^{(i)}[hq_{S,l+1}])$$
$$\times\left\{\sum_{i=1}^{M_{\Gamma,l+1}}\frac{r_{\Gamma,l+1}^{(i)}p_{\Gamma,l+1}^{(i)}(y_1)}{1 - r_{\Gamma,l+1}^{(i)}} + \sum_{i=1}^{M_l}\frac{r_l^{(i)}p_l^{(i)}[hp_{S,l+1}f_{l+1|l}(y_1 \mid \bullet)]}{1 - r_l^{(i)} + r_l^{(i)}p_l^{(i)}[hq_{S,l+1}]}\right\}$$

$$\frac{\delta F[0,h]}{\delta y_1 \delta y_2} = \prod_{i=1}^{M_{\Gamma,l+1}}(1 - r_{\Gamma,l+1}^{(i)})\prod_{i=1}^{M_{k'}}(1 - r_l^{(i)} + r_l^{(i)}p_l^{(i)}[hq_{S,l+1}])$$
$$\times\left\{\sum_{1 \leqslant i_1 \neq i_2 \leqslant M_{\Gamma,l+1}}\frac{r_{\Gamma,l+1}^{(i_1)}r_{\Gamma,l+1}^{(i_2)}p_{\Gamma,l+1}^{(i_1)}(y_1)p_{\Gamma,l+1}^{(i_2)}(y_2)}{(1 - r_{\Gamma,l+1}^{(i_1)})(1 - r_{\Gamma,l+1}^{(i_2)})}\right.$$
$$+ \sum_{i=1}^{M_{\Gamma,l+1}}\frac{r_{\Gamma,l+1}^{(i)}p_{\Gamma,l+1}^{(i)}(y_1)}{1 - r_{\Gamma,l+1}^{(i)}}\sum_{i=1}^{M_l}\frac{r_l^{(i)}p_l^{(i)}[hp_{S,l+1}f_{l+1|l}(y_2 \mid \bullet)]}{1 - r_l^{(i)} + r_l^{(i)}p_l^{(i)}[hq_{S,l+1}]}$$
$$+ \sum_{1 \leqslant i_1 \neq i_2 \leqslant M_l}\frac{r_l^{(i_1)}r_l^{(i_2)}p_l^{(i_1)}[hp_{S,l+1}f_{l+1|l}(y_1 \mid \bullet)]p_l^{(i_2)}[hp_{S,l+1}f_{l+1|l}(y_2 \mid \bullet)]}{(1 - r_l^{(i_1)} + r_l^{(i_1)}p_l^{(i_1)}[hq_{S,l+1}])(1 - r_l^{(i_2)} + r_l^{(i_2)}p_l^{(i_2)}[hq_{S,l+1}])}$$
$$\left.+ \sum_{i=1}^{M_{\Gamma,l+1}}\frac{r_{\Gamma,l+1}^{(i)}p_{\Gamma,l+1}^{(i)}(y_2)}{1 - r_{\Gamma,l+1}^{(i)}}\sum_{i=1}^{M_l}\frac{r_l^{(i)}p_l^{(i)}[hp_{S,l+1}f_{l+1|l}(y_1 \mid \bullet)]}{1 - r_l^{(i)} + r_l^{(i)}p_l^{(i)}[hq_{S,l+1}]}\right\} \quad (8\text{-}26)$$

式（8-26）右边最后一个乘积项与

$$\prod_{j=1}^{2}\left\{\sum_{i=1}^{M_{\Gamma,l+1}}\frac{r_{\Gamma,l+1}^{(i)}p_{\Gamma,l+1}^{(i)}(y_j)}{1-r_{\Gamma,l+1}^{(i)}}+\sum_{i=1}^{M_l}\frac{r_l^{(i)}p_l^{(i)}[hp_{S,l+1}f_{l+1|l}(y_j\,|\bullet)]}{1-r_l^{(i)}+r_l^{(i)}p_l^{(i)}[hq_{S,l+1}]}\right\}$$

相差

$$\sum_{i=1}^{M_{\Gamma,l+1}}\frac{(r_{\Gamma,l+1}^{(i)})^2\,p_{\Gamma,l+1}^{(i)}(y_1)p_{\Gamma,l+1}^{(i)}(y_2)}{(1-r_{\Gamma,l+1}^{(i)})^2}+\sum_{i=1}^{M_l}\frac{(r_l^{(i)})^2\,p_l^{(i)}[hp_{S,l+1}f_{l+1|l}(y_1\,|\bullet)]p_l^{(i)}[hp_{S,l+1}f_{l+1|l}(y_2\,|\bullet)]}{(1-r_l^{(i)}+r_l^{(i)}p_l^{(i)}[hq_{S,l+1}])^2}$$

因为所有目标的状态是可分辨的,不同的目标状态 y_1 和 y_2 不可能来源于同一个轨迹,所以 $p_{\Gamma,l+1}^{(i)}(y_1)p_{\Gamma,l+1}^{(i)}(y_2)$ 和 $p_l^{(i)}[hp_{S,l+1}f_{l+1|l}(y_1\,|\bullet)]p_l^{(i)}[hp_{S,l+1}f_{l+1|l}(y_2\,|\bullet)]$ 都近似为零,这样

$$\frac{\delta F[0,h]}{\delta y_1\delta y_2}\approx\prod_{i=1}^{M_{\Gamma,l+1}}(1-r_{\Gamma,l+1}^{(i)})\prod_{i=1}^{M_l}(1-r_l^{(i)}+r_l^{(i)}p_l^{(i)}[hq_{S,l+1}])$$

$$\times\prod_{j=1}^{2}\left\{\sum_{i=1}^{M_{\Gamma,l+1}}\frac{r_{\Gamma,l+1}^{(i)}p_{\Gamma,l+1}^{(i)}(y_j)}{1-r_{\Gamma,l+1}^{(i)}}+\sum_{i=1}^{M_l}\frac{r_l^{(i)}p_l^{(i)}[hp_{S,l+1}f_{l+1|l}(y_j\,|\bullet)]}{1-r_l^{(i)}+r_l^{(i)}p_l^{(i)}[hq_{S,l+1}]}\right\}$$

一般我们能够得到

$$\frac{\delta}{\delta Y}F[0,h]=\frac{\delta F[0,h]}{\delta y_1\cdots\delta y_m}$$

$$\approx\prod_{i=1}^{M_{\Gamma,l+1}}(1-r_{\Gamma,l+1}^{(i)})\prod_{i=1}^{M_l}(1-r_l^{(i)}+r_l^{(i)}p_l^{(i)}[hq_{S,l+1}])$$

$$\times\prod_{y\in Y}\left\{\sum_{i=1}^{M_{\Gamma,l+1}}\frac{r_{\Gamma,l+1}^{(i)}p_{\Gamma,l+1}^{(i)}(y)}{1-r_{\Gamma,l+1}^{(i)}}+\sum_{i=1}^{M_l}\frac{r_l^{(i)}p_l^{(i)}[hp_{S,l+1}f_{l+1|l}(y\,|\bullet)]}{1-r_l^{(i)}+r_l^{(i)}p_l^{(i)}[hq_{S,l+1}]}\right\}$$

这样

$$G_{W,l}[h]=\frac{\dfrac{\delta}{\delta Y}F[0,h]}{\dfrac{\delta}{\delta Y}F[0,1]}$$

$$=\prod_{i=1}^{M_l}G_{G,l}^{(i)}[h]\prod_{y\in Y}G_{H,l}[h;y]$$

其中

$$G_{G,l}^{(i)}[h]=\frac{1-r_l^{(i)}+r_l^{(i)}p_l^{(i)}[hq_{S,l+1}]}{1-r_l^{(i)}p_l^{(i)}[p_{S,l+1}]}$$

$$=1-\frac{r_l^{(i)}p_l^{(i)}[q_{S,l+1}]}{1-r_l^{(i)}p_l^{(i)}[p_{S,l+1}]}+\frac{r_l^{(i)}p_l^{(i)}[q_{S,l+1}]}{1-r_l^{(i)}p_l^{(i)}[p_{S,l+1}]}\frac{p_l^{(i)}[hq_{S,l+1}]}{p_l^{(i)}[q_{S,l+1}]}\qquad(8\text{-}27)$$

$$G_{H,l}[h;y]=\frac{\displaystyle\sum_{i=1}^{M_{\Gamma,l+1}}\frac{r_{\Gamma,l+1}^{(i)}p_{\Gamma,l+1}^{(i)}(y)}{1-r_{\Gamma,l+1}^{(i)}}+\sum_{i=1}^{M_l}G_{B,l}^{(i)}[h;y]}{\displaystyle\sum_{i=1}^{M_{\Gamma,l+1}}\frac{r_{\Gamma,l+1}^{(i)}p_{\Gamma,l+1}^{(i)}(y)}{1-r_{\Gamma,l+1}^{(i)}}+\sum_{i=1}^{M_l}G_{B,l}^{(i)}[1;y]}$$

$$G_{B,l}^{(i)}[h;y]=\frac{r_l^{(i)}p_l^{(i)}[hp_{S,l+1}f_{l+1|l}(y\,|\bullet)]}{1-r_l^{(i)}+r_l^{(i)}p_l^{(i)}[hq_{S,l+1}]}$$

由式（8-27）知，$\prod_{i=1}^{M_l} G_{G,l}^{(i)}[h]$ 为多伯努利 PGFL，其参数 $\{(r_{G,l}^{(i)}, p_{G,l}^{(i)})\}_{i=1}^{M_l}$ 由式（8-20）～式（8-21）给出。

但是，$\prod_{y\in Y} G_{H,l}[h;y]$ 不是多伯努利 PGFL，根据 PGFL 的如下性质：当随机有限集 Ψ 的势分布为 $p_\Psi(n) = \Pr(|\Psi|=n)$ 时，$p_\Psi(n)$ 的母函数 PGF 定义为 $G_\Psi(y) = \sum_{n=0}^{\infty} y^n P_\Psi(n)$，$\Psi$ 的 PGFL 为 $G_\Psi[h]$，令 $h(y) \equiv y$，则有

$$G_\Psi(y) = G_\Psi[y] \tag{8-28}$$

令 N_Ψ 和 σ_Ψ^2 分别表示 $|\Psi|$ 的期望和方差，则有

$$N_\Psi = G_\Psi'(1)$$
$$\sigma_\Psi^2 = G_\Psi''(1) - N_\Psi^2 + N_\Psi$$

可得 $G_{H,l}[h;y]$ 的势均值 $\tilde{r}_{H,l}(y)$ 为

$$\tilde{r}_{H,l}(y) = \frac{\partial G_{H,l}[z;y]}{\partial z}\bigg|_{z=1}$$
$$= \frac{\sum_{i=1}^{M_l} \frac{r_l^{(i)}(1-r_l^{(i)})p_l^{(i)}[p_{S,l+1}f_{l+1|l}(y|\bullet)]}{\left(1-r_l^{(i)}p_l^{(i)}[p_{S,l+1}]\right)^2}}{\sum_{i=1}^{M_{\Gamma,l+1}} \frac{r_{\Gamma,l+1}^{(i)}p_{\Gamma,l+1}^{(i)}(y)}{1-r_{\Gamma,l+1}^{(i)}} + \sum_{i=1}^{M_l} G_{B,l}^{(i)}[1;y]} \tag{8-29}$$

根据随机有限集 Ψ 的 PHD $D_\Psi(x)$ 可由 Ψ 的 PGFL G_Ψ 的导数进行计算：

$$D_\Psi(x) = \frac{\delta G_\Psi}{\delta x}[1]$$

则有 $G_{H,l}[h;y]$ 的 PHD $\tilde{v}_{H,l}(x,y)$ 为

$$\tilde{v}_{H,l}(x,y) = \frac{\delta G_{H,l}[h;y]}{\delta x}\bigg|_{h=1}$$
$$= \frac{\sum_{i=1}^{M_l} \frac{r_l^{(i)}p_l^{(i)}(x)p_{S,l+1}(x)f_{l+1|l}(y|x)(1-r_l^{(i)}p_l^{(i)}[p_{S,l+1}])}{\left(1-r_l^{(i)}p_l^{(i)}[p_{S,l+1}]\right)^2}}{\sum_{i=1}^{M_{\Gamma,l+1}} \frac{r_{\Gamma,l+1}^{(i)}p_{\Gamma,l+1}^{(i)}(y)}{1-r_{\Gamma,l+1}^{(i)}} + \sum_{i=1}^{M_l} G_{B,l}^{(i)}[1;y]}$$
$$- \frac{\sum_{i=1}^{M_l} \frac{(r_l^{(i)})^2 p_l^{(i)}(x)p_l^{(i)}[p_{S,l+1}f_{l+1|l}(y|\bullet)]q_{S,l+1}(x)}{\left(1-r_l^{(i)}p_l^{(i)}[p_{S,l+1}]\right)^2}}{\sum_{i=1}^{M_{\Gamma,l+1}} \frac{r_{\Gamma,l+1}^{(i)}p_{\Gamma,l+1}^{(i)}(y)}{1-r_{\Gamma,l+1}^{(i)}} + \sum_{i=1}^{M_l} G_{B,l}^{(i)}[1;y]} \tag{8-30}$$

我们把 $\prod_{y\in Y} G_{H,l}[h;y]$ 的每一项 $G_{H,l}[h;y]$ 用伯努利 PGFL $\tilde{G}_{H,l}[h;y] = 1 - r_{H,l}(y) + r_{H,l}(y) p_{H,l}[h;y]$ 进行近似，$\tilde{G}_{H,l}[h;y]$ 的参数为 $(r_{H,l}(y), p_{H,l}(x;y))$，则由势分布是参数为 r 的伯努利分布，势均值为 $E(|X|)=r$ 知，$\tilde{G}_{H,l}[h;y]$ 的势均值为 $r_{H,l}(y)$；根据参数为 (r,p) 的伯努利随机有限集 X 的 PHD 为 $D(x)=rp(x)$ 知，$\tilde{G}_{H,l}[h;y]$ 的 PHD $v_{H,l}(x,y)$ 满足

$$v_{H,l}(x,y) = r_{H,l}(y)p_{H,l}(x;y) \tag{8-31}$$

令 $\tilde{G}_{H,l}[h;y]$ 的势均值和 PHD 分别与 $G_{H,l}[h;y]$ 的势均值和 PHD 相等，即

$$r_{H,l}(y) = \tilde{r}_{H,l}(y) \tag{8-32}$$

$$v_{H,l}(x,y) = \tilde{v}_{H,l}(x,y) \tag{8-33}$$

由式（8-29）～式（8-33）和 $p_{S,l+1}(x) \approx 1$ 得

$$p_{H,l}(x;y) = \frac{\tilde{v}_{H,l}(x,y)}{\tilde{r}_{H,l}(y)}$$

$$\approx \frac{\sum_{i=1}^{M_l} \frac{r_l^{(i)} p_l^{(i)}(x) p_{S,l+1}(x) f_{l+1|l}(y\mid x)}{1-r_l^{(i)}}}{\sum_{i=1}^{M_l} \frac{r_l^{(i)} p_l^{(i)}[p_{S,l+1} f_{l+1|l}(y\mid \bullet)]}{1-r_l^{(i)}}}$$

这样，$\prod_{y\in Y} G_{H,l}[h;y]$ 可由参数为 $\{(r_{H,l}(y), p_{H,l}(x;y))\}_{y\in Y}$ 的多伯努利 PGFL 近似，参数 $r_{H,l}(y)$ 和 $p_{H,l}(x;y)$ 由式（8-24）和式（8-25）给出。

$\pi_{l|k}(X\mid Z_{1:k})$ 的 PGFL 为

$$G_{l|k}[h] = \int G_{W,l}[h]\pi_{l+1|k}(Y\mid Z_{1:k})\delta Y$$

$$\approx \int \prod_{i=1}^{M_l} G_{G,l}^{(i)}[h]\prod_{y\in Y} G_{H,l}[h;y]\pi_{l+1|k}(Y\mid Z_{1:k})\delta Y$$

$$\approx \prod_{i=1}^{M_l} G_{G,l}^{(i)}[h]\int \prod_{y\in Y}\left[1-r_{H,l}(y)+r_{H,l}(y)p_{H,l}[h;y]\right]\pi_{l+1|k}(Y\mid Z_{1:k})\delta Y$$

$$= \prod_{i=1}^{M_l} G_{G,l}^{(i)}[h]G_{l+1|k}[1-r_{H,l}+r_{H,l}p_{H,l}[h;\bullet]]$$

$$= \prod_{i=1}^{M_l} G_{G,l}^{(i)}[h]\prod_{i=1}^{M_{l+1|k}} G_{Y,l|k}^{(i)}[h]$$

其中，$G_{l+1|k}[h]$ 为多伯努利 $\pi_{l+1} = \left\{(r_{l+1|k}^{(i)}, p_{l+1|k}^{(i)})\right\}_{i=1}^{M_{l+1|k}}$ 的 PGFL；$G_{Y,l|k}^{(i)}[h]$ 有如下形式：

$$G_{Y,l|k}^{(i)}[h] = 1-r_{l+1|k}^{(i)}+r_{l+1|k}^{(i)}p_{l+1|k}^{(i)}[1-r_{H,l}+r_{H,l}p_{H,l}[h;\bullet]]$$

$$= 1-r_{l+1|k}^{(i)}p_{l+1|k}^{(i)}[r_{H,l}]+r_{l+1|k}^{(i)}p_{l+1|k}^{(i)}[r_{H,l}p_{H,l}[h;\bullet]]$$

$$= 1-r_{l+1|k}^{(i)}p_{l+1|k}^{(i)}[r_{H,l}]+r_{l+1|k}^{(i)}p_{l+1|k}^{(i)}[r_{H,l}]\frac{p_{l+1|k}^{(i)}[r_{H,l}p_{H,l}[h;\bullet]]}{p_{l+1|k}^{(i)}[r_{H,l}]} \tag{8-34}$$

由式（8-34）可以看出，$\prod_{i=1}^{M_{l+1|k}} G_{Y,l|k}^{(i)}[h]$ 是多伯努利 PGFL，并且其参数 $\{(r_{Y,l|k}^{(i)}, p_{Y,l|k}^{(i)})\}_{i=1}^{M_{l+1|k}}$ 由式（8-22）和式（8-23）给出，这样，$\pi_{l|k}(X\mid Z_{1:k})$ 可近似为式（8-19）表示的多伯努利概率密度。

注 8-1　设 d 为平滑延迟时间，$l=k-d$ 时刻的多伯努利概率密度 $\pi_{l|k} = \{(r_{l|k}^{(i)}, p_{l|k}^{(i)})\}_{i=1}^{M_{l|k}}$ 的直观解释是认为平滑后的多目标状态有 $M_{l|k}$ 个假设轨迹，第 i 个假设轨迹为真实轨迹的概率为 $r_{l|k}^{(i)}$，并且它的空间分布概率密度为 $p_{l|k}^{(i)}$。这样，目标数量估计 $\hat{N}_{l|k}$ 可取多伯努利 $\pi_{l|k}$ 的势分布的均值 $\sum_{i=1}^{M_{l|k}} r_{l|k}^{(i)}$（参数为 $\{(r^{(i)}, p^{(i)})\}_{i=1}^{M}$ 的多伯努利随机有限集的势均值为

$E(|X|) = \sum_{i=1}^{M} r^{(i)}$ ）或极大值点，将 $p_{l|k}^{(i)}$ 按对应的 $r_{l|k}^{(i)}$ 由大到小排列，多目标状态估计 $\hat{X}_{l|k}$ 取前 $\hat{N}_{l|k}$ 个 $p_{l|k}^{(i)}$ 的均值或极大值点。

注 8-2　令 t_d 为目标死亡的时刻，则该目标在 $t_d - d$ 时刻与 $t_d - 1$ 时刻之间的平滑轨迹可能会丢失（目标提前死亡），这是因为反向平滑是用 t_d 时刻以后的测量估计 $t_d - d$ 时刻到 $t_d - 1$ 时刻的多目标状态，而没有用到死亡目标的测量信息。如果前向滤波能够准确确定目标死亡的时刻 t_d，我们可以对反向平滑的这种目标提前死亡的行为进行修正，方法是反向平滑只利用 $t_d - 1$ 时刻以前的测量 $Z_{1:t_d-1} = \{Z_1, \cdots, Z_{t_d-1}\}$ 对 $t_d - d$ 到 $t_d - 1$ 时刻的多目标状态进行估计，即将多目标状态估计 $\hat{X}_{t_d-d|t_d-1}, \cdots, \hat{X}_{t_d-1|t_d-1}$ 作为反向平滑在 $t_d - d$ 到 $t_d - 1$ 时刻状态估计的输出结果。

8.4.2　多伯努利平滑的 SMC 实现方法

多伯努利平滑的前向滤波公式（8-11）～（8-18）和反向平滑公式（8-19）～（8-25）包含多重积分，无法直接计算，这里采用 SMC 方法实现多伯努利平滑的递推计算。多伯努利平滑的 SMC 实现方法包括前向滤波的 SMC 实现方法和反向平滑的 SMC 实现方法，其中，前向滤波的 SMC 实现方法来源于文献[14]。

8.4.2.1　前向滤波的 SMC 实现方法

预测　对于 $k-1$ 时刻的多伯努利后验概率密度 $\pi_{k-1} = \{(r_{k-1}^{(i)}, p_{k-1}^{(i)})\}_{i=1}^{M_{k-1}}$，$r_{k-1}^{(i)}$ 已知并且 $p_{k-1}^{(i)}$ 表示为

$$p_{k-1}^{(i)}(x) = \sum_{j=1}^{L_{k-1}^{(i)}} w_{k-1}^{(i,j)} \delta_{x_{k-1}^{(i,j)}}(x)$$

其中，$\{x_{k-1}^{(i,j)}, w_{k-1}^{(i,j)}\}_{j=1}^{L_{k-1}^{(i)}}$ 是 $p_{k-1}^{(i)}$ 的抽样粒子及粒子的权重。k 时刻新产生目标的多伯努利概率密度 $\pi_{\Gamma,k} = \{(r_{\Gamma,k}^{(i)}, p_{\Gamma,k}^{(i)})\}_{i=1}^{M_{\Gamma,k}}$ 已知，对重要性密度函数 $q_k^{(i)}(\bullet|x_{k-1}^{(i,j)}, Z_k)$ $(i=1,\cdots,M_{k-1}, j=1,\cdots,L_{k-1}^{(i)})$ 抽取样本 $x_{P,k|k-1}^{(i,j)}$，其中 $q_k^{(i)}(\bullet|x_{k-1}^{(i,j)}, Z_k)$ 的支撑集包含 $p_k^{(i)}$ 的支撑集；对重要性密度函数 $b_k^{(i)}(\bullet|Z_k)$ $(i=1,\cdots,M_{k-1})$ 抽取 $L_{\Gamma,k}^{(i)}$ 个样本 $x_{\Gamma,k}^{(i,j)}$ $(j=1,\cdots,L_{\Gamma,k}^{(i)})$，其中 $b_k^{(i)}(\bullet|Z_k)$ 的支撑集包含 $p_{\Gamma,k}^{(i)}$ 的支撑集，则多伯努利预测概率密度 $\pi_{k|k-1} = \{(r_{P,k|k-1}^{(i)}, p_{P,k|k-1}^{(i)})\}_{i=1}^{M_{k-1}}$ $\bigcup\{(r_{\Gamma,k}^{(i)}, p_{\Gamma,k}^{(i)})\}_{i=1}^{M_{\Gamma,k}}$ 的计算公式为

$$r_{P,k|k-1}^{(i)} = r_{k-1}^{(i)} \sum_{j=1}^{L_{k-1}^{(i)}} w_{k-1}^{(i,j)} p_{S,k}(x_{k-1}^{(i,j)}) \tag{8-35}$$

$$p_{P,k|k-1}^{(i)}(x) = \sum_{j=1}^{L_{k-1}^{(i)}} \tilde{w}_{P,k|k-1}^{(i,j)} \delta_{x_{P,k|k-1}^{(i,j)}}(x)$$

$$p_{\Gamma,k}^{(i)}(x) = \sum_{j=1}^{L_{\Gamma,k}^{(i)}} \tilde{w}_{\Gamma,k}^{(i,j)} \delta_{x_{\Gamma,k}^{(i,j)}}(x)$$

其中

$$\tilde{w}_{P,k|k-1}^{(i,j)} = \frac{w_{P,k|k-1}^{(i,j)}}{\sum_{j=1}^{L_{k-1}^{(i)}} w_{P,k|k-1}^{(i,j)}} \tag{8-36}$$

$$w_{P,k|k-1}^{(i,j)} = \frac{w_{k-1}^{(i,j)} f_{k|k-1}(x_{P,k|k-1}^{(i,j)} \mid x_{k-1}^{(i,j)}) p_{S,k}(x_{k-1}^{(i,j)})}{q_k^{(i)}(x_{P,k|k-1}^{(i,j)} \mid x_{k-1}^{(i,j)}, Z_k)} \tag{8-37}$$

$$\tilde{w}_{\Gamma,k}^{(i,j)} = \frac{w_{\Gamma,k}^{(i,j)}}{\sum_{j=1}^{L_{\Gamma,k}^{(i)}} w_{\Gamma,k}^{(i,j)}} \tag{8-38}$$

$$w_{\Gamma,k}^{(i,j)} = \frac{p_{\Gamma,k}^{(i)}(x_{\Gamma,k}^{(i,j)})}{b_k^{(i)}(x_{\Gamma,k}^{(i,j)} \mid Z_k)} \tag{8-39}$$

更新　对于 k 时刻的多伯努利预测概率密度 $\pi_{k|k-1} = \{(r_{k|k-1}^{(i)}, p_{k|k-1}^{(i)})\}_{i=1}^{M_{k|k-1}}$，$r_{k|k-1}^{(i)}$ 已知并且 $p_{k|k-1}^{(i)}$ 表示为

$$p_{k|k-1}^{(i)}(x) = \sum_{j=1}^{L_{k|k-1}^{(i)}} w_{k|k-1}^{(i,j)} \delta_{x_{k|k-1}^{(i,j)}}(x)$$

其中，$\{x_{k|k-1}^{(i,j)}, w_{k|k-1}^{(i,j)}\}_{j=1}^{L_{k|k-1}^{(i)}}$ 是 $p_{k|k-1}^{(i)}$ 的抽样粒子及粒子的权重，则多伯努利后验概率密度 $\pi_k = \{(r_{L,k}^{(i)}, p_{L,k}^{(i)})\}_{i=1}^{M_{k|k-1}} \bigcup \{(r_{U,k}(z), p_{U,k}(\bullet;z))\}_{z \in Z_k}$ 的计算公式为

$$r_{L,k}^{(i)} = r_{k|k-1}^{(i)} \frac{1 - \rho_{L,k}^{(i)}}{1 - r_{k|k-1}^{(i)} \rho_{L,k}^{(i)}}$$

$$p_{L,k}^{(i)}(x) = \sum_{j=1}^{L_{k|k-1}^{(i)}} \tilde{w}_{L,k}^{(i,j)} \delta_{x_{k|k-1}^{(i,j)}}(x)$$

$$r_{U,k}(z) = \frac{\displaystyle\sum_{i=1}^{M_{k|k-1}} \frac{r_{k|k-1}^{(i)}(1 - r_{k|k-1}^{(i)}) \rho_{U,k}^{(i)}(z)}{\left(1 - r_{k|k-1}^{(i)} \rho_{L,k}^{(i)}\right)^2}}{I_k(z) + \displaystyle\sum_{i=1}^{M_{k|k-1}} \frac{r_{k|k-1}^{(i)} \rho_{U,k}^{(i)}(z)}{1 - r_{k|k-1}^{(i)} \rho_{L,k}^{(i)}}}$$

$$p_{U,k}(x;z) = \sum_{i=1}^{M_{k|k-1}} \sum_{j=1}^{L_{k|k-1}^{(i)}} \tilde{w}_{U,k}^{(i,j)}(z) \delta_{x_{k|k-1}^{(i,j)}}(x)$$

其中

$$\rho_{L,k}^{(i)} = \sum_{j=1}^{L_{k|k-1}^{(i)}} w_{k|k-1}^{(i,j)} p_{D,k}(x_{k|k-1}^{(i,j)})$$

$$\tilde{w}_{L,k}^{(i,j)} = \frac{w_{L,k}^{(i,j)}}{\sum\limits_{j=1}^{L_{k|k-1}^{(i)}} w_{L,k}^{(i,j)}}$$

$$w_{L,k}^{(i,j)} = w_{k|k-1}^{(i,j)} \left[1 - p_{D,k}(x_{k|k-1}^{(i,j)}) \right]$$

$$\rho_{U,k}^{(i)}(z) = \sum\limits_{j=1}^{L_{k|k-1}^{(i)}} w_{k|k-1}^{(i,j)} p_{D,k}(x_{k|k-1}^{(i,j)}) g_k(z \mid x_{k|k-1}^{(i,j)}) \tag{8-40}$$

$$\tilde{w}_{U,k}^{(i,j)}(z) = \frac{w_{U,k}^{(i,j)}(z)}{\sum\limits_{i=1}^{M_{k|k-1}} \sum\limits_{j=1}^{L_{k|k-1}^{(i)}} w_{U,k}^{(i,j)}(z)} \tag{8-41}$$

$$w_{U,k}^{(i,j)}(z) = w_{k|k-1}^{(i,j)} \frac{r_{k|k-1}^{(i)}}{1 - r_{k|k-1}^{(i)}} p_{D,k}(x_{k|k-1}^{(i,j)}) g_k(z \mid x_{k|k-1}^{(i,j)}) \tag{8-42}$$

$I_k(z)$ 为 k 时刻的杂波强度，$g_k(z|x)$ 为测量似然函数，对于低轨多目标的天基像平面跟踪问题，$g_k(z|x)$ 由目标在像平面上的测量模型（8-4）确定，$g_k(z|x) = N(z; Hx, R_k)$。

8.4.2.2　反向平滑的 SMC 实现方法

对 $l+1$ 时刻多伯努利平滑概率密度 $\pi_{l+1|k} = \{(r_{l+1|k}^{(i)}, p_{l+1|k}^{(i)})\}_{i=1}^{M_{l+1|k}}$ $(l+1 \leq k)$，$r_{l+1|k}^{(i)}$ 已知并且 $p_{l+1|k}^{(i)}$ 表示为

$$p_{l+1|k}^{(i)}(x) = \sum\limits_{j=1}^{L_{l+1|k}^{(i)}} w_{l+1|k}^{(i,j)} \delta_{x_{l+1|k}^{(i,j)}}(x)$$

其中，$\{x_{l+1|k}^{(i,j)}, w_{l+1|k}^{(i,j)}\}_{j=1}^{L_{l+1|k}^{(i)}}$ 是 $p_{l+1|k}^{(i)}$ 的抽样粒子及粒子的权重。对于 l 时刻多伯努利后验概率密度 $\pi_l = \{(r_l^{(i)}, p_l^{(i)})\}_{i=1}^{M_l}$，$r_l^{(i)}$ 已知并且 $p_l^{(i)}$ 表示为

$$p_l^{(i)}(x) = \sum\limits_{j=1}^{L_l^{(i)}} w_l^{(i,j)} \delta_{x_l^{(i,j)}}(x)$$

其中，$\{x_l^{(i,j)}, w_l^{(i,j)}\}_{j=1}^{L_l^{(i)}}$ 是 $p_l^{(i)}$ 的抽样粒子及粒子的权重，则 l 时刻的多伯努利平滑概率密度 $\pi_{l|k} = \left\{(r_{G,l}^{(i)}, p_{G,l}^{(i)})\right\}_{i=1}^{M_l} \bigcup \left\{(r_{Y,l|k}^{(i)}, p_{Y,l|k}^{(i)})\right\}_{i=1}^{M_{l+1|k}}$ 的计算公式为

$$r_{G,l}^{(i)} = \frac{r_l^{(i)}(1 - \rho_{G,l}^{(i)})}{1 - r_l^{(i)} \rho_{G,l}^{(i)}}$$

$$p_{G,l}^{(i)} = \sum\limits_{j=1}^{L_l^{(i)}} \tilde{w}_{G,l}^{(i,j)} \delta_{x_l^{(i,j)}}(x)$$

$$r_{Y,l|k}^{(i)} = r_{l+1|k}^{(i)} \sum_{q=1}^{L_{l+1|k}^{(i)}} w_{l+1|k}^{(i,q)} r_{H,l}(x_{l+1|k}^{(i,q)})$$

$$p_{Y,l|k}^{(i)}(x) = \sum_{j=1}^{M_l} \sum_{p=1}^{L_l^{(j)}} \tilde{w}_{l|k}^{(i,j,p)} \delta_{x_l^{(j,p)}}(x)$$

其中

$$\rho_{G,l}^{(i)} = \sum_{j=1}^{L_l^{(i)}} w_l^{(i,j)} p_{S,l+1}(x_l^{(i,j)})$$

$$\tilde{w}_{G,l}^{(i,j)} = \frac{w_{G,l}^{(i,j)}}{\sum_{j=1}^{L_l^{(i)}} w_{G,l}^{(i,j)}}$$

$$w_{G,l}^{(i,j)} = w_l^{(i,j)}[1 - p_{S,l+1}(x_l^{(i,j)})]$$

$$\tilde{w}_{l|k}^{(i,j,p)} = \frac{w_{l|k}^{(i,j,p)}}{\sum_{j=1}^{M_l} \sum_{p=1}^{L_l^{(j)}} w_{l|k}^{(i,j,p)}}$$

$$w_{l|k}^{(i,j,p)} = \frac{w_l^{(j,p)} r_l^{(j)} p_{S,l+1}(x_l^{(j,p)})}{1 - r_l^{(j)}} \sum_{q=1}^{L_{l+1|k}^{(i)}} \frac{w_{l+1|k}^{(i,q)} r_{H,l}(x_{l+1|k}^{(i,q)}) f_{l+1|l}(x_{l+1|k}^{(i,q)} | x_l^{(j,p)})}{\sum_{n=1}^{M_l} \frac{r_l^{(n)} \rho_{Y,k}^{(n)}(x_{l+1|k}^{(i,q)})}{1 - r_l^{(n)}}} \tag{8-43}$$

$$r_{H,l}(x_{l+1|k}^{(i,q)}) = \frac{\sum_{j=1}^{M_l} \frac{r_l^{(j)}(1 - r_l^{(j)}) \rho_{Y,k}^{(j)}(x_{l+1|k}^{(i,q)})}{(1 - r_l^{(j)} \rho_{G,l}^{(j)})^2}}{\sum_{j=1}^{M_{\Gamma,l+1}} \frac{r_{\Gamma,l+1}^{(j)} p_{\Gamma,l+1}^{(j)}(x_{l+1|k}^{(i,q)})}{1 - r_{\Gamma,l+1}^{(j)}} + \sum_{j=1}^{M_l} \frac{r_l^{(j)} \rho_{Y,k}^{(j)}(x_{l+1|k}^{(i,q)})}{1 - r_l^{(j)} \rho_{G,l}^{(j)}}}$$

$$\rho_{Y,k}^{(j)}(x_{l+1|k}^{(i,q)}) = \sum_{p=1}^{L_l^{(j)}} w_l^{(j,p)} p_{S,l+1}(x_l^{(j,p)}) f_{l+1|l}(x_{l+1|k}^{(i,q)} | x_l^{(j,p)}) \tag{8-44}$$

8.4.2.3　SMC 实现方法中的若干问题

与 Kalman 粒子滤波类似,多伯努利平滑的 SMC 实现也会出现粒子退化现象,即粒子权值的方差随时间递增而增大,经过若干次迭代后,除一个粒子外,其它粒子的权值逐渐减小到可以忽略不计的地步。为避免退化现象的发生,需要对前向滤波输出的后验概率密度 $\pi_k = \{(r_k^{(i)}, p_k^{(i)})\}_{i=1}^{M_k}$ 中的每个 $p_k^{(i)}$ 的表示粒子进行重采样,也需要对反向平滑输出的平滑概率密度 $\pi_{l|k} = \{(r_{l|k}^{(i)}, p_{l|k}^{(i)})\}_{i=1}^{M_{l|k}}$ 中的每个 $p_{l|k}^{(i)}$ 的表示粒子进行重采样,重采样方法有系统重采样[28]和剩余采样[29]等。图 8-9 和图 8-10 分别是前向滤波和反向平滑(从 k 时刻到 $k - d$ 时刻)的流程图。

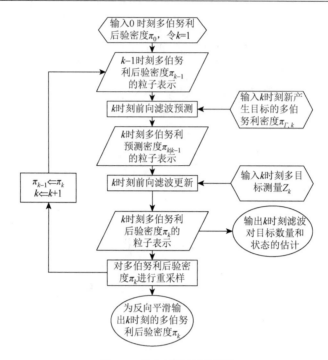

图 8-9　前向滤波的流程图

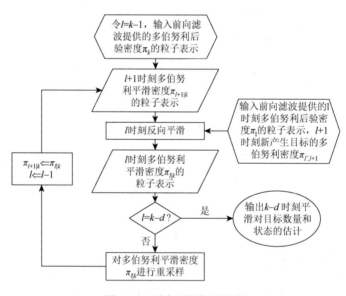

图 8-10　反向平滑的流程图

k 时刻,前向滤波预测的粒子抽样的计算复杂度为 $O\left(\sum_{i=1}^{M_{k-1}} L_{k-1}^{(i)}\right) + O\left(\sum_{i=1}^{M_{\Gamma,k}} L_{\Gamma,k}^{(i)}\right)$,式(8-35)~

式(8-39)的复杂度为 $O\left(\sum_{i=1}^{M_{k-1}} L_{k-1}^{(i)}\right) + O\left(\sum_{i=1}^{M_{\Gamma,k}} L_{\Gamma,k}^{(i)}\right)$,前向滤波更新的主要计算量为式(8-40)~

式（8-42），复杂度为 $O\left(|Z_k|\sum_{i=1}^{M_{k|k-1}}L_{k|k-1}^{(i)}\right)$，前向滤波重采样的复杂度为 $O\left(|Z_k|\sum_{i=1}^{M_{k|k-1}}L_{k|k-1}^{(i)}\right)$。

因为 $\sum_{i=1}^{M_{k|k-1}}L_{k|k-1}^{(i)}=\sum_{i=1}^{M_{k-1}}L_{k-1}^{(i)}+\sum_{i=1}^{M_{\Gamma,k}}L_{\Gamma,k}^{(i)}$，所以 k 时刻前向滤波的总计算复杂度为

$O\left(|Z_k|\left(\sum_{i=1}^{M_{k-1}}L_{k-1}^{(i)}+\sum_{i=1}^{M_{\Gamma,k}}L_{\Gamma,k}^{(i)}\right)\right)$。$l$ 时刻反向平滑的主要计算量为式（8-43）和式（8-44），

复杂度都为 $O\left(\sum_{i=1}^{M_{l+1|k}}L_{l+1|k}^{(i)}\sum_{j=1}^{M_l}L_l^{(j)}\right)$，反向平滑重采样的复杂度为 $O\left((1+M_{l+1|k})\left(\sum_{i=1}^{M_l}L_l^{(i)}\right)\right)$，所

以从 k 时刻到 $k-d$ 时刻的反向平滑的计算复杂度为 $O\left(\sum_{l=k-1}^{k-d}\left(\sum_{i=1}^{M_{l+1|k}}L_{l+1|k}^{(i)}\sum_{j=1}^{M_l}L_l^{(j)}\right)\right)$。我们可以

看出，反向平滑相对前向滤波具有较高的计算复杂度。

由上述计算复杂度的分析可知，多伯努利平滑的计算量主要由粒子数量决定，而粒子数量随着时间的推进快速增长。为控制粒子数量，我们设定阈值 K（如 10^{-3}），将多伯努利后验密度 $\pi_k=\{(r_k^{(i)},p_k^{(i)})\}_{i=1}^{M_k}$ 和多伯努利平滑密度 $\pi_{l|k}=\{(r_{l|k}^{(i)},p_{l|k}^{(i)})\}_{i=1}^{M_{l|k}}$ 中的存在概率 $r_k^{(i)}$ 和 $r_{l|k}^{(i)}$ 小于 K 的假设轨迹删除。另外，我们重新分配假设轨迹的表示粒子的数量，使粒子数量与目标期望数量成正比，也就是使粒子数量正比于假设轨迹的存在概率，具体做法是：设置每个假设轨迹所需的最多粒子数 $L_{\max}$，在前向滤波预测中对新产生目标的多伯努利密度 $\pi_{\Gamma,k}=\{(r_{\Gamma,k}^{(i)},p_{\Gamma,k}^{(i)})\}_{i=1}^{M_{\Gamma,k}}$ 的第 i 个假设轨迹抽取 $L_{\Gamma,k}^{(i)}=r_{\Gamma,k}^{(i)}L_{\max}$ 个粒子，前向滤波更新之后对多伯努利后验密度 $\pi_k=\{(r_k^{(i)},p_k^{(i)})\}_{i=1}^{M_k}$ 的第 i 个假设轨迹重采样 $L_k^{(i)}=r_k^{(i)}L_{\max}$ 个粒子，反向平滑之后对多伯努利平滑密度 $\pi_{l|k}=\{(r_{l|k}^{(i)},p_{l|k}^{(i)})\}_{i=1}^{M_{l|k}}$ 的第 i 个假设轨迹重采样 $L_{l|k}^{(i)}=r_{l|k}^{(i)}L_{\max}$ 个粒子。我们还需为每个假设轨迹的表示粒子的数量设定最小值 $L_{\min}$。

8.4.3　仿真实验与结果分析

本节设计了实验 1 和实验 2 两个仿真实验。通过实验 1 检验基于多伯努利平滑的低轨多目标天基像平面跟踪方法的性能，像平面上目标的运动模型与测量模型与 8.2 节相同，都为线性模型。多伯努利平滑也适用于非线性模型条件下的多目标跟踪问题，我们还设计了实验 2 来检验多伯努利平滑在非线性模型条件下的跟踪性能。实验 2 是关于二维平面上测角测距传感器对匀速转弯运动的多个目标的跟踪问题。两个实验的平滑延迟时间 d 都取 3 个采样步长。

8.4.3.1　实验 1

天基低轨卫星对 4 个处于飞行中段的低轨目标进行跟踪成像，成像时间为 220 s，4 个目标的生命周期分别为 0～220 s、80～200 s、80～220 s 和 160～220 s，目标在像平面上的

运动轨迹如图 8-11 所示，目标的运动模型为线性模型（8-3）式，目标的生存概率取 $p_S = 0.99$。像平面的大小为 256 pixel×256 pixel，采样周期为 $\Delta t = 1\,\text{s}$，目标的检测概率为 $p_D = 0.99$，目标的测量模型为线性模型式（8-4），测量噪声的标准差为 0.8 pixel，杂波为像平面上均匀分布的多目标泊松过程，平均每帧的杂波个数为 17。前向滤波和反向平滑每个假设轨迹的表示粒子数量的最大值取 $L_{\max} = 1000$，最小值取 $L_{\min} = 500$。假设轨迹的删除阈值取为 $K = 10^{-3}$。

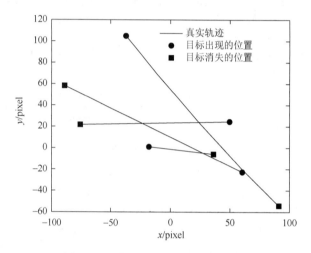

图 8-11　目标在像平面上的运动轨迹

　　图 8-12 和图 8-13 分别是一次仿真实验中滤波和平滑对像平面上目标位置的估计结果，可以看出，滤波和平滑的估计都接近目标的真实轨迹，平滑的估计精度相对滤波有明显提高。

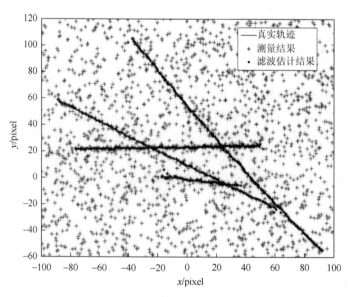

图 8-12　滤波的估计结果

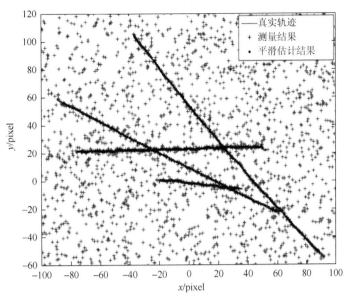

图 8-13　平滑的估计结果

图 8-14 是 100 次 MC 实验中滤波和平滑的目标数量估计的均值，可见，滤波和平滑对目标数量的估计都是无偏估计。与平滑相比，滤波对新生目标的反应较为迟缓，当目标在 $t_d = 201\,\mathrm{s}$ 死亡时，滤波能较为准确地终结目标轨迹，而平滑却提前 3 个采样步长（$k = 198\,\mathrm{s}$ 到 $k = 200\,\mathrm{s}$）终结了死亡目标的轨迹，提前的时长恰好等于平滑延迟时间 d。关于平滑产生的原因已在注 8-2 中进行了分析。

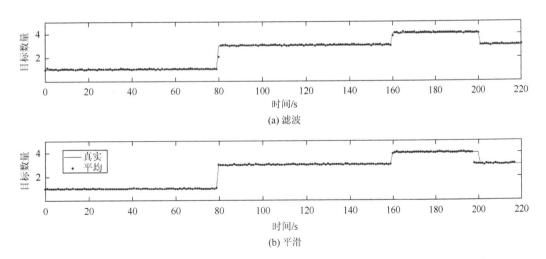

图 8-14　滤波和平滑的目标数量估计的均值

图 8-15 是 100 次 MC 实验中滤波和平滑的目标数量估计的 RMS 误差，可见大多数时间里平滑比滤波的误差小。滤波的波峰是由滤波对新生目标的迟缓反应造成的，平滑的波峰的产生因为平滑提前终结了死亡目标的轨迹。

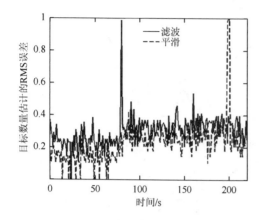

图 8-15 滤波和平滑的目标数量估计的 RMS 误差

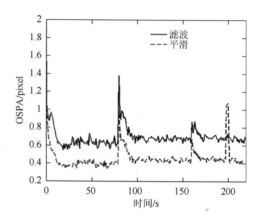

图 8-16 滤波和平滑的平均 OSPA 距离

OSPA 距离的参数取 $p = 2$，$c = 2\ \text{pixel}$。图 8-16 是 100 次 MC 实验中滤波和平滑的平均 OSPA 距离，可见，除了 $k = 198\ \text{s}$ 到 $k = 200\ \text{s}$，平滑比滤波的 OSPA 性能都好。图 8-17 和图 8-18 是 OSPA 距离的定位误差分量和势误差分量，可以看出，平滑的定位误差相对滤波显著减小，滤波的平均定位误差为 0.62 pixel，平滑的平均定位误差为 0.41 pixel，表明平滑能够提高目标状态的估计精度；大多数时间平滑的 OSPA 势误差比滤波要小。

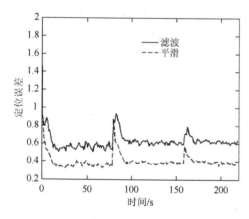

图 8-17 滤波和平滑的 OSPA 定位误差

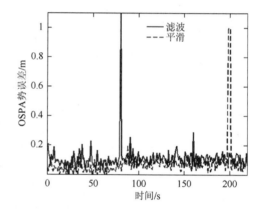

图 8-18 滤波和平滑的 OSPA 势误差

由以上实验结果知，滤波能够准确识别目标死亡时刻，而平滑却提前终结了死亡目标的轨迹。为消除平滑的这种异常行为，我们采用注 8-2 的方法对平滑进行修正。图 8-19 是 100 次 MC 实验中滤波和修正平滑的目标数量估计的均值，与图 8-14 相比，修正平滑比原始平滑更为准确地终结死亡目标的轨迹。图 8-20 和图 8-21 是 100 次 MC 实验中滤波和修正平滑的目标数量估计的 RMS 误差和平均 OSPA 距离，与图 8-15 和图 8-16 相比，修正平滑的目标数量估计的 RMS 误差和平均 OSPA 距离在 $k = 198\ \text{s}$ 到 $k = 200\ \text{s}$ 相对原始平滑显著减小，滤波和修正平滑的目标数量估计的平均 RMS 误差分别为 0.292 和 0.215，滤波和修正平滑的平均 OSPA 距离分别为 0.69 pixel 和 0.45 pixel。

　　滤波和平滑每步递推需要的计算时间分别为 0.13 s 和 1.08 s，可见平滑相对滤波性能的提高是以更多的计算为代价的。

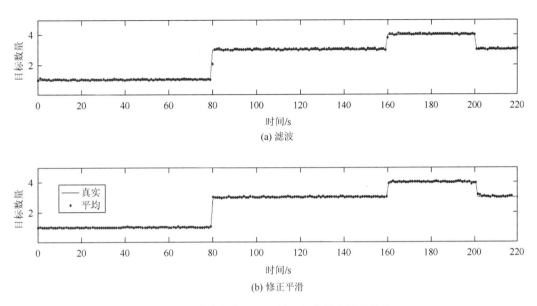

图 8-19　滤波和修正平滑的目标数量估计的均值

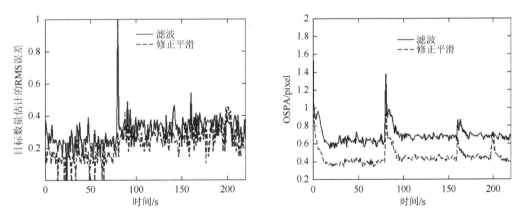

图 8-20　滤波和修正平滑的目标数量估计的 RMS 误差　　图 8-21　滤波和修正平滑的平均 OSPA 距离

8.4.3.2　实验 2

　　本实验中，一个测角测距传感器跟踪二维平面上的 4 个目标，跟踪时长为 100 s。4 个目标的生命周期分别为 0～100 s、20～100 s、0～80 s 和 40～100 s。目标在二维平面上做匀速转弯运动，目标真实运动轨迹如图 8-22 所示。目标的状态为 $x_k = [x_k, y_k, \dot{x}_k, \dot{y}_k, \omega_k]^T$，包括位置 (x_k, y_k)、速度 $(\dot{x}_k, \dot{y}_k)$ 和转弯角速度 ω_k，单目标的运动模型为[30]

$$x_k = \begin{bmatrix} 1 & 0 & \dfrac{\sin(\omega_{k-1}\Delta t)}{\omega_{k-1}} & \dfrac{\cos(\omega_{k-1}\Delta t)-1}{\omega_{k-1}} & 0 \\ 0 & 1 & \dfrac{1-\cos(\omega_{k-1}\Delta t)}{\omega_{k-1}} & \dfrac{\sin(\omega_{k-1}\Delta t)}{\omega_{k-1}} & 0 \\ 0 & 0 & \cos(\omega_{k-1}\Delta t) & -\sin(\omega_{k-1}\Delta t) & 0 \\ 0 & 0 & \sin(\omega_{k-1}\Delta t) & \cos(\omega_{k-1}\Delta t) & 0 \\ 0 & 0 & 0 & 0 & 1 \end{bmatrix} x_{k-1} + w_{k-1} \qquad (8\text{-}45)$$

其中，$\Delta t = 1\,\mathrm{s}$ 为采样周期，过程噪声 $w_{k-1} \sim N(\bullet; 0, Q_{k-1})$，

$$Q_{k-1} = \begin{bmatrix} q\Delta t^3/3 & 0 & q\Delta t^2/2 & 0 & 0 \\ 0 & q\Delta t^3/3 & 0 & q\Delta t^2/2 & 0 \\ q\Delta t^2/2 & 0 & q\Delta t & 0 & 0 \\ 0 & q\Delta t^2/2 & 0 & q\Delta t & 0 \\ 0 & 0 & 0 & 0 & q_\omega\Delta t \end{bmatrix}$$

$q = 9\,\mathrm{m}^2/\mathrm{s}^3$ 和 $q_\omega = (0.1\pi/180)^2\,\mathrm{rad}^2/\mathrm{s}^3$ 是过程噪声的功率谱密度。目标生存概率取 $p_S = 0.99$，新生目标的概率密度为多伯努利概率密度 $\pi_{\Gamma,k} = \{(r_\Gamma, p_\Gamma^{(i)})\}_{i=1}^4$，其中 $r_\Gamma = 0.025$，$p_\Gamma^{(i)}(x) \sim N(x; m_\Gamma^{(i)}, P_\Gamma)$，$m_\Gamma^{(1)} = [-1350, 250, 0, 0, 0]^\mathrm{T}$，$m_\Gamma^{(2)} = [-750, 700, 0, 0, 0]^\mathrm{T}$，$m_\Gamma^{(3)} = [550, 1250, 0, 0, 0]^\mathrm{T}$，$m_\Gamma^{(4)} = [1050, 750, 0, 0, 0]^\mathrm{T}$，$P_\Gamma = \mathrm{diag}([50^2, 50^2, 20^2, 20^2, (2\pi/180)^2])$。

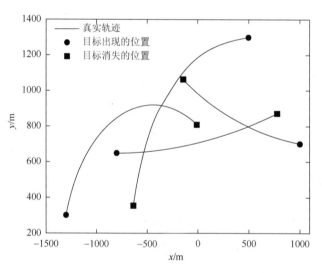

图 8-22　目标的真实运动轨迹

测量模型为

$$z_k = \left[\arctan(y_k/x_k), \sqrt{x_k^2 + y_k^2} \right]^\mathrm{T} + \varepsilon_k \qquad (8\text{-}46)$$

其中，测量噪声 $\varepsilon_k \sim N(0, R_k)$，$R_k = \mathrm{diag}([(0.5\pi/180\mathrm{rad})^2, (2.5\mathrm{m})^2])$，目标检测概率

$p_{D,k} = 0.99$，杂波为观测区域 $[0,\pi]$ rad $\times [0,1500]$ m 上均匀分布的多目标泊松过程，每个采样时刻的平均杂波数量为 8。

前向滤波和反向平滑每个假设轨迹的表示粒子数量的最大值取 $L_{\max} = 1000$，最小值取 $L_{\min} = 500$。假设轨迹的删除阈值取为 $K = 10^{-3}$。

图 8-23 和图 8-24 分别是一次仿真实验中滤波和平滑对目标位置估计的 x 坐标分量和 y 坐标分量，可见，滤波和平滑的估计都接近真实轨迹，平滑的估计精度较高。

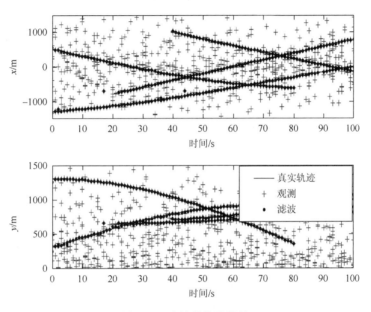

图 8-23　滤波的估计结果

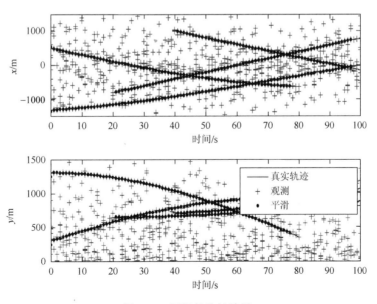

图 8-24　平滑的估计结果

　　图 8-25 是 100 次 MC 实验中滤波和平滑的目标数量估计的均值，可见，滤波和平滑对目标数量的估计都是无偏估计，平滑相对滤波对新产生目标的反应较为迅速，当目标在 $t_d = 81\,\mathrm{s}$ 死亡时滤波能较为准确地终结目标轨迹，而平滑却提前 3 个采样步长（$k = 78\,\mathrm{s}$ 到 $k = 80\,\mathrm{s}$）终结了死亡目标轨迹，提前的时长恰好等于滤波延迟时间 d。

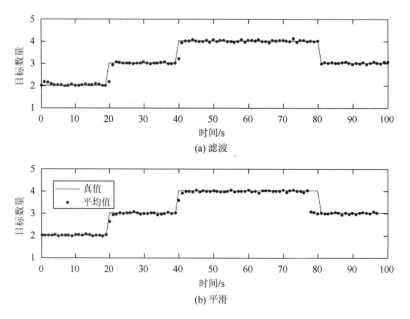

图 8-25　滤波和平滑的目标数量估计的均值

　　图 8-26 是 100 次 MC 实验中滤波和平滑的目标数量估计的 RMS 误差，可见大多数时间平滑比滤波的误差小。滤波和平滑的前两个波峰都是它们对新生目标的迟缓反应造成的。

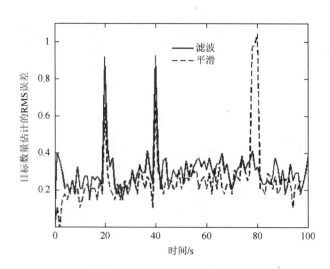

图 8-26　滤波和平滑的目标数量估计的 RMS 误差

OSPA 距离的参数取 $p=2$，$c=100\,\mathrm{m}$，图 8-27 是 100 次 MC 实验中滤波和平滑的平均 OSPA 距离，可见，除了 $k=78\,\mathrm{s}$ 到 $k=80\,\mathrm{s}$，平滑比滤波的 OSPA 性能都好。图 8-28 和图 8-29 是 OSPA 距离的定位误差分量和势误差分量，可见，平滑的定位误差相对滤波显著减小，滤波的平均定位误差为 7.43 m，平滑的平均定位误差为 4.75 m，表明平滑能够提高目标状态的估计精度；大部分时间平滑的 OSPA 势误差比滤波要小。采用注 8-2 的方法对平滑进行修正，图 8-30 是 100 次 MC 实验中滤波和修正平滑的目标数量估计的均值，与图 8-25 相比，修正平滑比原始平滑更准确地终结死亡目标的轨迹。图 8-31 和图 8-32 是 100 次 MC 实验中滤波和修正平滑的目标数量估计的 RMS 误差和平均 OSPA 距离，与图 8-26 和图 8-27 相比，修正平滑的目标数量估计的 RMS 误差和平均 OSPA 距离在 $k=78\,\mathrm{s}$ 到 $k=80\,\mathrm{s}$ 相对原始平滑显著减小，滤波和修正平滑的目标数量估计的平均 RMS 误差分别为 0.297 和 0.238，滤波和修正平滑的平均 OSPA 距离分别为 11.90 m 和 7.96 m。

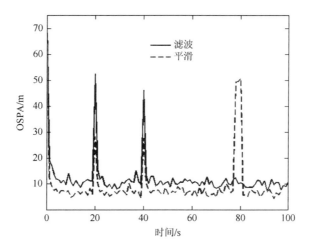

图 8-27　滤波和平滑的平均 OSPA 距离

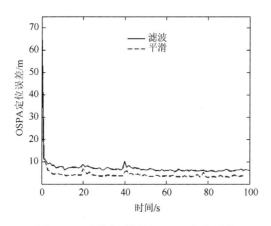

图 8-28　滤波和平滑的 OSPA 定位误差

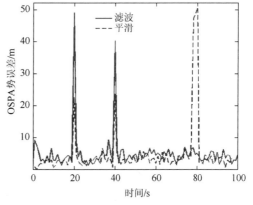

图 8-29　滤波和平滑的 OSPA 势误差

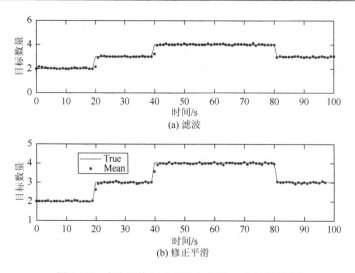

图 8-30　滤波和修正平滑的目标数量估计的均值

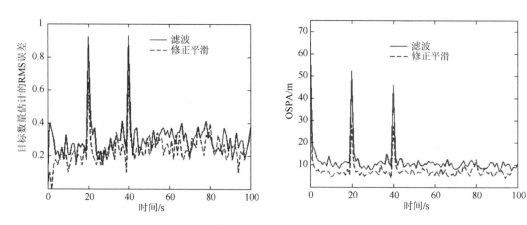

图 8-31　滤波和修正平滑的目标数量估计的 RMS 误差　　图 8-32　滤波和修正平滑的平均 OSPA 距离

　　本书提出的多伯努利平滑也适用于非高斯模型条件下的多目标跟踪。为了检验多伯努利平滑在非高斯条件下的性能，我们将过程噪声和测量噪声的高斯分布替换为罗吉斯蒂克分布[31]，均值为 μ 标准差为 σ（$-\infty<\mu<\infty$，$\sigma>0$）的罗吉斯蒂克分布的概率密度为

$$L(x;\mu,\sigma)=\frac{\pi\exp\left[-\dfrac{x-\mu}{\sqrt{3}\sigma/\pi}\right]}{\sqrt{3}\sigma\left[1+\exp\left(-\dfrac{x-\mu}{\sqrt{3}\sigma/\pi}\right)\right]^{2}},\quad -\infty<x<\infty$$

　　目标运动模型式（8-45）中的过程噪声改为 $w_k=[w_k^{(1)},\cdots,w_k^{(5)}]^{\mathrm{T}}$，其中 $w_k^{(1)},\cdots,w_k$ 相互独立，$w_k^{(i)}\sim L(\bullet;0,\sigma_k^{(i)})$，$\sigma_k^{(1)}=\sigma_k^{(2)}=\sqrt{3}\,\mathrm{m}$，$\sigma_k^{(3)}=\sigma_k^{(4)}=3\,\mathrm{m/s}$，$\sigma_k^{(5)}=(0.1\pi/180)\,\mathrm{rad/s}$。测量模型式（8-46）中的测量噪声改为 $\varepsilon_k=[\varepsilon_{A,k},\varepsilon_{R,k}]^{\mathrm{T}}$，其中 $\varepsilon_{A,k}$ 和 $\varepsilon_{R,k}$ 相互独立，$\varepsilon_{A,k}\sim L(\bullet;0,0.5\,\pi/180\,\mathrm{rad})$，$\varepsilon_{R,k}\sim L(\bullet;0,2.5\,\mathrm{m})$。其他所有参数不变。

　　图 8-33 和图 8-34 分别是一次仿真实验中滤波和修正平滑在非高斯模型条件下对目标位置的估计结果，可以看出，滤波和修正平滑的估计结果都接近真实轨迹，修正平滑比滤波的估计精度更高。

　　图 8-35 是非高斯模型条件下 100MC 实验中滤波和修正平滑的目标数量估计的 RMS 误差，可见，大部分时间修正平滑比滤波的误差小，滤波和修正平滑的平均 RMS 误差分别为 0.288 和 0.240，修正平滑比滤波更能准确地识别新目标的产生。图 8-36 和图 8-37 分别是 100MC 实验的平均 OSPA 距离和平均 OSPA 定位误差，滤波和修正平滑的平均 OSPA 距离分别为 11.66 m 和 7.87 m，平均 OSPA 定位误差分别为 7.38 m 和 4.82 m，表明在非高斯模型条件下修正平滑仍然能够提高滤波对目标状态的估计精度。

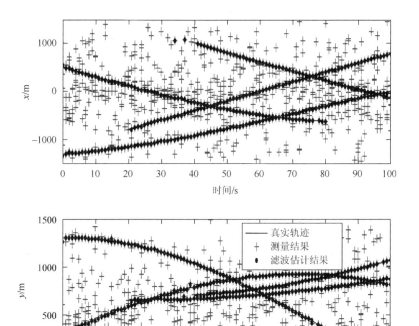

图 8-33　滤波的估计结果

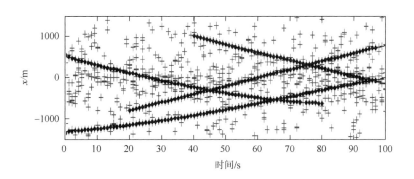

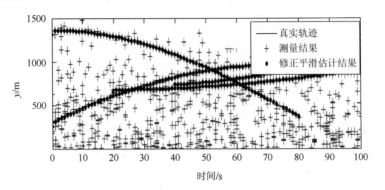

图 8-34　修正平滑的估计结果

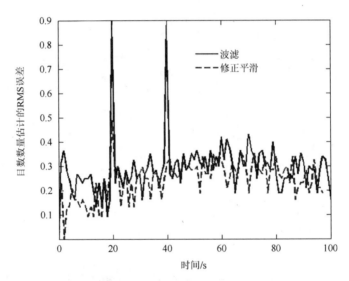

图 8-35　滤波和修正平滑的目标数量估计的 RMS 误差

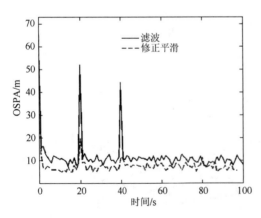

图 8-36　滤波和修正平滑的平均 OSPA 距离

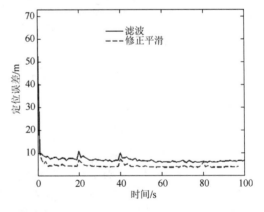

图 8-37　滤波和修正平滑的平均 OSPA 定位误差

8.5　基于多模型 CPHD 滤波的天基观测低轨多目标三维跟踪方法

8.3 节研究了天基二维像平面上的低轨多目标跟踪方法，本节进一步研究天基立体观测条件下的低轨多目标的三维跟踪方法，获得低轨目标在三维空间上的高精度状态估计。

天基观测低轨目标的三维跟踪问题中目标的飞行阶段主要包括主动段和自由段，主动段可能会有级间分离段。各飞行阶段的运动特性不同，如果采用单一运动模型描述目标多个飞行阶段的运动，会因模型的不准确而带来较大的跟踪误差。机动目标跟踪的多模型方法是低轨目标多飞行阶段连续跟踪的有效方法，它为每个飞行阶段建立相应的运动模型，随目标飞行阶段的变化自适应切换模型[32-34]。本节考虑将多模型方法与 CPHD 滤波相结合，解决天基观测条件下多个低轨目标从主动段到自由段的三维跟踪问题。

本节提出天基观测低轨多目标三维跟踪的多模型 CPHD 滤波，首先建立了低轨目标从主动段到自由段的三维运动模型以及天基观测模型，其次将目标运动状态与运动模式组合成增广状态，给出能够同时递推目标数量后验分布和增广状态后验 PHD 的多模型 CPHD 滤波，接着在线性高斯模型条件下利用混合高斯方法得到多模型 CPHD 滤波的闭合解，然后进一步采用 UT 变换方法实现多模型 CPHD 滤波在非线性模型条件下的递推计算，最后通过仿真实验检验多模型 CPHD 滤波的性能。

8.5.1　低轨空间目标的三维运动模型和天基观测模型

低轨空间目标从主动段到自由段的运动可以用两个模型描述。模型 1 为地固坐标系下的二体轨道模型[34-36]，用来描述低轨目标级间分离段和自由段的运动，目标的运动状态为 $x_k = [x_k, y_k, z_k, \dot{x}, \dot{y}, \dot{z}]^T$，包括地固坐标系下的位置 (x_k, y_k, z_k) 和速度 $(\dot{x}_k, \dot{y}_k, \dot{z}_k)$，动力学方程为

$$\begin{cases} dx/dt = \dot{x} \\ dy/dt = \dot{y} \\ dz/dt = \dot{z} \\ d\dot{x}/dt = -\mu x/r^3 + \omega^2 x + 2\omega\dot{y} \\ d\dot{y}/dt = -\mu y/r^3 + \omega^2 y - 2\omega\dot{x} \\ d\dot{z}/dt = -\mu z/r^3 \end{cases} \tag{8-47}$$

其中，$r = \sqrt{x^2 + y^2 + z^2}$；$\mu$ 为地球引力常数；ω 为地球自转角速度。

模型 2 为重力转弯模型[34-36]，用来描述低轨目标主动段的运动。重力转弯模型假设单位时间消耗燃料的质量为 $\dot{m}$，推力的大小 $F(t)$ 恒定，推力的方向与目标在地固坐标系下的速度方向一致，t 时刻目标的推力加速度的大小表示为

$$\alpha(t) = \frac{F(t)}{m(t)} = \frac{F(t)}{m(t_0) - (t - t_0)\dot{m}}$$

其中，$m(t)$ 表示 t 时刻目标的质量。令 $\beta(t) = \dfrac{\dot{m}}{m(t)} = \dfrac{\dot{m}}{m(t_0) - (t - t_0)\dot{m}}$，则有

$$\begin{cases} \dot{\alpha} = \alpha\beta \\ \dot{\beta} = \beta^2 \end{cases}$$

目标状态扩充为 $x_k = \left[x_k, y_k, z_k, \dot{x}_k, \dot{y}_k, \dot{z}_k, \dot{\alpha}, \dot{\beta} \right]^{\mathrm{T}}$，重力转弯模型的动力学方程为

$$\begin{cases} \mathrm{d}x/\mathrm{d}t = \dot{x} \\ \mathrm{d}y/\mathrm{d}t = \dot{y} \\ \mathrm{d}z/\mathrm{d}t = \dot{z} \\ \mathrm{d}\dot{x}/\mathrm{d}t = -\mu x l r^3 + \alpha \dot{x}/|\dot{r}| + \omega^2 x + 2\omega \dot{y} \\ \mathrm{d}\dot{y}/\mathrm{d}t = -\mu y l r^3 + \alpha \dot{y}/|\dot{r}| + \omega^2 y - 2\omega \dot{x} \\ \mathrm{d}\dot{z}/\mathrm{d}t = -\mu z/r^3 + \alpha \dot{z}/|\dot{r}| \\ \dot{\alpha} = \alpha\beta \\ \dot{\beta} = \beta^2 \end{cases} \tag{8-48}$$

其中，$|\dot{r}| = \sqrt{\dot{x}^2 + \dot{y}^2 + \dot{z}^2}$。

天基卫星的传感器能够获得天基卫星轨道坐标系下目标的方位角和俯仰角，将 k 时刻目标在天基卫星轨道坐标系下的位置设为 $X_{s,k} = [x_{s,k}, y_{s,k}, z_{s,k}]^{\mathrm{T}}$，则测量模型为

$$z_k = \begin{bmatrix} \arctan\dfrac{y_{s,k}}{x_{s,k}} \\ \arctan\dfrac{Z_{s,k}}{\sqrt{x_{sk}^2 + y_{sk}^2}} \end{bmatrix} + \varepsilon_k$$

其中，测量噪声 $\varepsilon_k \sim N(0, R_k)$，$R_k$ 为 ε_k 的协方差。因为 $X_{s,k} = [x_{s,k}, y_{s,k}, z_{s,k}]^{\mathrm{T}}$ 可由目标在地固坐标系下的位置 (x_k, y_k, z_k) 经过坐标转换得到，所以测量模型可表示为目标状态 x_k 的函数：

$$z_k = H_k(x_k) + \varepsilon_k \tag{8-49}$$

8.5.2　多模型 CPHD 滤波

多模型方法用模型集 $M = \{m^{(j)}\}_{j=1}^{N_m}$ 对目标运动进行描述，目标的运动模型可以在这 N_m 个模型中进行切换。令 $r_k \in M = \{1, \cdots, N_m\}$ 为 k 时刻目标运动模型的标号，称 r_k 为 k 时刻目标的运动模式。多模型方法假设 r_k 服从马尔可夫过程，从 $k-1$ 时刻到 k 时刻 r_k 的转移概率记为 $t_{k|k-1}(r_k | r_{k-1})$。

模型集 M 建立以后，单目标运动模型和测量模型可表示为

$$x_k = F_{k-1}(x_{k-1}, r_k) + w_{k-1}(r_k)$$
$$z_k = H_k(x_k, r_k) + \varepsilon_k(r_k)$$

运动模型的统计特性由状态转移概率密度 $f_{k|k-1}(x_k | x_{k-1}, r_k)$ 决定，测量模型的统计特性由测量似然函数 $g_k(z_k | x_k, r_k)$ 决定。

对于天基观测低轨空间目标的三维跟踪问题，$N_m = 2$，状态转移函数 $F_{k-1}(x_{k-1}, r_k = 1)$ 和 $F_{k-1}(x_{k-1}, r_k = 2)$ 可分别由动力学方程（8-47）和（8-48）通过数值法积分得到，过程噪

声 $w_{k-1}(r_k) \sim N[0, Q_{k-1}(r_k)]$，则状态转移概率密度 $f_{k|k-1}(x_k|x_{k-1},r_k)=N[x_k; F_{k-1}(x_{k-1},r_k), Q_{k-1}(r_k)]$，$H_k(x_k,r_k)$ 由测量模型式（8-49）确定，测量似然函数 $g_k(z_k|x_k,r_k)=N[z_k; H_k(x_k,r_k), R_k(r_k)]$。

CPHD 滤波的预测步由 $k-1$ 时刻多目标状态的后验 PHD $v_{k-1}(x)$ 和目标数量的后验分布 $p_{k-1}(n)$ 计算 k 时刻多目标状态的预测 PHD $v_{k|k-1}(x)$ 和目标数量的预测分布 $p_{k|k-1}(n)$，计算公式为

$$v_{k|k-1}(x) = \int p_{S,k}(\zeta) f_{k|k-1}(x|\zeta) v_{k-1}(\zeta) \mathrm{d}\zeta + r_k(x) \tag{8-50}$$

$$p_{k|k-1}(n) = \sum_{j=0}^{n} p_{\Gamma,k}(n-j) \sum_{l=j}^{\infty} C_j^l \frac{\langle p_{S,k}, v_{k-1} \rangle^j \langle 1-p_{S,k}, v_{k-1} \rangle^{l-j}}{\langle 1, v_{k-1} \rangle^l} p_{k-1}(l) \tag{8-51}$$

其中，$p_{\Gamma,k}(n)$ 为新产生目标数量的概率分布。

CPHD 滤波的更新步由 k 时刻多目标状态的预测 PHD $v_{k|k-1}(x)$ 和目标数量的预测分布 $p_{k|k-1}(n)$ 计算 k 时刻多目标状态的后验 PHD $v_k(x)$ 和目标数量的后验分布 $p_k(n)$，计算公式为[13]

$$\begin{aligned}
v_k(x) = {} & \frac{\langle \Phi_k^1[v_{k|k-1}, Z_k], p_{k|k-1} \rangle}{\langle \Phi_k^0[v_{k|k-1}, Z_k], p_{k|k-1} \rangle} [1-p_{D,k}(x)] v_{k|k-1}(x) \\
& + \sum_{z \in Z_k} \frac{\langle \Phi_k^1[v_{k|k-1}, Z_k \setminus \{z\}], p_{k|k-1} \rangle}{\langle \Phi_k^0[v_{k|k-1}, Z_k], p_{k|k-1} \rangle} \psi_{k,z}(x) v_{k|k-1}(x)
\end{aligned} \tag{8-52}$$

$$p_k(n) = \frac{\Phi_k^0[v_{k|k-1}, Z_k](n) p_{k|k-1}(n)}{\langle \Phi_k^0[v_{k|k-1}, Z_k], p_{k|k-1} \rangle} \tag{8-53}$$

其中

$$\Phi_k^u[v, Z](n) = \sum_{j=0}^{\min(|Z|,n)} (|Z|-j)! \, p_{c,k}(|Z|-j) P_{j+u}^n \frac{\langle 1-p_{D,k}, v \rangle^{n-(j+u)}}{\langle 1, v \rangle^n} e_j[\Omega_k(v, Z)]$$

$$\psi_{k,z}(x) = \frac{\langle 1, I_k \rangle}{I_k(z)} g_k(z|x) p_{D,k}(x) \tag{8-54}$$

$$\Omega_k(v, Z) = \left\{ \langle v, \psi_{k,z} \rangle \,|\, z \in Z \right\} \tag{8-55}$$

$p_{c,k}(n)$ 表示杂波数量的概率分布；Z 为由测量值组成的集合。

定义增广状态

$$\tilde{x}_k = [x_k^{\mathrm{T}}, r_k]^{\mathrm{T}} \in \mathbb{R}^n \times M$$

式中，$\mathbb{R}$ 为实数集。则增广状态 $\tilde{x}_k$ 的状态转移概率密度为

$$\tilde{f}_{k|k-1}(\tilde{x}_k|\tilde{x}_{k-1}) = f_{k|k-1}(x_k|x_{k-1},r_k) t_{k|k-1}(r_k|r_{k-1})$$

将增广状态代入 CPHD 滤波迭代公式（8-50）～（8-55）[13]，我们得到多模型 CPHD 滤波。下面给出多模型 CPHD 滤波的预测和更新。

预测　已知 $k-1$ 时刻增广状态的后验 PHD $v_{k-1}(x,r)$ 和目标数量的后验分布 $p_{k-1}(n)$，则 k 时刻增广状态的预测 PHD $v_{k|k-1}(x,r)$ 和目标数量的预测分布 $p_{k|k-1}(n)$ 的计算公式为

$$v_{k|k-1}(x,r) = \sum_{r'} \int p_{S,k}(\zeta,r') f_{k|k-1}(x \mid \zeta,r') t_{k|k-1}(r \mid r') v_{k-1}(\zeta,r') \mathrm{d}\zeta + b_k(x,r)$$

$$p_{k|k-1}(n) = \sum_{i=0}^{n} p_{\Gamma,k}(n-i) \sum_{l=i}^{\infty} C_i^l \frac{\alpha^i (\beta-\alpha)^{l-i}}{\beta^l} p_{k-1}(l) \tag{8-56}$$

其中

$$\alpha = \sum_r \int P_{S,k}(x,r) v_{k-1}(x,r) \mathrm{d}x \tag{8-57}$$

$$\beta = \sum_r \int v_{k-1}(x,r) \mathrm{d}x \tag{8-58}$$

$p_{S,k}(x,r)$ 是 k 时刻状态为 x、运动模式为 r 的目标的生存概率，$b_k(x,r)$ 是 k 时刻新产生状态为 x、运动模式为 r 的目标的 PHD，可写为

$$b_k(x,r) = \tilde{b}_k(x \mid r) \pi_k(r)$$

其中，$\pi_k(r)$ 为 k 时刻模式 r 的产生概率；$\tilde{b}_k(x \mid r)$ 为 k 时刻已知运动模式 r 的条件下新产生状态为 x 的目标的 PHD。

更新 已知 k 时刻增广状态的预测 PHD $v_{k|k-1}(x,r)$ 和目标数量的预测分布 $p_{k|k-1}(n)$，则 k 时刻增广状态的后验 PHD $v_k(x,r)$ 和目标数量的后验分布 $p_k(n)$ 分别为

$$v_k(x,r) = \frac{\left\langle \Phi_k^1 \left[v_{k|k-1}, Z_k \right], p_{k|k-1} \right\rangle}{\left\langle \Phi_k^0 \left[v_{k|k-1}, Z_k \right], p_{k|k-1} \right\rangle} [1 - p_{D,k}(x,r)] v_{k|k-1}(x,r)$$

$$+ \sum_{z \in Z_k} \frac{\left\langle \Phi_k^1 \left[v_{k|k-1}, Z_k \setminus \{z\} \right], p_{k|k-1} \right\rangle}{\left\langle \Phi_k^0 \left[v_{k|k-1}, Z_k \right], p_{k|k-1} \right\rangle} \psi_{k,z}(x,r) v_{k|k-1}(x,r)$$

$$p_k(n) = \frac{\Phi_k^0 \left[v_{k|k-1}, Z_k \right](n)}{\left\langle \Phi_k^0 \left[v_{k|k-1}, Z_k \right], p_{k|k-1} \right\rangle} p_{k|k-1}(n) \tag{8-59}$$

其中

$$\Phi_k^u \left[v_{k|k-1}, Z \right](n) = \sum_{j=0}^{\min(|Z|,n)} (|Z|-j)! \, p_{c,k}(|Z|-j) P_{j+u}^n \phi^{n-(j+u)} \varphi^{-n} e_j [\Omega_k(v_{k|k-1}, Z)] \tag{8-60}$$

$$\psi_{k,z}(x,r) = \frac{\langle 1, I_k \rangle}{I_k(z)} g_k(z \mid x,r) p_{D,k}(x,r)$$

$$\phi = \sum_r \int [1 - P_{D,k}(x,r)] v_{k|k-1}(x,r) \mathrm{d}x \tag{8-61}$$

$$\varphi = \sum_r \int v_{k|k-1}(x,r) \mathrm{d}x \tag{8-62}$$

$$\varphi = \overset{\bar{2}}{r} \int v_{k|k-1}(x,r) \mathrm{d}x$$

$$\Omega_k(v_{k|k-1}, Z) = \left[\sum_r \int v_{k|k-1}(x,r) \psi_{k,z}(x,r) \mathrm{d}x \mid z \in Z \right] \tag{8-63}$$

其中，$p_{D,k}(x,r)$ 是 k 时刻状态为 x、运动模式为 r 的目标的检测概率。

获得增广状态的后验 PHD $v_k(x,r)$ 和目标数量的后验分布 $p_k(n)$ 以后，目标数量的估计采用 MAP 估计 $\hat{N}_k = \arg\max p_k(\bullet)$，通过提取 $v_k(x,r)$ 的 $\hat{N}_k$ 个极大值点获得多目标的状态估计。

8.5.3 多模型 CPHD 滤波的混合高斯实现方法

多模型 CPHD 滤波公式中含有多重积分，无法对其进行直接计算，下面在运动模型和测量模型都为线性高斯模型的条件下采用混合高斯的方法获得多模型 CPHD 滤波的闭合解。

多模型 CPHD 滤波的混合高斯实现方法需要以下三个假设条件。

（1）增广状态的状态转移概率密度和测量的似然函数为如下形式的高斯密度函数：

$$f_{k|k-1}(x,r \mid \zeta,r') = N[x;F_{k-1}(r)\zeta, Q_{k-1}(r)]t_{k|k-1}(r \mid r') \tag{8-64}$$

$$g_k(z \mid x,r) = N[z;H_k(r)x, R_k(r)] \tag{8-65}$$

（2）目标检测概率和目标生存概率在整个状态空间是恒定的，即

$$p_{S,k}(x,r) = p_{S,k}(r) \tag{8-66}$$

$$p_{D,k}(x,r) = p_{D,k}(r) \tag{8-67}$$

（3）新产生状态为 x、运动模式为 r 的目标的 PHD 具有如下混合高斯形式：

$$b_k(x,r) = \pi_k(r) \sum_{i=1}^{J_{r,k}(r)} w_{b,k}^{(i)}(r) N\left[x; m_{b,k}^{(i)}(r), P_{b,k}^{(i)}(r)\right] \tag{8-68}$$

下面给出推导多模型 CPHD 滤波闭合解所需要的两个引理[10]。

引理 8-1 设 d 和 m 分别为 m 阶和 n 阶列向量，F、Q 和 P 分别为 $m \times n$ 阶、$m \times m$ 阶和 $n \times n$ 阶矩阵，Q 和 P 正定，则有

$$\int N(x;F\xi + d, Q)N(\xi;m,P)\mathrm{d}\boldsymbol{\xi} = N(x;Fm + d, Q + FPF^{\mathrm{T}})$$

引理 8-2 设 H、R 和 P 分别为 $m \times n$ 阶、$m \times m$ 阶和 $n \times n$ 阶矩阵，R 和 P 正定，m 为 n 阶列向量，则有

$$N(z;Hx,R)N(x;m,P) = q(z)N(x;\tilde{m},\tilde{P})$$

其中

$$q(z) = N(z;Hm, HPH^{\mathrm{T}} + R)$$
$$\tilde{m} = m + K(z - Hm)$$
$$K = PH^{\mathrm{T}}(HPH^{\mathrm{T}} + R)^{-1}$$
$$\tilde{P} = (I - KH)P$$
$$= P - K(HPH^{\mathrm{T}} + R)K^{\mathrm{T}}$$

多模型 CPHD 滤波的混合高斯实现方法表述为如下两个定理。

定理 8-4 已知 $k-1$ 时刻目标数量的后验分布 $p_{(k-1)}(n)$，增广状态的后验 PHD $v_{(k-1)}(x,r)$ 具有如下混合高斯形式：

$$v_{k-1}(x,r) = \sum_{i=1}^{J_{k-1}(r)} w_{k-1}^{(i)}(r) N\left[x; m_{k-1}^{(i)}(r), P_{k-1}^{(i)}(r)\right] \tag{8-69}$$

则 k 时刻目标数量的预测分布 $p_{k|k-1}(n)$ 为

$$p_{k|k-1}(n) = \sum_{i=0}^{n} p_{\Gamma,k}(n-i) \sum_{l=i}^{\infty} C_i^l \frac{\alpha^i(\beta - \alpha)^{l-i}}{\beta^l} p_{k-1}(l) \tag{8-70}$$

其中

$$\alpha = \sum_r \sum_{j=1}^{J_{k-1}(r)} p_{S,k}(r) w_{k-1}^{(j)}(r)$$

$$\beta = \sum_r \sum_{j=1}^{J_{k-1}(r)} w_{k-1}^{(j)}(r)$$

增广状态的预测 PHD $v_{k|k-1}(x,r)$ 为混合高斯函数，其形式如下：

$$v_{k|k-1}(x,r) = v_{S,k|k-1}(x,r) + b_k(x,r) \tag{8-71}$$

其中

$$v_{S,k|k-1}(x,r) = \sum_{r'} \sum_{i=1}^{J_{k-1}(r')} p_{S,k}(r') t_{k-1}(r \mid r') w_{k-1}^{(i)}(r') N\left[x; m_{S,k|k-1}^{(i)}(r,r'), P_{S,k|k-1}^{(i)}(r,r')\right] \tag{8-72}$$

$$m_{S,k|k-1}^{(i)}(r,r') = F_{k-1}(r) m_{k-1}^{(i)}(r')$$

$$P_{S,k|k-1}^{(i)}(r,r') = Q_{k-1}(r) + F_{k-1}(r) P_{k-1}^{(i)}(r') F_{k-1}(r)^{\mathrm{T}}$$

$b_k(x,r)$ 由式（8-68）给出。

证明　将式（8-66）和式（8-69）代入式（8-57）和式（8-58）得

$$\alpha = \sum_r \int p_{S,k}(r) \sum_{i=1}^{J_{k-1}(r)} w_{k-1}^{(i)}(r) N\left[x; m_{k-1}^{(i)}(r), P_{k-1}^{(i)}(r)\right] dx$$

$$= \sum_r \sum_{j=1}^{J_{k-1}(r)} p_{S,k}(r) w_{k-1}^{(j)}(r)$$

$$\beta = \sum_r \int \sum_{i=1}^{J_{k-1}(r)} w_{k-1}^{(i)}(r) N\left[x; m_{k-1}^{(i)}(r), P_{k-1}^{(i)}(r)\right] dx$$

$$= \sum_r \sum_{j=1}^{J_{k-1}(r)} w_{k-1}^{(j)}(r)$$

所以式（8-70）成立。将式（8-64）、式（8-66）和式（8-69）代入式（8-56），得

$$v_{k|k-1}(x,r) = \sum_{r'} \int p_{S,k}(r') N(x; F_{k-1}(r)\zeta, Q_{k-1}(r)) t_{k-1}(r \mid r') \sum_{i=1}^{J_{k-1}(r')} w_{k-1}^{(i)}(r') N(\zeta; m_{k-1}^{(i)}(r'), P_{k-1}^{(i)}(r')) d\zeta + b_k(x,r)$$

$$= \sum_{r'} \sum_{i=1}^{J_{k-1}(r)} p_{S,k}(r') t_{k-1}(r \mid r') w_{k-1}^{(i)}(r) \int N(x; F_{k-1}(r)\zeta, Q_{k-1}(r)) N(\zeta; m_{k-1}^{(i)}(r'), P_{k-1}^{(i)}(r')) d\zeta + b_k(x,r)$$

根据引理 8-1，有

$$\int N\left[x; F_{k-1}(r)\zeta, Q_{k-1}(r)\right] N\left[\zeta; m_{k-1}^{(i)}(r'), P_{k-1}^{(i)}(r')\right] d\zeta$$

$$= N\left[x; F_{k-1}(r) m_{k-1}^{(i)}(r'), Q_{k-1}(r) + F_{k-1}(r) P_{k-1}^{(i)}(r') F_{k-1}(r)^{\mathrm{T}}\right]$$

$$= N\left[x; m_{S,k|k-1}^{(i)}(r,r'), P_{S,k|k-1}^{(i)}(r,r')\right]$$

所以式（8-71）成立。

定理 8-5　已知 k 时刻目标数量的预测分布 $p_{k|k-1}(n)$，增广状态的预测 PHD $v_{k|k-1}(x,r)$ 具有如下混合高斯形式：

$$v_{k|k-1}(x,r) = \sum_{i=1}^{f_{k|k-1}(r)} w_{k|k-1}^{(i)}(r) N\left[x; m_{k|k-1}^{(i)}(r), P_{k|k-1}^{(i)}(r)\right] \tag{8-73}$$

则 k 时刻目标数量的后验分布 $p_k(n)$ 为

$$p_k(n) = \frac{\Phi_k^0[w_{k|k-1}, Z_k](n)}{\langle \Phi_k^0[w_{k|k-1}, Z_k], p_{k|k-1} \rangle} p_{k|k-1}(n)$$

增广状态的后验 PHD $v_k(x,r)$ 为混合高斯函数，其形式如下：

$$
\begin{aligned}
v_k(x,r) =& \frac{\langle \Phi_k^1[w_{k|k-1}, Z_k], p_{k|k-1} \rangle}{\langle \Phi_k^0[w_{k|k-1}, Z_k], p_{k|k-1} \rangle} [1 - p_{D,k}(r)] v_{k|k-1}(x,r) \\
& + \sum_{z \in Z_k} \sum_{i=1}^{J_{k|k-1}(r)} w_k^{(i)}(z,r) N\left[x; m_k^{(i)}(z,r), P_k^{(i)}(r)\right]
\end{aligned}
\tag{8-74}
$$

其中

$$
\begin{aligned}
\Phi_k^u[w_{k|k-1}, Z](n) =& \sum_{j=0}^{\min(|Z|,n)} |Z| - j! \, p_{c,k} \, |Z| - j P_{j+u}^n \\
& \times \left(\sum_r [1 - p_{D,k}(r)] \sum_{i=1}^{J_{k-1}(r)} w_{k|k-1}^{(i)}(r) \right)^{n-(j+u)} \langle 1, w_{k|k-1} \rangle^{-n} e_j \Omega_k(w_{k|k-1}, Z)
\end{aligned}
\tag{8-75}
$$

$$w_{k|k-1} = [w_{k|k-1}^{(1)}(1), \cdots, w_{k|k-1}^{(J_{k|k-1}(1))}(1), \cdots, w_{k|k-1}^{(1)}(N_m), \cdots, w_{k|k-1}^{(J_{k|k-1}(N_m))}(N_m)]^{\mathrm{T}}$$

$$\Omega_k(w_{k|k-1}, Z) = \left\{ \frac{\langle 1, I_k \rangle}{I_k(z)} \sum_r \sum_{j=1}^{J_{k|k-1}(r)} p_{D,k}(r) w_{k|k-1}^{(j)}(r) q_k^{(j)}(z,r) \mid z \in Z \right\} \tag{8-76}$$

$$q_k^{(j)}(z,r) = N\left[z; \eta_{k|k-1}^{(j)}(r), S_{k|k-1}^{(j)}(r)\right] \tag{8-77}$$

$$\eta_{k|k-1}^{(j)}(r) = H_k(r) m_{k|k-1}^{(j)}(r)$$

$$S_{k|k-1}^{(j)}(r) = H_k(r) P_{k|k-1}^{(j)}(r) H_k^{\mathrm{T}}(r) + R_k(r)$$

$$w_k^{(i)}(z,r) = p_{D,k}(r) w_{k|k-1}^{(i)}(r) q_k^{(i)}(z,r) \frac{\langle \Phi_k^1[w_{k|k-1}, Z_k \setminus \{z\}], p_{k|k-1} \rangle \langle 1, I_k \rangle}{\langle \Phi_k^0[w_{k|k-1}, Z_k], p_{k|k-1} \rangle I_k(z)}$$

$$m_k^{(i)}(z,r) = m_{k|k-1}^{(i)}(r) + K_k^{(i)}(r)[z - \eta_{k|k-1}^{(i)}(r)] \tag{8-78}$$

$$P_k^{(i)}(r) = I - K_k^{(i)}(r) H_k(r) P_{k|k-1}^{(i)}(r) \tag{8-79}$$

$$K_k^{(i)}(r) = P_{k|k-1}^{(i)}(r) H_k^{\mathrm{T}}(r) S_{k|k-1}^{(i)}(r)^{-1}$$

N_m 为模型个数。

证明　将式（8-67）和式（8-73）代入式（8-61），得

$$
\begin{aligned}
\phi =& \sum_r \int [1 - P_{D,k}(r)] \sum_{i=1}^{f_{k|k-1}(r)} w_{k|k-1}^{(i)}(r) N\left[x; m_{k|k-1}^{(i)}(r), P_{k|k-1}^{(i)}(r)\right] \mathrm{d}x \\
=& \sum_r [1 - P_{D,k}(r)] \sum_{i=1}^{J_{k-1}(r)} w_{k|k-1}^{(i)}(r)
\end{aligned}
\tag{8-80}
$$

将式（8-73）代入式（8-62），得

$$\begin{aligned}
\varphi &= \sum_r \int \sum_{i=1}^{f_{k|k-1}(r)} w_{k|k-1}^{(i)}(r) N\left[x; m_{k|k-1}^{(i)}(r), P_{k|k-1}^{(i)}(r)\right] \mathrm{d}x \\
&= \sum_r \sum_{i=1}^{J_{k|k-1}(r)} w_{k|k-1}^{(i)}(r) \\
&= \left\langle 1, w_{k|k-1}\right\rangle
\end{aligned} \tag{8-81}$$

将式（8-65）、式（8-67）和式（8-73）代入式（8-63），得

$$\begin{aligned}
\Omega_k(v_{k|k-1}, Z) &= \left[\sum_r \int \sum_{i=1}^{J_{k|k-1}(r)} w_{k|k-1}^{(i)}(r) N\left[x; m_{k|k-1}^{(i)}(r), P_{k|k-1}^{(i)}(r)\right] \frac{\langle 1, I_k\rangle}{I_k(z)} N\left[z; H_k(r)x, R_k(r)\right] p_{D,k}(r) \mathrm{d}x \,\middle|\, z \in Z \right] \\
&= \left[\frac{\langle 1, I_k\rangle}{I_k(z)} \sum_r \sum_{i=1}^{J_{k|k-1}(r)} p_{D,k}(r) w_{k|k-1}^{(i)}(r) \int N\left[z; H_k(r)x, R_k(r)\right) N(x; m_{(k|k-1)}^{(i)}(r), P_{k|k-1}^{(i)}(r)\right] \mathrm{d}x \,\middle|\, z \in Z \right]
\end{aligned}$$

由引理 8-1 有

$$\begin{aligned}
&\int N\left[z; H_k(r)x, R_k(r)\right) N(x; m_{k|k-1}^{(i)}(r), P_{k|k-1}^{(i)}(r)\right] \mathrm{d}x \\
&= N\left[z; H_k(r)m_{k|k-1}^{(i)}(r), R_k(r) + H_k(r)P_{k|k-1}^{(i)}(r)H_k(r)^{\mathrm{T}}\right]
\end{aligned}$$

所以式（8-76）成立。由式（8-60）、式（8-80）和式（8-81）可知式（8-75）成立。

$$\begin{aligned}
&\psi_{k,z}(x,r)v_{k|k-1}(x,r) \\
&= \frac{\langle 1, I_k\rangle}{I_k(z)} N\left[z; H_k(r)x, R_k(r)\right] p_{D,k}(r) \sum_{i=1}^{J_{k|k-1}(r)} w_{k|k-1}^{(i)}(r) N\left[x; m_{k|k-1}^{(i)}(r), P_{k|k-1}^{(i)}(r)\right] \\
&= \frac{\langle 1, I_k\rangle}{I_k(z)} p_{D,k}(r) \sum_{i=1}^{J_{k|k-1}(r)} w_{k|k-1}^{(i)}(r) N\left[z; H_k(r)x, R_k(r)\right] N\left[x; m_{k|k-1}^{(i)}(r), P_{k|k-1}^{(i)}(r)\right]
\end{aligned}$$

由引理 8-2 得

$$N\left[z; H_k(r)x, R_k(r)\right] N\left[x; m_{k|k-1}^{(i)}(r), P_{k|k-1}^{(i)}(r)\right] = q_k^{(i)}(z,r) N\left[x; m_k^{(i)}(z,r), P_k^{(i)}(r)\right]$$

其中，$q_k^{(j)}(z,r)$ 由式（8-77）给出；$m_k^{(i)}(z,r)$ 由式（8-78）给出；$P_k^{(i)}(r)$ 由式（8-79）给出。这样，

$$\psi_{k,z}(x,r)v_{k|k-1}(x,r) = \sum_{i=1}^{J_{k|k-1}(r)} \frac{\langle 1, I_k\rangle}{I_k(z)} p_{D,k}(r) w_{k|k-1}^{(i)}(r) q_k^{(j)}(z,r) N\left[x; m_k^{(i)}(z,r), P_k^{(i)}(r)\right]$$

将上式代入式（8-59）得式（8-74）。

获得增广状态的后验 PHD $v_k(x,r)$ 和目标数量的后验分布 $p_k(n)$ 以后，目标数量估计采用 MAP 估计 $\hat{N}_k = \mathrm{argmax}\, p_k(\bullet)$，将 $v_k(x,r)$ 的高斯项按对应的权重由大到小排列，多目标状态估计取前 $\hat{N}_k$ 个高斯项的均值。

8.5.4 向非线性模型的推广

天基观测低轨多目标的三维跟踪问题中，目标的运动模型和测量模型都是非线性高斯模型，所以我们考虑将 8.4.3 节线性高斯模型的多模型 CPHD 滤波推广到非线性高斯模型，

目标运动模型和测量模型的线性高斯假设（8-64）和（8-65）放宽为非线性高斯假设，即

$$f_{k|k-1}(x,r\,|\,\zeta,r') = N\big[x;F_{k-1}(\zeta,r),Q_{k-1}(r)\big]t_{k|k-1}(r\,|\,r')$$

$$g_k(z\,|\,x,r) = N\big[z;H_k(x,r),R_k(r)\big]$$

其中，目标状态转移函数 $F_{k-1}(\zeta,r)$ 和测量函数 $H_k(x,r)$ 均为非线性函数。下面我们利用 UT 变换（unscented transformation）[36]近似计算混合高斯 PHD 的每个高斯项的均值和协方差矩阵。

在滤波预测中，利用 UT 变换由后验 PHD 式（8-69）中的第 i 高斯项的均值 $m_{k-1}^{(i)}(r)$ 和协方差矩阵 $P_{k-1}^{(i)}(r)$ 产生 Sigma 点及权重 $\chi_{k-1,p}^{(i)}(r),w_{m,p},w_{c,p},p=0,\cdots,2n$，其中，$n$ 为 $m_{k-1}^{(i)}(r)$ 的维数。

$$\begin{cases} w_{m,0} = \dfrac{\lambda}{n+\lambda} \\[2mm] w_{c,0} = \dfrac{\lambda}{n+\lambda} + (1-\alpha^2+\beta) \\[2mm] w_{m,p} = w_{c,p} = \dfrac{1}{2(n+\lambda)}, \quad p=1,\cdots,2n \end{cases}$$

$$\begin{cases} \chi_{k-1,0}^{(i)}(r) = m_{k-1}^{(i)}(r) \\[2mm] \chi_{k-1,p}^{(i)}(r) = m_{k-1}^{(i)}(r) + \left[\sqrt{(n+\lambda)P_{k-1}^{(i)}(r)}\right]_p, \quad p=1,\cdots,n \\[2mm] \chi_{k-1,p}^{(i)}(r) = m_{k-1}^{(i)}(r) - \left[\sqrt{(n+\lambda)P_{k-1}^{(i)}(r)}\right]_{p-n}, \quad p=n+1,\cdots,2n \end{cases}$$

其中，尺度因子 $\lambda = \alpha^2(n+\kappa)-n$，$\alpha$ 决定 Sigma 点的分散程度，通常取一小的正值（如 0.01），κ 为辅助尺度因子，通常取 0；β 在高斯情况下的最优值为 2；$\left[\sqrt{(n+\lambda)P_{k-1}^{(i)}(r)}\right]_p$ 表示矩阵 $(n+\lambda)P_{k-1}^{(i)}$ 的平方根矩阵的第 p 列。这些 Sigma 点通过非线性函数 $F_{k-1}(x,r)$ 进行预测，得到状态预测 Sigma 点

$$x_{k|k-1,p}^{(i)}(r) = F_{k-1}\big[\chi_{k-1,p}^{(i)}(r),r\big]$$

则式（8-72）中的 $m_{S,k|k-1}^{(i)}(r,r')$ 和 $P_{S,k|k-1}^{(i)}(r,r')$ 可近似为

$$m_{S,k|k-1}^{(i)}(r,r') = \sum_{p=0}^{2n} w_{m,p}x_{k|k-1,p}^{(i)}(r)$$

$$P_{S,k|k-1}^{(i)}(r,r') = \sum_{p=0}^{2n} w_{c,p}x_{k|k-1,p}^{(i)}(r) - m_{S,k|k-1}^{(i)}(r,r)x_{k|k-1,p}^{(i)}(r) - m_{S,k|k-1}^{(i)}(r,r')^{\mathrm{T}} + Q_{k-1}(r)$$

对于滤波更新，利用 UT 变换由预测 PHD 式（8-73）中的第 i 个高斯项的均值 $m_{k|k-1}^{(i)}(r)$ 和协方差 $P_{k|k-1}^{(i)}(r)$ 产生 Sigma 点及权重 $\{\chi_{k|k-1,p}^{(i)}(r),w_{m,p},w_{c,p}\},p=0,\cdots,2n$，其中

$$
\begin{cases}
\chi_{k|k-1,0}^{(i)}(r) = m_{k|k-1}^{(i)}(r) \\
\chi_{k|k-1,p}^{(i)}(r) = m_{k|k-1}^{(i)}(r) + \left[\sqrt{(n+\lambda)P_{k|k-1}^{(i)}(r)}\right]_p, \quad p=1,\cdots,n \\
\chi_{k|k-1,p}^{(i)}(r) = m_{k|k-1}^{(i)}(r) - \left[\sqrt{(n+\lambda)P_{k|k-1}^{(i)}(r)}\right]_{p-n}, \quad p=n+1,\cdots,2n
\end{cases}
$$

这些 Sigma 点通过非线性变换 $H_k(x,r)$ 得到测量预测 Sigma 点

$$
z_{k|k-1,p}^{(i)}(r) = H_k \chi_{k|k-1,p}^{(i)}(r), r
$$

则定理 8-5 中的 $\eta_{k|k-1}^{(i)}(r)$、$S_{k|k-1}^{(i)}(r)$、$P_k^{(i)}(r)$ 和 $K_k^{(i)}(r)$ 可近似为

$$
\eta_{k|k-1}^{(i)}(r) = \sum_{p=0}^{2n} w_{m,p} z_{k|k-1,p}^{(i)}(r)
$$

$$
S_{k|k-1}^{(i)}(r) = \sum_{p=0}^{2n} w_{c,p} z_{k|k-1,p}^{(i)}(r) - \eta_{k|k-1}^{(i)}(r) z_{k|k-1,p}^{(i)}(r) - \eta_{k|k-1}^{(i)}(r)^{\mathrm{T}} + R_k(r)
$$

$$
P_k^{(i)}(r) = P_{k|k-1}^{(i)}(r) - G_k^{(i)}(r) S_{k|k-1}^{(i)}(r)^{-1} G_k^{(i)}(r)^{\mathrm{T}}
$$

$$
K_k^{(i)}(r) = G_k^{(i)}(r) S_{k|k-1}^{(i)}(r)^{-1}
$$

其中

$$
G_k^{(i)}(r) = \sum_{p=0}^{2n} w_{c,p} \chi_{k|k-1,p}^{(i)}(r) - m_{k|k-1}^{(i)}(r) z_{k|k-1,p}^{(i)}(r) - \eta_{k|k-1}^{(i)}(r)^{\mathrm{T}}
$$

注 8-3　如果场景中存在多个传感器同时跟踪目标，则在多模型 CPHD 滤波的更新步骤中，依次用每个传感器的测量集更新目标数量的预测分布 $p_{k|k-1}(n)$ 和增广状态的预测 PHD $v_{k|k-1}(x,r)$。设传感器的个数为 L，第 j 个传感器的更新结果记为 $p_{k|k-1}^{[j]}(n)$ 和 $v_{k|k-1}^{[j]}(x,r)$，则将 $p_{k|k-1}^{[j]}(n)$ 和 $v_{k|k-1}^{[j]}(x,r)$ 视为目标数量的预测分布和增广状态的预测 PHD，用第 $j+1$ 个传感器的测量集 $Z_k^{[j+1]}$ 对 $p_{k|k-1}^{[j]}(n)$ 和 $v_{k|k-1}^{[j]}(x,r)$ 进行更新，更新的结果记为 $p_{k|k-1}^{[j]}(n)$ 和 $v_{k|k-1}^{[j+1]}(x,r)$。L 个传感器的测量都使用之后，增广状态的后验 PHD $v_k(x,r)$ 和目标数量的后验分布 $p_k(n)$ 取最后一个传感器的更新结果，即 $p_k(n) = p_{k|k-1}^{[L]}(n)$，$v_k(x,r) = v_{k|k-1}^{[L]}(x,r)$。

注 8-4　多模型方法是机动目标跟踪非常有效的方法，所以多模型 CPHD 滤波也可以用来解决多个机动目标的跟踪问题，我们将会在 8.4.5.2 节通过仿真实验检验多模型 CPHD 滤波对多个机动目标的跟踪性能。

8.5.5　仿真实验与结果分析

本节设计了实验 1 和实验 2 两个仿真实验。首先，通过实验 1 检验基于多模型 CPHD 滤波的天基观测低轨多目标三维跟踪方法的性能；其次，通过实验 2 来检验多模型 CPHD 滤波对多个机动目标的跟踪性能。实验 2 是二维平面上测角测距传感器对多个机动目标的跟踪实验。

8.5.5.1　实验 1

仿真场景中，两个天基低轨卫星上的两个传感器对 4 个低轨空间目标进行同步跟踪，跟踪时长为 200 s，采样周期为 $\Delta t = 1$ s。每个低轨目标的主动段都有两级，其中两个目标 0 s 出现，它们的级间段时间相同，61 s 第一级关机，69 s 第二级点火，106 s 第二级关机后进入自由段飞行；第三个目标 20 s 出现，81 s 第一级关机，89 s 第二级点火，126 s 第二级关机后进入自由段飞行；第四个目标 60 s 出现，121 s 第一级关机，129 s 第二级点火，166 s 第二级关机后进入自由段飞行。

低轨目标的二体轨道模型和重力转弯模型的转移概率矩阵取为

$$\begin{bmatrix} t_{k|k-1}(r_k=1\,|\,r_{k-1}=1) & t_{k|k-1}(r_k=2\,|\,r_{k-1}=1) \\ t_{k|k-1}(r_k=1\,|\,r_{k-1}=2) & t_{k|k-1}(r_k=2\,|\,r_{k-1}=2) \end{bmatrix} = \begin{bmatrix} 0.95 & 0.05 \\ 0.05 & 0.95 \end{bmatrix}$$

两个传感器测量噪声的协方差都为 $R_k = \text{diag}([(0.1\text{mrad})^2,(0.1\text{mrad})^2])$，杂波都是观测区域上均匀分布的多目标泊松过程，杂波密度都为 $148.3\,\text{rad}^{-2}$，目标检测概率都为 0.99。

图 8-38 是一次仿真实验中低轨目标的真实轨迹与多模型 CPHD（MM CPHD）滤波的目标位置估计结果，可见，位置估计接近目标的真实轨迹，并且多模型 CPHD 滤波能够成功识别和跟踪新出现的目标。

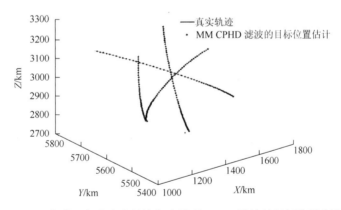

图 8-38　低轨目标的真实轨迹与多模型 CPHD 滤波的目标位置估计

我们通过 1000 次 MC 实验比较多模型 CPHD 滤波、单模型 CPHD 滤波和文献[37]提出的多模型 PHD（MM PHD）滤波的跟踪性能，其中单模型 CPHD 滤波的目标运动模型采用重力转弯模型。

图 8-39 是 1000 次 MC 实验目标数量估计的均值，可见，单模型 CPHD、多模型 PHD 和多模型 CPHD 滤波对目标数量的估计都是无偏估计，单模型 CPHD 滤波和多模型 CPHD 滤波对目标数量的变化反应较为迟缓。

图 8-40 是 1000 次 MC 实验目标数量估计的 RMS 误差，可见，单模型 CPHD 滤波与多模型 CPHD 滤波目标数量估计误差相当，平均误差分别为 0.056 和 0.053，多模型 PHD 的平均误差为 0.198，远大于单模型和多模型 CPHD 滤波。这是因为多模型 PHD 和多模型 CPHD 滤波

对目标数量估计分别采用了 EAP 估计和 MAP 估计，MAP 估计比 EAP 估计的稳定性更好。

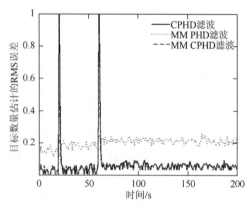

图 8-39　目标数量估计的均值

OSPA 距离的参数取 $p=2$，$c=3\,\mathrm{km}$，图 8-41 是 1000 次 MC 实验的平均 OSPA 距离，可见，多模型 CPHD 滤波的 OSPA 距离明显小于单模型 CPHD 滤波，当目标数量稳定时，多模型 CPHD 滤波的 OSPA 距离小于多模型 PHD 滤波，单模型 CPHD、多模型 PHD 和多模型 CPHD 滤波的平均 OSPA 距离为 0.35 km、0.33 km 和 0.29 km，表明多模型 CPHD 滤波比单模型 CPHD 和多模型 PHD 滤波具有更好的跟踪性能。图 8-41 中单模型和多模型 CPHD 滤波的 OSPA 距离的前两个波峰是由它们对目标数量变化的迟缓反应造成的。图 8-42 和图 8-43 分别是 OSPA 距离的定位误差分量和势误差分量，可见多模型 CPHD 滤波相对单模型 CPHD 滤波 OSPA 距离的降低归功于多模型 CPHD 滤波定位精度的提高，多模型 CPHD 滤波相对多模型 PHD 滤波 OSPA 距离的降低归功于多模型 CPHD 滤波目标数量估计精度的提高。

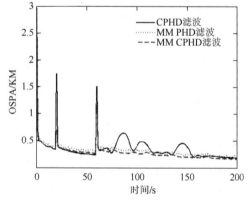

图 8-40　目标数量估计的 RMS 误差　　　　　图 8-41　OSPA 距离

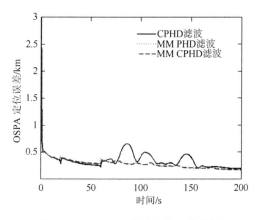

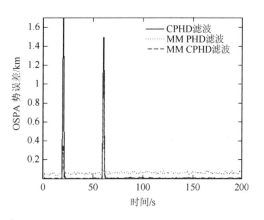

图 8-42　OSPA 距离的定位误差分量　　　　　图 8-43　OSPA 距离的势误差分量

8.5.5.2　实验 2

仿真场景中，二维平面上一个测角测距传感器跟踪 4 个机动目标，跟踪时长为 120 s，采样周期 $\Delta t = 1\,\text{s}$。4 个目标的生命周期分别为 0～120 s、20～120 s、40～120 s 和 0～80 s，每个目标可以在匀速直线运动和匀速转弯运动两种运动模式之间进行切换，图 8-44 是目标的真实运动轨迹。我们用两种模型描述机动目标的运动，模型 1 是匀速直线运动模型，目标状态为 $x_k = [x_k, y_k, \dot{x}_k, \dot{y}_k]^{\text{T}}$，包括目标在二维平面上的位置 (x_k, y_k) 和速度 $(\dot{x}_k, \dot{y}_k)$，该模型表示为[37]

$$x_k = \begin{bmatrix} I_2 & \Delta t I_2 \\ 0_2 & I_2 \end{bmatrix} x_{k-1} + \begin{bmatrix} \Delta t^2 I_2 / 2 \\ \Delta t I_2 \end{bmatrix} \begin{bmatrix} w_{x,k-1} \\ w_{y,k-1} \end{bmatrix}$$

其中，I_n 表示 $n \times n$ 的单位矩阵；0_n 表示 $n \times n$ 的零矩阵；过程噪声 $w_{x,k-1}$ 和 $w_{y,k-1}$ 为相互独立的零均值高斯分布，标准差都为 $0.01\,\text{m}/\text{s}^2$。模型 2 为匀速转弯运动模型，目标状态为 $x_k = [x_k, y_k, \dot{x}_k, \dot{y}_k, \omega_k]^{\text{T}}$，其中 ω_k 为转弯角速度。该模型表示为[37]

$$x_k = \begin{bmatrix} 1 & 0 & \dfrac{\sin(\omega_{k-1}\Delta t)}{\omega_{k-1}} & \dfrac{\cos(\omega_{k-1}\Delta t)-1}{\omega_{k-1}} & 0 \\ 0 & 1 & \dfrac{1-\cos(\omega_{k-1}\Delta t)}{\omega_{k-1}} & \dfrac{\sin(\omega_{k-1}\Delta t)}{\omega_{k-1}} & 0 \\ 0 & 0 & \cos(\omega_{k-1}\Delta t) & -\sin(\omega_{k-1}\Delta t) & 0 \\ 0 & 0 & \sin(\omega_{k-1}\Delta t) & \cos(\omega_{k-1}\Delta t) & 0 \\ 0 & 0 & 0 & 0 & 1 \end{bmatrix} x_{k-1} + \begin{bmatrix} \dfrac{\Delta t^2}{2} & 0 & 0 \\ 0 & \dfrac{\Delta t^2}{2} & 0 \\ \Delta t & 0 & 0 \\ 0 & \Delta t & 0 \\ 0 & 0 & \Delta t \end{bmatrix} \begin{bmatrix} w_{x,k-1} \\ w_{y,k-1} \\ w_{\omega,k-1} \end{bmatrix}$$

其中，过程噪声 $w_{x,k-1}$、$w_{y,k-1}$ 和 $w_{\omega,k-1}$ 为相互独立的零均值高斯分布，$w_{x,k-1}$ 和 $w_{y,k-1}$ 的标准差都为 $0.01\,\text{m}/\text{s}^2$，$w_{\omega,k-1}$ 的标准差为 $0.3°/\text{s}^2$。两个模型的目标生存概率都为 0.99。

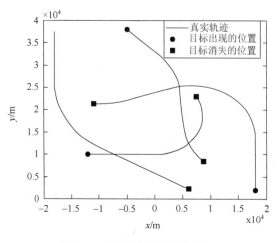

图 8-44　目标的真实运动轨迹

模型 1 和模型 2 的转移概率矩阵和测量模型分别为

$$\begin{bmatrix} t_{k|k-1}(r_k=1\,|\,r_{-1}=1) & t_{k|k-1}(r_k=2\,|\,r_{-1}=1) \\ t_{k|k-1}(r_k=1\,|\,r_{-1}=2) & t_{k|k-1}(r_k=2\,|\,r_{-1}=2) \end{bmatrix} = \begin{bmatrix} 0.95 & 0.05 \\ 0.05 & 0.95 \end{bmatrix}$$

$$z_k = \begin{bmatrix} \sqrt{(x_k-x_s)^2+(y_k-y_s)^2} \\ \arctan\dfrac{y_k-y_s}{x_k-x_s} \end{bmatrix} + \varepsilon_k$$

其中，传感器的位置坐标 (x_s,y_s) 为 $(0\,\mathrm{km},0\,\mathrm{km})$，测量噪声 $\varepsilon_k \sim N(0,R_k)$，$R_k=\mathrm{diag}$ $([(5\mathrm{m})^2,(0.5°)^2])$，杂波为观测区域 $[0\,\mathrm{km},44.8\,\mathrm{km}]\times[0°,180°]$ 上均匀分布的多目标泊松过程，每个采样时刻的平均杂波数量为 20，两个模型的目标检测概率都是 0.99。

图 8-45 是一次仿真实验多模型 CPHD 滤波对目标位置估计的 x 分量和 y 分量，可见，位置估计接近真实轨迹，并且多模型 CPHD 滤波能够成功识别和跟踪新出现的目标。

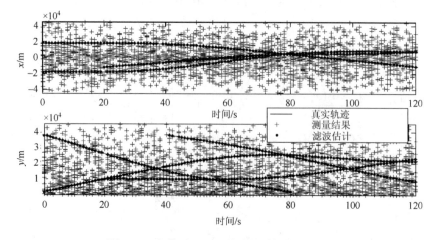

图 8-45　多模型 CPHD 滤波的目标位置估计

　　单模型 CPHD 滤波采用匀速转弯模型（模型 2），图 8-46 是 1000 次 MC 实验目标数量估计的均值，可见，单模型 CPHD、多模型 PHD 和多模型 CPHD 滤波对目标数量的估计都是无偏估计，单模型和多模型 CPHD 滤波对目标产生和死亡的反应较为迟缓。

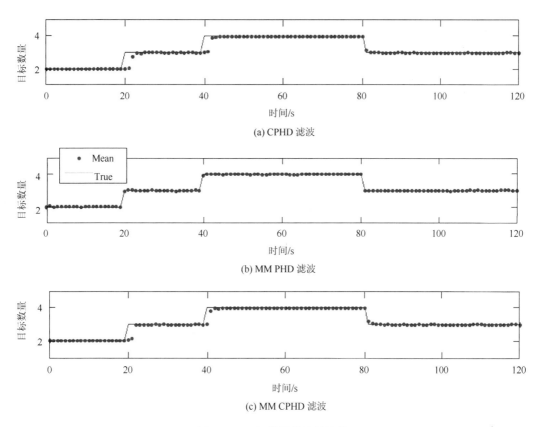

图 8-46　目标数量估计的均值

　　图 8-47 是 1000 次 MC 实验目标数量估计的 RMS 误差，可见，单模型与多模型 CPHD 滤波目标数量估计误差相当，平均误差分别为 0.204 和 0.195，多模型 PHD 滤波目标数量估计的平均误差为 0.270，与单模型和多模型 CPHD 滤波相比误差较大。

　　OSPA 距离的参数取 $p = 2$，$c = 1000 \text{ m}$，图 8-48 是 1000 次 MC 实验的平均 OSPA 距离，可见，多模型 CPHD 滤波的平均 OSPA 距离明显小于单模型 CPHD 滤波，当目标数量稳定时，多模型 CPHD 滤波的平均 OSPA 距离小于多模型 PHD 滤波，表明多模型 CPHD 滤波比单模型 CPHD 滤波和多模型 PHD 滤波具有更好的跟踪性能。图 8-48 中单模型和多模型 CPHD 滤波的平均 OSPA 距离的三个波峰是由它们对目标数量变化的迟缓反应造成的。图 8-49 和图 8-50 分别是 OSPA 距离的定位误差分量和势误差分量，可见多模型 CPHD 滤波相对单模型 CPHD 滤波 OSPA 距离的降低归功于多模型 CPHD 滤波定位精度的提高，多模型 CPHD 滤波相对多模型 PHD 滤波 OSPA 距离的降低归功于多模型 CPHD 滤波目标数量估计精度的提高。

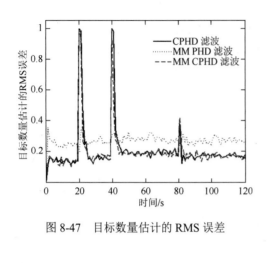

图 8-47　目标数量估计的 RMS 误差

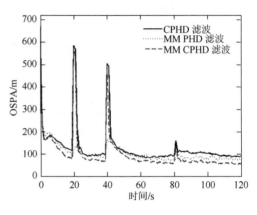
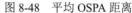

图 8-48　平均 OSPA 距离

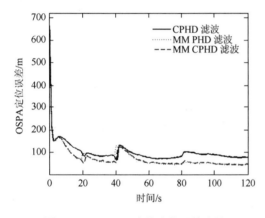

图 8-49　OSPA 距离的定位误差分量

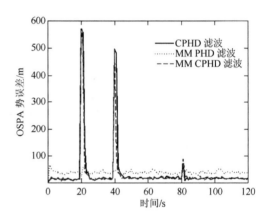

图 8-50　OSPA 距离的势误差分量

8.6　基于扩展 CPHD 滤波的传感器系统误差自校准方法

　　天基卫星传感器的系统误差是影响天基观测条件下的低轨空间目标跟踪精度的重要因素[38]，研究目标跟踪的传感器系统误差自校准方法，实现系统误差的实时估计与校正，对天基观测低轨空间目标的高精度跟踪有着重要意义。在天基观测低轨多目标的跟踪问题中，目标数量的不确定、数据关联的不确定、随机噪声和杂波的干扰、目标漏检等因素使系统误差自校准更加困难。状态扩展滤波[39]、两阶段估计滤波[40]等常用的系统误差自校准方法以已知数据关联为前提，无法应用于多目标跟踪问题。基于随机有限集理论的多目标跟踪方法能够回避复杂的数据关联问题，使多目标条件下的系统误差自校准成为可能。文献[41]提出了一种扩展 PHD 滤波，实现了多目标跟踪条件下的传感器系统误差自校准。考虑到 CPHD 滤波相对 PHD 滤波具有更好的跟踪性能，我们研究基于 CPHD 滤波的传感器系统误差自校准方法。

本节针对天基观测低轨多目标跟踪的传感器系统误差自校准问题，提出一种扩展 CPHD 滤波。首先将传感器系统误差添加到目标运动状态中构成扩展状态；其次利用 CPHD 滤波同时递推目标数量的后验分布和扩展状态的后验 PHD；然后采用混合高斯方法实现扩展 CPHD 滤波的递推计算，同时得到目标数量、目标状态和传感器系统误差的估计，既实现了天基观测条件下的多目标跟踪又实现了传感器系统误差自校准；最后通过仿真实验检验扩展 CPHD 滤波的性能。

8.6.1　状态扩展模型

假设场景中有 L 个同步工作的传感器，设传感器 j 在时刻 k 获得状态为 x_k 的目标的测量 $z_k^{[j]}$，则有

$$z_k^{[j]} = h_k^{[j]}(x_k) + b_k^{[j]} + \varepsilon_k^{[j]} \tag{8-82}$$

其中，$h_k^{[j]}(x_k)$ 为目标测量的真值；$b_k^{[j]}$ 为传感器 j 的系统误差；$\varepsilon_k^{[j]}$ 为传感器 j 的测量噪声，其协方差矩阵记为 $R_k^{[j]}$，概率密度函数记为 $p_{\varepsilon^{[j]}}(x)$。令 $b_k = [b_k^{[1]\mathrm{T}}, \cdots, b_k^{[L]\mathrm{T}}]^\mathrm{T}$ 表示 L 个系统误差组成的向量，它的取值空间记为 χ_b。假设各传感器的系统误差是相互独立的，则系统误差 b_k 的状态转移概率密度为

$$f_{b,k|k-1}(b_k \mid b_{k-1}) = \prod_{j=1}^{L} f_{b,k|k-1}^{[j]}(b_k^{[j]} \mid b_{k-1}^{[j]})$$

其中，$f_{b,k|k-1}^{[j]}(b_k^{[j]} \mid b_{k-1}^{[j]})$ 为系统误差 $b_k^{[j]}$ 的状态转移概率密度。

设目标状态的取值空间为 χ，定义扩展状态空间

$$\tilde{\chi} = \chi \times \chi_b$$

其中，"$\times$" 表示笛卡儿乘积；$\tilde{\chi}$ 上的扩展状态记为 $\tilde{x}_k = [x_k^\mathrm{T}, b_k^\mathrm{T}]^\mathrm{T} \in \tilde{\chi}$，由目标状态 x_k 和系统误差 b_k 组成。

假设 k 时刻场景中有 N_k 个目标，它们的状态分别为 $x_{k,1}, \cdots, x_{k,N_k}$，则对应的多目标扩展状态 $\tilde{X}_k = \{\tilde{x}_{k,1}, \cdots, \tilde{x}_{k,N_k}\} \subset \tilde{\chi}$ 为随机有限集，且可以表示为

$$\tilde{X}_k = \left[\bigcup_{\varsigma \in \tilde{X}_{k-1}} S_{k|k-1}(\varsigma) \right] \bigcup \Gamma_k$$

其中，$S_{k|k-1}(\varsigma)$ 是由 $k-1$ 时刻的扩展状态 ς 演化而来的 k 时刻扩展状态的随机有限集；Γ_k 表示新产生目标的随机有限集。因为目标状态和传感器系统误差是统计独立的，所以扩展状态的状态转移概率密度为

$$f_{k|k-1}(x_k, b_k \mid x_{k-1}, b_{k-1}) = f_{x,k|k-1}(x_k \mid x_{k-1}) f_{b,k|k-1}(b_k \mid b_{k-1})$$

其中，$f_{x,k|k-1}(x_k \mid x_{k-1})$ 为目标的状态转移概率密度。扩展状态的生存概率为

$$p_{S,k}(x_k, b_k) = p_{S,k}(x_k)$$

其中，$p_{S,k}(x_k)$ 是状态为 x_k 的目标的生存概率。

假设 k 时刻传感器 j 获得 $M_k^{[j]}$ 个测量 $z_{k,1}^{[j]}, \cdots, z_{k,M_k^{[j]}}^{[j]}$，则传感器 j 的多目标测量 $Z_k^{[j]} = \left\{ z_{k,1}^{[j]}, \cdots, z_{k,M_k^{[j]}}^{[j]} \right\}$ 为随机有限集，且可以表示为

$$Z_k^{[j]} = \left[\bigcup_{\xi \in \tilde{X}_k} \Theta_k(\xi) \right] \bigcup K_k$$

其中，$\Theta_k(\xi)$ 表示 k 时刻源于扩展状态 ξ 的测量的随机有限集；K_k 表示杂波状态的随机有限集。根据式(8-82)，传感器 j 对扩展状态 $\tilde{x}_k$ 的测量可写为

$$z_k^{[j]} = H_k^{[j]}(x_k, b_k) + \varepsilon_k^{[j]}$$

其中

$$H_k^{[j]}(x_k, b_k) = h_k^{[j]}(x_k) + b_k^{[j]}$$

传感器 j 的测量 $z_k^{[j]}$ 的似然函数为

$$g_k(z_k^{[j]} \mid x_k, b_k) = p_{\varepsilon_k^{[j]}} \left[z_k^{[j]} - H_k^{[j]}(x_k, b_k) \right]$$

传感器 j 对扩展状态 $\tilde{x}_k$ 的检测概率为

$$p_{D,k}^{[j]}(x_k, b_k) = p_{D,k}^{[j]}(x_k)$$

其中，$p_{D,k}^{[j]}(x_k)$ 是传感器 j 对状态为 x_k 的目标的检测概率。

天基卫星大部分时间对处于自由段飞行的低轨空间目标进行跟踪，对主动段的跟踪时间较短，因此我们只考虑低轨目标自由段跟踪的传感器系统误差自校准问题。k 时刻低轨目标自由段的运动状态表示为 $x_k = [x_k, y_k, z_k, \dot{x}_k, \dot{y}_k, \dot{z}_k]^{\mathrm{T}}$，包括地固坐标系下目标的位置 (x_k, y_k, z_k) 和速度 $(\dot{x}_k, \dot{y}_k, \dot{z}_k)$，低轨目标的动力学方程采用重力模型式（8-65），目标的离散时间运动模型表示为

$$x_k = F_{k-1}(x_{k-1}) + w_{k-1}$$

其中，$F_k(x_k)$ 可以由动力学方程（8-47）通过数值法积分得到。过程噪声为 $w_k \sim N(\bullet; 0, Q_k)$，这样，目标的状态转移概率密度为 $f_{x,k|k-1}(x_k \mid x_{k-1}) = N[x_k; F_{k-1}(x_{k-1}), Q_{k-1}]$。

天基卫星的传感器能够获得低轨空间目标在天基卫星轨道坐标系下的方位角和俯仰角，设 k 时刻目标在传感器 j 的卫星轨道坐标系下的位置为 $(x_k^{[j]}, y_k^{[j]}, z_k^{[j]})$，它可以由目标在地固坐标系下的位置 (x_k, y_k, z_k) 经过坐标转换得到，这样，传感器 j 对该目标的测量模型表示为

$$z_k^{[j]} = \begin{vmatrix} \arctan \dfrac{y_k^{[j]}}{x_k^{[j]}} \\ \arctan \dfrac{z_k^{[j]}}{\sqrt{(x_k^{[j]})^2 + (y_k^{[j]})^2}} \end{vmatrix} + b_k^{[j]} + \varepsilon_k^{[j]} \tag{8-83}$$

$$= H_k^{[j]}(x_k, b_k) + \varepsilon_k^{[j]}$$

其中，测量噪声为 $\varepsilon_k^{[j]} \sim N(\bullet; 0, R_k^{[j]})$，则似然函数为 $g_k(z_k^{[j]} \mid x_k, b_k) = N[z_k^{[j]}; H_k^{[j]}(x_k, b_k), R_k^{[j]}]$。

8.6.2　扩展 CPHD 滤波

将扩展状态模型代入 CPHD 滤波式（8-52）～式（8-58）得到扩展 CPHD 滤波，扩展 CPHD 滤波同时递推目标数量的后验分布和扩展状态的后验 PHD。

预测：已知 $k-1$ 时刻扩展状态的后验 PHD $v_{k-1}(x,b)$ 和目标数量的后验分布 $p_{k-1}(n)$，则 k 时刻目标数量的预测分布 $p_{k|k-1}(n)$ 和扩展状态的预测 PHD $v_{k|k-1}(x,b)$ 分别为

$$p_{k|k-1}(n) = \sum_{i=0}^{n} p_{\Gamma,k}(n-i) \sum_{l=1}^{\infty} C_i^l \frac{\langle p_{S,k}, v_{k-1} \rangle^i \langle 1-p_{S,k}, v_{k-1} \rangle^{l-i}}{\langle 1, v_{k-1} \rangle^l} p_{k-1}(l) \tag{8-84}$$

$$v_{k|k-1}(x,b) = \int p_{S,k}(\zeta) f_{x,k|k-1}(x|\zeta) f_{b,k|k-1}(b|\eta) v_{k-1}(\zeta,\eta) \mathrm{d}\zeta \mathrm{d}\eta + r_k(x,b) \tag{8-85}$$

其中，$r_k(x,b)$ 是 k 时刻基于扩展状态 $\tilde{x}_k = [x_k^{\mathrm{T}}, b_k^{\mathrm{T}}]^{\mathrm{T}}$ 的新产生目标的 PHD。

更新：对于多个传感器同时跟踪的情形，依次用每个传感器的测量更新目标数量的预测分布 $p_{k|k-1}$ 和预测 PHD $v_{k|k-1}$，令 $p_{k|k-1}^{[j]}$ 和 $v_{k|k-1}^{[j]}$ 表示传感器 j 的测量 $Z_k^{[j]}$ 对目标数量分布和 PHD 的更新结果，取

$$p_{k|k-1}^{[0]}(n) = p_{k|k-1}(n)$$

$$v_{k|k-1}^{[0]}(x,b) = v_{k|k-1}(x,b)$$

$p_{k|k-1}^{[j]}$ 和 $v_{k|k-1}^{[j]}$ 的递推计算公式为

$$p_{k|k-1}^{[j]}(n) = \frac{\Phi_k^0 \left[v_{k|k-1}^{[j-1]}, Z_k^{[j]} \right](n)}{\left\langle \Phi_k^0 \left[v_{k|k-1}^{[j-1]}, Z_k^{[j]} \right], p_{k|k-1}^{[j-1]} \right\rangle} p_{k|k-1}^{[j-1]}(n), \quad j=1,\cdots,L \tag{8-86}$$

$$
\begin{aligned}
v_{k|k-1}^{[j]}(x,b) = & \frac{\left\langle \Phi_k^1 \left[v_{k|k-1}^{[j-1]}, Z_k^{[j]} \right], p_{k|k-1}^{[j-1]} \right\rangle}{\left\langle \Phi_k^0 \left[v_{k|k-1}^{[j-1]}, Z_k^{[j]} \right], p_{k|k-1}^{[j-1]} \right\rangle} \left[1 - p_{D,k}^{[j]}(x) \right] v_{k|k-1}^{[j-1]}(x,b) \\
& + \sum_{z \in Z_k^{[j]}} \frac{\left\langle \Phi_k^1 \left[v_{k|k-1}^{[j-1]}, Z_k^{[j]} \setminus \{z\} \right], p_{k|k-1}^{[j-1]} \right\rangle}{\left\langle \Phi_k^0 \left[v_{k|k-1}^{[j-1]}, Z_k^{[j]} \right], p_{k|k-1}^{[j-1]} \right\rangle} \varphi_{k,z}^{[j]}(x,b) v_{k|k-1}^{[j-1]}(x,b), \quad j=1,\cdots,L
\end{aligned}
\tag{8-87}
$$

其中

$$
\begin{aligned}
\Phi_k^u \left[v_{k|k-1}^{[j-1]}, Z_k^{[j]} \right](n) = & \sum_{i=0}^{\min(|Z_k^{[j]}|,n)} \left(|Z_k^{[j]}| - i \right)! \, p_{c,k}^{[j]} \left(|Z_k^{[j]}| - i \right) P_{i+u}^n \\
& \times \frac{\left\langle 1 - p_{D,k}^{[j]}, v_{k|k-1}^{[j-1]} \right\rangle^{n-(i+u)}}{\left\langle 1, v_{k|k-1}^{[j-1]} \right\rangle^n} e_i \left[\Omega_k \left(v_{k|k-1}^{[j-1]}, Z_k^{[j]} \right) \right]
\end{aligned}
\tag{8-88}
$$

$$\psi_{k,z}^{[j]}(x,b) = \frac{\left\langle 1, I_k^{[j]} \right\rangle}{I_k^{[j]}(z)} g_k^{[j]}(z|x,b) p_{D,k}^{[j]}(x)$$

$$\Omega_k(v_{k|k-1}^{[j-1]}, Z_k^{[j]}) = \left\langle v_{k|k-1}^{[j-1]}, \psi_{k,z}^{[j]} \right\rangle | z \in Z_k^{[j]}$$

$p_{c,k}^{[j]}(n)$ 为传感器 j 的杂波数量的分布，$I_k^{[j]}(z)$ 为传感器 j 的杂波强度。

所有传感器的测量使用之后，扩展状态的后验 PHD $v_k(x,b)$ 和目标数量的后验分布 $p_k(n)$ 取

$$p_k(n) = p_{(k|k-1)}^{[L]}(n)$$

$$v_k(x,b) = v_{k|k-1}^{[L]}(x,b)$$

目标数量估计采用 $p_k(n)$ 的 MAP 估计，将 $v_k(x,b)$ 的极大值点按极值从大到小排列，多目标状态估计 $\{\hat{x}_{k,1},\cdots,\hat{x}_{k,\hat{N}_k}\}$ 取前 $\hat{N}_k$ 个 $v_k(x,b)$ 的极大值点对应的目标状态分量，传感器系统误差估计取

$$\hat{b}_k = \frac{\int_{\tilde{\chi}} bv_k(x,b)\mathrm{d}x\mathrm{d}b}{\int_{\tilde{\chi}} v_k(x,b)\mathrm{d}x\mathrm{d}b}$$

8.6.3　扩展 CPHD 滤波的混合高斯实现方法

扩展 CPHD 滤波递推公式中含有扩展状态空间 $\tilde{\chi}$ 上的多重积分，无法对其进行直接计算，这里采用混合高斯方法解决扩展 CPHD 滤波的多重积分的计算问题。

首先，我们在目标运动模型、系统误差模型和测量模型都为线性高斯模型的条件下求扩展 CPHD 滤波的闭合解，此时需要如下四个假设条件成立。

（1）单目标状态转移概率密度和系统误差状态转移概率密度为如下形式的高斯密度函数

$$f_{x,k|k-1}(x_k \mid x_{k-1}) = N(x_k; F_{k-1}x_{k-1}, Q_{k-1}) \tag{8-89}$$

$$f_{b,k|k-1}(b_k \mid b_{k-1}) = N(b_k; F_{b,k-1}b_{k-1}, Q_{b,k-1}) \tag{8-90}$$

其中，F_k 和 $F_{b,k}$ 分别是目标和系统误差的状态转移矩阵；Q_k 和 $Q_{b,k}$ 分别是目标和系统误差的过程噪声的协方差矩阵。这样，扩展状态的状态转移概率密度也是高斯密度函数，表示为

$$f_{k|k-1}(\tilde{x}_k \mid \tilde{x}_{k-1}) = N(x_k; F_{k-1}x_{k-1}, Q_{k-1})N(b_k; F_{b,k-1}b_{k-1}, Q_{b,k-1})$$
$$= N(\tilde{x}_k; \tilde{F}_{k-1}\tilde{x}_{k-1}, \tilde{Q}_{k-1}) \tag{8-91}$$

其中，$\tilde{F}_k$ 是扩展状态的状态转移矩阵；$\tilde{Q}_k$ 为扩展状态的过程噪声的协方差矩阵。

（2）单目标测量的似然函数具有如下形式

$$g_k^{[j]}(z \mid \tilde{x}) = N(z; H_k^{[j]}\tilde{x}, R_k^{[j]}) \tag{8-92}$$

其中，$H_k^{[j]}$ 为传感器 j 的测量矩阵。

（3）目标检测概率和目标生存概率在整个状态空间是恒定的，即

$$P_{S,k}(x) = P_{S,k} \tag{8-93}$$

$$P_{D,k}^{[j]}(x) = P_{D,k}^{[j]} \tag{8-94}$$

（4）新产生目标的 PHD 为混合高斯函数，并且具有如下形式：

$$r_k(\tilde{x}) = \sum_{i=1}^{J_{rk}} w_{r,k}^{(i)} N(\tilde{x}; \tilde{m}_{r,k}^{(i)}, \tilde{P}_{r,k}^{(i)})$$
$$= \sum_{i=1}^{J_{rk}} w_{r,k}^{(i)} N(x; m_{r,k}^{(i)}, P_{r,k}^{(i)})N(b; m_{rb,k}^{(i)}, P_{rb,k}^{(i)}) \tag{8-95}$$

其中，$N(x; m_{r,k}^{(i)}, P_{r,k}^{(i)})$ 对应于目标状态；$N(b; m_{rb,k}^{(i)}, P_{rb,k}^{(i)})$ 对应于系统误差。

线性高斯模型条件下扩展 CPHD 滤波的闭合解表述为如下两个定理:

定理 8-6　已知 $k-1$ 时刻的目标数量的后验分布 p_{k-1},扩展状态的后验 PHD v_{k-1} 具有混合高斯形式

$$v_{k-1}(\tilde{x}) = \sum_{i=1}^{J_{k-1}} w_{k-1}^{(i)} N(\tilde{x}; \tilde{m}_{k-1}^{(i)}, \tilde{P}_{k-1}^{(i)}) \tag{8-96}$$

则目标数量的预测分布 $p_{k|k-1}$ 为

$$p_{k|k-1}(n) = \sum_{i=0}^{n} p_{\Gamma,k}(n-i) \sum_{l=i}^{\infty} C_i^l p_{k-1}(l) p_{S,k}^i (1-p_{S,k})^{l-i} \tag{8-97}$$

扩展状态的预测 PHD $v_{k|k-1}$ 为混合高斯函数,形式如下:

$$v_{k|k-1}(\tilde{x}) = p_{S,k} \sum_{i=1}^{J_{k-1}} w_{k-1}^{(i)} N(\tilde{x}; \tilde{m}_{S,k|k-1}^{(i)}, \tilde{P}_{S,k|k-1}^{(i)}) + r_k(\tilde{x}) \tag{8-98}$$

其中

$$\tilde{m}_{S,k|k-1}^{(i)} = \tilde{F}_{k-1} \tilde{m}_{k-1}^{(i)}$$

$$\tilde{P}_{S,k|k-1}^{(i)} = \tilde{Q}_{k-1} + \tilde{F}_{k-1} \tilde{P}_{k-1}^{(i)} \tilde{F}_{k-1}^{\mathrm{T}}$$

$r_k(\tilde{x})$ 由 (8-95) 式给出。

证明　将式 (8-93) 代入式 (8-85),得到计算 $p_{k|k-1}$ 的式 (8-97)。将式 (8-91)、式 (8-93)、式 (8-95) 和式 (8-96) 代入式 (8-85),交换积分与求和的顺序,然后对每个积分项利用 8.3.3 节中的引理 8-1 进行化简,可以得到计算 $v_{k|k-1}$ 的式 (8-98),显然,$v_{k|k-1}$ 是高斯混合函数。

定理 8-7　已知 k 时刻目标数量的预测分布 $p_{k|k-1}$,扩展状态的预测 PHD $v_{k|k-1}$ 具有混合高斯形式

$$v_{k|k-1}(\tilde{x}) = \sum_{i=1}^{J_{k|k-1}} w_{k|k-1}^{(i)} N(\tilde{x}; \tilde{m}_{k|k-1}^{(i)}, \tilde{P}_{k|k-1}^{(i)})$$

取

$$p_{k|k-1}^{[0]}(n) = p_{k|k-1}(n)$$

$$v_{k|k-1}^{[0]}(\tilde{x}) = v_{k|k-1}(\tilde{x})$$

把 $v_{k|k-1}^{[0]}(\tilde{x})$ 写为

$$v_{k|k-1}^{[0]}(\tilde{x}) = \sum_{i=1}^{J_{k|k-1}^{[0]}} w_{k|k-1}^{(i)[0]} N(\tilde{x}; \tilde{m}_{k|k-1}^{(i)[0]}, \tilde{P}_{k|k-1}^{(i)[0]})$$

则 $v_{k|k-1}^{[j]}(\tilde{x}), j=1,\cdots,L$ 是混合高斯函数,把 $v_{k|k-1}^{[j]}(\tilde{x})$ 写为

$$v_{k|k-1}^{[j]}(\tilde{x}) = \sum_{i=1}^{J_{k|k-1}^{[j]}} w_{k|k-1}^{(i)[j]} N(\tilde{x}; \tilde{m}_{k|k-1}^{(i)[j]}, \tilde{P}_{k|k-1}^{(i)[j]}), \quad j=1,\cdots,L$$

对应于式 (8-86) 和式 (8-87) 的更新公式为

$$p_{k|k-1}^{[j]}(n) = \frac{\Theta_k^0 \left[w_{k|k-1}^{[j-1]}, Z_k^{[j]} \right](n)}{\left\langle \Theta_k^0 \left[w_{k|k-1}^{[j-1]}, Z_k^{[j]} \right], p_{k|k-1}^{[j-1]} \right\rangle} p_{k|k-1}^{[j-1]}(n) \tag{8-99}$$

$$v_{k|k-1}^{[j]}(\tilde{x}) = \frac{\left\langle \Theta_k^1\left[w_{k|k-1}^{[j-1]}, Z_k^{[j]}\right], p_{k|k-1}^{[j-1]}\right\rangle}{\left\langle \Theta_k^0\left[w_{k|k-1}^{[j-1]}, Z_k^{[j]}\right], p_{k|k-1}^{[j-1]}\right\rangle}(1-p_{D,k}^{[j]})v_{k|k-1}^{[j-1]}(\tilde{x})$$

$$+ \sum_{z \in Z_k^{[j]}}\sum_{i=1}^{J_{k|k-1}^{[j-1]}} w_k^{(i)[j]}(z)N(\tilde{x}; \tilde{m}_k^{(i)[j]}(z), \tilde{P}_k^{(i)[j]}) \tag{8-100}$$

其中

$$w_{k|k-1}^{[j-1]} = \left[w_{k|k-1}^{(1)[j-1]}, \cdots, w_{k|k-1}^{(J_{k|k-1}^{[j-1]})[j-1]}\right]^{\mathrm{T}}$$

$$\Theta_k^u\left[w_{k|k-1}^{[j-1]}, Z_k^{[j]}\right](n) = \sum_{i=0}^{\min\left(\left|Z_k^{[j]}\right|, n\right)}\left|Z_k^{[j]}\right| - i!\, p_{c,k}^{[j]}\left|Z_k^{[j]}\right| - i P_{i+u}^n$$

$$\times \frac{(1-p_{D,k}^{[j]})^{n-(i+u)}}{\left\langle 1, w_{k|k-1}^{[j-1]}\right\rangle^{i+u}}e_i \Delta_k(w_{k|k-1}^{[j-1]}, Z_k^{[j]}) \tag{8-101}$$

$$\Delta_k(w_{k|k-1}^{[j-1]}, Z_k^{[j]}) = \left\{\frac{\left\langle 1, I_k^{[j]}\right\rangle}{I_k^{[j]}(z)}(w_{k|k-1}^{[j-1]})^{\mathrm{T}}q_k^{[j]}(z)p_{D,k}^{[j]}\mid z \in Z_k^{[j]}\right\}$$

$$q_k^{[j]}(z) = \left[q_k^{(1)[j]}(z), \cdots, q_k^{(J_{k|k-1}^{[j-1]})[j]}(z)\right]^{\mathrm{T}}$$

$$q_k^{(i)[j]}(z) = N(z; \eta_{k|k-1}^{(i)[j]}, S_{k|k-1}^{(i)[j]})$$

$$\eta_{k|k-1}^{(i)[j]} = H_k^{[j]}\tilde{m}_{k|k-1}^{(i)[j-1]}$$

$$S_{k|k-1}^{(i)[j]} = H_k^{[j]}\tilde{P}_{k|k-1}^{(i)[j-1]}(H_k^{[j]})^{\mathrm{T}} + R_k^{[j]}$$

$$w_k^{(i)[j]}(z) = p_{D,k}^{[j]}w_{k|k-1}^{(i)[j-1]}q_k^{(i)[j]}(z)\frac{\left\langle \Theta_k^1\left[w_{k|k-1}^{[j-1]}, Z_k^{[j]}\setminus\{z\}\right], p_{k|k-1}^{[j-1]}\right\rangle\left\langle 1, I_k^{[j]}\right\rangle}{\left\langle \Theta_k^0\left[w_{k|k-1}^{[j-1]}, Z_k^{[j]}\right], p_{k|k-1}^{[j-1]}\right\rangle I_k^{[j]}(z)}$$

$$K_k^{(i)[j]} = \tilde{P}_{k|k-1}^{(i)[j-1]}(H_k^{[j]})^{\mathrm{T}}(S_{k|k-1}^{(i)[j]})^{-1}$$

$$\tilde{m}_k^{(i)[j]}(z) = \tilde{m}_{k|k-1}^{(i)[j-1]} + K_k^{(i)[j]}(z - \eta_{k|k-1}^{(i)[j]})$$

$$P_k^{(i)[j]} = P_{k|k-1}^{(i)[j-1]} - K_k^{(i)[j]}S_{k|k-1}^{(i)[j]}(K_k^{(i)[j]})^{\mathrm{T}}$$

证明　已知 $v_{k|k-1}^{[0]}(\tilde{x})$ 为混合高斯函数，假设 $v_{k|k-1}^{[j-1]}(\tilde{x})$ 具有混合高斯形式

$$v_{k|k-1}^{[j-1]}(\tilde{x}) = \sum_{i=1}^{J_{k|k-1}^{[j-1]}} w_{k|k-1}^{(i)[j-1]}N(\tilde{x}; \tilde{m}_{k|k-1}^{(i)[j-1]}, \tilde{P}_{k|k-1}^{(i)[j-1]}) \tag{8-102}$$

将式（8-92）、式（8-94）和式（8-102）代入式（8-88），交换积分与求和顺序，对每个积分项利用 8.4.3 节中的引理 8-1 进行化简，可得式（8-101），然后将式（8-92）、式（8-94）、式（8-101）和式（8-102）代入式（8-87），再对式（8-87）式中的 $\psi_{k,z}^{[j]}(x,b)v_{k|k-1}^{[j-1]}(x,b)$ 的每一个高斯乘积项利用 8.4.3 节中的引理 8-2 进行变换，可以得到计算 $v_{k|k-1}^{[j]}(\tilde{x})$ 的式（8-100），显然，$v_{k|k-1}^{[j]}(\tilde{x})$ 是混合高斯函数。将式（8-101）代入式（8-86），可以得到计算 $p_{k|k-1}^{[j]}(n)$ 的式（8-99）。

天基观测低轨多目标跟踪的传感器系统误差自校准问题中,目标的运动模型和测量模型都是非线性高斯模型,下面针对非线性高斯模型给出扩展 CPHD 的混合高斯实现方法,目标运动模型、系统误差模型、测量模型的线性高斯假设式(8-89)、式(8-90)和式(8-92)放宽为非线性高斯假设:

$$f_{x,k|k-1}(x_k \mid x_{k-1}) = N(x_k; F_{k-1}(x_{k-1}), Q_{k-1})$$

$$f_{b,k|k-1}(b_k \mid b_{k-1}) = N(b_k; F_{b,k-1}(b_{k-1}), Q_{b,k-1})$$

$$g_k^{[j]}(z \mid \tilde{x}) = N(z; H_k^{[j]}(\tilde{x}), R_k^{[j]})$$

其中,目标的状态转移函数 $F_k(x_k)$、系统误差的状态转移函数 $F_{b,k}(b_k)$ 和测量函数 $H_k^{[j]}(\tilde{x})$ 都为非线性函数。此时扩展状态的状态转移概率密度表示为

$$f_{k|k-1}(\tilde{x}_k \mid \tilde{x}_{k-1}) = N(x_k; F_{k-1}(x_{k-1}), Q_{k-1})N(b_k; F_{b,k-1}(b_{k-1}), Q_{b,k-1})$$

$$= N(\tilde{x}_k; \tilde{F}_{k-1}(\tilde{x}_{k-1}), \tilde{Q}_{k-1})$$

其中,扩展状态的状态转移函数 $\tilde{F}_k(\tilde{x}_k)$ 也是非线性函数。

下面我们采用 UT 变换方法实现非线性模型条件下的扩展 CPHD 滤波的递推计算。

在滤波预测中,利用 UT 变换由式(8-69)中的均值 $\tilde{m}_{k-1}^{(i)}$ 和协方差矩阵 $\tilde{P}_{k-1}^{(i)}$ 产生 Sigma 点及权重 $\chi_{k-1,p}^{(i)}, w_{m,p}, w_{c,p}, p = 1, \cdots, M$,其中,$M$ 为 Sigma 点的数量,这些 Sigma 点通过非线性函数 $\tilde{F}_{k-1}(\bullet)$ 进行预测,得到扩展状态的预测 Sigma 点

$$\tilde{x}_{k|k-1}^{(i)} = \tilde{F}_{k-1}(\chi_{k-1,p}^{(i)})$$

则(8-98)式中的 $\tilde{m}_{S,k|k-1}^{(i)}$ 和 $\tilde{P}_{S,k|k-1}^{(i)}$ 可近似为

$$\tilde{m}_{S,k|k-1}^{(i)} = \sum_{p=1}^{M} w_{m,p} \tilde{x}_{k|k-1,p}^{(i)}$$

$$\tilde{P}_{S,k|k-1}^{(i)} = \sum_{p=1}^{M} w_{c,p} (\tilde{x}_{k|k-1,p}^{(i)} - \tilde{m}_{S,k|k-1}^{(i)})(\tilde{x}_{k|k-1,p}^{(i)} - \tilde{m}_{S,k|k-1}^{(i)})^{\mathrm{T}} + \tilde{Q}_{k-1}$$

在滤波更新中,我们利用 UT 变换由式(8-102)中的均值 $\tilde{m}_{k|k-1}^{(i)[j-1]}$ 和协方差矩阵 $\tilde{P}_{k|k-1}^{(i)[j-1]}$ 产生 Sigma 点及权重 $\chi_{k-1,p}^{(i)[j-1]}, w_{m,p}, w_{c,p}, p = 1, \cdots, M$,这些 Sigma 点通过非线性函数 $H_k^{[j]}(\bullet)$ 进行传播,得到测量的预测 Sigma 点

$$z_{k|k-1,p}^{(i)[j]} = H_k^{[j]}(\chi_{k|k-1,p}^{(i)[j-1]})$$

这样,定理 8-7 中的 $\eta_{k|k-1}^{(i)[j]}$、$S_{k|k-1}^{(i)[j]}$ 和 $K_k^{(i)[j]}$ 近似为

$$\eta_{k|k-1}^{(i)[j]} = \sum_{p=1}^{M} w_{m,p} z_{k|k-1,p}^{(i)[j]}$$

$$S_{k|k-1}^{(i)[j]} = \sum_{p=1}^{M} w_{c,p} (z_{k|k-1,p}^{(i)[j]} - \eta_{k|k-1}^{(i)[j]})(z_{k|k-1,p}^{(i)[j]} - \eta_{k|k-1}^{(i)[j]})^{\mathrm{T}} + R_k^{[j]}$$

$$K_k^{(i)[j]} = L_{k|k-1}^{(i)[j]} (S_{k|k-1}^{(i)[j]})^{-1}$$

其中

$$L_{k|k-1}^{(i)[j]} = \sum_{p=1}^{M} w_{c,p} (\chi_{k|k-1,p}^{(i)[j-1]} - \tilde{m}_{k|k-1}^{(i)[j-1]})(z_{k|k-1,p}^{(i)[j]} - \eta_{k|k-1}^{(i)[j]})^{\mathrm{T}}$$

获得目标数量的后验分布 p_k 及混合高斯形式的扩展状态的后验 PHD v_k，目标数量估计采用 MAP 估计 $\hat{N}_k = \arg\max p_k(\bullet)$，扩展状态的估计 $\hat{\tilde{x}}_{k,1}, \cdots, \hat{\tilde{x}}_{k,\hat{N}_k}$ 为 $v_k(x,b)$ 的 $\hat{N}_k$ 个极大值点，$\hat{\tilde{x}}_{k,1}, \cdots, \hat{\tilde{x}}_{k,\hat{N}_k}$ 对应高斯项的权值和协方差矩阵记为 $w_{k,1}, \cdots, w_{k,\hat{N}_k}$ 和 $\tilde{P}_{k,1}, \cdots, \tilde{P}_{k,\hat{N}_k}$，这时，我们从 $\hat{\tilde{x}}_{k,1}, \cdots, \hat{\tilde{x}}_{k,\hat{N}_k}$ 中可以得到多目标状态估计 $\hat{x}_{k,1}, \cdots, \hat{x}_{k,\hat{N}_k}$ 和 $\hat{N}_k$ 个系统误差估计 $\hat{b}_{k,1}, \cdots, \hat{b}_{k,\hat{N}_k}$，系统误差的最终估计取为

$$\hat{b}_k = \frac{\sum_{i=1}^{\hat{N}_k} w_{k,i} \hat{b}_{k,i}}{\sum_{i=1}^{\hat{N}_k} w_{k,i}}$$

同时，对式（8-95）中新产生目标的高斯项的扩展部分 $N(b; m_{rb,k+1}^{(i)}, P_{rb,k+1}^{(i)})$ 进行如下修正

$$m_{rb,k+1}^{(i)} = \hat{b}_k, \quad i = 1, \cdots, J_{r,k+1}$$

$$P_{rb,k+1}^{(i)} = \frac{\sum_{m=1}^{\hat{N}_k} w_{k,m} P_{k,m}^b}{\sum_{m=1}^{\hat{N}_k} w_{k,m}}, \quad i = 1, \cdots, J_{r,k+1}$$

其中，$P_{k,m}^b$ 是 $\tilde{P}_{k,m}$ 中系统误差对应的部分。

8.6.4　仿真实验与结果分析

本节设计了实验 1 和实验 2 两个仿真实验，首先通过实验 1 检验基于扩展 CPHD 滤波的传感器系统误差自校准方法的性能，其次通过实验 2 进一步检验扩展 CPHD 滤波的性能。实验 2 是二维平面上的多传感器多目标跟踪实验。

8.6.4.1　实验 1

仿真实验中利用两个天基低轨卫星上的两个传感器对 5 个处于自由段飞行的低轨目标进行同步跟踪，跟踪时长为 500 s，采样周期 $\Delta t = 1\,\mathrm{s}$，5 个目标的生命周期分别为 0～500 s、100～500 s、100～500 s、250～500 s 和 300～500 s。目标生存概率 $P_{S,k} = 0.99$。

目标状态的转移概率密度为高斯概率密度

$$f_{x,k|k-1}(x_k \mid x_{k-1}) = N(x_k; F_{k-1}(x_{k-1}), Q_{k-1})$$

其中，状态转移函数 $F_k(x_k)$ 可通过对微分方程（8.4.1）进行数值积分得到；过程噪声的协方差矩阵 $Q_k = \mathrm{diag}([(1\,\mathrm{m})^2, (1\,\mathrm{m})^2, (1\,\mathrm{m})^2, (0.1\,\mathrm{m/s})^2, (0.1\,\mathrm{m/s})^2 (0.1\,\mathrm{m/s})^2])$。

两传感器的测量模型式（8-83）中，测量噪声 $\varepsilon_k^{[1]}$ 和 $\varepsilon_k^{[2]}$ 的协方差矩阵为 $R_k^{[1]} = R_k^{[2]}$ $= \mathrm{diag}([(0.1\,\mathrm{mrad})^2, (0.1\,\mathrm{mrad})^2])$，系统误差 $b_k = [b_k^{[1]\mathrm{T}}, b_k^{[2]\mathrm{T}}]^\mathrm{T}$ 取为常值系统误差，

$b_k^{[1]} = [0.6 \text{ mrad}, -0.5 \text{ mrad}]^{\text{T}}$，$b_k^{[2]} = [-0.6 \text{ mrad}, -0.25 \text{ mrad}]^{\text{T}}$，$b_k$ 的状态转移概率密度为

$$f_{b,k|k-1}(b_k \mid b_{k-1}) = N(b_k^{[1]} \mid b_{k-1}^{[1]}, Q_{b,k-1}^{[1]}) N(b_k^{[2]} \mid b_{k-1}^{[2]}, Q_{b,k-1}^{[2]})$$

其中，系统误差动态噪声的协方差矩阵为 $Q_{b,k}^{[1]} = Q_{b,k}^{[2]} = \text{diag}([(0.001 \text{ mrad})^2, (0.001 \text{ mrad})^2])$，两传感器的目标检测概率为 $P_{D,k}^{[1]}(x) = P_{D,k}^{[2]}(x) = 0.98$，杂波都是均匀分布在观测区域上的多目标泊松过程，杂波密度都为 145.5 rad^{-2}。

图 8-51 是一次仿真实验中系统误差的估计结果，可以看出，系统误差的估计随着时间推移逐渐接近真实值，表明扩展 CPHD 滤波能准确估计系统误差。图 8-52 和图 8-53 分别是最后 100 s 标准 CPHD 滤波和扩展 CPHD 滤波对目标三维位置的估计结果，可见标准 CPHD 滤波的估计明显偏离目标轨迹，并且所得轨迹不连续，而扩展 CPHD 滤波的估计接近目标真实轨迹，这是因为标准 CPHD 滤波没有去除测量中的系统误差，造成目标状态估计的偏差，扩展 CPHD 滤波较为准确地估计了系统误差，消除了系统误差对目标状态估计的影响。

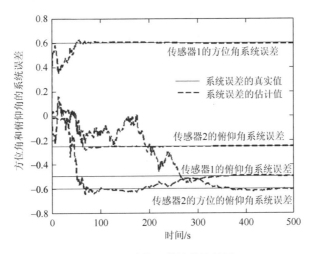

图 8-51　系统误差的估计结果

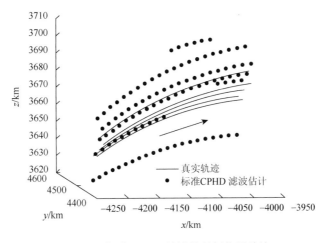

图 8-52　标准 CPHD 滤波的目标位置估计

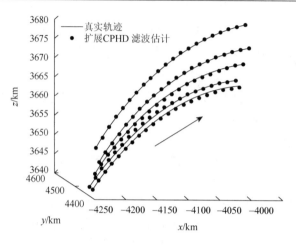

图 8-53　扩展 CPHD 滤波的目标位置估计

图 8-54 和图 8-55 分别是标准 CPHD 滤波和扩展 CPHD 滤波的 100 次 MC 实验目标数量估计的均值，可见，两者都是目标数量的无偏估计。OSPA 距离的参数取 $p=2$，$c=100\,\text{m}$，图 8-56 是 100 次 MC 实验的平均 OSPA 距离，可见，扩展 CPHD 滤波的 OSPA 距离远小于标准 CPHD 滤波，表明扩展 CPHD 滤波相对标准 CPHD 滤波能大幅度提高多目标跟踪性能。

8.6.4.2　实验 2

仿真场景中，二维平面上 3 个传感器同步跟踪 4 个匀速运动的目标，跟踪时长为 60s，目标的运动轨迹和传感器的位置如图 8-57 所示，4 个目标的生命周期分别为 0～40 s、0～30 s、15～50 s 和 20～60 s，目标状态 $x_k=[x_k,y_k,\dot{x}_k,\dot{y}_k]^{\text{T}}$ 包括目标的位置 (x_k,y_k) 和速度 $(\dot{x}_k,\dot{y}_k)$，目标的状态转移概率密度为

$$f_{x,k|k-1}(x_k\mid x_{k-1})=N(x_k;F_{k-1}x_{k-1},Q_{k-1})$$

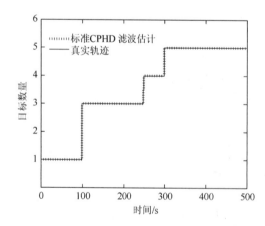

图 8-54　标准 CPHD 滤波目标数量估计的均值

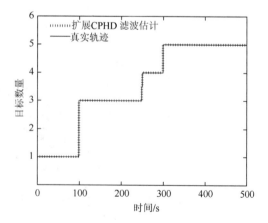

图 8-55　扩展 CPHD 滤波目标数量估计的均值

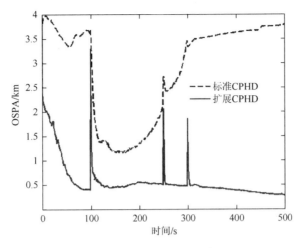

图 8-56　平均 OSPA 距离

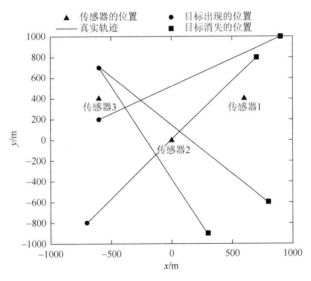

图 8-57　目标的运动轨迹和传感器的位置

其中

$$F_k = \begin{bmatrix} I_2 & \Delta t I_2 \\ 0_2 & I_2 \end{bmatrix}, \quad Q_k = \sigma_w^2 \begin{bmatrix} \dfrac{\Delta t^4}{4} I_2 & \dfrac{\Delta t^3}{2} I_2 \\[2mm] \dfrac{\Delta t^3}{2} I_2 & \Delta t^2 I_2 \end{bmatrix}$$

采样周期 $\Delta t = 1\,\text{s}$，动态噪声的标准差 $\sigma_w = 0.01\,\text{m}/\text{s}^2$，目标生存概率 $P_{S,k} = 0.99$。

如图 8-57 所示，传感器 1 是测角测距传感器，位置坐标 $(p_x^{[1]}, p_y^{[1]})$ 为 $(600\,\text{m}, 400\,\text{m})$，传感器 2 是测距传感器，位置坐标 $(p_x^{[2]}, p_y^{[2]})$ 为 $(0\,\text{m}, 0\,\text{m})$，传感器 3 为测角传感器，位置坐标 $(p_x^{[3]}, p_y^{[3]})$ 为 $(-600\,\text{m}, 400\,\text{m})$，三个传感器对状态为 $x_k = [x_k, y_k, \dot{x}_k, \dot{y}_k]^{\text{T}}$ 的目标的测量模型为

$$h_k^{[1]}(x_k) = \begin{bmatrix} \sqrt{x_k - p_x^{[1]\,2} + y_k - p_y^{[1]\,2}} \\ \arctan \dfrac{y_k - p_y^{[1]}}{x_k - p_x^{[1]}} \end{bmatrix} + b_k^{[1]} + \varepsilon_k^{[1]}$$

$$h_k^{[2]}(x_k) = \sqrt{x_k - p_x^{[2]\,2} + y_k - p_y^{[2]\,2}} + b_k^{[2]} + \varepsilon_k^{[2]}$$

$$h_k^{[3]}(x_k) = \arctan \frac{y_k - p_y^{[3]}}{x_k - p_x^{[3]}} + b_k^{[3]} + \varepsilon_k^{[3]}$$

测量噪声 $\varepsilon_k^{[1]}$、$\varepsilon_k^{[2]}$ 和 $\varepsilon_k^{[3]}$ 的协方差分别为 $R_k^{[1]} = \mathrm{diag}([(12.5\text{ m})^2,(12.5\text{ mrad})^2])$、$R_k^{[2]} = (10\text{ m})^2$ 和 $R_k^{[3]} = (10\text{ mrad})^2$，系统误差 $b_k = [(b_k^{[1]})^{\mathrm{T}},(b_k^{[2]})^{\mathrm{T}},(b_k^{[3]})^{\mathrm{T}}]^{\mathrm{T}}$ 为常值系统误差，$b_k^{[1]} = [50\text{ m},-50\text{ mrad}]^{\mathrm{T}}$，$b_k^{[2]} = 30\text{ m}$，$b_k^{[3]} = -40\text{ mrad}$，$b_k$ 的状态转移概率密度为

$$f_{b,k|k-1}(b_k \mid b_{k-1}) = \prod_{j=1}^{3} N(b_k^{[j]} \mid b_{k-1}^{[j]}, Q_{b,k-1}^{[j]})$$

其中，系统误差动态噪声的协方差为 $Q_{b,k}^{[1]} = \mathrm{diag}([(0.025\text{ m})^2,(0.025\text{ mrad})^2])$，$Q_{b,k}^{[2]} = (0.025\text{ m})^2$ 和 $Q_{b,k}^{[3]} = (0.025\text{ mrad})^2$。

3 个传感器的目标探测概率都为 0.98，杂波为观测区域 $A^{[1]} = [0,1500]\text{ m} \times [-\pi,\pi]\text{ rad}$，$A^{[2]} = [0,1500]\text{ m}$ 和 $A^{[3]} = [-\pi,\pi]\text{ rad}$ 上均匀分布的多目标泊松过程，3 个传感器每个采样时刻的平均杂波数量都为 20。

图 8-58 和图 8-59 分别是一次仿真实验中扩展 CPHD 滤波对距离测量和角度测量的系统误差的估计结果，可以看出，随时间的推移，系统误差的估计收敛到真值。图 8-60 和图 8-61 分别是标准 CPHD 滤波和扩展 CPHD 滤波的目标位置的估计结果，可见，标准 CPHD 滤波的估计偏离真实轨迹，并且出现较长时间的目标丢失，而扩展 CPHD 滤波的估计接近真实轨迹。

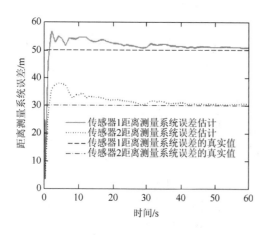

图 8-58　距离测量的系统误差估计

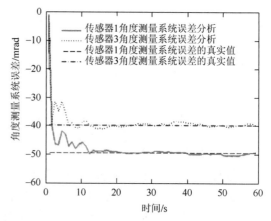

图 8-59　角度测量的系统误差估计

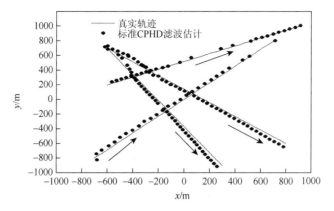

图 8-60　标准 CPHD 滤波的目标位置估计

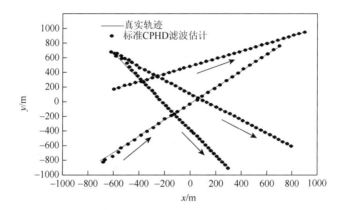

图 8-61　扩展 CPHD 滤波的目标位置估计

图 8-62 是 100 次 MC 实验目标数量估计的平均值，可见，扩展 CPHD 滤波对目标数量的估计是无偏估计，而标准 CPHD 滤波的估计在大多数时间里都显著小于目标数量的真实值，表明系统误差容易造成目标的丢失。

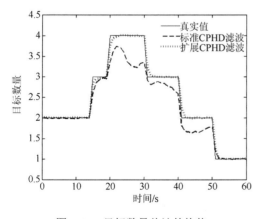

图 8-62　目标数量估计的均值

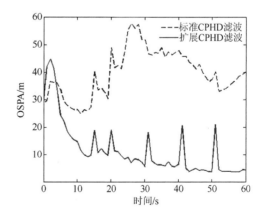

图 8-63　平均 OSPA 距离

OSPA 距离的参数取 $p=2$，$c=100$ m，图 8-34 是 100 次 MC 实验的平均 OSPA 距离，可见，扩展 CPHD 滤波的 OSPA 距离远小于标准 CPHD 滤波的 OSPA 距离，表明扩展 CPHD 滤波相对标准 CPHD 滤波具有更好的跟踪性能。

8.7　本 章 小 结

本章利用基于随机有限集理论的多目标跟踪方法解决天基观测条件下的低轨多目标跟踪问题。首先针对低轨多目标的天基像平面跟踪问题给出了 GM-CPHD 滤波方法，该方法利用 CPHD 滤波估计像平面上目标的数量和目标的状态，利用高斯项的删减合并方法以及自适应跟踪门方法降低计算量，采用最小权匹配方法生成目标在像平面上的轨迹。仿真结果表明，GM-CPHD 滤波方法对目标数量的估计精度相对 GM-PHD 滤波有显著提高，能够较准确地生成低轨目标在天基像平面上的运动轨迹，适合于解决低轨多目标的像平面跟踪问题。

然后，针对天基观测低轨多目标的三维跟踪问题，提出了多模型 CPHD 滤波。该滤波建立了描述低轨目标从主动段到自由段运动的多个模型，将目标运动状态与运动模式组合成增广状态，利用 CPHD 滤波同时递推目标数量的后验分布和增广状态的后验 PHD。在线性高斯模型条件下利用混合高斯方法得到多模型 CPHD 滤波的闭合解，针对非线性模型进一步采用 UT 变换方法实现多模型 CPHD 滤波的递推计算。仿真结果表明，多模型 CPHD 滤波对目标状态的估计精度相对单模型 CPHD 滤波有显著提高，多模型 CPHD 滤波对目标数量的估计精度相对多模型 PHD 滤波有显著提高，具有对主动段到自由段多个飞行阶段多个低轨目标的良好跟踪性能。

最后，针对天基观测低轨多目标跟踪的传感器系统误差自校准问题提出了扩展 CPHD 滤波。该滤波将传感器系统误差添加到目标运动状态中构成扩展状态，采用混合高斯方法递推计算目标数量的后验分布和扩展状态的后验 PHD，同时得到目标数量、目标状态和传感器系统误差的估计。仿真结果表明，扩展 CPHD 滤波能够实时估计校正系统误差，跟踪性能相对标准 CPHD 滤波有明显提高。

参 考 文 献

[1]　韩崇昭，朱洪艳，段战胜，等. 多源信息融合[M]. 2 版. 北京：清华大学出版社，2010.

[2]　权太范. 目标跟踪新理论与技术[M]. 北京：国防工业出版社，2009.

[3]　何友，修建娟，张晶炜，等. 雷达数据处理及应用[M]. 北京：电子工业出版社，2009.

[4]　Bar-Shalom Y，Fortmann T E. Tracking and data association[M]. San Diego：Academic，1988.

[5]　Mahler R. Statistical multisource-multitarget information fusion[M]. Norwood：Artech House，2007.

[6]　Mahler R. Multitarget Bayes filtering via first-order multitarget moments[J]. IEEE Transactions on Aerospace and Electronic Systems，2003，39（4）：1152-1178.

[7]　Vo B N，Singh S，Doucet A. Sequential Monte Carlo implementation of the PHD filter for multi-target tracking[C]. Cairns：International Conference on Information Fusion，2003：792-799.

[8]　Vo B N，Singh S，Doucet A. Sequential Monte Carlo methods for multi-target filtering with random finite sets[J]. IEEE Transactions on Aerospace and Electronic Systems，2005，41（4）：1224-1245.

[9]　Vo B N，Ma W K. A closed-form solution for the probability hypothesis density filter[C]. 7th International Conference on Information Fusion，2005：856-863.

[10]　Vo B N，Ma W K. The Gaussian mixture probability hypothesis density filter[J]. IEEE Transactions on Signal Processing，2006，54（11）：4091-4104.

[11]　Mahler R. A Theory of PHD filters of higher order in target number[C]. Proceedings of SPIE，2006.

[12]　Mahler R. PHD filters of higher order in target number[J]. IEEE Transactions on Aerospace and Electronic Systems，2007，43（4）：1523-1543.

[13]　Vo B T，Vo B N，Cantoni A. Analytic implementations of the cardinalized probability hypothesis density filter[J]. IEEE Transactions on Signal Processing，2007，55（7）：3553-3567.

[14]　Vo B T，Vo B N，Cantoni A. The cardinality balanced multi-target multi-bernoulli filter and its implementations[J]. IEEE Transactions on Signal Processing，2009，57（2）：409-423.

[15]　Schuhmacher D，Vo B T，Vo B N. A consistent metric for performance evaluation of multi-object filters[J]. IEEE Transactions on Signal Processing，2008，56（8）：3447-3457.

[16]　盛卫东，许丹，周一宇，等. 基于高斯混合概率假设密度滤波的扫描型光学传感器像平面多目标跟踪算法[J]. 航空学报，2011，32（3）：497-506.

[17]　林两魁，许丹，盛卫东，等. 基于随机有限集的中段弹道目标群星载红外像平面跟踪方法[J]. 红外与毫米波学报，2010，29（6）：465-470.

[18]　Lin L，Xu H，An W. Tracking a large number of closely spaced objects based on the particle probability hypothesis density filter via optical sensor[J]. Optical Engineering，2011，50（11）：116401.

[19]　Erdinc O，Willett P，Bar-Shalom Y. Probability hypothesis density filter for multitarget multisensor tracking[C]. Philadelphia：8th International Conference on Information Fusion，2005.

[20]　Rago C，Landau H. Stereo spatial super-resolution technique for multiple reentry vehicles[C]. Big MT：IEEE Aerospace Conference Proceedings，2004：1834-1841.

[21]　Macagnano D，de Abreu G T F. Adaptive gating for multitarget tracking with Gaussian mixture filters[J]. IEEE Transactions on Signal Processing，2012，60（3）：1533-1538.

[22]　Kuhn H W. The Hungarian method for the assignment problem[J]. Naval Research Logistics Quarterly，1955，2（1-2）：83-97.

[23]　Bar-Shalom Y，Li X R，Kirubarajan T. Estimation with Applications to Tracking and Navigation[M]. New York：John Wiley，2001.

[24]　Clark D E，Vo B T，Vo B N. Forward-backward sequential Monte Carlo smoothing for joint target detection and tracking[C]. Seattle：12th International Conference on Information Fusion，2009：899-906.

[25]　Vo B T，Clark D，Vo B N，et al. Bernoulli forward-backward smoothing for joint target detection and tracking[J]. IEEE Transactions on Signal Processing，2011，59（9）：4473-4477.

[26]　Vo B T，See C M，Mu N，et al. Multi-sensor joint detection and tracking with the Bernoulli filter[J]. IEEE Transactions on Aerospace and Electronic Systems，2012，48（2）：1385-1402.

[27]　Godsill S J，Doucet A，West M. Monte Carlo smoothing for nonlinear time series[J]. Journal of the American Statistical Association，2004，99（465）：156-168.

[28]　Kitagawa G. Monte Carlo filter and smoother for non-Gaussian nonlinear state space models[J]. Journal of Computational and Graphical Statistics，1996，5（1）：1-25.

[29]　Liu J S，Chen R. Sequential Monte Carlo methods for dynamic systems[J]. Journal of the American Statistical Association，1998，93（443）：1032-1044.

[30]　Punithakumar K，Kirubarajan T，Sinha A. Multiple-Model probability hypothesis density filter for tracking maneuvering targets[J]. IEEE Transactions on Aerospace and Electronic Systems，2008，44（1）：87-98.

[31]　Johnson N L，Kotz S，Balakrishnan N. Continuous univariate distributions[M]. New York：John Wiley，1995.

[32]　Cooperman R L. Tactical ballistic missile tracking using the interacting multiple model algorithm[C]. Annapolis：Proceedings

of the Fifth International Conference on Information Fusion，2002：824-831.

[33]　Hough M E. Nonlinear recursive estimation of boost trajectories，including batch initialization and burnout estimation[J]. Journal of Guidance Control and Dynamics，2006，29（1）：72-81.

[34]　Farrell W. Interacting multiple model filter for tactical ballistic missile tracking[J]. IEEE Transactions on Aerospace and Electronic Systems，2008，44（2）：418-426.

[35]　Li X R，Jilkov V P. Survey of maneuvering target tracking，part II：Motion models of ballistic and space targets[J]. IEEE Transactions on Aerospace and Electronic Systems，2010，46（1）：96-119.

[36]　Julier S，Uhlmann J，Durrant-Whyte H F. A new method for the nonlinear transformation of means and covariances in filters and estimators[J]. IEEE Transactions on Automatic Control，2000，45（3）：477-482.

[37]　Pasha S A，Vo B N，Tuan H D，et al. A Gaussian mixture PHD filter for jump Markov system models[J]. IEEE Transactions on Aerospace and Electronic Systems，2009，45（3）：919-936.

[38]　Clemons T M，Chang K C. Sensor calibration using in-situ celestial observations to estimate bias in space-based missile tracking[J]. IEEE Transactions on Aerospace and Electronic Systems，2012，48（2）：1403-1427.

[39]　Friedland B. Treatment of bias in recursive filtering[J]. IEEE Transactions on Automatic Control，1969，14（4）：359-367.

[40]　Haessig D，Friedland B. Separate-bias estimation with reduced-order Kalman filters[J]. IEEE Transactions on Automatic Control，1998，34（7）：983-987.

[41]　Lian F，Han C，Liu W，et al. Joint spatial registration and multi-target tracking using an extended probability hypothesis density filter[J]. IET Radar Sonar and Navigation，2011，5（4）：441-448.